A VERTICAL GARDEN

一座立体园林
启迪设计大厦

启迪设计集团股份有限公司 ◎ 编著

戴雅萍　蔡　爽　查金荣 ◎ 主编

U0269877

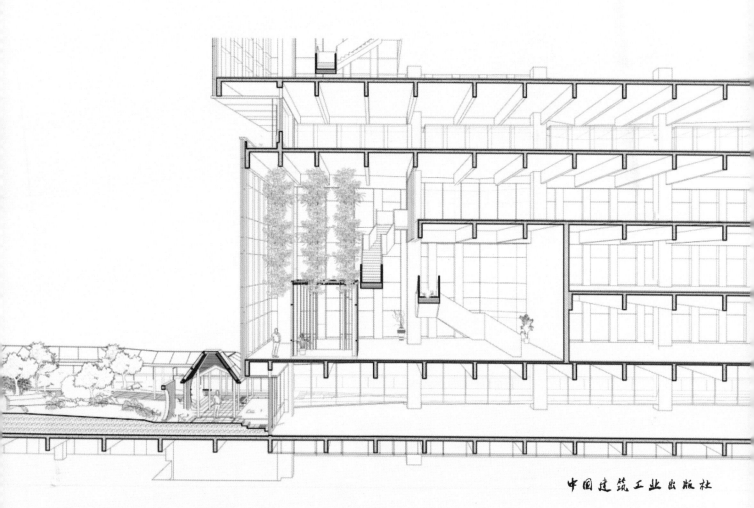

中国建筑工业出版社

TUS-DESIGN BUILDING

一座立体园林

序一

启迪设计大厦的新办公楼我是有幸参观过的。差不多一年前的深秋我应邀到苏州大学讲学，做完报告后便被邀请到启迪设计大厦看看。查董事长和几位公司领导在大厅门口迎候，在引导下，我走进了这座新落成的大楼。

我之前并没有看过这座建筑的设计资料，也想保持一种新鲜感和期待的心境，就像去逛个苏州的私家名园，步移景异，总给你带来一些惊喜。当然，这是一座高层建筑，尽管地处苏州，也似乎并不必一定有园林般的联想吧……

走进大厅，高大的空间简洁明亮，右手边有一方高出地面的静水池，池水上有一方亭子，几块湖石，点缀出苏州园林的意向，让我想起二十世纪八十年代广州白天鹅宾馆中那著名的"故乡水"中庭景观。主人边走边讲引导我上了水池上凌空飞悬的楼梯，这楼梯不仅无柱支撑，而且还曲折蜿蜒而上，心中不禁赞叹结构设计之大胆巧妙。上至二层的企业展厅站定，我以为空间体验已然结束，谁想这仅仅是序曲。参观完展厅又沿中庭一侧的楼梯向上走，穿过三层大开间办公室，再走到四层的屋顶平台，迎面是阵阵花香，精致的花园草坪还有木平台、健身区，把屋顶装点得十分惬意，在周边高层林立之中成了一方精美的现代园林，为员工们提供了有满满幸福感的休闲场所！这品质让我们院的办公楼无法相比，设计和管理的用心让我钦佩，也羡慕苏州得天独厚的气候和文脉。大家愉快地在花园中合影后，随着主人的引导，继续前行，原来精彩还在前头，沿着一条悬空于内庭院之上的天桥进入塔楼办公区，层层办公区不仅布置得井然有序、宽敞明亮，办公区内还包含一处空中内庭，内庭每四层一组，有开敞楼梯上下连通，庭内是交流休闲区，庭外可远眺"东方之门"城市轴线的繁华都市风光，乘梯上行至塔楼屋顶参观，屋顶充分利用平台空间做成体育活动场地，也为未来多功能使用留出了余地。

除了一路看，也听了一路讲。关于建筑创作、关于机构布局、关于技术创新，尤其关于绿色建筑从空间到界面，从设计到技术装备都娓娓道来，看得出主人们为这座他们亲手打造的办公大楼而由衷的自豪！

时间真快，因为我晚上还要赶到上海，日落时分便回到入口广场与主人告别，顺便抬头望去，体验丰富的内部立体庭院空间在外部呈现出很有特色的叠合式体量组合，如水晶巨石层层叠砌，象征着企业的发展上升。华灯初上，出挑的体量底面被灯照亮，形成起伏转折的片片光带，蓦然间让我仿佛看到了在山水园林中蜿蜒起伏的白墙，那种熟悉而亲切的苏州味道跃然出现在现代化的巨厦层间，传统和现代在这一刻联系在一起，赋予启迪设计大厦区别于一众高楼的鲜明特色，让我心中为之一动！

我在奔驰于高速的车上仍不觉继续回想，什么是这个时代有价值的建筑呢？它似乎应该既反映这个时代的文明进步，又让人联想这个地域的历史文化；既要有唯美的高品质呈现，又要让使用者感到亲切和温度；既要服从于城市的和谐统一，又要在低调中显露个性……

也许还可以讲许多既要又要，这无疑会因人而异，引发不同的思考。反思过往，畅想未来，这也许可以用大厦的名字来诠释：一座给人以启迪的建筑。

祝贺这本启迪设计大厦专著的出版！希望启迪设计大厦给更多的人以启迪……

崔愷

中国工程院院士

全国工程勘察设计大师

中国建设科技集团首席科学家

中国建筑设计研究院名誉院长、总建筑师

2024年11月27日

序二

启迪设计集团股份有限公司前身为苏州市建筑设计研究院，2002年由事业单位改制为民营科技企业，2016年成为上市公司，近年已发展成为全国勘察设计行业人居环境科技集成服务引领者。多年来，启迪设计牢记"传承历史，熔铸未来"使命，坚持固本创新、科技引领发展，尤其是在践行和推进建筑绿色低碳技术的研究创新和技术运用方面做出了贡献。

《一座立体园林　启迪设计大厦》一书以2023年完成的启迪设计大厦为背景，从"策划—设计—建造—运维"全过程，系统总结了在大楼建设及建成使用运维中、在构筑绿色低碳可持续发展建筑方面的技术创新和协同集成。与其他书不一样的是：这本书不是单专业的技术总结，而是多达15个专业的技术创新集成的系统化协同一体。启迪设计大厦的技术创新在于：（1）该项目设计和建造团队在建设前期就深入研究了"需求—气候—建筑—材料—建造—运维"等复杂系统多因素耦合减碳原理，构筑了建筑"空间—专业—环境—材料—设备—系统"全面融合的低碳减碳设计模型与营建方法，做到真正从设计源头就开始节材降能；（2）借助自主开发的数智综合管理平台，实现了建筑从建设到运营全生命周期科学高效减碳的可持续发展，是一个非常难得的融合绿色健康智慧高品质示范标杆工程。

该书的内容非常丰富，既有各专业的技术创新，又有建设全过程的各专业的技术协同，为今后绿色建筑的推广树立了样板，有助于在我国大力发展城乡绿色低碳建筑。

缪昌文

中国工程院院士

东南大学教授、学术委员会主任

国际绿色建筑联盟主席

2024年10月

序三

作为一名建筑设计行业的设计师，最大的梦想莫过于设计并成功建造一座出自自己的创意、经各专业反复斟酌优化的设计作品。位于苏州的启迪设计大厦就是这样一座出色的建筑作品，启迪设计集团股份有限公司原董事长、总工程师戴雅萍和她的团队就是这样一群已经实现了梦想之人。

《一座立体园林　启迪设计大厦》一书深入浅出，系统介绍了启迪设计大厦设计、建造到运维各阶段各专业领域的创新技术研究和应用及其相互作用关系。其中有些技术在以往的设计工作中或未曾关注到，或被工期追赶下所忽略，或误认为造价昂贵而放弃。其实应用的很多技术都简单易行，属于设计中各专业稍加投入就会使设计品质大幅提升，使建筑功能更完善、更绿色低碳，这些恰恰是作为建设项目各参与方所应追求的。

我曾三次到访过投入使用后的启迪设计大厦，但看完本书之后深感现场参观对大厦的理解深度较书中表达要相差甚远，书中表达不是简单的设计成果介绍，而是多专业的技术创新集成、协同的数智化整合设计过程的详细描述，汇聚了15个专业在启迪设计大厦建设运维过程中构筑绿色低碳可持续发展的技术创新和集成协同，是一本真正的绿色建筑从"构思—策划—设计—建造—运维"的系统指导和参考书籍。可供大专院校相关专业师生、建筑设计院各专业设计师、施工单位技术人员和建设单位的运维管理人员学习参考，我想一定对我国绿色建筑的有序发展起到很好的助推作用。我已将本书推荐给我院绿色建筑设计研究院，系统学习必将提升绿色建筑"真绿色"的设计水平。

任庆英

全国工程勘察设计大师

中国勘察设计协会结构分会会长

中国建设科技集团首席专家

中国建筑设计研究院有限公司总工程师

2024年10月

前言

启迪设计集团股份有限公司（原苏州市建筑设计研究院）成立于1953年，一直秉承"传承历史，融筑未来"的使命，多年来全面贯彻"创新、协调、绿色、开放、共享"新发展理念，主动担当建设行业绿色发展责任，坚定不移践行绿色低碳高质量发展道路。集团长期致力于推动绿色建筑发展的技术研究、创新与集成运用，为推进城乡建设绿色低碳的发展贡献了数量众多的创新思维、先进技术、杰出产品和精品工程。

启迪设计大厦是集投资、设计、建设、工程管理和运营"五位一体"的全新工程实践，体现了建筑师负责制及全过程工程咨询。大楼以科技为核心，构建了多专业在"空间形态—环境—材料—设备—系统"融合，实现了从"策划—设计—建造—运维"全过程的低碳减碳技术集成与营建方法；以健康建筑为基础，营造高品质办公空间与人居环境；以绿色建筑为目标，打造全寿命周期可持续发展的低能耗建筑；以智慧科技为手段，打造可感知、有灵魂的面向未来的数字孪生智慧科技建筑。同时，大楼设置了先进的碳排放监测及核算系统，建立了完善的绿色运维管理制度，以及合理采取能源管理系统、智能照明、高效机房、空调节能、行为节能及绿色办公等绿色措施，有效利用光伏发电，将大楼碳排放总量及碳排放强度控制在较低的水平。

本书共分为三篇十章。第一篇"创意设计"包含第一章~第四章，主要总结了本项目建筑与环境一体化的策划及创意设计、绿色可持续发展理念的技术创新及落实运用；第二篇"技术成就"包含第五章~第七章，主要通过总结结构、电气、暖通、给水排水、幕墙、材料、施工七个专业的技术创新和集成应用，成就建筑文化传承创新、绿色低碳健康的设计目标；第三篇"数智应用"包含第八章~第十章，通过充分体现最前沿的数字可读化、智慧平台化技术创新与后期运维应用以及与不断改进提高紧密结合，实现大楼全生命周期的可持续发展。

本书由戴雅萍、蔡爽负责策划、编排、统稿，查金荣审定，各章节撰写分工如下：

第一章：蔡爽、张筠之；

第二章：蔡爽、杨柯、周玉辉、朱小波；

第三章：陈吉丽、柏乐、毛永青；

第四章：石坤、戴洪芳、毛永青、杨帆；

第五章：戴雅萍、赵宏康、潘苏辰、曹向阳；

第六章：王笑颜、庄岳忠、吴卫平、张广仁；

第七章：唐海兵、沈琴、苏龙华；

第八章：严怀达、季新亮；

第九章：华亮、陈凯旋、王笑颜；

第十章：袁雪芬、冯莹莹。

本书的主要内容来源于与启迪设计大厦建造相关的策划、科研、设计、建造、运维等材料。结合启迪设计大厦建造项目组完成了8项科研课题：（1）2020年江苏省节能减排高品质绿色建筑专项资金奖补项目；（2）江苏省碳达峰碳中和科技创新专项资金（重大科技示范）；（3）智慧建筑全过程一体化解决方案关键技术研究与应用（江苏省）；（4）双碳目标下高品质建筑结构–材料融合创新关键技术与应用（苏州市）；（5）启迪设计大厦开矩形洞口梁静力性能试验及梁柱节点抗震性能试验；（6）异形空间钢楼梯结构设计研究与试验；（7）高性能幕墙门窗在绿色建筑中的应用研究（苏州市）；（8）面向建筑零碳的智慧能源控制技术研究与攻关（苏州市）。目前本项目获得发明专利授权3项，实用新型授权17项，软件著作权10项，软件产品认证1项，申请"启元云智"商标及图形7项。

启迪设计大厦自2023年9月投入使用以来，其苏州传统文化与现代科技结合、人文工作环境与绿色生态低碳结合的营造方法获得了社会各界的广泛好评，并被推荐纳入国家"十四五"高品质绿色建筑示范工程数据库。至2024年底已获得国际国内奖19项（其中国际奖项5项）。此外还获得绿色建筑三星级设计标识、健康建筑三星级设计标识、民用建筑能效测评三星级标识、LEED CS金级预认证。

在本书的编制过程中，得到了杨泽、王肖瑜、王逸凡、廖嘉、李烽清、朱怡、赵子凡、蒋佳成、王一博、江文燕、严心韵、仇文娟、朱广超、周嘉琪等人的协助，照片由张超、曹唯拍摄，在此表示感谢。也借此书的出版，感谢所有关心、帮助和支持启迪设计发展的各级政府、各位领导、各位专家和朋友。

书中论述内容有不妥之处，敬请读者予以批评指正。

戴雅萍

启迪设计集团股份有限公司荣誉董事长、首席总工程师

2024年12月

目录

第一篇　创意设计

第二篇 技术成就

第三篇 数智应用

第一篇

创意设计

第一章 │ 建筑与空间

1.1 场所

1.1.1 千年文脉，繁华姑苏

    苏州，古称吴，又称姑苏、平江，是一座拥有2500多年历史的古城，其建城营城的历史悠久而丰富，人文积淀深厚，诞生了人类历史文明瑰宝苏州园林，城市空间从格局、建筑、景物都承载了丰富的内涵。公元前514年，伍子胥奉吴王阖闾之命建造了吴国都城，即现在的姑苏古城，经过历代修缮与扩建，苏州逐渐发展成为一座规模宏大、布局合理的城市。苏州古城的位置自宋代至今未变，与宋代《平江图》相对照（图1.1-1），

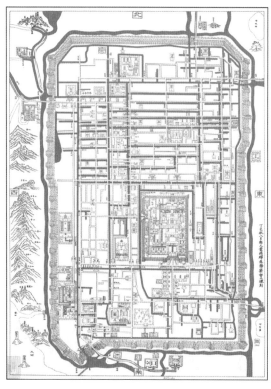

图1.1-1 平江图－苏州古城肌理对比图（编者自绘）

总体框架、骨干水系、路桥名胜基本一致，清晰展示着古苏州的平面轮廓和街巷布局。古城至今依旧保持着古代"水陆并行、河街相邻"的双棋盘格局、"三纵三横一环"的河道水系和"小桥流水、粉墙黛瓦、古迹名园"的独特风貌。

在擘画现代化苏州的发展中，苏州城市向外扩张，形成了"四角山水，十字轴线"的发展架构（图1.1-2、图1.1-3），将"四角山水"格局比作一架"风车"，以古城为中心，工业园区、高新区、相城区、吴中区为四片"风叶"，而"风叶"之间镶嵌着四方山水，构成"山水园林城市"的理想空间格局。"十字轴线"则是苏州城市空间布局的核心框架，它以古城为中心，向东西、南北两个方向延伸，形成两条主要的发展轴线。这一布局不仅强化了古城的中心地位，也引导了城市向现代化、国际化的方向发展。通过东西向轴线的延伸发展，苏州工业园区等现代化区域得以有序拓展，与古城形成互补，在功能上相互衔接、在空间上相互融合，共同构成了苏州这座城市的多元化面貌。

苏州工业园区作为"走出古城"战略的标志性成果，是中国与新加坡两国政府间的重要合作项目，在建设过程中充分学习新加坡先进的城市建设经验，并创新性地演绎着苏州的营城理念，从园在城中，变城在园中。苏州的园林往往作为城市中的点缀，镶嵌在繁华的街巷之间，为市民提供一方静谧、雅致的休闲空间。而苏州工业园区则在此基础上进行了大胆的创新，将整个城市视为一个大园林来设计，让城市空间与自然环境深度融合。在这种理念下，公园绿地、水系景观不再是孤立的元素，而是构成了城市骨架的重要组成部分，实现了城市功能与生态环境的和谐统一。

在描绘这幅由古城向外延伸，贯穿古今千年历史的姑苏繁华图景时，"相得益彰"与"双面绣"这两个关键词成为贯穿始终的灵魂，它们巧妙地将苏州的古韵今风、自然美景与人文情怀完美融合，展现出一幅动

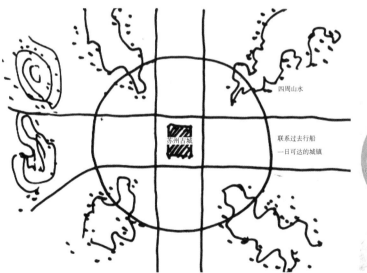

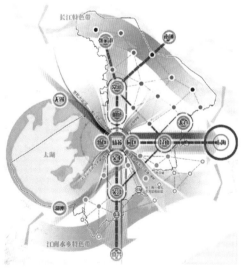

图1.1-2　吴良镛手绘构建苏州"古城居中、四角山水"的山-水-城格局图（此图片来自网络）　　图1.1-3　苏州市国土空间总体规划（2021—2035年）公示稿——城镇空间格局（此图片来自公示稿）

人心魄的双面画卷。随着视线的移动，这幅画卷缓缓展开，从古城的核心区域向外延伸，展现出一幅幅生动的场景，古运河上，船只穿梭，灯火阑珊，映衬着两岸的古建筑，仿佛一幅流动的水墨画。而在不远处的苏州工业园区，霓虹闪烁，人流如织，各种国际品牌与本土特色店铺交相辉映，展现出苏州作为国际化大都市的繁华与活力。这幅图景中，既有古城的宁静与雅致，又有现代都市的喧嚣与繁华，两者相互交织，共同构成了苏州独有的魅力与风采。

1.1.2 时空轴线，相宜场景

干将路东延，实现姑苏城的古今交融发展，2500多年历史的"古城"与30年的工业园区"新城"由一条空间上横贯东西、时间上穿越千年的轴线串联起来。这条轴线西起苏州古城，沿干将路至苏州大道，跨过金鸡湖，直指工业园区中央河东端，汇聚了最重要的城市功能（图1.1-4），轴线连接着苏州多个历史文化地标和自然景观，包括京杭大运河、观前街区、平江历史文化街区、相门城墙、护城河等景点，尽显"君到姑苏见，人家尽枕河"的人文风貌；干将河向东连通金鸡湖，于湖东以中央河延续，沿河串联苏州中心、东方之门、文化博览中心、苏州国际金融中心等地标性建筑，尽显现代都市的繁华与活力。随着不断发展，苏州逐渐形成了串联起"古城"和"新城"的城市发展新轴，代表了苏州空间上的连续与扩展，更是历史的延续、文化的彰显、时空的对话。

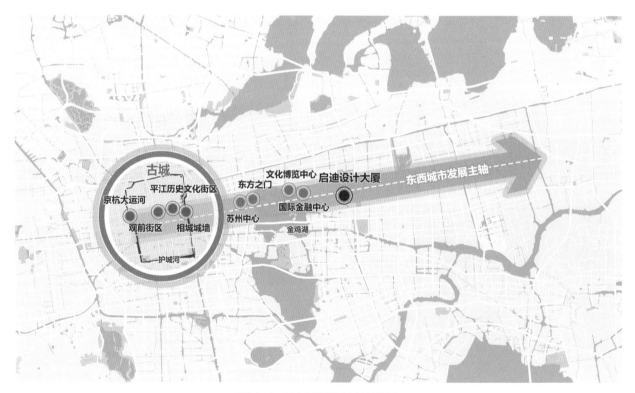

图1.1-4 城市东西发展主轴结构图

金鸡湖东侧的中央河，作为城市主轴线的自然延伸，串联湖东中央商务区（CBD）区域的多元化功能空间——繁华的商业中心、高端的商务区、宜居的居住区，以及向东拓展的蓬勃产业区。这条河流两侧，现代化的高层建筑群巍峨耸立，展现了城市发展的蓬勃生机与未来感。在这片充满活力的城市新轴上，启迪设计大厦选址于中央河畔的核心位置，基地占地面积约为16000m²，形状近似一个规整的方形。

这一地理位置不仅赋予了启迪设计大厦得天独厚的自然景观，还使其能够充分融入并提升周边的城市环境，随着中央河主轴功能进一步完善，现代时尚、金融服务、活力商圈等城市场景沿岸汇聚交织，塑造高品质空间，助力提升园区的城市能级和城市魅力（图1.1-5）。

1.1.3　园林之城，古今交融

苏州园林是世界文化遗产的瑰宝。苏州的造园历史溯源于春秋，发展于晋唐，繁荣于两宋，全盛于明清，现保存完整的古典园林有50多处。作为一座"园林城市"，古典园林之美不应仅封存在那50多处文物之中，更应该在时间上延续发展，在空间上开枝散叶。2016年苏州被住房和城乡建设部评为首批"国家生态园

图1.1-5　沿中央河鸟瞰图

林城市"，苏州正在朝着现代、绿色的人居环境目标迈进。在现代城市营造具有中国古典园林之美的建筑理应纳入苏州"园林城市"的意涵之中，这也是现代化与地域性双重语境下建筑师们所面对的重大挑战。

　　从城市的尺度看，苏州的古城是一个大园林，闻名的古典园林大多集中于此，环绕古城一圈的护城河与城内纵横交错的水系与路网构成了这座宏观尺度园林的结构，而包括古典园林在内的大大小小公共景观空间则是园林中的景点。

　　作为园林城市中的一景，启迪设计大厦在总图布局上也将"造园"的艺术融入其中，通过下沉内庭院、裙房屋顶花园、共享垂直院落、塔楼屋顶花园等多重园林空间的错落布置，"咫尺之内再造乾坤"，将大厦打造成一座垂直园林。百米高的塔楼被布置于地块东北角沿街临河；西侧、南侧设置15m高的三层裙房；整个建筑设计两处下沉至负一层的内庭院，为地下室及裙房带来充足的采光与通风。塔楼置于东北角的布局方式使西侧与南侧的裙房屋顶花园得到充足的日照，在冬季塔楼建筑与西侧、北侧高层共同组成的天际线较好地阻挡了西北风、东北风的入侵，形成屋顶花园良好的微气候，而屋顶花园本身也成为周边高层建筑俯瞰的一处新景观（图1.1-6）。

图1.1-6　启迪设计大厦的"造园"设计

1.2　建筑

1.2.1　垂直院落，环廊空间

在一众现代金融高层大厦的环绕中，在园林城市与新城园区的交汇轴上，探索传统理念与现代手法相结合的设计方法是本项目设计的重点。

苏州古城历经2500多年历史，其具有地域特色的江南水乡城市格局保存得较为完整。东南大学段进院士在《空间基因传承——连接历史与未来的营城新法》一文中总结了苏州城市特色表达中具有重要影响的5个在地性空间基因："四角山水""城中园、园中城""水陆双棋盘网格""廊空间""粉墙黛瓦"。在"水陆双棋盘网格"划分下，古城"粉墙黛瓦"的传统民居合院是串联起这些在地性空间基因的重要载体之一。古城中传统民居以进、路来组织空间，每一进院落的功能房间都会围绕着一个庭院，庭院结合功能需求而大小不一，有的庭院很窄，仅一线天井，但可以很好地解决宅院的通风、采光及收排屋面雨水的需求；有的庭院较大，设置铺装、种植花草树木，较大的庭院往往成为宅院中重要的交流场所。古城内这些规模不同、院落进数不等的大小合院，其建筑密度虽然很高，但因为有庭院、天井的存在，有花草、大树的点缀，使整个城市掩映在花园之中，犹如"城中园、园中城"。苏州小的宅院如汤加巷陆宅一路一进，围绕一处小天井形成平面L形，精致温馨。大的宅院如南石子街潘宅的规模达到了横向三路，中轴纵向五进，在3000多平方米的宅院中镶嵌了大大小小风格各异的天井、庭院，在东路南侧更是扩大为一处有着小桥、水池、船厅、环廊的东花园。丰富多变的庭、园和环廊空间成为正厅、花厅、书斋等功能房间的户外延续，促进人与人的沟通交流、人与自然的和谐共生。

启迪设计大厦的设计核心理念借鉴于苏州古城民居合院的空间意境，设计将平面中的院落转向空中延伸形成立体园林（图1.2-1），并每隔四层沿建筑四周设置一圈外环廊。选择"垂直院落，空中环廊"作为核心概念，是源于启迪设计集团（前身苏州建筑设计研究院）浸润于苏州的70年发展历程，骨子里深刻着古城苏州的印记，因此传承历史文化并进行创新发展成为启迪人的情结和使命。

建筑从下而上由7个体块单元叠加组成，宛如七进院落，每个单元里包含一圈外环廊和一个三层共享的中庭花园（图1.2-2）。建筑底层单元在

图1.2-1　传统民居的进落格局

图1.2-2　启迪设计大厦西北角实景照片

两侧沿街的界面上设计了一条连续有盖走廊，有盖走廊联系起底层的各个功能空间入口，连续的有盖走廊可以方便底层行人遮荫避雨。塔楼主入口位于东侧，在正对主入口的广场临街处设计了矮墙叠水及高低搭配的植物树种，为主入口带来层次丰富的对景景观。场地的车行入口与建筑的主入口向南错开，车行入口正对建筑的底层展厅空间，展厅内如橱窗般的室内布景成为场地入口的对景。

　　一层门厅是一个L形的二层通高空间，也是"立体园林"中的第一进园林，门厅的设计采用了室内空间室外化的处理手法，引入湖石、水池、曲桥、四角亭、绿植等园林布置形式，门厅外围护结构采用宽度2m、通高8.4m的整面落地玻璃与宽度仅60mm的精细钢框组成的幕墙系统，使建筑的气候边界几乎消隐在室内与室外的景观环境中，门厅内的景观与户外的竹林、河道融为一体。5根二层通高结构柱采用清水混凝土的原始肌理，墙地面的装饰材料也选用了与清水柱材质相近的质朴浅灰色大理石来衬托室内庭院与室外景观的自然之美，整体布局自然而丰富，使进入大厅的人们没有了从室外到室内的空间突变感，而是创造出一个充满自然气息的"第三空间"——有围护结构的园林空间（图1.2-3）。

图1.2-3　"立体园林"中的第一进院落——门厅

塔楼的标准办公单元是依次向上由5个体块组成的五进院落，每个院落单元包含一处可观远景的空中外环廊和一个占据西北角最美景观视线的三层通高共享中庭。共享中庭的设计也秉持了室内空间室外化的处理手法，小会议区、休闲讨论区设置在现代感的木纹色亭子内，地面材质精心挑选了仿青苔与园林步道肌理纹样的地毯，中庭内靠近最佳景观视线的区域设置了由会议长桌、垂吊植物、藤编吊灯组成的最美沙龙区，这里成为小组讨论、极目远眺、午间休闲的绝佳场所（图1.2-4、图1.2-5）。

图1.2-4 "立体园林"中的第二至五进院落——共享中庭

1—空中院落
2—办公区
3—屋顶花园
4—空中环廊
5—休息木亭
6—开敞楼梯

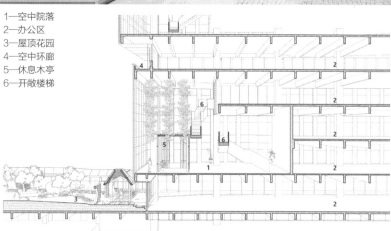

图1.2-5　共享中庭剖透视图

　　塔楼的空中外环廊设计灵感源自启迪设计原办公楼的外廊空间，启迪设计原办公楼是一座由厂房改造而成的二层建筑，当初的改造设计是在原有厂房外增设了一圈遮阳的生态外环廊（图1.2-6）。外环廊既可以起到遮阳的效果又给员工提供了户外休息、观景、交流、放松的场所。在新大楼设计之初，我们遵循庄惟敏院士倡导的"建筑策划与后评估"理论，对老办公楼进行了后评估和对新办公楼的前策划。在后评估进行的员工调查问卷中，希望保持外环廊的愿望位列投票的前三名。因此，在新大楼的设计中，将这种外环廊的手法延续了下来，并结合高层建筑特点进行创新设计。在高层建筑上的6个外环廊恰到好处地衔接了曲折变化的7个单元体块，而立体上升的6个空中环廊每一处的观景感受均不同，越往上景观视野越开阔。环廊上，宽阔的出挑如同高阁深远的出檐，形成深邃的灰空间。从最高处环廊极目远眺，向西可俯瞰金鸡湖及标志性建筑

图1.2-6　启迪设计原办公楼的外廊空间

图1.2-7　空中环廊提供良好的视野

东方之门，向北是中央河景观带、白塘植物园，向南可远观独墅湖等。在环廊上，除了增进与自然的交融，更可以体会到古人登高博见的豪迈心境与胸怀。这种空间模式中蕴含的人文内涵，远非在高层建筑中透过窗户看景所能比拟（图1.2-7、图1.2-8）。

　　塔楼最高处第七进院落的体块单元是位于屋顶的空中运动场，原本设置在顶层场地上的各类设备机组在全专业协同下通过精细化设计全部集中到核心筒的顶层，这样的设备处理方法使核心筒周围空间全部释放出来，可以设置羽毛球场、乒乓球场等运动场地及一条200m空中环形跑道（图1.2-9）。为了兼顾运动场地的采光需求和遮阳防雨功能，设计采用了17%透光率的光伏板。光伏板标高略高于主梁，梁上方形成条状通风口，能得到充足的通风量，有效降低光伏运行温度，提高发电效率（图1.2-10）。

图1.2-8 环廊层剖透视图

图1.2-9　"立体园林"中的第七进院落——屋顶运动场

1—屋顶羽毛球场
2—空中跑道
3—屋顶光伏板
4—空中环廊
5—办公区

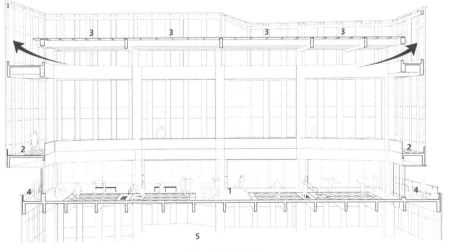

图1.2-10　光伏板标高抬高形成条状通风口

1.2.2　湖畔置石，仰视江南

　　作为苏州工业园区中央河景观主轴上的建筑，设计希望建筑的形体尺度能成为中央河畔的重要节点。苏州古典园林中常在水边置石，计成在《园冶》中说道"池上理山，园中第一胜也"，石是抽象化的山，将假山置于水边，不仅出于审美方面的考虑，更寄托了古人"背山逐水而居"的期许。在总图布局中，将建筑的塔楼置于场地北侧，紧邻中央河，虚实相间、错动变化的体块构成了既硬朗又富变化的叠石状立面形态。计成在讲述掇山意境时用了"瘦漏生奇，玲珑安巧"八个字来形容，可见好的外观形态既要有优美玲珑的形姿，又要有变换的细节，建筑形体比例在设计时经过反复推敲，最终选择了由6个环廊层加7个体块叠加的形体尺度，在建筑天际线轮廓设计上，设计刻意将临水一侧西北角女儿墙做了斜度抬高，形成了螺旋上升的斜线，以增强从河道一侧远观的视觉冲击（图1.2-11）。

图1.2-11　留园池边的冠云峰与中央河畔的启迪设计大厦（左图片来自网络）

　　江南水乡民居中错落的"人"字坡给人留下深刻印象，"人"字坡的山墙面进退有致，与水平延伸的围墙黛瓦屋檐相连，形成丰富的层次。在平面设计上，我们将"人"字坡与平屋檐相连的平折曲线用在外轮廓线上，通过四个面的角部都做9°旋转，形成99°的折角，使得原本四边形的平面转化为十二边形（图1.2-12）。塔楼的6个体块单元在叠加时又将每个单元进行镜像错动，使叠加后的体块从下仰视仿佛苏州古街巷层层叠叠的"人"字坡山墙面竖立了起来，鳞次栉比组合成了一片"街区"，仿佛再现了仰视的江南街景，使传统街区的城市特色空间在高楼林立的都市CBD中能够得到抽象化的展示，"仰视江南"的创意既具有传统审美的意境，又融入了大胆的现代创新。在每一处环廊层设置的夜景灯光，向上投射勾勒出"人"字坡曲折有致的灵动轮廓，夜晚从远处望去，如空中街巷，更具韵味（图1.2-13）。

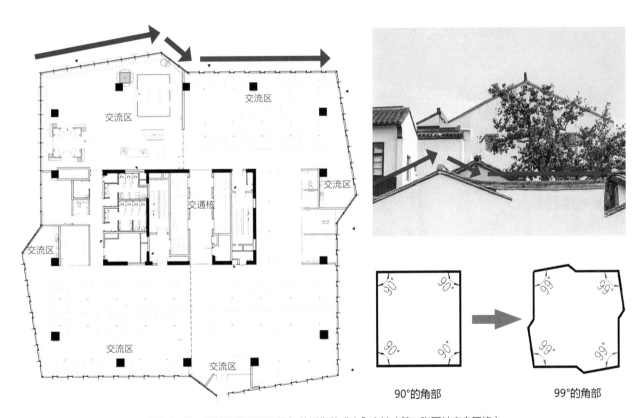

图1.2-12　塔楼标准层平面图与苏州街巷"人"字坡（第二张图片来自网络）

图1.2-13　苏州古街巷的人字坡与启迪设计大厦仰视的江南街景（左图片来自网络）

1.2.3　巧于因借，精在体宜

借景是古典园林常用的一个手法，例如在拙政园的倚虹亭可远观园外的北寺塔，寄畅园中可借景锡山龙光塔等，借景不仅让有限的园内空间增加了景色，也让视景呈现出远、中、近的层次。启迪设计大厦选址周边最重要的景观是位于西侧的远景——金鸡湖、东方之门，中景——中央河景观带，启迪设计的企业文化是以人为本，希望将共享的公共区域放置在景观最好位置，因此每个体块中三层挑高的共享中庭的落位也优先选择放置在建筑的西北向，使所有员工在使用共享区域时都能享受到中央轴上最美的景观资源，而这个共享空间也成为办公区域的近景。在平面的细节设计上，通过建筑师与结构师的合作，将角部的结构柱内移1.2m，形成完整而通透的广角效果，使角部视角得到最大可能的释放，更利于室内外的视觉通畅（图1.2-14）。

围绕建筑一周设置的6个外环廊层，可谓是借四方之景，正方形平面在角部扭转扩大后结合"人"字坡

图1.2-14　拙政园借景北寺塔与启迪设计大厦"借景"苏州中心（左图片来自网络）

的寓意形成曲折有致的边界线，使得环廊层的外廊空间如同古典园林中的游廊一样曲折灵动，环廊上下两个单元的体量互为水平镜像后产生的错动效果，使环廊处形成了宽窄不一的露台与廊下空间，上部屋檐也因为错动出现了最宽处达到5m的出挑深远的檐口，给环廊增加了几分壮丽。

1.2.4　曲折尽致，眼前有景

1. 楼层功能分布

建筑地下三层、地上二十三层。地下三层至地下二层为地下车场，地下一层局部设有餐厅、报告厅、健身房、后勤办公；一层设门厅、展厅、公共会议区、商业办公；二层设图书馆、会议室、展厅及办公区；三层至二十三层为标准层办公区；屋顶利用幕墙冲顶空间设置为屋顶运动场。总图及主要楼层平面图、立面图与剖面图见图1.2-15 ~ 图1.2-22。

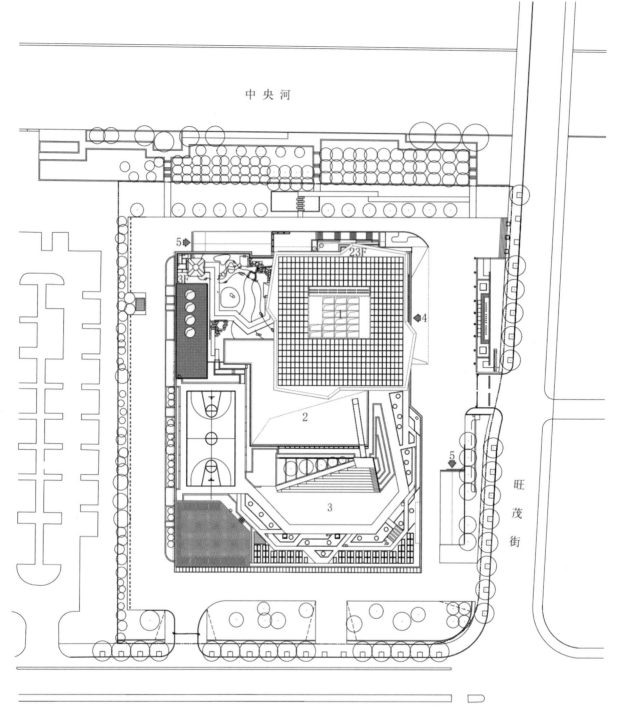

中 央 河

旺
茂
街

旺 墩 路

总平面图
1—塔楼
2—内庭院上空
3—裙房屋顶花园
4—主入口
5—汽车坡道入口

图1.2-15 总平面图

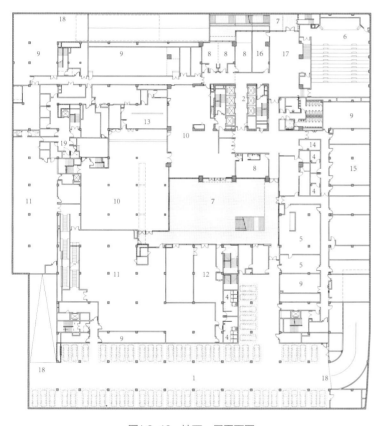

图1.2-16　地下一层平面图

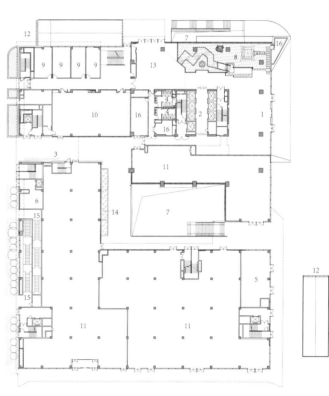

图1.2-17　一层平面图

1—汽车库	10—员工餐厅
2—电梯厅	11—自行车库
3—母婴室	12—健身房
4—卫生间	13—厨房
5—打印室	14—医务室
6—报告厅	15—库房
7—下沉内庭院	16—接待室
8—小餐厅	17—报告厅前厅
9—设备用房	18—坡道
	19—更衣室

1—门厅	9—会议室
2—电梯厅	10—多功能厅
3—室外快递柜	11—商业办公
4—卫生间	12—汽车坡道入口
5—超市	13—休闲区
6—垃圾房	14—采光天窗
7—内庭院上空	15—自行车坡道入口
8—景观水池	16—设备用房

图1.2-18　三层平面图

图1.2-19　四层平面图

1—办公	8—电话间	1—办公	10—中式庭院
2—电梯厅	9—材料室	2—电梯厅	11—设备区
3—展厅上空	10—休息区	3—户外健身器械区	12—采光天窗
4—卫生间	11—内庭院上空	4—卫生间	13—内庭院上空
5—会议室	12—设备用房	5—会议室	14—钢天桥
6—打印室	13—户外平台	6—打印室	15—大草坪
7—茶水间		7—茶水间	16—凉亭
		8—多功能厅	17—八角亭
		9—篮球场	18—户外蔬菜种植区
			19—大台阶

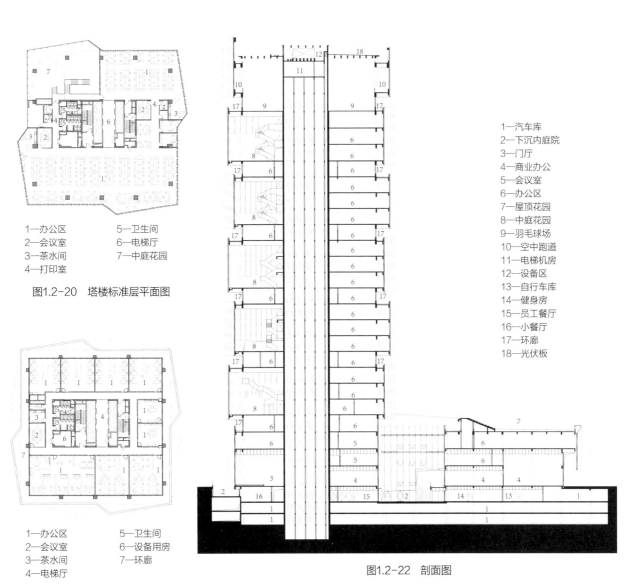

1—办公区　　5—卫生间
2—会议室　　6—电梯厅
3—茶水间　　7—中庭花园
4—打印室

图1.2-20　塔楼标准层平面图

1—办公区　　5—卫生间
2—会议室　　6—设备用房
3—茶水间　　7—环廊
4—电梯厅

图1.2-21　环廊层平面图

1—汽车库
2—下沉内庭院
3—门厅
4—商业办公
5—会议室
6—办公区
7—屋顶花园
8—中庭花园
9—羽毛球场
10—空中跑道
11—电梯机房
12—设备区
13—自行车库
14—健身房
15—员工餐厅
16—小餐厅
17—环廊
18—光伏板

图1.2-22　剖面图

2．游园路径

童寯先生在《江南园林志》中提出了造园三境界："疏密得宜、曲折尽致、眼前有景"，是对园林空间结构与路径规划的精妙概括。在启迪设计大厦的设计中，也注意到了路径规划和路径意境的营造，用一条游园路径串联起各个活力空间（图1.2-23）。

在底层共享门厅的路径规划上，拙政园小沧浪水院的路径空间布局被复刻到了这里，同时创造性地将二维的路径空间流线变为了三维立体——将传统曲廊转化为曲折向上的曲桥楼梯，经由这座曲桥楼梯凌空步于水面之上，到达二层空间（图1.2-24）。它是游廊涉水时的一种空间延展，更是审美的时空叠加后形成的室内景观。"翩若惊鸿，婉若游龙"，恰到好处的线条柔美而不张扬，端庄而不伶俐，倒映在水光中。曲桥结构使用了轻盈的钢结构，与一根框架柱单点相连接外，没有任何梯柱支撑，结构技术的精巧，成就了其形态的精致，曲桥楼梯在每一处转折都与或远或近的景色对应，形成步移景异的丰富感（图1.2-25）。

图1.2-23 趣味路径串联活力空间

图1.2-24　形态提取自园林曲廊的大堂曲桥楼梯（此分析图结合网络图片编者自绘）

图1.2-25　串联一层与二层的路径——曲桥楼梯

在二楼展厅的路径设计上，将进入展厅前的一处走道空间纳入了展厅设计范围，这里运用了苏州园林—留园入口"欲扬先抑、豁然开朗"的经典空间设计手法。将进入展厅前的走道布置成进入展厅的前奏，在这个3m宽、4m高、16m长的走道上记录着启迪70年发展中的重要时间节点，通过窄长的走道进入二层高的主展厅空间，人的视觉感受得到放大，这就是"欲扬先抑、豁然开朗"在行为心理学上关于路径设计手法的展现，也寓意着穿越70年建院史迈向更广阔的未来（图1.2-26、图1.2-27）。

展厅的北侧有一部敞开楼梯，通过它可以到达三层，在拾级而上的过程中，透过玻璃幕墙，北侧沿河的景观再次回到视野（图1.2-28）。

展厅另一侧是一个直跑拉索楼梯（图1.2-29）。拉索设置于踏步侧面并与顶面进行连接，与常规的栏杆形式相比，拉索结构更为轻巧，占据空间更小，且拉索形式也使得整体空间更加通透开阔，透光性更佳，

图1.2-26　进入展厅前的走道

图1.2-27 欲扬先抑的展览路径

上方洒下的光亮吸引着人们继续向上行走。

　　经过拉索楼梯到达四楼，推开门便来到屋顶花园。在四楼屋顶花园的路径设计中，我们将景观休闲与运动场地串联起来，从塔楼西侧出口进入裙房屋顶是一处新中式的屋顶花园，深灰色铝板与钢柱构成的亭廊既有传统韵味又体现出现代简约感（图1.2-30）；从新中式庭院向南经过一道蜿蜒的竹林廊道，进入一片开阔的屋顶篮球场，这片篮球场是员工最爱的运动场地，阳光充足、视野开阔，场地北侧设备机房墙面上设置了深绿色和浅绿色相间的光伏墙，70多平方米光伏板的发电量正好可以满足篮球场的夜间灯光的用电量（图1.2-31）。从篮球场向东是屋顶花园的主景观区，由大台阶构成的"山"体和大草坪组成的场所可供员工活动、拍照、聚会使用。抬升的"山"体通过一处天桥与五楼相连（图1.2-32），这样丰富的立体庭院空间设计让五楼的员工可以更直接地到达屋顶花园休息交流。

　　从天桥上至五层，便走入了包含五个"共享中庭"的塔楼主体。共享中庭中一组组形态各异的楼梯又自然而然地将使用者顺势向上引导，最终来到屋顶运动场。由此，这条"游园路径"始于门厅，由各处开敞楼梯与天桥进行串联，途经大楼中各个活力空间，最终攀登上塔楼最顶部，仿佛是一条旅途中充满趣味与惊喜的登山之旅。

图1.2-28　展厅北侧敞开楼梯　　　　　　　　　　　　　图1.2-29　拉索楼梯

图1.2-30　深灰色铝板与钢栓构成的亭廊

图1.2-31　篮球场北侧是光伏墙

图1.2-32　串联屋顶花园与塔楼五层的路径——天桥

第二章 | 建筑可持续发展

2.1 可持续发展理念

2015年在联合国可持续发展峰会上通过的17项联合国可持续发展目标（Sustainable Development Goals，简称SDGs），图2.1-1是国际社会对构建更加公正、包容和可持续的未来所共同制定的愿景和行动框架。2023年国际建筑师协会第28届世界建筑师大会在丹麦哥本哈根举行，大会的主题是"可持续的未来——不让任何人掉队（Sustainable Futures–Leave No One Behind）"，旨在推动建筑成为实现联合国17个可持续发展目标的核心工具。大会在6个专题"气候适应设计、资源反思设计、韧性社区设计、健康设计、包容性设计、变革伙伴关系的设计"深入探讨了建筑环境的未来。

启迪设计大厦将可持续发展理念贯穿于设计、建设、使用的全过程，期望打造一座适应气候变化、具有韧性与包容性的"绿色、健康、智慧"的可持续建筑，以促进人与自然的和谐共生。在建筑规划设计方面，重点关注建筑对城市的贡献，控制窗墙比以减少玻璃幕墙的使用来降低建筑的热和光污染；增加场地绿化面积，进行生物多样性设计；无外围墙设计，促进建筑与城市的互通；底层开放，加强与周边社区的共享互动。在建筑空间设计方面，重点关注自然采光与通风，关注员工身心健康，促进员工交流等。在建筑技术设计方面，重点关注多专业协同，强调建筑的韧性设计，提升抗灾能力及加强智慧联动等。在建筑构造设计方面，重点关注节约材料、降低碳排放，使用符合3R原则的可再生、可循环的建筑材料，利用清洁能源等（图2.1-2）。

图2.1-1 17项联合国可持续发展目标
（此图片来自网络）

开放式楼梯，连廊
CIRCULATION NETWORK

可调节送风和室内环境质量
REGULATED AIR SUPPLY & AIR QUALITY

减少背景噪声
LIMIT BACKGROUND NOISES

疗愈性设计
RESTORATIVE SPACES

湿度控制
MANAGE RELATIVE HUMIDITY

热舒适
THERMAL COMFORT

亲自然
CONNECTION TO NATURE

自然采光
DAYLIGHT EXPOSURE

提供工作场所的健身活动机会
PHYSICAL ACTIVITY OPPORTUNITIES

室外绿地
OUTDOOR GREENERY

水质量监测
MONIT OF WATER QUALITY

靠近公共交通
CLOSE TO PUBLIC TRANSPORT

人体工学设计办公桌椅
ERGONOMIC WORKSTATION
Visual Ergonomic
Height-Adjustable Work Surfacess
Chair Adjustability

环境友好清洁措施
IMPROVED CLEANING PRACTICES

便骑行基础设施
CYCLING INFRASTRUCTURE

工作环境健康促进
HEALTH & WELLBEING PROMOTON

更骑行沐浴更衣储物设施
SHOWER, LOCKER &CHANGING FACILIIES

创建社区活动场所
COMMUNITY SPACES

图2.1-2 启迪设计大厦可持续设计技术简图

2.2　建筑室外微气候研究与利用

建筑室外微气候是指建筑场地建成环境区域范围内的气候状况。本项目在初期选址时非常重视场地的微气候环境，经过多个地块比选，最后确定日照/风速均较为舒适的选址。在选定场地后，如何充分利用场地微气候的优势，进行建筑体块布局，从而达到气候、建筑、人三者之间的和谐共生成为总体布局的关键。

2.2.1　场地微气候环境

1. 日照环境分析

太阳辐射能是太阳辐射所传递的能量，通过太阳辐射获得热量是冬季提高环境空气温度的重要途径，苏州属于夏热冬冷地区，光气候Ⅳ区，根据苏州市气象局的数据，常年平均日照时数为1965h。

在启迪设计大厦建筑布局中使主要功能房间获得充足日照有利于提升室内空间亮度，减少对照明设备的依赖，增强室内空间的立体感，使房间看起来更加宽敞和舒适；有助于增强人体健康、减少焦虑情绪；有助于室内空气的流通和干燥，减少潮湿和霉变等问题，同时阳光中含有大量红外线，冬季照射入室能够产生辐射热，提高室内温度，具有良好的取暖效果。由于冬季太阳高度角较低，在建筑整体布局中尽量加宽与周围建筑间距，特别是加大于南侧和西侧高层的间距（图2.2-1c），可以使本项目在冬季获得更多的日照时间。

充足的日照还有助于植物的生长，也是植物进行光合作用的主要能量来源，本项目在将近5000m²的裙房屋顶设计了屋顶花园，采用覆土和植物种植进行调节局部屋顶的温度和湿度，缓解城市热岛效应；屋顶花

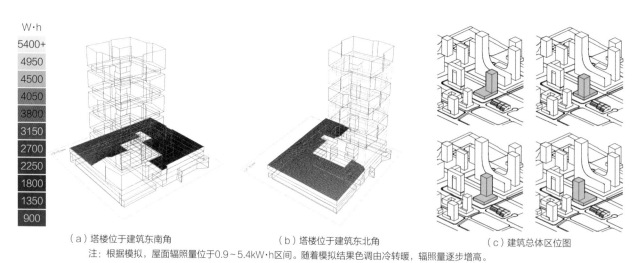

（a）塔楼位于建筑东南角　　　　　　　（b）塔楼位于建筑东北角　　　　　　　（c）建筑总体区位图

注：根据模拟，屋面辐照量位于0.9~5.4kW·h区间。随着模拟结果色调由冷转暖，辐照量逐步增高。

图2.2-1　冬至日裙房屋顶太阳辐照量对比

园植物通过光合作用消耗二氧化碳并释放氧气，有助于维持大气中氧和二氧化碳的平衡，这对于减少温室气体排放、缓解全球气候变暖具有积极意义；同时光合作用产生的氧气为屋顶花园带来更为清新的空气质量，有利于人们在其中进行休闲、锻炼等活动。因此如何让屋顶花园得到充足的日照也成为建筑方案设计时的一个重要考虑因素。

根据Ecotect Analysis计算软件模拟分析，当塔楼位于裙房南侧时，对裙房光照遮挡明显，冬至日裙房屋面的太阳累计辐照量为5.41kW·h/m²；当塔楼位于裙房北侧时，屋顶辐照量有明显改善，冬至日太阳累计辐照量达到7.50kW·h/m²，太阳辐照改善提升比例达到38.6%（图2.2-1a、b）。由此可见在建筑布局中将塔楼设置在北侧，裙房屋顶花园设置在塔楼南侧，可以使室外场地及屋顶花园上的植物得到充足的日照，有利于植物生长。因此在建筑布局比选中放弃了塔楼南置/主入口朝南的常规设计，改为将塔楼设置在地块的北侧，主入口朝东，来提升整个建筑的光环境。

另外，塔楼位置的摆放对中央内庭院立面辐照量也有较大影响。当塔楼位于南侧时，对中央内庭院立面有明显遮挡，冬至日太阳累计辐照量仅为1.32kW·h/m²；当塔楼位于北侧时，该立面辐照量有明显改善，冬至日太阳累计辐照量达到4.09kW·h/m²，相较于前者辐照量提升了2倍以上（图2.2-2）。

夏季苏州光照资源最为充足，太阳高度角较大，光照强度较大，为苏州地区提供了丰富的太阳能资源，这对于光伏发电、太阳能热水器等新能源利用具有积极意义。本项目利用太阳辐射照度特点在屋顶及南立面日照充足的区域设计了光伏发电、太阳能热水器等设施，充分利用可再生能源。

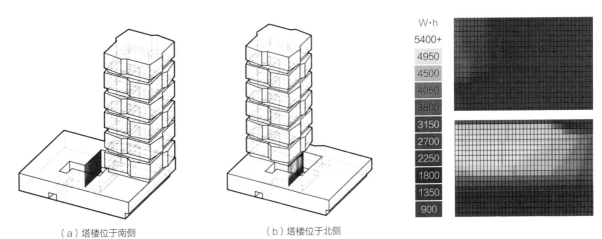

（a）塔楼位于南侧　　　　　　　　　　（b）塔楼位于北侧

注：根据模拟，中庭南立面太阳辐照量位于0.28～4.78kW·h区间。随着模拟结果色调的由冷转暖，辐照量逐步增高。

图2.2-2　冬至日中央内庭院侧立面太阳辐照量对比

2．风环境分析

风是由空气流动引起的一种自然现象，城市街区形态布局、单体建筑的体块构成等均会对周围风环境产生影响。苏州地处北亚热带湿润季风气候区内，四季分明，季风明显，冬季盛行西北风及东北风，夏季则盛行东南风。2023年的数据显示，1月份偏北风的频率为70%，7月份偏南风的频率则达到77%。这表明苏州风向的季节性变化特征较为明显。

结合苏州季风气候特点，本项目场地的风环境在冬季以挡风为主，重点关注场地西北侧的挡风设计。春秋过渡季在场地内做好通风引导，结合室外风向，设计建筑外部的通风廊道、冷巷等以增强建筑通风效果，避免无风区和涡旋区的产生。同时在建筑立面上精准设置开启扇，增强建筑内部自然通风效果。

1）通风

本项目场地位于旺墩路与旺茂街交叉口西北侧，两条道路形成天然的通风廊道，且顺应夏季东南季风风向。场地东侧旺茂街以东是绿化用地及一处12m高的建筑，南侧旺墩路以南是1栋100m高的办公楼和1栋24m高的办公楼。根据绿建斯维尔—建筑通风VENT软件模拟，过渡季场地风速适宜，有利于带走场地产生的热湿及污染物，场地内没有明显无风区，规划设计的中央内庭院及通风廊道很好地提升了场地内的风速，使建筑外边界的整体通风效果良好（图2.2-3）。

2）挡风

中央河岸边的高耸水杉以及河北侧约260m高的现代传媒广场可有效遮挡冬季西北季风（图2.2-4）。

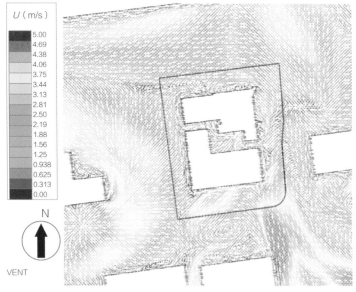

注：模拟图中冷暖色调的分布，表明场地风速的大小，具体风速可对照风速标尺。

图2.2-3　计算域内1.5m高度水平面风速图-过渡季

图2.2-4　北侧约260m高的现代传媒广场与本项目区位关系图

通过绿建斯维尔—建筑通风VENT软件模拟可知，冬季场地红线范围内最大风速为4.38m/s，平均风速为3.04m/s，建筑周围没有风速超限区域。北侧超高层建筑防风的效果十分明显（图2.2-5）。

3）调风

通过绿建斯维尔—建筑通风VENT软件模拟可知，冬季场地风速整体满足绿建建筑标准要求，但局部风速仍达到4.69m/s，为应对此不利因素，在风速较大的通风路径上增加绿植，通过绿植对空气的阻挡，使风速降低至3.75m/s，提升了人体舒适度体验，实现了场地局部调风（图2.2-6）。

3. 降水与空气湿度分析

降水分为水平降水（如霜、露、雾等）和垂直降水（如雨、雪等）。空气湿度是指空气中水蒸气的含量。建筑周边的水体、植被、透水地面与大气之间的水汽交换对场地内建筑边界区域的空气湿度分布有直接影响，进而通过通风和空气对流换热对建筑冷热负荷和室内环境产生影响。苏州常年平均降水量约为1100mm，气候湿润，适宜植被生长和水资源储备。

本项目场地北侧紧邻中央河景观带，河面宽阔、两岸植被丰茂可有效调节场地的湿度微环境。苏州河道水位控制较好，在夏季梅雨、台风等强降水时段可以迅速排除场地积水，冬季干冷时段可以有效调节场地湿度。场地内高标准的生态海绵设计实现了雨水的自然存积、自然渗透、自然净化，达到建筑场地"会呼吸、有韧性"的目标。

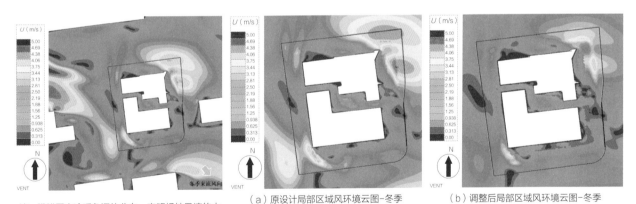

注：模拟图中冷暖色调的分布，表明场地风速的大小，具体风速可对照风速标尺。

（a）原设计局部区域风环境云图-冬季　　　（b）调整后局部区域风环境云图-冬季

图2.2-5　计算域内1.5m高度水平面　　　　　图2.2-6　场地调风
　　　　　风速云图-冬季

2.2.2　城市热岛效应缓解

城市热岛效应是指城市地区相对于周围农村和郊区地区温度更高的现象。在城市高速发展、建设中，建筑物、道路等高蓄热体取代了如土壤和植被等自然表面，加之大气污染、人工废热排放等因素使城市热岛效应愈加严重。因此在项目建设中应合理布局场地绿化，并加强场地蓝绿生态空间设计，可有效降低地表温度，缓解热岛效应。

本项目建设指标中建筑密度上限为50%，在统筹建筑空间设计后，将建筑功能进行紧凑布局，降低建筑密度至36.5%，从而释放出2100多平方米的场地及约5000m²的裙房屋顶用于蓝绿生态空间设计。同时结合场地北侧32m宽的中央河绿化带形成蓝绿交织的生态空间和城市通风廊道，起到了更好地平衡热环境、促进自然风流动的作用。

本项目裙房屋顶花园采用了种植屋面。夏季，上部的覆土及植被可有效阻隔太阳光直射，以减少太阳的热，同时上部植被的蒸腾作用还可以带走周边余热，一定程度上改善周边微气候；冬季，上部的覆土及植被可阻隔室内热损失，增强保温效果。

在各层级的绿化、水体等综合作用下，地表温度得以有效地降低，缓解热岛效应，通过绿建斯维尔—住区热环境TERA软件模拟计算可知，夏至日，当室外空气温度为30℃，场地及建筑未进行热岛优化设计时，地表温度为42℃，在热岛优化设计后，地表温度为38℃，地表温度降低4℃（图2.2-7）。

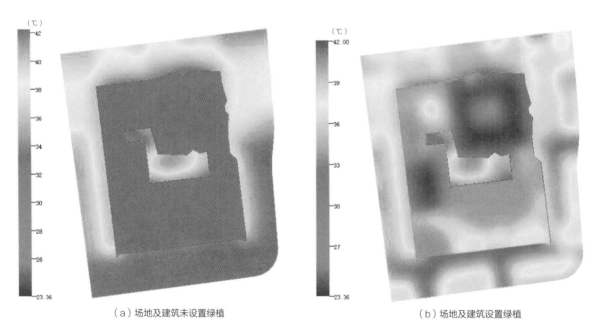

（a）场地及建筑未设置绿植　　　　　　　　　　　　　（b）场地及建筑设置绿植

图2.2-7　场地冷热岛空间分布

2.3　建筑边界区域绿色设计研究

2.3.1　自然通风

自然通风作为被动式节能的主要手段之一，对减少风机能耗、降低空调负荷，提供新鲜空气起到重要作用。自然通风可以有效改善室内热环境，促进人与自然的交流，有利于人的生理和心理健康。通过建筑空间形态的合理组织可以有效利用自然风。

1. 自然通风技术的基本形式

1）风压通风

风压通风是一种利用气流动力学原理，通过有组织的通风口设置，使风从高压区到低压区流通的室内外空气流动方式。研究主导风方向和气压情况，在建筑总图布局中设计通风廊道，形成"穿堂风"；在建筑立面上合理设置通风口，有效组织室内气流达到通风目的（图2.3-1）。

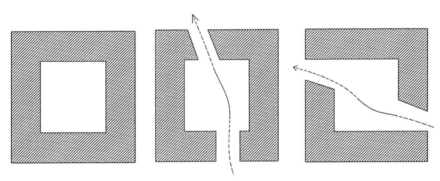

（a）无通风廊道的建筑平面　　（b）设置南北通风廊道的建筑平面　　（c）设置东西通风廊道的建筑平面

图2.3-1　通风廊道平面基本形式

2）热压通风

热压通风是利用热空气上升、冷空气下降的原理，在建筑空间内部形成上升气流，实现通风换气效果。影响热压通风效果的因素有两点：第一是进风口与出风口之间的高度差，第二是进风口与出风口之间的温度差。高度差与温度差越大，热压通风效果越好（图2.3-2）。

3）风压与热压混合通风

通过建筑形体与空间组织，将风压通风与热压通风有机结合，形成混合通风。在建筑进深较小的空间利用风压组织通风，在进深较大的多层空间通过热压通风提高气流交换速率，两种通风方式可相互补充，共同作用，促进室内的空气流通（图2.3-3）。

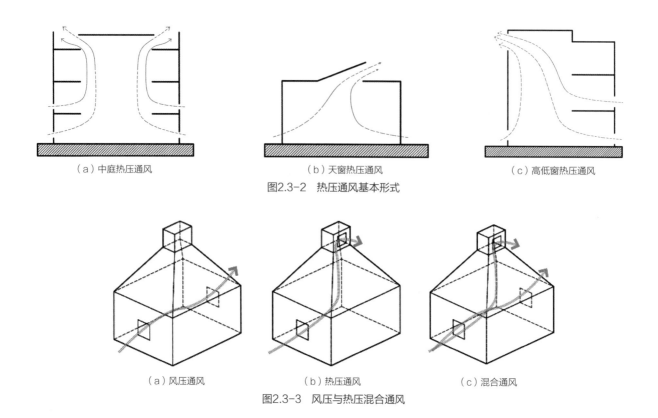

（a）中庭热压通风 （b）天窗热压通风 （c）高低窗热压通风

图2.3-2 热压通风基本形式

（a）风压通风 （b）热压通风 （c）混合通风

图2.3-3 风压与热压混合通风

2. 通风设计手法

1）自然通风廊道：在本项目中通过设置南北内庭院、底层局部架空区、檐廊空间等措施进行建筑体块的构成，以形成有效的通风廊道，加强自然通风（图2.3-4）。

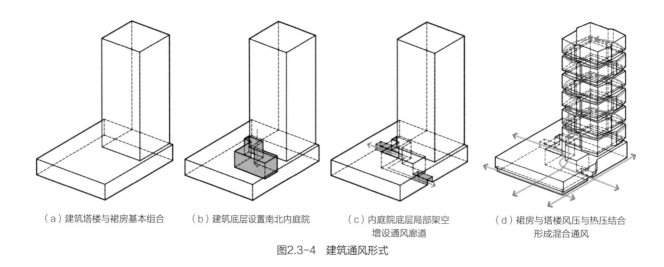

（a）建筑塔楼与裙房基本组合 （b）建筑底层设置南北内庭院 （c）内庭院底层局部架空 增设通风廊道 （d）裙房与塔楼风压与热压结合 形成混合通风

图2.3-4 建筑通风形式

2）立面开窗优化：本项目立面的窗墙分格设计原则是在满足建筑窗墙比的同时使建筑达到最优的自然通风效果，利用CFD（Computational Fluid Dynamics）软件进行风环境的模拟计算，通过模拟结果不断修正建筑开窗位置、数量及形式以达到最优的通风效果（图2.3-5）。在开启扇设置方面，考虑到冬季防风、过渡季通风的效果，结合苏州地区季节风向，在建筑北侧、西北侧冬季风较大的区域，适当减少窗扇的开启，达到冬季挡风的目的。在建筑东南侧，过渡季通风及夏季主导风向上增加窗扇数量，达到引风、通风的作用。建筑第五立面——屋顶面结合室内功能设置可开启天窗，进一步增强室内通风效果。

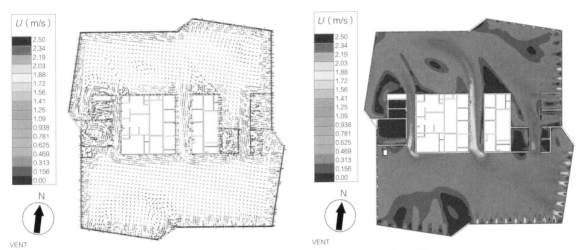

注：箭头表达风速方向，颜色表达风速大小，具体风速可对照风速标尺

图2.3-5 塔楼标准层风速矢量图

3）通风与排烟结合：通风窗扇与消防排烟结合可减少机械排烟的使用，以达到节材、节能、提升室内净高的目的。目前很多高层建筑开窗较少或开窗位置不满足自然排烟要求，因此大部分办公建筑使用了机械排烟系统，排烟风管尺寸粗大，对室内净高产生较大影响，也增加造价和施工工期。本项目方案前期力求将自然排烟与自然通风有效结合，不仅节约材料、降低造价，更能减少室内管线、增加室内净高，提升空间效果。在如此严苛的条件下，通过对立面的精细化设计，各专业协同、反复对比计算，在建筑塔楼中，除中庭空间之外，全部采用自然排烟设计，达到最大程度节材节能目的。

3. 裙房通风策略

建筑1~3层是一个约72m×95m的长方形平面，建筑进深过大导致通风效果不佳。为改善通风效果，本项目在裙房中部设置了一个Z形内庭院，庭院最宽处达35m，在一层平面设计中，结合功能需求，将内庭院向东西两侧延伸并贯通至室外，这样既可以用内庭院将北侧办公门厅、会议区和南侧商办区有效地分隔开，又可以加强内庭院的通风效果（图2.3-6）。封闭内庭院与开敞内庭院风速对比（图2.3-7），从该图可知开敞内庭院风速对较封闭内庭院风速有明显变化：东侧开口处风速由0增大至2.41m/s，西侧开口处风速由0增大

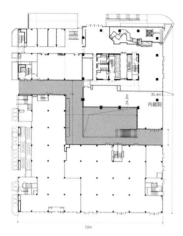

图2.3-6　一层内庭院位置分析图

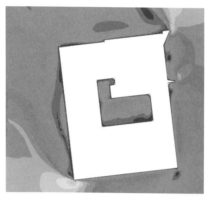

（a）一层为封闭内庭院风速图（过渡季）

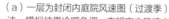

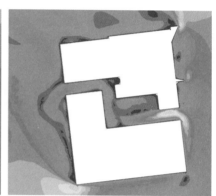

（b）一层为开敞内庭院风速图（过渡季）

注：模拟结果冷暖色调，表明室内风速大小，具体风速可对照风速标尺。

图2.3-7　封闭内庭院与开敞内庭院风速对比

至1.53m/s。由此可见，外部微环境风场情况是影响建筑内部通风质量的重要因素，因此在设计室内通风前应先研究和设计室外风环境。

　　裙房办公区域的通风方式是通过间隔布置铝板开启扇引导空气进入室内。而在裙房最重要的门厅、展厅等区域的设计中，考虑到建筑的整体性及内外视线的通透效果，立面采用了整体感较强的两层通高玻璃幕墙形式，通高玻璃幕墙上如设置开启扇则对立面效果破坏较大，因此在设计中利用通高空间的拔风效应，经过反复推敲，将开启扇巧妙地设置在通风廊道内且不影响室内外效果的部位，以达到低处引风高处拔风的效果（图2.3-8）。

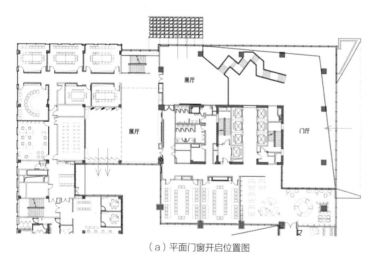

（a）平面门窗开启位置图

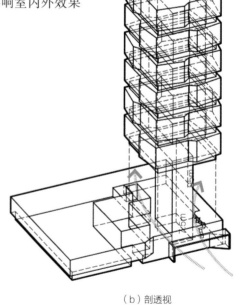

（b）剖透视

图2.3-8　门厅、展厅通风廊道设计

4. 塔楼标准层通风策略

1）窗扇开启原则

塔楼作为主要的办公空间，舒适而有效的通风环境至关重要，开启扇在平面中的设置原则遵循科学性、均好性、精确性。

为满足使用功能的均好性、空间布局的灵活性，在建筑的四个方向的立面上，均匀布置手动开启扇，共计64樘。通过绿建斯维尔—建筑通风VENT软件模拟计算可知，标准层通风效果较好，过渡季97%的面积换气次数可达22~102次/h（图2.3-9），达到绿建标准要求的11~50倍。同时，建筑室内主要功能空间空气龄均低于225s，在自然通风条件下，室内不到4min即可完成一次整体换气，保证室内空气新鲜（图2.3-10）。

均匀布置的手动开启扇可满足绝大部分防烟分区的自然排烟需求，其余区域通过精准计算，结合立面分隔在玻璃面上设置高位电动排烟窗。在满足自然排烟要求的前提下，平时与手动开启扇相互配合使用，立面上形成高低位开口，加强空气对流循环，增强通风效果（图2.3-11）。

电动开启扇与智慧楼宇控制系统相连，通过智慧楼宇设定，在户外天气晴好的工况下，早上6:30开启，8:30上班时关闭。绿建斯维尔—建筑通风VENT软件模拟计算可知，仅通过智慧联动系统开启电动窗时，通风换气次数可达19次/h，同样超过绿色建筑评价标准得分要求的2次/h。这样的设置可为一早上班的同事提供最新鲜的室内空气（图2.3-12）。

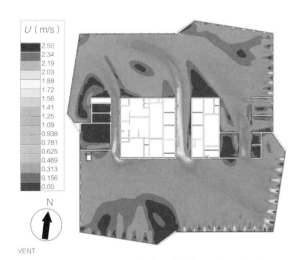

注：模拟结果冷暖色调，表明室内风速大小，具体风速可对照风速标尺。

图2.3-9 标准层手动开启扇全开状态下风速图

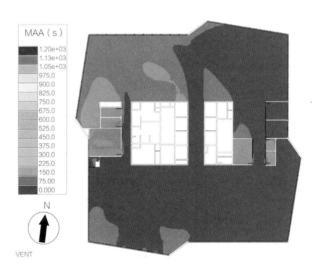

图2.3-10 标准层手动开启扇全开状态空气龄分布图

图2.3-11　高位电动排烟窗

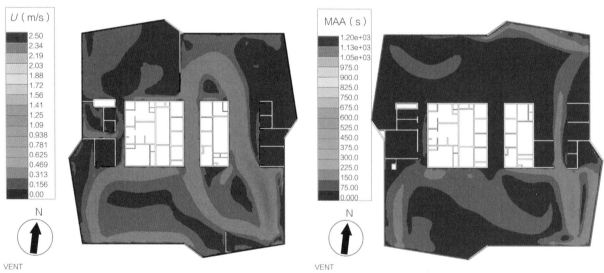

注：模拟结果冷暖色调，表明室内风速大小，具体风速可对照风速标尺。
图2.3-12　标准层智慧联动电动开启扇全开状态下风速图

2）窗扇分格形式

建筑立面表皮担负着采光、观景、通风、排烟、保温隔热等功能，通常实体墙作为保温隔热的节能主体，玻璃作为采光、观景、通风、排烟的主体，但在玻璃系统中如同时满足通风和排烟需求，琐碎的窗框会影响采光效率和观景效果。在本项目设计中，功能与形式的重组成为窗扇分格形式的创新点。将采光、观景功能与固定玻璃结合，形成干净完整的玻璃面；将通风、排烟功能与实体铝板墙结合，铝板处设置手动开启扇，用于通风与排烟（图2.3-13）。

在立面设计中，窗墙比、节能性、立面完整性、视线通达性、成本控制量等指标因素是设计考虑的重点，通过对上述指标的综合分析，推导出了玻璃与铝板在水平与竖直方向的定量尺寸。固定玻璃尺寸为1500mm×2000mm，不仅可以提供舒适宽广的观景视野，同时单块玻璃面积控制在3m²以内，仅需采用厚度为（6+12+6）mm的中空Low-E玻璃，有效控制了成本。铝板开启扇尺寸为600mm×2000mm，不仅满足通风与排烟需求，而且尺度、重量相对适宜，便于开启。

3）手动开启方式

在开启扇设计中，结合不同区域功能需求，选取内平开、上悬、中悬（上部外倒）3种开启方式，从通风效果、排烟效率、气密性、水密性、经济性及开启后立面效果6个方面对各开启方式进行分析（表2.3-1）。

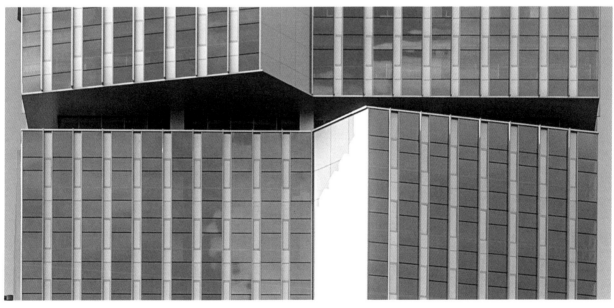

图2.3-13　立面形式标准单元

3种开启方式立剖面分析　　　　　　　　　　　　　　　表2.3-1

开启方式	图例
内平开	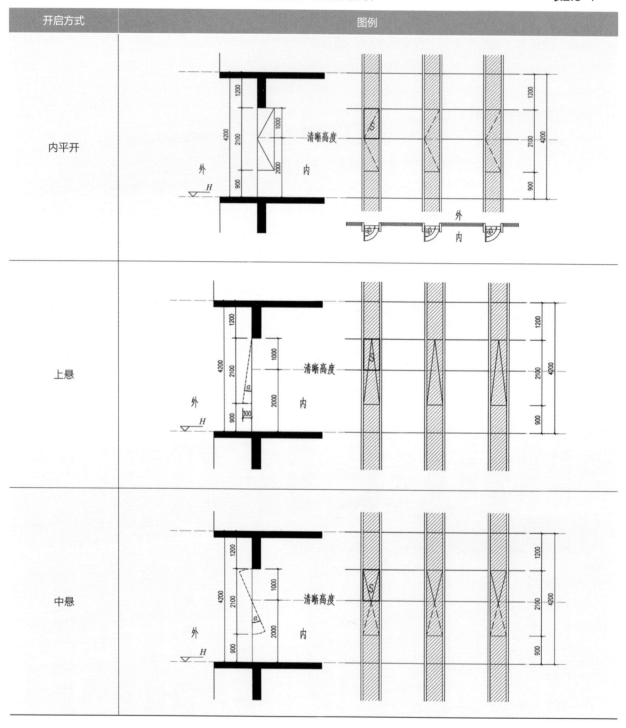
上悬	
中悬	

（1）开启方式——内平开

通风效果：内平开窗开启扇高度为2.1m，开启角度通过限位器可实现15°~90°的调节，通风效果优。

排烟效率：内平开窗利于排烟，根据《建筑防烟排烟系统技术标准》GB 51251—2017（以下简称《技术标准》）4.3.3条规定：当自然排烟窗（口）设置在外墙上时，自然排烟窗（口）应在储烟仓以内。根据《技术标准》4.3.5条规定：当采用开窗角大于70°的平开窗时，其面积应按窗的面积计算。因此，每扇开启扇的有效排烟面积为：

$$S_{排烟有效}=S$$

由此可知，内平开窗排烟效率较高。

开启后立面效果：内平开窗通过限位，可以达到统一的开启角度，如15°，因开启角度较小，且开启扇位于室内，内斜的开启扇在光影的效果下，使立面产生较好的纵深立体感，立面效果较优。

（2）开启方式——上悬

通风效果：上悬窗开启扇高度为2.1m，因开启扇的开启角度不宜大于30°，开启距离不宜大于300mm，因此开启角度较为受限，有效开启面积较小，通风性能良。

排烟效率：上悬窗不利于排烟，根据《技术标准》规定，上悬窗每扇开启扇的有效排烟面积为：

$$S_{排烟有效}=S \cdot \sin\alpha=0.15S$$

由此可知，上悬窗排烟效率低。另有规定，当房间面积大于200m²时，不得使用上悬窗作为自然排烟窗，而塔楼标准层大多是大于200m²的大空间，故此，开启方式不适宜使用上悬。

开启后立面效果：上悬窗通过限位，可以达到统一的开启角度，但因开启扇外悬，对立面的影响较大，且从人视角向上看，会产生一个一个"黑洞"，立面效果一般。

（3）开启方式——中悬（上部外倒）

通风效果：中悬的开启方式为上部外倒形式，开启扇高度为2.1m。通风时，上下部开口距离可根据使用需求进行开启限位，上下两个开口形成气流的循环，室外冷空气从下部开口进入室内，经过室内加热的空气从上部窗口流出室外，通风效果优。

排烟效率：中悬（上部外倒）窗利于排烟，根据《技术标准》规定，此案每扇开启扇的有效排烟面积为：

$$S_{排烟有效}=S \cdot \sin\alpha$$

由此可知，手动开启角度最大可达70°，故$S_{排烟有效}=S$，排烟效率高。

开启后立面效果：中悬窗通过限位，可以达到统一的开启角度，此案开启扇上部外倾，下部内悬，开启方便，从人视角向上看，"黑洞"效果不明显，立面效果良。

（4）小结

通过对3种开启方式的通风效果、排烟效率、气密性、水密性、经济性及开启后立面效果的比较可以得出如下结论：上悬方式虽属最常规最成熟的开启方式，但其排烟效率低下，无法满足大面积的自然排烟需求，且玻璃面上需增设大量电动开启扇或采用机械排烟方式，大大增加了建造成本。内平开方式和中悬方式相比，中悬方式构造成本较高，且水密性、气密性不佳，若大量使用，后期隐患较多，维护成本较高。通过对比可得内平开方式综合效果最优（表2.3-2）。虽然内平开方式防雨性能欠佳，对室内吊顶高度及窗帘设置的精准性要求较高，一定程度影响室内空间，但鉴于其优秀的通风、排烟功能，较好地解决了主要问题，因此确定内平开为主要手动开启方式（图2.3-14）。局部区域结合使用需求采用上悬窗及中悬窗。

3种开启方式综合性能评价表　　　　　　　　　　　　　　　表2.3-2

开启方式	通风效果	排烟效率	气密性	水密性	经济性	开启立面效果
①内平开	通风效果优	排烟效率高，利于排烟	好	好	好	立面效果优
②上悬	通风效果良	不利于排烟	好	好	好	立面效果中
③中悬	通风效果优	利于排烟	良	良	良	立面效果良

（a）内平开窗开启状态　　　　　　　　　　　　　　（b）内平开窗关闭状态

图2.3-14　手动内平开窗

5. 塔楼环廊层的通风策略

环廊层作为立面上分隔体块单元的横向元素，在造型需求上，需要保持横向的完整通透性，因此环廊层的窗墙分隔采取上窗下墙的方式。900mm以上部分为通透明亮的玻璃幕墙，900mm以下部分为实体窗台。

设计之初，开启扇试图设置在玻璃幕墙上，为保持立面的简洁完整，玻璃不再进行二次划分，将整片玻璃设置为一整个开启扇，采用上悬开启方式。

但这样的设计有以下2个弊端:

1)开启扇尺寸为1800mm×1950mm,质量约为184kg,无论从尺寸和质量,均不利于开启。

2)开启扇采用上悬外开方式,开启之后会占据外侧的环廊空间,影响环廊的人通行。

基于上述2点考量,通过不断优化开启方案,最终选择将实体墙高度降低,在实体墙与玻璃幕墙间增设一樘250mm高的铝型材窗,系统性地解决上述问题(图2.3-15)。

1)铝型材窗尺寸为1800mm×250mm,质量约为12.5kg,尺度和重量适宜,便于开启。

2)开启方式为内倒,不影响外部环廊空间,又因开启扇高度仅为250mm,即使内倒全部开启,亦不影响室内空间。

3)开启扇设置在1m以下,上部玻璃为固定扇,保证了立面的干净、简洁。

图2.3-15 型材窗室内外效果

通过绿建斯维尔—建筑通风VENT软件模拟计算可知,环廊层通风效果良好,过渡季室内换气次数可达10~40次/h,远超绿色建筑评价标准得分要求的2次/h。以四层为例,大部分公共区域的风速约为0.9m/s(图2.3-16),空气龄在0~75s(图2.3-17)。以八层为例,大部分区域的风速约为0.7m/s(图2.3-18),一半以上的区域空气龄在75s左右(图2.3-19)。

环廊层大部分房间面积不超过100m²,因此房间内有开启扇即可满足自然排烟需求。对于个别超过100m²的房间,将固定玻璃扇改为中悬窗,上部外倒,利于烟气排出,以解决自然排烟问题。

6. 地下空间通风策略

本项目地下一层设置了员工食堂、小餐厅、健身房、报告厅、图档室、后勤物业用房等人员经常使用的房间。为增加各功能房间的通风量,通过软件模拟,系统地研究了风进入各房间的方式,以做好室内外的通风组织。

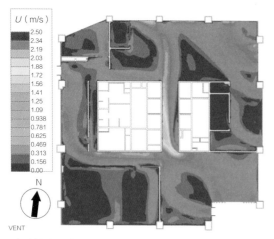

注：模拟结果冷暖色调，表明室内空气龄大小，具体空气龄可对
照空气龄标尺。

图2.3-16　四层风速图

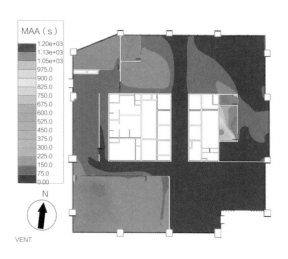

图2.3-17　四层空气龄图

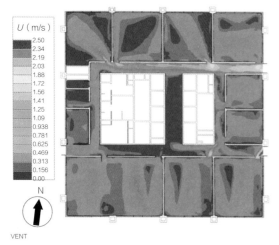

注：模拟结果冷暖色调，表明室内空气龄大小，具体空气龄可对照
空气龄标尺。

图2.3-18　八层风速图

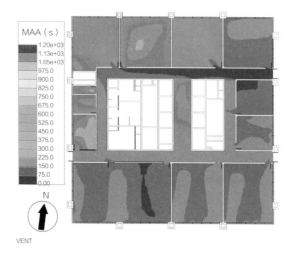

图2.3-19　八层空气龄图

　　首先将裙房中部18m×35m的中央内庭院下沉至地下一层，并在地下室南侧、东侧增设3m宽有顶的外廊，下沉庭院通过疏散楼梯与一层连通。其次地下一层北侧结合疏散出口增加一处4.2m宽的下沉庭院，形成南北双庭院，同时将中央内庭院与东南角部车库坡道入口连通，形成有效的通风廊道，加之餐厅上部的可开启天窗，风压通风与热压通风相互组合，极大地提高了功能房间的通风效率，增加了功能房间的通风量（图2.3-20）。

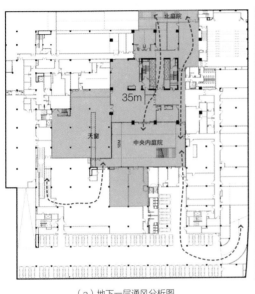

（a）地下一层通风分析图　　　　　　　（b）中央内庭院　　　　　　　（c）北庭院

图2.3-20　地下一层通风示意图

绿建斯维尔—建筑通风VENT软件模拟可知，地下一层功能空间的室内空气龄低于1800s的区域（每小时换气2次以上）的区域由3301m²提升到7107m²，改善区域提升了215%（图2.3-21、图2.3-22）。

7. 细部通风策略

除了对建筑外部风环境的利用，以及建筑立面开窗的形式研究外，在建筑细节上也进行了精细化设计，以期达到更为完善的通风效果。

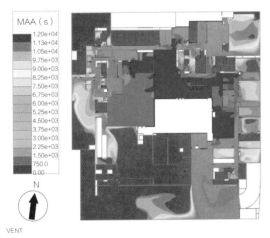

注：模拟结果冷暖色调，表明室内空气龄大小，具体空气龄可对
　　照空气龄标尺。

图2.3-21　1个内院的室内空气龄图

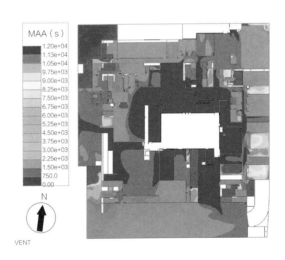

图2.3-22　2个内院及一个开启天窗的室内空气龄图

1）梁开洞与吊扇组合通风

对于单侧通风来说，进深 W 不宜大于 $2H$（室内净高），对于对流通风来说，进深 W 不宜大于 $5H$（室内净高），当建筑平面的进深一定时，增大室内净高，可以提升通风效能（图2.3-23）。启迪设计大厦内部的结构梁上开洞（详见第五章），不仅将机电管线从梁下抬高至梁中部，增加室内净高，还可以促进自然通风、改善通风效果。此外，结构梁下增设吊扇，叶片旋转扰动室内空气，加速空气流动，可以进一步提升通风效能（图2.3-24）。

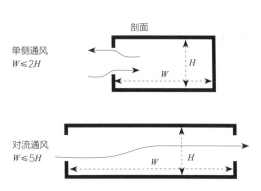

图2.3-23　单侧通风与对流通风的空间高度进深分析 　　　　图2.3-24　梁上开洞与梁下吊扇

2）立面导风板

本项目塔楼外立面的竖向线条，不仅有遮阳作用，还可以充当立面导风板。内平开窗扇，同样充当导风板的角色。导风板使得窗洞口处形成小规模的正负压力差，从而增大窗扇开启后洞口的空气流速，增强通风效果（图2.3-25）。

3）漏斗状进风口

启迪设计大厦裙房南立面贴临城市道路，为保证立面完整性，南立面开窗采用平推窗，平推窗在开启状态下有较好的隐蔽性，但其通风效能却远低于平开窗（图2.3-26）。

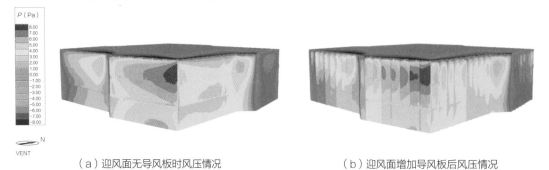

（a）迎风面无导风板时风压情况 　　　　　　　　（b）迎风面增加导风板后风压情况

图2.3-25　迎风面有无导风板风压对比

图2.3-26 平推窗

　　为解决此问题，裙房南侧女儿墙处的造型设计为外大内小的"漏斗"状，利用"漏斗效应"来增大进风口处的风速，增加平推窗的通风效能。由图2.3-27可知，上部"漏斗"状斜面对风向产生压迫，使有"漏斗"状造型比无"漏斗"状造型的风量有较大变化，可使平推窗开启时产生更大风量。

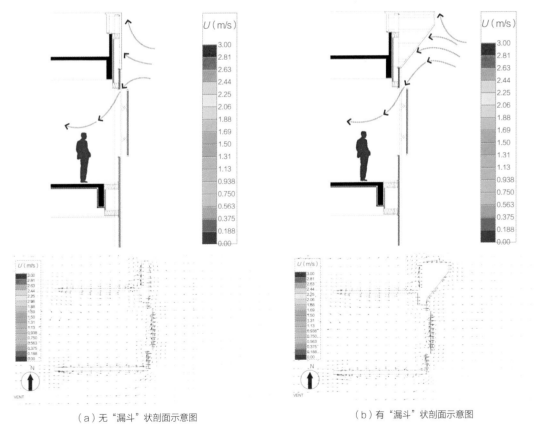

（a）无"漏斗"状剖面示意图　　　　　　　　（b）有"漏斗"状剖面示意图

图2.3-27 漏斗效应对比分析

图2.3-28　员工餐厅天窗

4）天窗

员工餐厅位于地下一层，人员密集且进深较大，通风效果不佳。为解决此问题，在餐厅屋顶设置了一组天窗，过渡季节天窗与外门同时开启，在热压与风压的共同作用下，可以显著加强餐厅的通风效果（图2.3-28）。

裙房屋顶结合屋顶景观设置了2处可开启天窗，位置选取在裙房中部通风效果较差的区域，天窗与立面窗同时开启，通过风压和热压共同作用，可以很好带动空气流通，有效改善大进深裙房的通风问题，同时屋顶的阳光与绿植也为室内增添了一抹生机与自然的气息（图2.3-29）。

图2.3-29　办公区域天窗

2.3.2　自然采光

自然光是影响人体健康和心情舒适的重要因素，研究显示舒适的自然光环境对于人们的工作效率、视力健康具有重要意义。充分利用自然采光是被动式节能的主要手段之一，不仅可以有效节约照明用电，还能营造动态、舒适的室内光环境。

1. 自然采光技术的基本形式

自然采光技术的基本形式大致分为四类，分别是侧面采光、顶面采光、内庭院采光、新型采光（图2.3-30）。

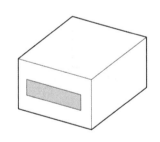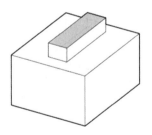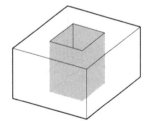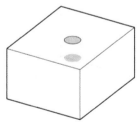

图2.3-30　自然采光技术的基本形式

1）侧面采光

侧面采光是最常见的采光形式，窗高而窄，照射深度大；窗低而宽，照射范围大，适用于小、中进深房间。立面采光根据采光面的数量可以分为单侧采光与双侧采光。采光面越大，采光效果越佳。立面采光的优点是构造简单，防水性能良好，观景视野良好；缺点是易眩光，大进深房间采光不均匀。

2）顶面采光

顶面采光通过在房间顶部加设天窗，较好地解决了大进深房间内部采光不均的问题。但此采光方式具有防水隐患，同时受开窗位置的限制，仅能在建筑顶层实现。

3）内庭院采光

内庭院采光本质上属于立面双侧采光，为解决大进深、多楼层建筑中部采光不足问题，通过在建筑中部增设庭院，增大立面采光面积，增强采光效果。

4）新型采光

新型采光方法可以理解为窗在采光功能形态上的拓展，常见方法有光导纤维法、棱镜组多次反射法、全反射采光窗等。本节重点讨论光导纤维法。

光导纤维采光技术是一种远距离传输太阳光的无电照明技术，光导纤维系统由采光罩、导光管和漫射器三部分组成。其基本原理是采光罩捕捉室外自然光线，经导光管传输后由漫射装置把自然光均匀高效地传递到远处。光导纤维系统适用于多楼层且无法对外开窗的建筑，可有效解决采光死角问题。

2. 地上建筑自然采光

不同的功能房间对于采光的需求不同，办公空间、模型制作空间、材料样板间等都需要较好的自然光线条件；会议室、讨论间、休息区等对采光需求次之；文印室、电话间、仓库、机房等对自然光环境需求最低。

建筑立面采用宽玻璃幕墙与窄墙体交替布置的方式解决自然采光与通风的问题，间隔均匀的玻璃幕墙使室内空间获得了均匀的采光。通过统筹布局，将采光需求高的房间布置在光线充足的区域，将采光需求不高的房间例如仓库、IT机房等布置在光线不足的区域。

目前针对天然采光评价标准依据主要为《绿色建筑评价标准》GB/T 50378—2019（2024年版）、《建筑采光设计标准》GB 50033—2013、《采光测量方法》GB/T 5699—2017、《民用建筑绿色性能计算标准》JGJ/T 449—2018。在WELL健康建筑评价标准中，对办公空间的日照及光环境特别重视，要求不少于55%的空间每年一半时间要求获得大于300lx的阳光照射，并且室内照度过量（每年250h以上超过1000lx）区域不超10%。

通过PKPM-Daylight采光模拟分析软件对光线条件欠佳的四层与五层进行采光计算可知，四层参与计算面积约为1017m²，动态采光照度达标小时数达到4h/d以上面积约为954m²，达标面积比例为93.8%（图2.3-31、图2.3-32）。五层参与计算面积约为1471m²，动态采光照度达标小时数达到4h/d以上面积约为1391m²，达标面积比例为94.6%（表2.3-3）。根据绿色三星办公建筑光照度要求，为了保证良好的室内光照环境，要求室内光照度达到标准的小时数至少为4h/d的区域应占总面积的75%以上，由此可见标准层的动态采光效果较好，远大于绿色三星办公建筑的光照度要求。

苏州地区（北纬31.30°，东经120.60°）的太阳高度角随季节变化而变化，在冬至、夏至、春分、秋分的上午和下午某时段进行晴朗天空下的日光模拟，模拟得出照度适宜区域，将其作为集中办公区；模拟得出曝光过度的区域用作休闲活动区域，并对玻璃幕墙的透光率进行控制，以避免过多的热量和光线进入室内空间，同时制定有效遮阳措施。

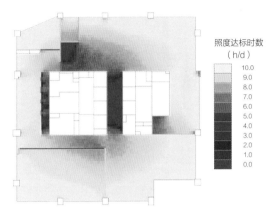

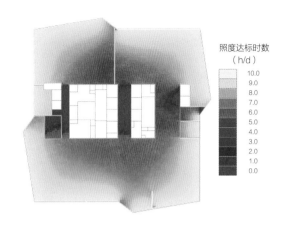

注：模拟结果冷暖色调，表明室内自然采光照度的达标
　　小时数。具体达标时数可参照其对应标尺。

图2.3-31　四层动态采光照度达标小时数模拟图　　　　图2.3-32　五层动态采光照度达标小时数模拟图

四、五层动态采光评价表　　　　　　　　　　　　表2.3-3

楼层	参与计算总面积（m²）	4h/d以上的面积（m²）	面积达标比例
四层	1017	954	93.8%
五层	1471	1391	94.6%

通过模拟数据显示，标准层除了核心筒区域，建筑四周一圈日照达标时间皆满足要求。而三层由于南侧裙房的进深较大，因此选择在屋顶花园上布置光导管和采光天窗，布置点位结合采光需求和结构合理性，位于柱跨中部，可以高效、均匀地增加室内照度（图2.3-33）。

通过绿建斯维尔—采光分析Dali模拟分析可知，设置光导管后，三层西北侧和南侧办公区域有约273m²的区域采自然光系数由0.5%提升为1.5%，提升比例达到200%；133m²的区域自然采光系数由0.5%提升为2.0%，提升比例达到300%；设置光导管后有效改善室内自然采光条件。三层通过一系列采光优化设计后，主要功能空间总达标面积为4552m²，达标率超过90%（图2.3-34、图2.3-35）。

传统的光导管出屋面部分是一个半球形装置，在周边环境中略显突兀（图2.3-36）。本项目采用了自主研发的专利技术，将光导管与景观一体化设计（图2.3-37）。白天自然光通过光导管进入室内，为办公空间带来均匀的光照（图2.3-38）；夜晚室内灯光从光导管透出，成为屋顶花园中的庭院灯（图2.3-39），实现了双向导光的效果。

3. 地下建筑采光

启迪设计大厦地下一层功能房间较多，例如员工食堂、健身房、图文打印室、后勤办公、后勤仓库、大报告厅、非机动车库等。为解决上述功能房间的采光需求，本项目采用了南北双下沉庭院结合顶部采光天窗（图2.3-40）及光导管的策略，以此来提供更好的采光。

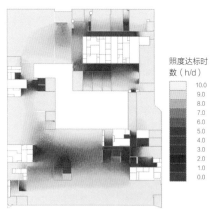

照度达标时
数（h/d）

10.0
9.0
8.0
7.0
6.0
5.0
4.0
3.0
2.0
1.0
0.0

21.8
11.0
7.0
4.0
2.0
1.0
0.5

21.6
11.0
7.0
4.0
2.0
1.0
0.5

图2.3-33　三层动态采光照度达标小时数模拟图　　图2.3-34　未设置光导管与天窗　　图2.3-35　设置光导管与天窗

图2.3-36　传统光导管（此图片来自网络）

图2.3-37　光导管与景观一体化设计

图2.3-38　光导管日景

图2.3-39　光导管夜景

通过绿建斯维尔—采光分析Dali软件对地下空间进行采光模拟分析可知：采用上述策略后，地下一层主要功能空间自然采光改善面积达到2980m²以上，改善空间占比≥31%，优于绿建标准10%要求的3倍以上。

地下一层西侧非机动车库设置光导管后，自然采光条件得到显著改善，约102m²的区域自然采光系数由0.5%提升到1.0%以上，改善比例达到100%以上。67m²的区域自然采光系数由0.5%提升到2.0%以上，改善比例达到300%以上（图2.3-41）。

图2.3-40 地下一层下沉庭院与食堂上部采光天窗

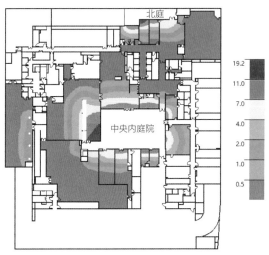

注：模拟结果冷暖色调，表明室内自然采光系数。
具体自然采光系数可参照对应标尺。

图2.3-41 地下一层采光分析图

2.3.3 建筑遮阳

遮阳技术的基本形式分为三类，分别为形体自遮阳、构件遮阳、表皮遮阳，本项目采用形体自遮阳与构件遮阳两种遮阳方式。

1. 形体自遮阳

启迪设计大厦因形体扭转，上部体量对下部体量形成自遮挡。

通过模拟计算可知：在无任何遮阳情况下，夏季平均单点位辐照为265.2kW·h，当有上部形体遮挡时，夏季平均单点位辐照为198.4kW·h，辐照下降25.2%（图2.3-42、表2.3-4）。

2. 构件遮阳

本项目构件遮阳采用了外遮阳与内遮阳两种方式。

1）外遮阳

区别于传统的外遮阳构件与建筑主体相互脱离的设计手法，启迪设计大厦的外遮阳采用幕墙、泛光、遮阳一体化竖向遮阳板的方式（图2.3-43）。经模拟计算，300mm宽竖向遮阳板，一方面可以获得较好的遮阳效果，另一方面作为立面的竖向元素，可使整栋大楼显得硬朗挺拔。

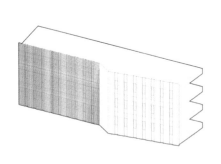

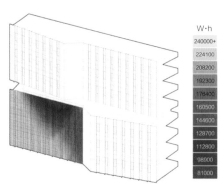

（a）无任何遮阳辐照图 　　　　　　　　　　（b）形体自遮阳辐照图

注：模拟结果冷暖色调，表明建筑立面辐照度强弱。具体辐照量大小可参照对应标尺。

图2.3-42　建筑辐照对比图

各种遮阳形式下辐照量对比　　　　　　　　　　　表2.3-4

遮阳形式	辐照量	降幅
无任何遮阳（100mm宽幕墙竖向构件）	265.2kW·h	0
形体自遮阳（100mm宽幕墙竖向构件）	198.4kW·h	25.2%
形体自遮阳+立面外遮阳（300mm宽幕墙竖向构件）	152.6kW·h	42.5%

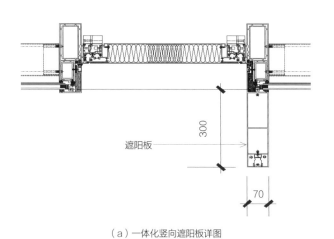

（a）一体化竖向遮阳板详图　　　　　　　　　（b）一体化竖向遮阳板夜景实景图

图2.3-43　一体化竖向遮阳板

通过模拟计算可知：无任何遮阳情况下，夏季平均单点位辐照为265.2kW·h，当形体自遮阳叠加竖向外遮阳时，夏季平均单点位辐照为152.6kW·h，辐照下降42.5%（图2.3-44、表2.3-4）。

2）内遮阳

启迪设计大厦的内遮阳分别采用立面遮阳帘、屋顶天窗电动遮阳帘、中庭智慧联动遮阳帘三种方式。

（1）立面遮阳帘

为解决夏季遮阳问题，本项目将垂直卷帘与幕墙横梁一体化设计，卷帘下放，可有效阻隔阳光直射，减少室内的热。同时卷帘与玻璃幕墙间形成的一道空气间层作为热缓冲层，自然形成内外温度梯度，由此带来的热延迟和削峰效应可使室内的微气候更趋于稳定。对于受到西晒影响的工区，幕墙内侧设置了两道卷帘，此二道卷帘与幕墙之间形成的两道空气间层可进一步加强热延迟和削峰效应，重点对冲西晒影响。

（2）屋顶天窗电动遮阳帘

餐厅及裙房屋面设置的采光天窗搭配电动遮阳帘，天窗的感光系统监测到有阳光直射时，电动遮阳帘自动开启，阻隔阳光直射，减少室内的热；当监测到仅有漫反射光时，电动遮阳帘自动关闭，为室内提供柔和的漫反射光。

（3）中庭智慧联动遮阳帘

启迪设计大厦的中庭朝向西北，为解决西晒问题，通过屋顶气象站采集日照及室外温度信息，利用智慧管控系统控制竖向卷帘：当室外温度达到28℃，直射阳光进入室内时，卷帘自动下放，阻隔阳光直射，减少室内的热；当室外温度下降至26℃，无直射阳光进入室内时，卷帘自动收回，室内接受自然光线。中庭遮阳智慧管控系统可对室外温度、照度做出敏锐回应，及时收放卷帘，有效平衡中庭内温度及光照。

2.3.4 建筑光伏一体化

建筑光伏一体化（BIPV，Building Integrated Photovoltaics）是一种将太阳能光伏发电系统集成到建筑中的技术，通过在建筑外围护结构的表面安装光伏组件来提供电力，同时作为建筑结构的功能部分，取代部分传统建筑结构如屋面、建筑立面、遮雨棚等，旨在同时实现建筑的能源供应和美学设计。BIPV利用太阳能发电，太阳能作为清洁能源，基

（a）导风板实景

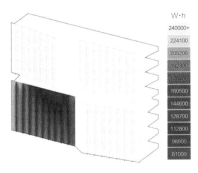

注：模拟结果冷暖色调，表明建筑立面辐照度强弱。具体辐照量大小可参照对应标尺。

（b）形体自遮阳+立面外遮阳辐照图

图2.3-44 导风板实景和形体自遮阳+立面外遮阳辐照图

本不会对生态环境造成污染，且在整个生命周期中的碳排放量远低于传统能源发电。

本项目在可再生能源方面选择了光伏发电的模式，在建筑中使用光伏一体化的设计方法，将光伏板与建筑屋顶、建筑立面有机结合，光伏板既是发电材料，又作为建筑屋面、建筑外立面材料。

1. 屋顶光伏一体化

屋顶光伏位于塔楼顶端，采用（6+6）mm双玻组件，安装面积1160m²，安装512块，安装容量175kW，考虑排水需求选择2°的倾斜角度，采用平铺隐框幕墙安装形式，年发电量18.94万kW·h。考虑下部为运动区功能，选择了透光率17%的光伏板，既满足自然采光又可起到遮荫效果（图2.3-45）。

（a）屋顶光伏底部仰视图　　　　　　　　　　　　　　（b）屋顶光伏顶部俯视图

图2.3-45　屋顶光伏

就单片光伏组件而言，在苏州地区最佳安装角度为22°，如按最佳倾角安装光伏组件，则1160m²的屋顶上可以安装235块，年发电量9.28万kW·h。从表2.3-5可知虽然单块光伏板平铺2°比最佳倾角22°年发电量略低，但同样屋顶面积下，平铺式安装数量远超最佳倾角安装数量，平铺式发电总量约为最佳倾角总发电量的2倍，因此最终选择平铺安装方式（图2.3-46）。

图2.3-46　平铺式与最佳倾角的发电量对比（此图片来自网络）

苏州地区双玻组件单块345W的辐射量和发电量　　　　　　　　　　表2.3-5

月份	平铺（2°）		最佳倾角（22°）		立面倾角（90°）	
	辐照量 [kW·h/（m²·d）]	月发电量（kW·h）	辐照量 [kW·h/（m²·d）]	月发电量（kW·h）	辐照量 [kW·h/（m²·d）]	月发电量（kW·h）
1	2.18	20	2.78	26	2.37	22
2	2.66	22	3.04	25	2.06	17
3	3.05	27	3.32	30	1.88	17
4	4.21	37	4.3	38	1.82	16
5	4.54	42	4.39	40	1.45	13
6	4.10	36	3.85	34	1.28	12
7	4.71	43	4.48	41	1.38	13
8	4.46	40	4.45	40	1.64	15
9	3.92	35	4.18	37	2.11	19
10	3.22	29	3.70	34	2.44	22
11	2.35	20	2.94	26	2.40	21
12	2.04	19	2.67	24	2.39	34
单块年总发电量（kW·h）	370		395		221	
光伏安装块数	512		235		—	
总发电量（万kW·h）	18.94		9.28		—	

　　由图2.3-47双玻组件单块345W不同倾角12个月的发电量曲线图可知，平铺0°、2°和最佳倾角22°的双玻组件发电量变化不大，立面倾角90°的双玻组件位于立面上时，发电量降低较多，6月是苏州的梅雨季，月发电量相较于前后2个月会明显较少。苏州地区夏季炎热，空调用电高峰在7月、8月、9月，这3个月也是光伏发电量最高的月份，可以有效补充用电需求。

　　在对光伏发电量与实际用电量的对比研究中，选择5月（过渡季）、8月（夏季）、12月（冬季）中的某一周对实测数据进行进一步的分析。5月是苏州天气晴朗、日照较多、气候舒适的过渡季节，选取一周的数据，对比光伏实际发电量与建筑总用电量的比例，在工作日光伏发电占总用电量7.68%～9.48%，周末休息日占到15%左右，综合一周占比在9.92%（表2.3-6）；8月是苏州天气较炎热的夏季，室内开启冷空调，综合一周光伏实际发电量与建筑总用电量的比例，在工作日光伏发电占总用电量3.06%～3.94%，周末休息日占到5.6%左右，综合一周占比在3.97%（表2.3-7）；11月是苏州较寒冷的冬季，太阳辐照量较少，是5月的44%，11月天气较冷室内供暖，形式为燃气锅炉供暖，用电量较少，综合一周光伏实际发电量占建筑总用电量6.11%（表2.3-8）。通过对过渡季、夏季、冬季三个季节的光伏发电量与总用电量对比可知，在苏州过渡季节光伏可以覆盖较多的建筑用电量，夏季用电高峰时间，光伏发电也可以较大缓解建筑用电压力。根据《绿色建筑评价标准》GB/T 50378—2019（2024年版）要求，当建筑由可再生能源提供电量比例Re≥4%时，可获得绿色建筑最高评分10分，对比绿色建筑数据，本项目作为高层办公建筑，光伏板用量及设置位置均较为合理，全年综合电量比为4.1%，起到较好的节能效果。

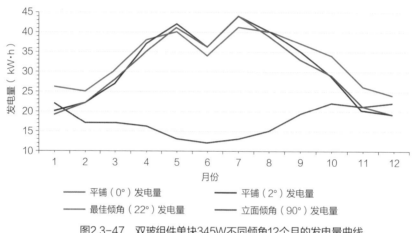

图2.3-47　双玻组件单块345W不同倾角12个月的发电量曲线

5月光伏发电占总用电量比（过渡季节）　　　　表2.3-6

日期		光伏发电量（kW·h）	建筑总用电量（kW·h）	光伏发电替代率	天气状况
5月13日	周一	783	9271	8.45%	晴
5月14日	周二	885.6	9385.6	9.44%	晴
5月15日	周三	753.3	9813.3	7.68%	晴
5月16日	周四	930.5	9813.5	9.48%	晴
5月17日	周五	879.7	9651.7	9.11%	晴
5月18日	周六	885.8	6464.8	13.70%	晴
5月19日	周日	836.3	5603.3	14.93%	晴
合计	—	5954.2	60003.2	9.92%	—

8月光伏发电占总用电量比（夏季）　　表2.3-7

日期		光伏发电量（kW·h）	建筑总用电量（kW·h）	光伏发电占总用电量比	天气状况
8月5日	周一	684	19704	3.47%	晴
8月6日	周二	748.3	19359	3.87%	晴
8月7日	周三	773.5	19623	3.94%	多云
8月8日	周四	576.2	18814	3.06%	多云
8月9日	周五	699.2	18798	3.72%	晴
8月10日	周六	677.7	13195	5.14%	多云
8月11日	周日	625.2	11149	5.61%	多云
合计	—	4784.1	120642	3.97%	—

11月光伏发电占总用电量比（冬季）　　表2.3-8

日期		光伏发电量（kW·h）	建筑总用电量（kW·h）	光伏发电占总用电量比	天气状况
11月20日	周一	429	9202	4.66%	晴
11月21日	周二	427	9427	4.53%	多云转晴
11月22日	周三	389	9005	4.32%	阴转多云
11月23日	周四	370	5286	7.00%	多云转晴
11月24日	周五	430	4598	9.35%	晴
11月25日	周六	394	2840	13.87%	晴
11月26日	周日	189	2641	7.16%	阴转多云
合计	—	2628	42999	6.11%	—

2. 立面光伏一体化

本项目立面光伏位于裙房篮球场一侧朝南墙面（图2.3-48）。立面设置垂直式（6+6）mm双玻组件，安装面积68m²，安装84块，安装容量6.6kW。采用隐框幕墙安装形式，年发电量0.47万kW·h，可以满足篮球场夜间球场的用电使用。篮球场背面是屋顶设备机组的分隔墙体，作为运动区的背景墙，其设计风格及色彩应与篮球场的运动氛围协调，因此满足建筑设计的色彩风格需求是外立面材质选择的第一出发点，而彩色双玻组件在满足设计的同时还可以利用太阳能发电，可以达到一举多得的效果。为达到更好的动感效果，立面采用深绿、中绿、浅绿三种绿色相拼组合，由表2.3-9不同颜色双玻光伏板产品数据可知，颜色越深发电功率越高，因此在色彩搭配中以深绿为主，中绿次之，浅绿最少。由表2.3-5可知90°倾角与最佳倾角比发电量降低44%，但基于建筑立面发电作为设计的附加收益，其增量成本的回收期为10年，并且立面光伏双玻组件不易积灰，效率稳定，仍然具有可推广的意义。

（a）立面光伏远景图　　　　　　　　　　　　　（b）立面光伏近景图

图2.3-48　立面光伏

不同颜色双玻光伏板产品数据　　　　　　　　　　　　　表2.3-9

序号	色号	颜色	功率（W/m^2）	转换效率（%）
1	JSA0402	深绿	108	15.1
2	JSA0404	中绿	106	14.8
3	JSA0406	浅绿	104	14.5

2.4 热缓冲效应与空间层级研究

在"双碳"战略背景下，建筑节能和性能提升是我国建筑业的长期任务。空间布局优化具有综合热调节性能，是建筑性能提升的最基础和最经济的方法。通过科学的设计，空间本身具有热调节能力，是最低代价的被动节能和改善微气候方法。

2.4.1 研究对象的概念

1. 热缓冲效应

1999年，清华大学宋晔皓在国内率先提出"生物气候缓冲层"的概念，生物气候缓冲层是指建筑与周围生态环境之间建立的缓冲区域，既可以防止室外恶劣气候对内部环境的影响，又可以对室内环境进行微气候调节，从而提高空间的热舒适度。国内的热缓冲效应研究便是在此基础上逐渐发展而来的。

国外建筑师中，德国生态建筑师托马斯·赫尔佐格提出了"温度洋葱"理论；马来西亚建筑师杨经文发展了适用于热带地区的生物气候学建筑设计理论；印度建筑师查尔斯·科里亚针对当地的气候特点，提出了"开敞空间"和"管式住宅"的理念以及越南建筑师武重义主张的地域性设计理念。国内建筑师中，同济大学李钢提出了"建筑腔体"概念；哈尔滨工业大学梅洪元结合寒冷地区气候特点，从建筑群布局、单体体型设计与空间热缓冲三个方面对寒地建筑形态设计进行了研究；清华大学李保峰针对夏热冬冷地区特点，提出了表皮可变化设计理念；东南大学陈晓扬将热缓冲腔体分为被动预冷腔体和被动预热腔体两种类型，从自然通风的角度，对不同腔体的热缓冲性能进行了深入研究。上述概念及研究，均对"热缓冲效应"具有一定借鉴意义。

合理的空间布局可为建筑空间带来热缓冲性能，使内、外空间形成一定的温度梯度，提高内部空间热环境的稳定性与舒适性，提升建筑的节能属性，是优于附加被动式节能技术的节能设计。

热缓冲效应研究关注建筑空间与外部环境热交换的路径，试图在建筑空间与外部环境之间建立起缓冲层，形成热屏障，减少外部环境对建筑内部热环境的干扰。

2. 空间层级

空间是建筑功能的载体，在建筑设计中，通常根据功能的不同将内部空间划分为不同的区域，并用墙体等围护结构分隔，通过空间差异化设计使其形成明确的层级关系。根据热缓冲调节理论，将建筑空间划分为主要空间、次要空间两个层级类型，而主次空间的评价标准即为空间对于热环境舒适度的需求程度，因此可将空间层级分为主要使用空间（热舒适要求高）与辅助功能空间（热舒适要求低）两个主次空间类型。

若要实现热缓冲调节，则应将主要空间置于内层，作为被包裹空间，次要空间置于外层，作为热缓冲空间，这样的空间组合方式即是符合热缓冲调节的建筑空间层级。

国外建筑师中，现代建筑大师路易斯·康根据功能特点，将建筑空间分为服务空间与被服务空间，将结构、设备、楼梯、电梯等辅助空间整合在一起，置于主要空间四周，或与主要空间竖向叠加，这种空间分类理念对本节空间层级的研究具有重要指导作用；西萨·佩里提出的"脊椎空间"理论，将建筑空间分为功能空间与交通空间，交通空间如同脊椎般将各功能空间串联起来，流线组织便捷高效；约翰·哈布瑞肯提出的支撑体理论，后经发展完善形成的"开放建筑理论"。国内建筑师中，鲍家声在约翰·哈布瑞肯支撑体理论基础上，针对我国住宅建筑特点，进行本土化的拓展研究，拓展了支撑体住宅的特点及设计方法；彭一刚院士在《建筑空间组合论》一书中，从空间组合的角度系统地阐述了建筑构图的基本原理及其应用；大连理工大学陈诗源将建筑空间层级归纳为水平层级、垂直层级、复合空间层级三种类型。这些都对本节空间层级的研究具有一定的参考意义。

2.4.2　设计实践及验证分析

目前针对建筑空间与节能建筑技术的整合设计案例较少，二者之间较为脱节，一般是建筑空间组织先于节能设计，再根据建筑空间的热环境特点，进行附加式的节能优化。而启迪设计大厦是将建筑空间组织与节能设计有机结合的设计实践，通过构建不同区域的建筑空间层级（图2.4-1），达到热缓冲性能，实现热环境调节，打破了常规节能技术与建筑空间组织脱节的状态。

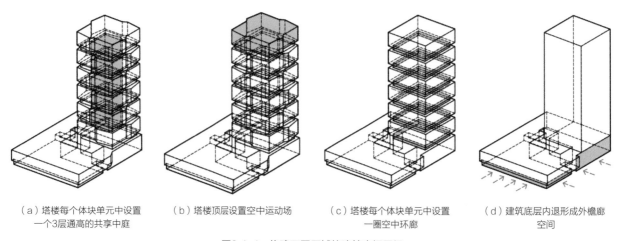

（a）塔楼每个体块单元中设置　　（b）塔楼顶层设置空中运动场　　（c）塔楼每个体块单元中设置　　（d）建筑底层内退形成外檐廊
　　一个3层通高的共享中庭　　　　　　　　　　　　　　　　　　　一圈空中环廊　　　　　　　　　空间

图2.4-1　构建不同区域的建筑空间层级

1. 共享中庭

苏州地处夏热冬冷地区，南向、东向是建筑布置办公空间较好的朝向，其次是北向，最后是西向。南向、东向阳光充足，而西向西晒严重，会导致眩光及夏季较热，北向日照较少，冬季较冷，因此建筑的西北角从节能角度不适宜设置人员长期停留的办公室功能，但本项目的西北角是室外景观最优的朝向，在方案设计中充分利用这一区域的优缺点，将共享中庭设置在西北角（图2.4-2），并将"共享中庭"定义为休闲交流、观光休憩的功能空间，作为节能设计中"热缓冲区域"，将人员长期停留的办公空间设置在南侧与东

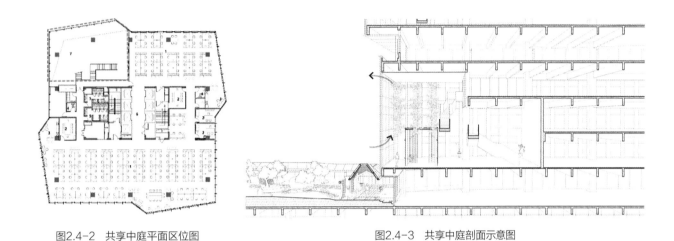

图2.4-2 共享中庭平面区位图　　　　　　　　　　　　图2.4-3 共享中庭剖面示意图

侧。共享中庭与办公空间之间设置墙体及中空玻璃门窗等节能气候边界，使"热缓冲区域"可以进一步阻隔西北侧不利的冬季冷风及夏季辐射热。

位于西北角的共享中庭作为热缓冲效应下的次要空间层级可有效改善内部办公空间的热舒适度。夏季，在中庭未开启空调情况下进行温度测量，西侧内置遮阳卷帘阻隔部分热量，同时开启北侧外幕墙上下设置的开启窗扇（图2.4-3），在热压通风和风压通风共同作用下，中庭空气自下而上循环流动，带走多余热量。从图2.4-4的曲线分析可知，在中午前后室外最热期间，共享空间温度比室外平均低5～12℃，说明在遮阳卷帘与上下开启扇的共同作用下，起到较好的隔热与通风的节能效果，从曲线分析也可看出西侧增设的背银垂直卷帘可有效降低4℃左右的热辐射，加之中庭楼梯上人员上下楼梯频繁，亦可加速空气流动，带走多余热量，在室外超34℃时，共享空间绝大部分时间依然可以控制在30℃以下。另外办公区与共享空间之间设置的墙体及中空玻璃门窗等节能措施有效地保障了办公区域舒适温度的恒定，从曲线分析图中看到，办公区靠近中庭位置的室内温度基本恒定在27℃。

冬季，关闭中庭外幕墙上下开启扇，共享中庭作为一道冬季的热缓冲效"屏障"可以有效阻挡寒冷的西北季风，减少内部办公空间的热量损失，从图2.4-5的曲线分析可知，冬季共享中庭不开启空调的平均温度比室外平均温度高7℃左右，办公区域工作时间段的室内温度在20℃以上，说明共享中庭起到较好的热缓冲效果。另外因为中庭外幕墙上下开启扇均关闭后，冬季西晒产生的热量使中庭成为一个温室，午后的温度达到20℃以上，成为员工冬季晒太阳、观景交流的绝佳场所。

春秋过渡季节是中庭使用率最高的季节，根据室内外的温度需求，调节外幕墙开启扇达到室内温度与空气质量均舒适的状态。

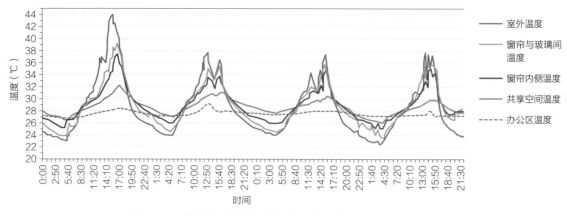

图2.4-4　共享空间室内外温度折线图（夏季）

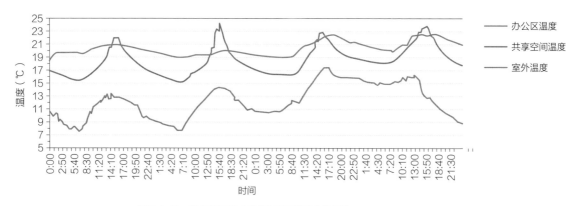

图2.4-5　共享空间室内外温度折线图（冬季）

综上所述，共享中庭作为人们办公间隙的交流放松场所，人们对温度要求可适当降低，而室外优美的景色从心理学角度可进一步缓解人们对舒适温度的敏感需求。因此将中庭作为气候缓冲的调节区是较为合适的。从实际使用及温度检测结果看，冬季及春秋过渡季节中庭空间均未开启空调，其室内温度亦可以满足实际使用功能需求。夏季大部分时间不开空调仍可以控制中庭温度在30℃，而当室外温度持续在38℃以上的盛夏，中庭的室内温度会过高，通过反复试验，在这种极端热的天气下，关闭外幕墙开启扇，并在上午、与下午各开启空调1h，可以使室内温度保持在30℃以下，以达到使用需求，因此通过有效的节能及精细化的运维管理，共享中庭在全年8760h中，开启空调的总时间可以控制在仅仅60h以内，极大地节约了能耗。

2. 顶层空中运动场

启迪设计大厦的塔楼顶设有一个净高达12m的空中运动场，内含羽毛球场地、乒乓球场地、空中步道。运动场为半室外空间，顶面是由光伏板组成的半透明玻璃顶棚，顶部四周开口，可促进顶部的空气流动（图2.4-6）。

空中运动场作为热缓冲效应下的次要空间层级可以有效改善下部办公空间的热舒适度。夏季，光伏顶吸收大量太阳能转化为电能，同时阻隔大量太阳直射以减少屋面的热。此外，光伏顶与四周立面做开口处理（图2.4-7），外界空气可以自由进入运动场内部，通过热压通风与风压通风共同作用，有效促进运动场内部的空气流动，带走多余热量。冬季，四周立面门窗关闭后，12m高的空气层在太阳直射下进行蓄热，起到了下部空间的保温作用。

图2.4-6 空中运动场

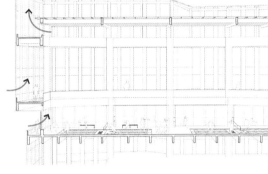

图2.4-7 空中运动场剖面

从建筑造型的角度来讲，三层通高的空中运动场作为塔楼的第6个"盒子"，优化了建筑比例，使得整栋建筑显得更加高耸挺拔。

从功能空间组织的角度来讲，运动场地相较于办公空间的使用频率低，因此将其置于可达性较低的塔楼屋顶，既充分利用了建筑空间，又满足了员工工作之余的活动需求。

从空间层级的角度来讲，屋顶上方的运动场属于辅助功能空间，热舒适要求低；屋顶下方的办公空间属于主要功能空间，热舒适要求高。辅助空间置于上层，作为热缓冲层，覆盖主要空间，这样的空间组合方式符合热缓冲调节规律。

3．半室外灰空间

半室外灰空间的基本形式有空中环廊、底层檐廊、底层架空、挑廊、阳台等（图2.4-8）。

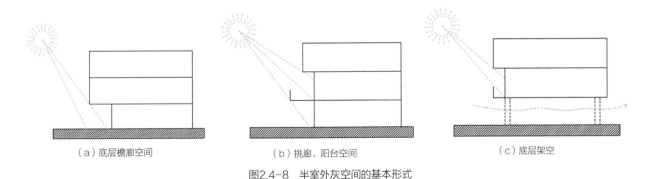

（a）底层檐廊空间　　　　　　　（b）挑廊、阳台空间　　　　　　　（c）底层架空

图2.4-8 半室外灰空间的基本形式

1）空中环廊

启迪设计大厦塔楼每隔3层设置一个环廊层，建筑体量内退，形成凹廊（图2.4-9）。夏季，依靠建筑自遮挡在环廊处形成阴影区，可有效减少内部办公空间的热。同时开敞的空间形态可以利用自然通风带走周边多余的热量。

从功能空间组织的角度来讲，环廊作为一种半室外空间，是室外空间与室内空间的过渡。这种过渡同样是使用者行为的过渡，亦是其心理层面的过渡。员工可以在环廊空间与大自然直接接触，或呼吸新鲜空气，或驻足远眺城市景观，或相互沟通交谈，极大地缓解工作压力。事实证明，环廊空间也是员工最受欢迎的空间。而这样的空间，在高楼林立的城市中心，亦是极其珍贵的（图2.4-10）。

2）底层檐廊

启迪设计大厦的底层在南侧和东侧内退，形成檐廊空间。夏季，空气流经檐廊空间，可带走周边房间多余的热量，改善热环境（图2.4-11）。

图2.4-9　空中环廊远景

图2.4-10　空中环廊内景

图2.4-11　底层檐廊

从功能空间组织的角度来讲，底层内退形成檐廊，加强了入口处的空间引导，同时由上层建筑遮挡形成的天然"雨篷"可以遮荫避雨。

3）挑廊

在塔楼四层的东南角与屋顶花园之间，巧妙地设计了一处出挑深远的挑廊，它作为室内与屋顶花园之间的过渡，形成了一片半室外的灰空间。这片灰空间面积约为80m²，不仅为使用者提供遮荫挡雨的便利，同时极大地丰富了建筑的使用功能与层次感。

特别值得一提的是，在灰空间与四层东南角的多功能厅之间，采用了整面的中空玻璃移门作为隔断。在气候适宜时，打开折叠门，外部的挑廊灰空间便能与室内的多功能厅有机融合，共同形成一个更为广阔、与自然和谐共存的半室外环境。这样的转变不仅打破了室内与室外的界限，使得多功能厅功能进一步提升为室内外界面可变的，更为灵活、开放且充满活力的独特空间。这样的设计无疑提升了建筑的整体品质和使用者的体验感受（图2.4-12）。

4. 裙房平面布局

裙房平面布局中，将设备机房、管井、楼梯间等辅助空间及会议室等使用频率较低、温度舒适度要求不高的功能空间沿西侧布置（图1.2-18）。在塔楼的平面布局中，将模型室、水吧台、休息区等使用频率较低的功能空间沿东、西侧布置，这些空间作为热缓冲空间，在兼顾采光通风的前提下，还可以降低一部分东西晒导致的热辐射，调节内部办公区域的热舒适度。

为进一步缓解夏季西晒引起的热辐射，在建筑西侧办公区的玻璃幕墙内设置了2道遮阳卷帘（图2.4-13），外侧第1道采用1%透光率的背银涂层遮阳卷帘，将直接光照辐射阻隔在卷帘与玻璃之间，第2道采用3%透光的背银涂层遮阳卷帘，进一步降低辐射热，形成2道空气间层，在实际使用中第2道卷帘内侧的辐射热有明显降低。从图2.4-14曲线图分析看，前二天为在夏季室内未开启空调情况下，增设2道窗帘后辐射热温度有非常明显的降低，降低幅度在6~8℃；从图2.4-15曲线图分析看，在室内开启空调后，2道窗帘又能起到较好的隔热、对内保冷的效果。

考虑到南侧、西侧、东侧为眩光区，并且夏季外幕墙吸收太阳热量会对室内产生热辐射，因此在工位家具布置时退让出一条开放走道，这

（a）四层挑廊折叠门打开实景照片

（b）四层挑廊折叠门关闭实景照片

图2.4-12　四层挑廊区折叠门开启与关闭效果对比

图2.4-13　室内2道卷帘

条走道亦可作为一处光热缓冲区（图2.4-16），对室外直射光起到缓冲作用，避免眩光与辐射热对使用者的直接影响。从图2.4-14的实测数据显示，遮阳卷帘、走道空间的设置可以有效阻隔夏季热辐射，使走道一侧与室外温差最高可达15℃；冬季，走道空间也可以有效阻隔外立面的冷辐射。加之走道上员工的往来行进，可以加速空气流动，在机械制冷或制热的辅助下，快速进行热交换，均衡室内温度，提升临窗工位处的热舒适度。

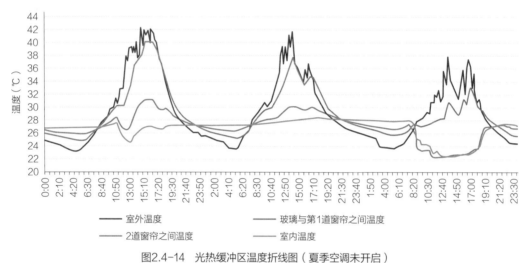

图2.4-14　光热缓冲区温度折线图（夏季空调未开启）

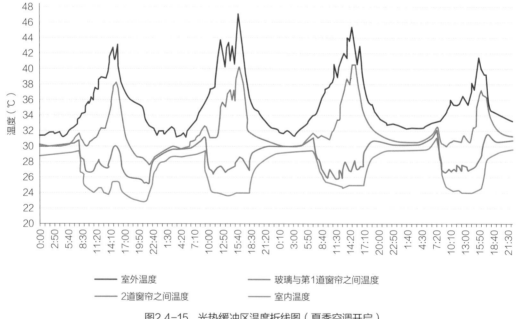

图2.4-15　光热缓冲区温度折线图（夏季空调开启）

图2.4-16　办公家具与卷帘之间的走道

第三章 | 室内外环境

3.1 室内环境

3.1.1 室内空间设计

　　室内设计以凝聚苏州文脉内核的古典园林及苏州民居院落为灵感之源，将古典园林中四角亭、游廊曲桥、水景、汀步及苏州民居院落的空间布局等元素巧妙融入启迪设计大厦空间设计中，通过借鉴古典园林中对景、借景等设计手法，达到步移景异、曲折尽致的感受，使人仿佛置身于一个室内化的苏州园林，创造一个传统与现代、自然与人文和谐交融的现代室内办公空间（图3.1-1）。

图3.1-1　苏州古典园林（此图片来自网络）

1. 门厅——步移景异，曲折尽致

　　启迪设计的成长凝聚着深厚的苏州文化基因，室内设计将时代变迁中不变的启迪文化基因传承，通过现代设计手法进行创新演绎，于两层通高L形门厅中，将"咫尺之内再造乾坤"的苏州古典园林意境极致表达（图3.1-2）。门厅以中正礼序构建空间格局，开合有致，节奏明朗。主背景墙运用构成手法，通过两种灰度的石材深浅对比，做凹凸造型处理，形成富有块面感的艺术效果，丰富空间层次（图3.1-3）。门厅与二层图书馆之间采用大面玻璃隔断分隔，通透的玻璃使二层图书馆能够借景一层大厅，营造出开阔的空间效果（图3.1-4）。

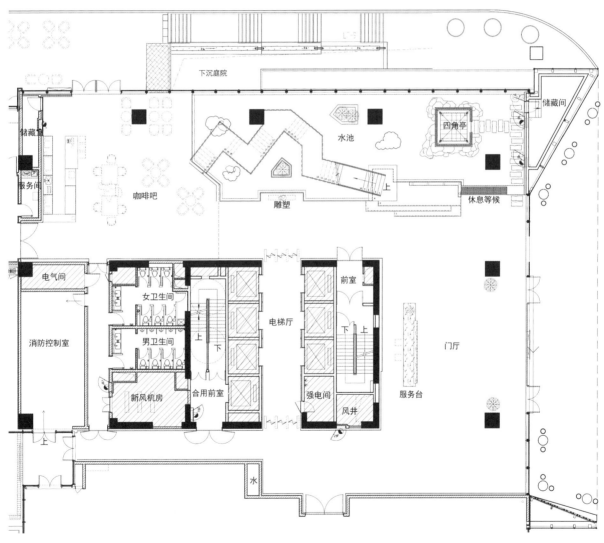

图3.1-2　门厅平面图

图3.1-3　门厅

图3.1-4　图书馆看向门厅

　　服务台采用"高低台"组合形式，高台以整块泼墨山水纹理的黑色天然石材铺就，宛如重峦叠嶂，气势磅礴，低台则选用素雅的浅灰色岩板，如同云雾缭绕，轻柔飘逸，两者相辅相成，一刚一柔（图3.1-5）。靠近幕墙的清水混凝土结构柱，保留其材质原始的质感，粗犷豪迈，又不失自然之美。顶面采用简洁的石膏板吊顶，每当夜幕降临，灯光倾泻而下，映照在水池之上，鱼儿在水中嬉戏，水波微漾，泛起层层涟漪，将白色的吊顶映照得波光粼粼，别有一番风景（图3.1-6、图3.1-7）。

图3.1-5　服务台

图3.1-6　门厅水池（一）

图3.1-7　门厅水池（二）

　　四角亭是中国传统园林的重要建筑之一，自启迪设计创立之初，即以其独特的精神象征成为启迪设计企业文化的重要载体。随着启迪设计的不断发展，变换的是"亭"的建筑形式，不变的是其蕴含的精神表达。启迪设计集团新总部大楼亦将四角亭作为精神堡垒引入门厅空间，其独特的建筑美学显著提升了空间的文化韵味及艺术价值。门厅北侧幕墙边，一座古色古香的四角亭静立于水景中央。亭子四周环绕堆砌着形态各异的湖石，石间流水潺潺，汇聚成一汪清澈的池水（图3.1-8）。点缀于水面上的汀步石，引导着游憩者步入亭子内，提供了一处独特的休息与思考之地（图3.1-9）。水池石材挡水台与实木等候座椅结合设置，等候时可在此短暂休憩。

图3.1-8　水景中央的四角亭

　　四角亭主体材质选用菠萝格防腐木，面罩清漆，屋面铺设小青瓦，以展现古建亭子的韵味和质感。四角亭的构建采用传统榫卯结构，不使用任何钉子与胶水（图3.1-10、图3.1-11）。

　　2. 展厅——梦始于此，一曲华章

　　以"梦开始的地方"作为主题的展厅，将启迪设计的光辉岁月，浓缩成"启·世界""承·历史""智·发展""筑·未来"四大篇章，娓娓道来（图3.1-12）。

　　展厅的入口是一条"时光长廊"，短短的廊道浓缩了启迪设计波澜壮阔的奋斗征程，是启迪设计与苏城共生长的重要记忆场域（图1.2-26）。

　　主展厅是这片梦想之地的核心，白色的空间基调仿佛一张洁白无瑕的画布，等待着设计师用想象力去描绘。在展厅设计上，采用了镜面"映射"的手法，将中央内庭院的景色与光线引入室内。通过展厅顶面设置的镜面不锈钢以及高反玻璃幕墙，实现了庭园景观的双倍反射效果，从而在视觉上使原本面积有限的展厅在横向与纵向上得到了双倍的延伸。展厅顶部吊挂薄板不仅具有装饰功能，还整合了灯带、喷淋、烟感等设备，使得薄板上方镜面不锈钢顶面更加完整统一。

图3.1-9 水池内汀步石　　　　　图3.1-10 四角亭细节(一)　　　　　图3.1-11 四角亭细节(二)

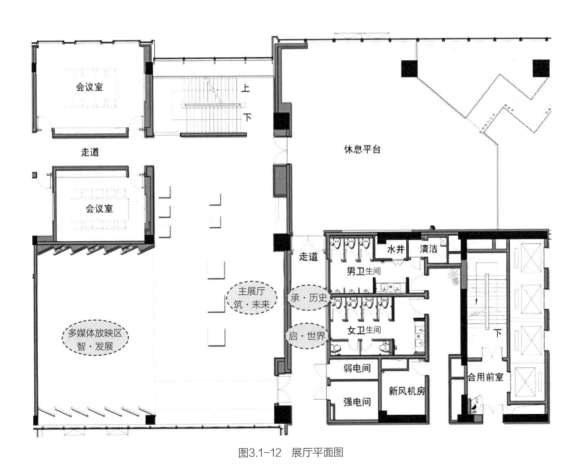

图3.1-12 展厅平面图

图3.1-13　主展厅吊顶

图3.1-14　主展厅

薄板下方的展厅中部布置了启迪设计的一些经典项目模型。这样的空间设计寓意深远，象征着上空层叠无穷的图纸落下后，转化为一座座既美丽又真实的建筑，顶面堆叠吊挂的纸张状方片薄板，在吊顶镜面材质的反射下，无限延伸，变化多样（图3.1-13）。地面陈列的建筑模型，诉说着启迪设计过往的辉煌。

主展厅东侧是媒体放映区，巨大的屏幕上，缓缓铺陈，影像与光影交织，讲述着启迪设计的故事。媒体放映区侧墙层层递进的造型，将实物奖杯与透明屏结合，展示着启迪设计近年来所获得的荣誉（图3.1-14）。主展厅右侧，五块分屏构成了一幅生动的画卷，启迪设计的五大板块和标杆项目在此精彩演绎。五块屏幕彼此独立，却又被五个立体块面巧妙地串联在一起，宛如五个紧密相连的团队，象征着启迪设计各个业务板块、各个团队的团结协作，共同构成了一个温暖而强大的大家庭，携手朝着梦想的彼岸奋勇前进。

主展厅两层通高，两座轻盈的连桥从二层跨过连通两侧空间，不仅丰富了展厅的空间，还为参观者提供了一种有趣的游览方式，增加了参观者探索和发现的乐趣，从而提升了整体的参观体验（图3.1-15）。连桥墙面包覆灰色水泥肌理钢板，地面铺设素雅的灰色地毯，质朴的材质肌理及色彩为展厅营造了一种现代而稳重的氛围。连桥顶面的喷淋、烟感和排烟风口等设备被巧妙地隐藏在Z形铝挂片吊顶中，既能保证整体的美观度，又不影响消防设备正常运作（图3.1-16）。

3. 共享中庭——天地之间，绿意盎然

三层通高共享中庭宛如一座连接天地的城市绿洲。面向金鸡湖，透过幕墙，中央河与东方之门的壮丽景色尽收眼底，城市景观美不胜收。室内大量绿植布置，与室外风景相得益彰。每个共享中庭都精心设置了一组开敞楼梯，每一组楼梯都以独特的设计语言演绎着室内游园的场景感（图3.1-17）。这些楼梯形态各异，或蜿蜒曲折，或简洁流畅，为员工于各楼层间穿梭提供便捷通道。同时开敞楼梯的设计，还将垂直电梯的使用频率降至最低，更高效地促进员工交流，以鼓励步行的形式促进员工运动（图3.1-18）。

图3.1-15　展厅连桥

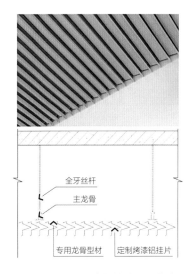

图3.1-16　展厅连桥挂片吊顶做法

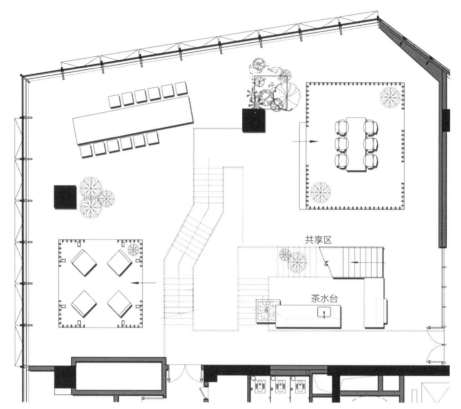

图3.1-17 共享中庭平面

图3.1-18 共享中庭楼梯

共享中庭中，在轻盈的格栅编织下，"亭"的造型仿若从诗画中走出的亭榭，将共享中庭格局巧妙分割，为空间增添了一份灵动。

步入"亭"中，仿佛走进了静谧的时光。休息区沙发柔软舒适，小型升降洽谈桌则可根据需要调节高度，为员工提供了一个舒适而安静的交流空间（图3.1-19）。无论是沉思冥想，还是一对一的洽谈，都可以在此找到最舒适的姿态。"亭"外沿窗，设置了多人会议桌，为团队合作与项目讨论提供了一个舒适的环境（图3.1-20）。空间内还设置了自助茶水台，水槽、咖啡机、冰箱等设施一应俱全，方便员工随时补给。

在这片诗意空间里，员工可以释放压力，舒展身心，以更积极的状态投入工作。

图3.1-19 共享中庭中的"亭" 图3.1-20 共享中庭窗边会议区

4. 会议空间——灵感交汇、智汇碰撞

为了满足不同类型的会议需求，项目设计了多种类型的会议空间，并结合使用场景进行分区布局。地下一层报告厅、一层多功能厅及4间会议室，设置了独立的对外通道，方便向外部用户开放。二层8间公共会议室作为办公层会议需求的补充，可通过公司自主研发的"玖旺通"APP轻松预约，满足部门间协作及小型会议需求。此外，办公层每层设置两间小型会议室，方便部门日常会议及团队讨论，提高工作效率。

1）地下一层的报告厅

地下一层的报告厅可同时容纳约230人参会，是学术交流中心，同时也肩负着对外展示的重要使命。为了提供流畅的参会体验，设计在空间布局上充分考虑了内部和外部参会人员的参会动线及用餐流线，确保整个流程顺畅高效（图3.1-21）。

报告厅的室内设计运用层层递进的折面造型，将墙顶面连为一体，分割成七个灵动的块面，每个块面以3°的角度倾斜，赋予空间独特的层次感，并最大化地留出净高。墙面材料采用了微孔吸声板，有效地吸声降噪，为参会人员提供了一个安静、专注的交流空间。报告厅整体色调以浅色为主，营造明亮、宽敞的空间氛围，点缀其间的橙色座椅，则如一颗颗跳跃的音符，为空间注入了一抹灵动，提升了空间的视觉趣味性（图3.1-22）。

前厅作为报告厅的延伸空间，承担着多重功能，会议期间可配置舒适的座椅和茶点服务，为参会人员提供一个放松、社交及非正式交流场所，亦可作为主题会议的展示空间（图3.1-23）。

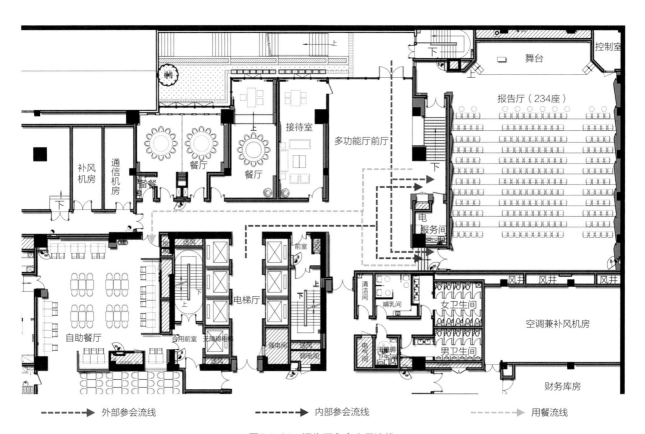

图3.1-21　报告厅参会人员流线

图3.1-22　报告厅

图3.1-23　报告厅前厅

2）一层多功能厅

一层多功能厅可同时容纳约180人，配备可灵活布局的课桌式会议家具，根据不同需求可以灵活调整布局，满足课桌形式、小会议形式、小组讨论形式等多种活动形式（图3.1-24）。

多功能厅墙面选用肤感吸声木饰面，顶面则采用半镂空聚酯吸声板造型顶，地面铺设地毯，有效降低噪声，营造安静舒适的会议氛围。靠近走道一侧采用玻璃隔断，表面贴设渐变膜，既保证会议进行时不受走道通行人员干扰，又能最大程度提升走道采光，兼顾功能与美观（图3.1-25）。

3）公共会议室

一层至二层设置了12间不同类型、不同尺寸的公共会议室。视频会议室配备了先进的视频会议系统，支持远程协作和跨地区交流；对外接待的会议室以稳重的设计营造专业的商务氛围，适用于接待客户和合作伙伴。对内使用的会议室，设计则追求简洁明快，强调高效实用，满足内部团队会议。丰富的会议室形式，满足多样的会议需求（图3.1-26、图3.1-27）。

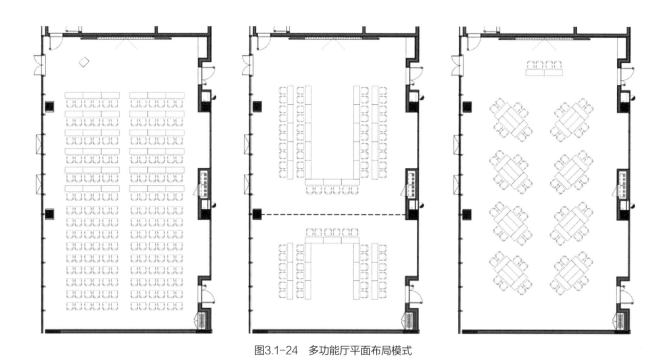

图3.1-24　多功能厅平面布局模式

图3.1-25　多功能厅

图3.1-26　会议室（一）

图3.1-27　会议室（二）

5. 办公空间——一方天地，灵活赋能

1）平面布局

员工办公区采用开放式办公模式，打破了传统独立隔间办公模式，不仅增大了使用空间的占比，同时也将办公人员从狭小的独立办公空间中解放出来，促进人与人之间的合作交流。通过空间设计和硬件辅助，鼓励员工团队合作，在保证工作效率的同时，为员工带来更加舒适健康的工作环境。

员工办公区被划分为一个个独立的办公组团，每个组团交叉区域配置会议、洽谈、茶水间及卫生间等功能，办公区任意一点到达配套功能区距离在25m内，给员工提供便捷的服务。组团内茶水间、卫生间靠近楼梯及走道设置，与办公、会议等静区分开，动静分明（图3.1-28）。

塔楼标准办公层，核心筒东西两侧设置文印室、卫生间、电话间等配套功能区，与敞开办公区形成静分区，有效降低噪声干扰（图3.1-29）。东西两侧靠窗设置茶水间、会议室，为员工提供休息交流空间。南北两侧大开间规划敞开办公，穿插设置洽谈区，方便员工进行灵活的沟通交流，促进团队协作（图3.1-30、图3.1-31）。办公工位排布与幕墙之间留有走道，既保证充足的活动空间，又有效避免阳光直射或反射带来的不适。西北角的三层共享中庭花园，为塔楼员工提供了一处舒适宜人的互动空间，繁忙的工作之余可在此漫步，感受自然的气息，或静心冥想，让身心得到放松。

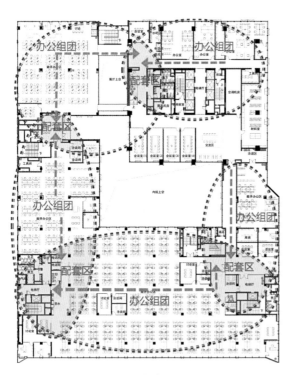

图3.1-28　裙房三层平面

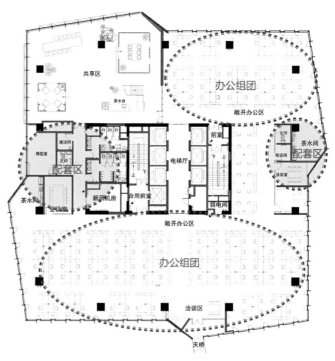

图3.1-29　塔楼办公层平面

图3.1-30　敞开办公区

图3.1-31　洽谈区

敞开办公区顶部均匀布置小型吊扇，帮助空气流通和降低室内温度。风扇统一安装于梁底，既可避免与设备管线交叉，又能保持裸顶区域的整体美观。风扇安装高度与吊挂灯具保持同一水平线，确保风扇风向下吹时对灯具不造成任何影响（图3.1-32）。

办公区梁下电动挡烟垂壁，以"假梁"形式做石膏板包饰，表面乳胶漆喷涂，将电动挡烟垂壁做隐藏处理，"假梁"与周边裸顶梁体造型材质相同，视觉效果整体统一（图3.1-33）。

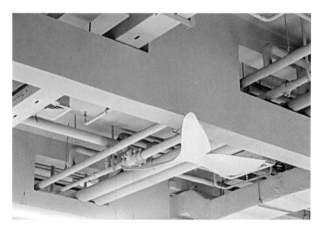

图3.1-32　敞开办公区风扇　　　　　　　　　图3.1-33　电动挡垂隐藏处理

2）标准办公桌设计

结合设计师的工作特点，自主研发了办公工位，精细化地进行功能分区及尺寸设计。桌面尺寸为1.4m×0.8m，充分考虑图纸平铺查阅的需求。每个桌面配置了长0.9m、宽0.2m、高0.12m的层板支架，足够容纳两台显示器，同时将显示器提升至合适的视线高度，有效缓解肩颈压力，层板支架下方作为储物空间，方便收纳日常小物品。桌面还配置了内嵌式排插，方便桌面取电。桌子侧边为长1.4m、宽0.4m、高1.1m的半高柜，桌面以上部分柜体采用开放格设计，0.35m高的开放格满足设计师常用书籍尺寸，开放格内设置内退式竖向分隔板，既能扩展桌面空间又方便书籍整理。针对不同的储藏需求，半高柜下半部还设置了不同尺寸的抽屉并配置了密码锁。靠近电脑主机一侧设置白色烤漆钢层板，增加储物空间，轻薄的钢层板更利于电脑主机散热，钢板L形翻边设计可防止物品掉落。桌下承重支架内部规划穿线槽及五孔插座，有效避免管线凌乱外露，保持工作环境整洁有序。半高柜的形式也能提供给员工一定的隐私性，避免受到走道通行人员的干扰。柜体上有序摆设绿植盆栽，有助于净化空气，美化环境，营造更舒适的工作环境（图3.1-34～图3.1-37）。

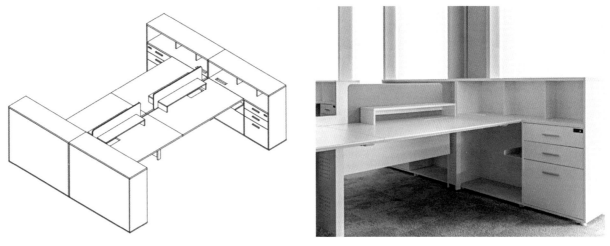

图3.1-34　办公工位设计图　　　　　　　　　　　　图3.1-35　办公工位

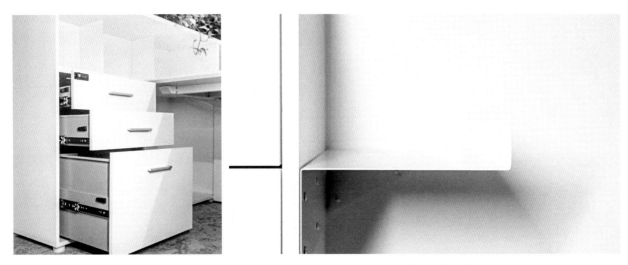

图3.1-36　办公工位细节（一）　　　　　　　　　　图3.1-37　办公工位细节（二）

3）茶水间设计

茶水间依窗而设，充足的自然光线营造出明亮宽敞的空间氛围，配备休闲桌椅，员工在取水、候水时可以随意落座，目光透过玻璃窗，望向远处的风景，员工可在此享受片刻的轻松与愉悦。茶水台配备完善，水槽、开水器、冰箱、微波炉等设备一应俱全，满足员工日常需求。茶水台下方矮柜隐藏了洁具及净水设备，并提供充足的收纳空间。茶水台上方设计了置物层板与吊柜组合，层板区域可放置干净的水杯、茶饮自助用品，也可放置绿植装饰，提升空间整洁度及美观度，层板底部安装嵌入式灯带，照亮操作台区域，吊柜巧妙地隐藏了办公区照明控制箱，方便操作检修（图3.1-38、图3.1-39）。

图3.1-38 茶水间（一）　　　　　　　　　　　　　　图3.1-39 茶水间（二）

4）电话间设计

电话间为员工提供私密、舒适的通话环境。将电话间设计为独立的小型空间，设置在敞开办公区附近，既有效地隔离了通话带来的噪声干扰，又方便员工就近使用。

设计充分考虑声学、光线等因素。墙面采用彩色肌理墙纸、顶面灰色微粒吸声板，有效地吸声降噪，创造安静的通话环境（图3.1-40、图3.1-41）。灯光方面，顶面防眩筒灯与墙面壁灯的组合，既能提供充足的光线，避免刺眼的光照，也能让空间显得更加温馨。电话间内配备了单人沙发和边几，沙发选型注重其支撑性，确保员工在长时间通话时也能保持舒适的感受。此外，空间内还配置了独立的空调和新风系统，确保电话间内空气流通和适宜的温度。

5）卫生间设计

为打造舒适、安全、卫生的卫生间环境，设计采用分区布局的理念，将卫生间空间合理划分，有效提升使用效率与舒适度。

洗手区紧邻卫生间出入口设计，方便进出时洗手，同时利用此区域作为过渡空间，增强内部空间隐私性，小便器区域与蹲/坐便区域独立设置，有效避免流线交叉带来的干扰，提升整体使用效率（图3.1-42）。

洗手区配备了基础的洗具、烘手器及梳妆镜，洗手区侧墙设置通高全身镜，方便员工整理着装，同时在视觉上扩展空间（图3.1-43）。台盆下水采用落地排水形式，通过钢架基层与墙砖包饰将其进行隐藏处理，并预留检修口，既保证了整体美观，也便于台盆底部空间的清洁和维护。

图3.1-40　电话间内

图3.1-41　电话间外

图3.1-42　卫生间轴测图

图3.1-43　卫生间洗手台

小便斗选用感应器一体式较小巧的款型，外观简洁，符合现代装修风格（图3.1-44）。款型易于维护，降低了维修成本和时间，延长使用寿命。

为了满足不同人的使用需求，卫生间配备了蹲便器和坐便器，其中蹲便器为主要类型。隔间内均配有单张断纸的厕纸盒，既方便使用又减少了纸张浪费，同时还设有手机架和挂钩，橡胶端头的挂钩安装于门扇上，门扇开启碰撞到隔断板时，可有效地起到缓冲作用（图3.1-45）。

在材料运用上，为了充分利用有限的空间，打造高品质工程，设计采用了墙砖与钢化烤漆玻璃组合的墙面设计。考虑到烤漆玻璃的防水防潮特性以及较大的规格尺寸，将其应用于隔断间后方墙面，不仅确保墙地面、洁具和隔断板之间的无缝衔接，还能有效降低材料加工损耗，实现了空间的最大化利用。

图3.1-44 卫生间小便斗区

6. 餐饮与运动空间——食色天地，活力无限

1）餐饮区

员工餐厅虽位于地下一层，却并非幽暗闭塞，空间围绕下沉庭院布置，拥有充足的自然光线和美丽的庭院景观（图3.1-46）。

窗外，景色优美的下沉式庭院，景观水池清澈如镜，映照着天空的蔚蓝，池边绿植繁花，为这地下空间增添了一抹生机与活力（图3.1-47、图3.1-48）。

员工餐厅内，建筑巧妙地设置天窗，阳光透过天窗洒落在餐桌上，将室内渲染出一片明媚的光亮。天窗下，绿植葱郁，与卡座相映成趣，跳色的活动餐桌椅组合，如一个个明快的音符，跳跃在简洁明亮的空间中（图3.1-49、图3.1-50）。

图3.1-45 卫生间配件

员工餐厅作为人员密集场所，在材料选择上注重实用性、安全性与耐久性。地面采用易清洁的防滑地砖，墙顶面选用防潮防霉的浅色涂料，将空间映照得明亮宽敞。餐厅中间的柱子采用镜面不锈钢，折射着周围的光影，为空间增添一抹灵动趣味。

自助餐厅具备多功能定位，可灵活应对不同需求。一方面可作为地下一层报告厅会议室的临时就餐区，满足会议举办期间的用餐需求；另一方面也可作为员工食堂的扩展区域，有效缓解用餐高峰期的拥挤状况。整体空间风格与员工餐厅保持一致，并在此基础上增加装饰元素，提升空间品质。设计将墙面与柱体关系巧妙利用，打造出舒适的靠墙卡

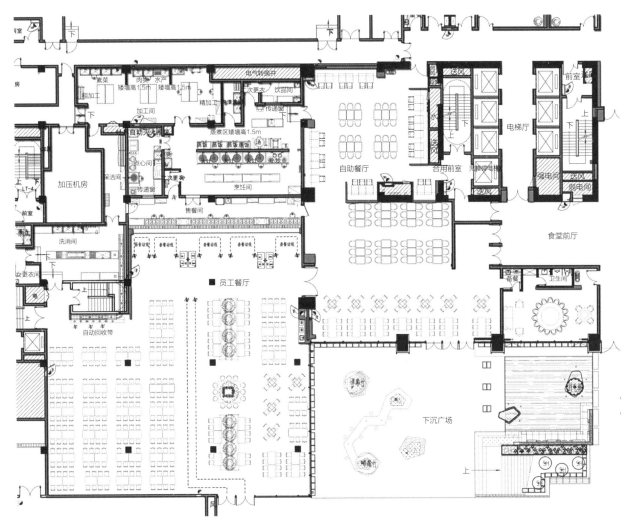

图3.1-46 地下一层餐厅平面

图3.1-47 餐厅看向室外（一）

图3.1-48 餐厅看向室外（二）

图3.1-49　员工餐厅（一）

图3.1-50　员工餐厅（二）

座区域。墙面采用简洁明快的块面构成，搭配艺术壁灯装饰，为空间增添层次感和变化性，营造出优雅舒适的就餐氛围。

2）运动区

员工的身心健康一直是启迪设计关注的重心，设计在地下一层设置了现代化的健身房和瑜伽室，屋顶运动场设置了羽毛球场和乒乓球场，为员工提供多样化的运动选择，让员工在工作之余尽情挥洒汗水。

地下一层健身房与瑜伽室一墙之隔，此墙体设计采用轻钢龙骨隔声墙，并在健身房一侧墙面包饰多孔聚酯吸声板，起到吸声降噪的作用，避免空间之间声音干扰。墙体上部设置玻璃窗，延展空间的同时，使空间更加"透气"。顶面铝格栅构架与穿钢丝网组合穿插设计，镂空区域采用深灰色涂料，提升整个空间的活力。地面采用鱼骨拼浅木纹色LVT，使整个空间更加舒适温馨（图3.1-51）。瑜伽室延续健身房设计方式同时做减法，满墙的镜子及嵌墙储物架满足瑜伽练习时的功能需求，也扩大整个瑜伽室空间，简洁纯粹的空间可使瑜伽爱好者们全身心投入（图3.1-52）。

屋顶运动场，为了营造充满活力的运动氛围，设计运用明亮的色彩将屋顶运动场核心筒墙面打造成视觉上的亮点，绿色系的几何图形拼接呈现出三维立体感，带来强烈的视觉冲击力，激发运动热情。地面则采用蓝色环氧材料，基层辅以隔声软垫，有效避免噪声对下层空间的影响。此外，排布于顶面结构梁上的光伏发电板，除了为大楼提供绿色能源补充，还能有效阻挡阳光直射和遮风避雨，为员工创造更加舒适的运动环境（图3.1-53）。

图3.1-51　健身房

图3.1-52　瑜伽室

图3.1-53 屋顶运动场

3.1.2 室内色彩与材料

在现代办公楼的设计中，色彩与材质的运用不仅关系到美观，更对员工的工作效率、心理状态产生深远影响。色彩心理学和环境心理学研究表明，办公空间的色彩选择和材质搭配，能够影响人们的情绪、专注力和生产效率。在设计现代办公楼时，不仅要追求视觉上的和谐与吸引力，更要注重色彩和材质对人的内在影响。

1. 门厅

苏州，这座江南水乡，以其如诗如画的景致而闻名于世。小桥流水、粉墙黛瓦、绿植花丛，处处洋溢着诗情画意。尤其那粉墙黛瓦的民居，如同一幅清新淡雅的写意画卷，经历岁月的沉淀，散发着独特的韵味与风情。

粉墙黛瓦，是江南民居的经典色调，素雅清新的白墙映衬着深灰色的小青瓦顶，每一块瓦片都浸润着历史的痕迹，诉说着江南文化的精髓（图3.1-54）。室内设计将此色调作为门厅的主色调，材质选择自然肌理的木饰面、石材及艺术涂料，运用到门厅空间中，营造出一种自然舒适的空间质感，感受着江南文化的独特魅力（图3.1-55）。

两种灰度的天然石材，经过序列排列及深浅对比，营造出层次丰富的纹理，宛如历经岁月洗礼的斑驳痕迹，为空间增添一份古朴的韵味（图3.1-56、图3.1-57）。

白　　　　　　　　　浅灰　　　　深灰　　　木色

图3.1-54　门厅色彩肌理（此图片来自网络）

图3.1-55　门厅选材搭配

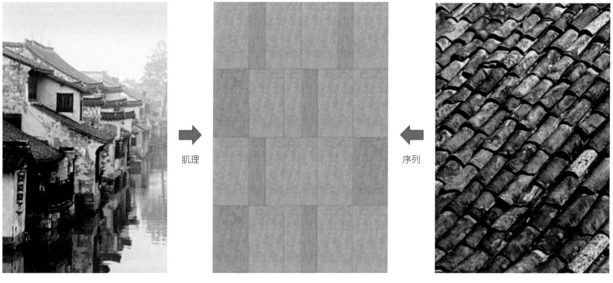

图3.1-56　门厅材质语言（此图片来自网络）

图3.1-57　门厅色彩及材质
运用

2．展厅

展厅空间结构结合了江南园林空间布景的手法与特征。一进连廊，意境深远，转身进入中庭便豁然开朗，别有洞天，这里是整个展区精华所在，无雕花装饰，清新素雅。

展厅以白色、灰色为主色调，意在营造"净""静""境"的展厅氛围。中性色调不仅易于与其他设计元素融合，还能够突出展品特点，此外，浅木纹肌理材质的点缀，不仅给空间增添了一丝亲切感，也提供了自然视觉舒适度（图3.1-58）。

图3.1-58　展厅选材搭配

展厅入口走道，墙、顶面采用铝芯板浅木纹UV饰面贯通设计，地面采用同系列木纹地胶，以此突出廊道墙面展示区，廊道左侧墙面展示着启迪设计发展历程时间轴，右侧壁龛式展墙，大块树脂玻璃面贴丝印版画，内衬亚克力光雕的建筑插画，以展示启迪设计重要的项目足迹（图3.1-59、图3.1-60）。

　　主展厅墙面以素雅的白色为主色调，顶部将多个白色铝芯板做成纸张状方片，错落吊挂，通过吊顶底部镜面不锈钢材质反射，让空间高度延展，视觉感受更为开阔。错落吊挂的方片如同设计师的手稿层层向上，穿过玻璃隔断，由办公室飞入展厅变为一个个完成的项目，展示给每一位参观者（图3.1-61、图3.1-62）。

　　媒体放映区墙、顶材质与入口走道材质呼应，通过大面积木饰面纹理的材质做功能区分，放映屏两侧黑色烤漆玻璃，将放映区造型、灯光、空间做视觉延伸。

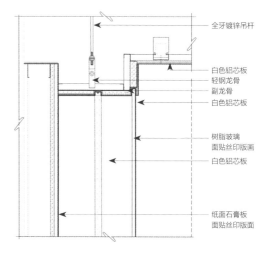

全牙镀锌吊杆

白色铝芯板
轻钢龙骨
副龙骨
白色铝芯板

树脂玻璃
面贴丝印版画

白色铝芯板

纸面石膏板
面贴丝印版面

图3.1-59　展厅展墙节点

图3.1-60　重要项目足迹展示

3. 会议空间

会议空间作为团队协作、思想碰撞的重要场所，设计理念以简约、舒适、专注为主，简约的装饰元素，柔和的色调及材质、舒适的座椅以及合理的灯光设计，营造安静、专注的氛围，帮助参会者集中注意力，提高会议效率。

图3.1-61　展厅吊顶设计

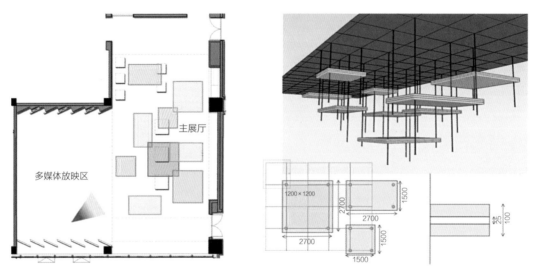

图3.1-62　展厅顶面造型分层爆炸图

1）报告厅

报告厅位于地下一层，以简洁明快的空间设计为主。报告厅整体材质为浅色调，观众区墙、顶面采用浅木纹色金属板装饰，地面铺设灰色天然石材，营造出明亮、开阔的空间氛围。舞台区域以深木纹色金属板作为背景墙，其沉稳的色调与舞台浅木色地板纹地砖形成对比，增强了空间的层次感。浅灰色的观众座椅中穿插点缀橙色座椅，为空间增添了一份活力与热情（图3.1-63、图3.1-64）。

图3.1-63　报告厅色彩（此图片来自网络）

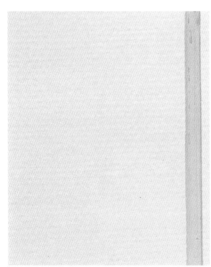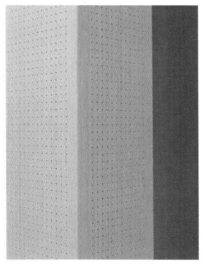

图3.1-64　空间选材搭配

报告厅后侧墙面排烟口与空调回风口错落分布，大小不一。在确保不影响排烟和空调设备使用功能的前提下，设计采用白色渐变冲孔铝板，将传统的窗格图案融入其中，以孔径的变化来协调设备风口与墙面的视觉效果。设备风口处，孔径最大，为排烟与空调设备提供了畅通无阻的"呼吸通道"，孔径向上、向下逐渐减小，柔和地过渡，将原本突兀的设备风口巧妙隐藏（图3.1-65）。

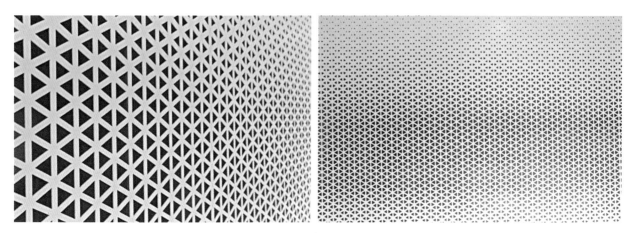

图3.1-65　白色渐变冲孔铝板墙

2）多功能厅

明亮的空间更有助于思维的拓展，设计将白色作为多功能厅的主色调，创造出更加轻松愉悦的会议环境，让沟通更加高效，交流更加自如。地面绿色渐变地毯，让空间更为亲近、自然（图3.1-66）。

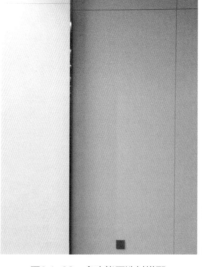

图3.1-66　多功能厅选材搭配

3）会议室

会议室是一个公司必不可少的组成部分，它在一定程度上代表着公司的形象，是公司用来接待客户、贵宾，进行商务洽谈和对外交往的地方。空间色彩以稳重大气的深色木饰面为主，搭配蓝色渐变地毯，让来宾感受到尊重与信任（图3.1-67）。

4. 共享中庭

设计将苏州园林步道、亭台以及生态绿化融合一体，通过木饰面、砖石质感的饰面材质与柔和的自然色调搭配，运用到共享中庭中，营造出宁静和谐的空间氛围。局部家具的鲜亮跳色则增加了空间的活力和现代感，这种色彩的对比使得中庭花园更加丰富多样，既保留了苏州园林的传统美感，又融入了现代办公的时尚元素（图3.1-68～图3.1-70）。

图3.1-67 会议室选材搭配

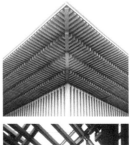

图3.1-68 共享中庭色彩肌理（此图片来自网络）

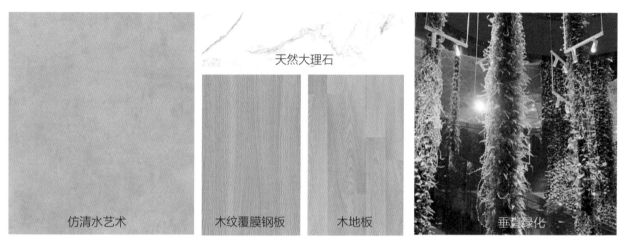

天然大理石

仿清水艺术　　木纹覆膜钢板　　木地板　　垂直绿化

图3.1-69　共享中庭选材搭配

图3.1-70　共享中庭色彩及材质运用

顶部吊挂垂直绿化，地面组合式绿植盆栽，局部将绿植直接种植在结构预留的下凹种植池内，植物仿佛直接从地面生出，多种绿植的组合形式，打造出一个更加舒适的庭院氛围，使得整个室内空间绿意盎然、富有生机。

地面精心设计了仿青苔与园林步道肌理纹样的地毯，从灰色砖石过渡到幕墙边的青苔。在共享中庭花园中，以完全现代化的方式延续园林铺地做法（图3.1-71）。

图3.1-71　共享中庭地毯肌理

5. 办公空间

敞开办公区设计时选用明亮的浅色系营造轻松、舒适的工作环境。局部重点位置添加亮色作点缀，增添空间活力。不同楼层间选用的点缀色有所不同，这能方便员工和访客更清晰地区分和辨认。

充足的自然光线不仅能提高工作效率，还能增强员工的舒适感。设计尽可能利用自然光线，通过幕墙、玻璃隔断等方式将自然光线引入办公区域。

简洁、现代的材质搭配是打造高效办公空间的有效手法。涂料、吸声板和地毯作为主要材料，能够营造出简洁与现代感。同时，注重材料的质感和触感，以提升空间的舒适度。办公区半高柜上均匀布置了各种品类的绿植，绿植能够增加氧气含量和净化空气，为员工提供更健康的工作环境。

走道区域采用悬浮式石膏板吊顶与地面彩色渐变地毯呼应，形成相对独立的走道空间。核心筒管井门及消火栓门区域采用灰色与彩色聚酯纤维吸声板进行装饰，以暗门的处理方式，使墙面效果更为整体，彩色的聚酯纤维吸声板用作不同楼层的色彩区分，也可以作为部门文化展示墙（图3.1-72）。

休息区设置吸声板组合的装饰墙，在交流时能提供一定的吸声降噪的作用，色彩上以白色、灰色为基本色，橙红色、蓝色及绿色为跳色，与核心筒墙面聚酯纤维吸声板色系统一，设置于不同楼层，色彩的组合装饰墙运用使得简约的空间更有层次及质感，符合现代办公的室内设计审美（图3.1-73）。

图3.1-72　核心筒展示墙

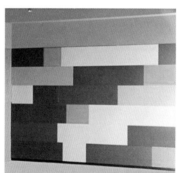

图3.1-73　休息区吸声板装饰墙

6. 地毯设计

地毯的配色灵感源自苏州地标的独特景致，从平江路河道中的清澈碧波，到太湖水面上的天光云影，再到东方之门落日下的金色余晖。设计将这些场景的色调融入地毯中，展现出独特的地域风情（图3.1-74、图3.1-75）。

图3.1-74　苏州标志性景点色彩提取

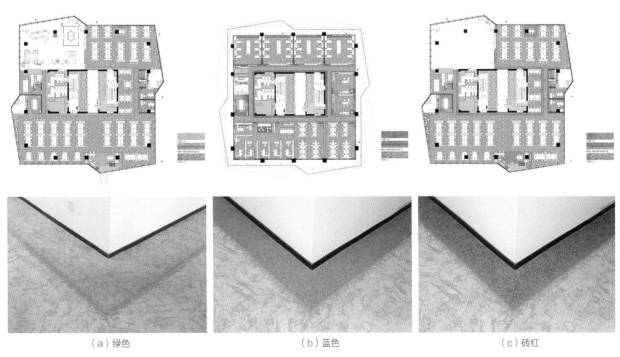

（a）绿色　　　　　　　　　　　（b）蓝色　　　　　　　　　　　（c）砖红

图3.1-75　地毯色彩运用

3.1.3　室内材料绿色与健康

1. 绿色建材

涂料，选择低污染、环保型的涂料，不含有甲醛、铅等有毒有害物质。环保性能：90%（按体积计）满足一般性释放评估加100%满足VOC含量。

装配式金属复合墙板，使用可回收的金属材料制成，减少了对环境的负担。此外，金属饰面板还具有良好的耐久性和防火性能，创造更加安全、健康的生活和工作环境。

地砖，作为常用的装修材料之一。在选择地砖时，设计考虑其环保性和耐磨性。选择优质的瓷砖，用于厨房、餐厅、茶水间、卫生间等空间，可以有效防止细菌滋生，保持空气清新。

地毯，选择采用环保和可持续发展原材料的地毯。尼龙66纱线（可回收）、环保型底背、原液染色工艺，地毯铺设采用超低挥发性有机化合物（VOC）的安装辅材（Tactile贴片），减少了对室内空气质量的影响。满足现行国家标准《室内装饰装修材料　地毯、地毯衬垫及地毯胶粘剂有害物质释放限量》GB 18587中A级要求。邻苯二甲酸二（2-乙基）己酯（DEHP）、邻苯二甲酸二正丁酯（DBP）、邻苯二甲酸丁基苄酯（BBP）、邻苯二甲酸二异壬酯（DINP）、邻苯二甲酸二异癸酯（DIDP）、邻苯二甲酸二正辛酯（DNOP）的含量不超过0.01%。

2. 吸声降噪

办公室常常存在着噪声干扰，对员工的工作效率和生活质量造成一定的影响。提供一个宁静的工作环境，室内噪声控制至关重要。为了保证室内的安静舒适，设计在楼板上设置隔声垫层、架空地板及地毯等吸声隔声的装饰材料。所有办公室、会议室之间的隔墙，设计均采用双面双层轻钢龙骨纸面石膏板隔墙，内填双层50mm厚岩棉填实，岩棉重度150kg/m³，满足空间高隔声标准的要求。

在人员集中的功能区域如报告厅、多功能厅等空间，设计通过两侧墙面的折面造型结合微孔吸声金属复合墙板材质，饰面造型墙内留空腔内部满填吸音棉等措施，确保空间500～1000Hz的混响时间低于2s，语言清晰度指标大于0.5，有效地提高听觉体验。

3. 家具和室内陈设品

家具选择具有环保认证的材料，重视环境友好性。避免使用含有甲醛等有害物质的家具，家具挥发性有机物（VOCs）散发量低于国家标准要求的60%，纺织、皮革类产品满足生态纺织品的技术要求。在室内陈设品的选择上，多使用可以净化空气的植物和可再生材料制成的装饰品，既能增加室内自然、绿色感，也能兼顾环保性。

室内绿色健康设计对于工作生活环境和健康福祉有着重要的影响。在设计和装修过程中，遵循绿色设计的原则，选择环保材料和家具，创造更加舒适、健康和可持续的室内环境。

3.2　室外环境

3.2.1　一栋楼宇一座山水园

　　苏州园林是自然山水的浓缩表达（图3.2-1），也是古人对艺术和精神生活的极致追求。每座园林宅院合一，以师法自然为原则，以山体、水流为脉络，以山石为骨架，以植物和建筑为其血肉，通过自然的模仿组合、灵动的空间布局和精致的景致安排，营造出可赏、可游、可居的生活居所，园林的美成了一种艺术和一种态度存在于每个人的心中（图3.2-2）。

图3.2-1　自然山水（此图片来自网络）

图3.2-2　苏州园林的山水（此图片来自网络）

　　随着改革开放的春风拂过，苏州在四十多年的建设中，园林的精髓融入了城市的每个角落，成为一座传统与现代文化高度融合的现代化园林城市。在这里，每一条街道，每一座楼宇都成为园林景观的生动展现。

　　若昔日的苏州园林是一宅一园林，那么启迪设计大厦可以称作一楼宇一园林，这正是大楼设计的景观目标。整座大楼的外部景观设计依据建筑的形态构成，与内部多个中庭的装饰设计相互呼应，共同打造了一座自地下到地面再到空中的现代立体园林。在这座园林中，山水作为打造园林的传统理念和元素，在各具特性的空间中进行了不同的思考与运用，诠释出与场地和建筑相得益彰的都市、田园和庭院山水形式（图3.2-3～图3.2-5）。与此同时，景观设计的另一目标是推动景观可持续发展，设计中考虑了场地融合性、植物多样性及景观疗愈性三个方面。

图3.2-3　都市山水（此图片来自网络）

图3.2-4　田园山水（此图片来自网络）　　　　图3.2-5　庭院山水（此图片来自网络）

1．乐山乐水乐于工作

子曰："知者乐水，仁者乐山"。自然的山水，对古人而言，不仅是天性的追求，更是精神的寄托，它们与人类美好的感情紧密相连，成为古时常见的审美意象。与山水相伴，对文人墨客而言，是修身养性的重要方式。苏州园林作为自然山水的人工再现，不仅展现了中国古人的高雅生活，而且成为满足其精神需求的一种文化。如今，园林不仅是文化的传承，更被视作一种生活方式和生活态度，关乎着人们的生活品质和健康水平。

启迪设计大厦的景观设计愿景是希望将山水之美融入工作环境，愉悦员工的身心，激发其创作灵感，增强其工作热情。在设计中加入景观的疗愈功能，通过自然元素、多样植物、环境氛围等多种方式，对员工的身心健康产生积极的影响，促进生产可持续。

2. 一院一主题，一院一景致

启迪设计大厦建设用地面积为1.568万m²，由裙房和塔楼两部分组成。在景观设计中，主要的设计场地为地面、裙房屋顶花园及下沉庭院（图3.2-6）。

秉承山水理念，景观设计定义地面为"都市山水"，主要强化场地的功能和衔接区域外的城市公共空间；裙房屋顶花园包含"田园山水"和"庭院山水"，创造了独特的景观场景。根据建筑的形态特点，整个景观设计提供了六个各具特色的场景空间，每个空间分别采用了不同"山"和"水"的主题及表达方式来展现特点，并与室内功能相匹配。负一层的中庭设计灵感来源于山涧山水，场地主题是室内餐饮空间的室外延伸；地面内庭院采用了枯山水的概念，场地主题是连通慢行步道；地面大厅主入口为风水概念，场地主题是入口形象展示；裙房四周为城市山水概念，场地主题是场地内外空间的过渡与分隔；裙房南屋顶花园融入田园山水的理念，场地主题是多功能活动和运动休闲；裙房西屋顶花园为庭院山水概念，场地主题是漫游与静思。

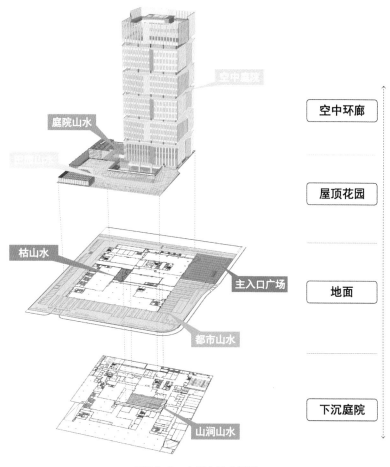

图3.2-6 大厦立体分层图

3.2.2　因地制宜，山水演绎

　　启迪设计大厦位于旺茂街与旺墩路的交界处，北临工业园区中央河景观带（图3.2-7）。场地东侧和南侧沿路保证交通和视线通达，与城市实现无缝衔接；北侧设置海绵湿地，结合沿河现有杉树林，整体打造沿河生态绿廊，有效提升场地的环境品质及中央河的生物多样性。

　　场地内的景观设计需要面对诸多的挑战，其中包括建筑空间的要求、一体化设计的要求、造价控制的要求及运维管理的要求等，但也正因为这些限制性条件和要求，使得每个空间中"山"和"水"的演绎创造出了独特的景观与场景。

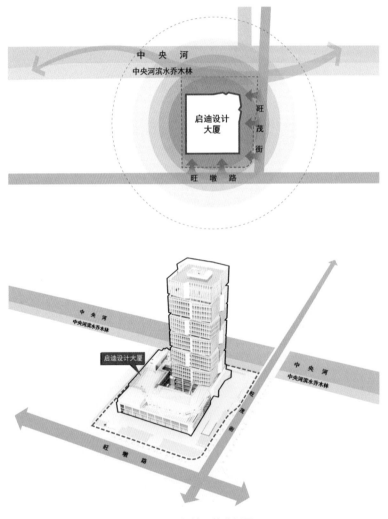

图3.2-7　场地区位分析图

1. 大厦主入口广场——"风水广场"

大厦主入口广场位于建筑东侧，建筑到旺茂街的距离最窄处为31m，设计面积为1266m²（图3.2-8）。广场有三分之二的场地在地库顶板之上，因此采用硬质铺装打造成广场空间，既满足消防登高面及车辆落客与回转的要求，又配合大门增强了入口前场的气势。广场东北角的出入口解决了与人行道的联通需求，为北侧地铁站来往的人员通行提供了便利。

主入口广场景观设计沿用星海街九号原办公楼入口的形式布局，承载了公司原办公楼的记忆，延续了公司"传承历史，融筑未来"的使命。正对入口的中轴线上设置了叠瀑式水景作为大厅的室外对景，砖砌透空景墙作为水池背景，同时解决了场地内外的高差。水池顶端的涌泉寓意着能量和财富的源泉，当水景启动时，水流缓缓跌落流向地面的镜面水池，铺装上的九条白色纹理既是建筑幕墙纹理在地面的延伸，也是水流的表现形式，将水池中的能量和财富源源不断地输送进公司大楼（图3.2-9）。水景两侧的红枫则象征着两团熊熊燃烧的火焰，寓意着公司红红火火、蒸蒸日上（图3.2-10）。整个入口前场的景观布置和植物种植都是以九条"水"纹理为轴线关系进行组织和分隔，创造简单、干净、大气的整体印象。在广场的南北轴线端头放置的"苏州设计"石牌和青枫均来自公司原办公楼，代表了启迪设计发展的历史和记忆（图3.2-11）。

图3.2-8　主入口广场

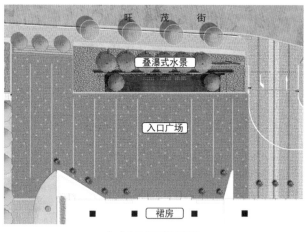

（a）主入口广场平面图

（b）主入口广场铺装

图3.2-9 主入口广场

图3.2-10 主入口广场水景

图3.2-11 "苏州设计"石牌和青枫

2. 地面景观——"都市山水"

本项目的地面景观设计面积为8857m²，根据东、南、西、北场地的进深大小、裙房的商业功能和外围环境的差异进行了总体的思考，同时做了差异化的设计。

地面景观整体运用现代化办公及商业景观的设计手法，以硬质广场为主，结合海绵城市设计元素，表达都市山水景观的特色（图3.2-12）。在铺装设计中，结合消防、人行、停车及海绵城市设计的要求，建筑周边除东侧广场出于品质的考虑设计花岗石铺装以外，其他区域全部采用硬质透水铺装。在绿地景观设计中，海绵式的水体表现形式是都市山水景观设计的特别尝试，希望能实现城市的生态目的，以及打造雨季和旱季的差异化特色景观，同时实现城市海绵功能和内外场地的分隔功能，在没有围墙设施的情况下实现人流通行的管理。

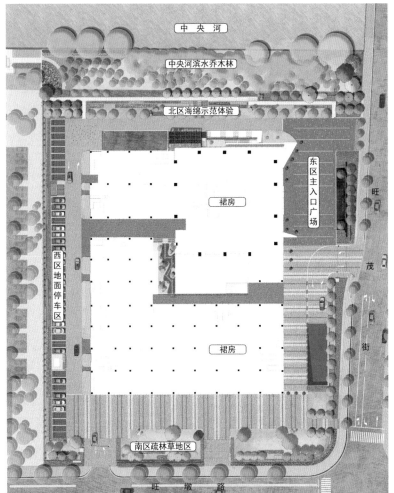

（a）地面平面图

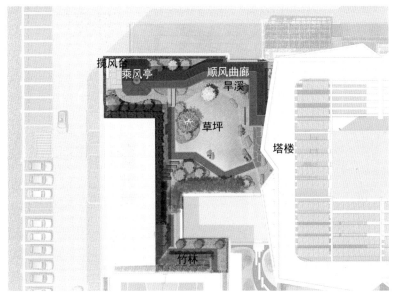

（b）新中式庭院平面图

图3.2-12 平面图

　　北区界内绿地是条狭长形绿带（图3.2-13）。由于没有围墙分隔，中央河滨水乔木林和界内的雨水花园设计为一个整体，成为大楼北侧一个有河有林有湿地的生态后花园，配合大楼咖啡吧，在室外设置木平台和植栽廊架（图3.2-14），为员工提供一个惬意的社交场所来感受自然和园区中央河美景。除此之外，在场地中考虑雨水净化示范和功能，在雨水花园中设置了生态净化水池和一条东西向的慢行步道，让人能够近距离地观看生态科技和体验雨水花园的景观变化（图3.2-15）。

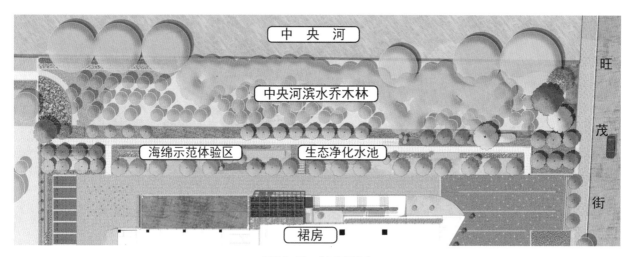

图3.2-13　北区平面图

图3.2-14　北区建筑入口植栽廊架与木平台

图3.2-15　北区人行步道

东区和南区的绿地由于进深较大且裙房均为商业用途，设计采用疏林草地的方式以实现疏朗和通透的景观效果（图3.2-16）。内场地边缘人所及之处布置整洁的草坪，采用形态各异和季相色彩分明的大型乔木（例如球形的杨梅、锥形的黄金杉和银杏、馒头形的香樟、妖娆形的乌桕、飘逸形的垂柳）进行点植，保证2m内视线通透的同时，创造自然雕塑性的景观（图3.2-17）。在外场地边缘人所不及之处设置下凹绿地以蓄水，采用混凝土砌筑一道垂直生态墙作为海绵绿地的收边，从外场地看不到矮墙，成为场地中无形的内外分隔。下凹绿地利用水杉和湿旱两生灌木组合实现了远距离湿地观赏的可能性（图3.2-18）。

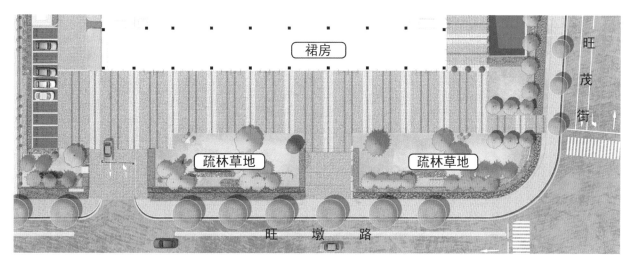

图3.2-16 南区平面图

图3.2-17 南区疏林草地

图3.2-18 南区生态挡墙

3. 下沉庭院——"山涧山水"

下沉庭院是建筑负一层的中庭，南北西三侧围绕着餐厅和健身室，东侧有地面到负一层的台阶，设计面积为579m²，场地既是一个采光通风和公共集散的空间，又是一个四周视线焦点的景观空间（图3.2-19）。为了减小负二层结构顶板的荷载，景观考虑少量种植植物，以硬质景观为主。

根据山水理念和下沉空间的特点，设计采用模拟山涧景观的手法来营造一个幽静而自然的空间，运用了抽象和现代的方法来打造一个有崖壁、有跌水、有溪流、有石头、有植栽组合的空间，中庭台阶侧面正对室内，同时又是西侧餐厅视线端头，在此处结合台阶设置了一个20mm水深的镜面水池来倒映建筑和植栽（图3.2-20）。景墙上采用佛甲草、粗糙石面模拟崖壁，墙背面竹子倒影和跌水声搭配来营造幽静的空间氛围。水池中的花坛和地面上的坐凳模仿石块自然散布在场地中，并搭配麦冬来软化场地。除中庭水池以外的所有场地因交通、集散功能和户外活动需要，均采用硬质铺装，铺装条纹既是水纹的抽象化表达，又是幕墙分隔线在地面上的延伸，同时也作为景观灯具布置的依据，打造景观与建筑的和谐统一。场地中的高脚吧台和坐凳则考虑成为餐厅室内外互动的家具，又是一组结合竹子种植的自然艺术雕塑，满足多种功能需求（图3.2-21）。

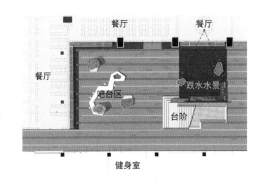

图3.2-19 下沉庭院平面图

图3.2-20 下沉庭院水景

图3.2-21 下沉庭院高脚吧台及坐凳

4. 新中式庭院——"庭院山水"

裙房屋顶的西北角是一个相对独立、不受干扰且有绝佳观景条件的新中式庭院，设计面积为732m²（图3.2-22）。设计采取了西高东低向塔楼方向倾斜的地形处理方式，在保证西侧有植栽的同时，便于场地排水。

新中式庭院的东侧是建筑塔楼，西侧是屋顶设备，北侧风景独好，可以一览园区中央河的景观。其中场地西北角是个绝佳的观景平台，因此，在这里设置了一个亭子、一片花街铺地和一组高脚桌椅，供人停留、休憩和观景，将此平台命名为"揽风台"（图3.2-23）。亭子的屋顶形状呼应塔楼建筑的轮廓，采用了八个面的形式，命名为"乘风亭"（图3.2-24）。沿场地北侧设置一条顺风曲廊，将主楼和揽风台联系起来，打造一条既能游憩、又能观赏美景的人行动线，曲廊因地形的高差变化成为一条特色山廊（图3.2-25），从外侧看曲廊，也是一道特别的风景（图3.2-26）。由于新中式庭院讲究围合和聚气，因此在南侧场地边缘用种植成排竹子的方式完成整个空间的围合（图3.2-27）。

庭院空间运用了枯山水的造园手法，强调营造干净简洁并富有寓意的景观，希望创造精神上净和空的状态。设计将中心区域做空，以细腻、整洁的草坡为主要观赏内容，配有红梅植物组团作为空间的视线焦点（图3.2-28），沿着曲廊内侧，采用砾石、自然黑山石块和丰富的低矮植被组合模拟一条自然的"山间溪流"的旱溪，由高处揽风台顺着坡度缓缓跌落流到低处，在建筑边缘汇集形成"水面"，同时解决了无覆土处的装饰问题（图3.2-29）。

除此之外，庭院的游憩空间体验、文化体验、趣味体验主要通过步行园路来实现。环行整个庭院时会经过竹林空间、草坪空间、花卉空间、廊下空间，走过席纹铺装、踩过汀步、跨过石桥，在廊下休憩，在亭下闲聊，体会传统园林所营造的曲径通幽、豁然开朗、闲庭信步及鸟语花香的感受（图3.2-30）。

图3.2-22　新中式庭院平面图及照片

图3.2-23　揽风台观中央河景观

图3.2-24　乘风亭

图3.2-25　顺风曲廊廊下空间

图3.2-26　远观顺风曲廊

图3.2-27　竹林围合空间

图3.2-28　中央草坪

图3.2-29　旱溪

图3.2-30　新中式庭院人行步道

5. 多功能平台——"田园山水"

多功能平台呈U形，包括东、西、南三部分场地，总面积为3054m²，是一个集运动、健身、户外会展、集体活动、休闲娱乐、拍照摄影、蔬菜种植等活动于一体的屋顶花园（图3.2-31）。西侧场地设置了一个规范篮球场，篮球场北侧由一片竹林与新中式庭院分隔。篮球运动是启迪设计文化的一部分，原办公楼的篮球场位于室外下沉空间，新址将其搬上了屋顶，球场四周结合花坛设置长条坐凳和金属围网。南侧场地是屋顶花园的中心区域，配套有大台阶、多功能广场、健身设施场地、休憩构筑物、花园式植栽、游憩步道、蔬菜园、建筑光导管和城市海绵系统等。其中大台阶不仅有摄影场地的功能，同时又是裙房上到屋顶的通道和连接天桥的平台。东侧屋顶花园呈狭长形，往北连接主楼四层共享多功能厅，往南连接屋顶多功能广场，起着连接室内外多功能空间的通道功能。因此，在通道一侧使用条形种植草花和列植橘子树的方式来营造礼仪通道（图3.2-32）。在共享多功能厅悬挑的屋檐下利用台阶高差变化处，设置过渡的景观灰空间，当室内移门全部打开时，室内外空间便能融合成为整体。

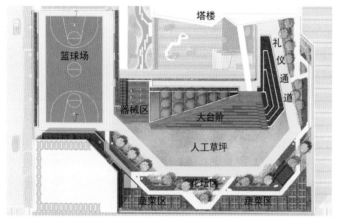

图3.2-31　多功能平台平面图

图3.2-32　礼仪通道

多功能平台的景观概念来自大自然的田园山水，是一峰、一山、一平原、一河、一片田组成的自然格局的缩影，意在描绘美好而又和谐的景象（图3.2-33）。在整体景观中，建筑被视为山峰；大台阶被视作山，采用棕色木饰面，"山"左侧台地种植茶田，右侧台地种植樱花以衬托建筑和软化台阶；绿色人工草坪被视为"平原"，为各种活动的举办提供场地（图3.2-34）；火山岩带被视为"河流"，由东向西环绕着山和平原，穿插其中的花木则模仿了水岸边的自然植物群落（图3.2-35）；蔬菜种植区被视作"农田"，采用种植箱实现蔬菜的种植（图3.2-36）。在此布局结构的基础上，根据场地通行和游憩的需求，在人工草坪边缘设置3m宽通道贯穿屋顶花园，以便快速通行。在火山岩带的另一侧设置游憩小径，并连通建筑外走廊，沿此散步可到达西北角的中式庭院。户外休闲亭作为步道上的一个停留点，设置在东南角的火山岩带边，在大型活动时，也可用作管理场地使用（图3.2-37）。整个景观场地的布局和高差设计、透水和吸水材料的使用，最大程度地实现雨水滞留、净化、延时排放的功能，满足海绵城市的要求。

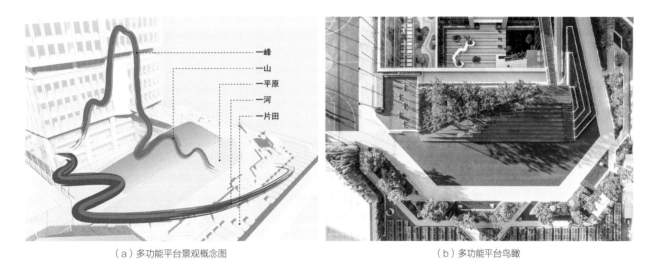

（a）多功能平台景观概念图　　　　　　　　　　（b）多功能平台鸟瞰

图3.2-33　多功能平台

图3.2-34　大平台及人工草坪

图3.2-35 自然植物群落

图3.2-36 蔬菜种植区

（a）户外休闲亭外部

（b）户外休闲亭内部观景

图3.2-37 户外休闲亭

3.2.3 景观绿色低碳设计与研究

1. 生态海绵

本项目生态海绵分为地面海绵和屋顶花园海绵两部分。总调蓄容积达到180.3m³，年径流总量控制率达到70.45%，综合径流系数为0.5，面源污染物去除率达到55.4%，以上各项指标均达到并超出《苏州市海绵城市专项规划》等相关指导意见的要求。

1) 地面海绵

地面海绵运用人工花岗石透水板、下凹式绿地取代传统的铺装雨水口形式，实现雨水的净化、调蓄功能。首先大面积的人工花岗石透水板吸收净化部分雨水，未被吸收的雨水再通过地表放坡汇入下凹式绿地中，进行雨量调蓄及自然下渗。人工花岗石透水板主要设置在场地南部、西部及北部三个区域，面积为2756.7m²，占地面铺装的52%。下凹式绿地面积为571.7m²，占绿地总面积的38%，下凹区域进行换土垫砂处理，提高雨水下渗速率，并且各下凹式绿地通过过路管相互连通，把相对独立的海绵设施变成一个整体，提高了下凹式绿地的调蓄能力。其总调蓄量达到91.5m³，占项目总调蓄容积的一半以上（图3.2-38、图3.2-39）。

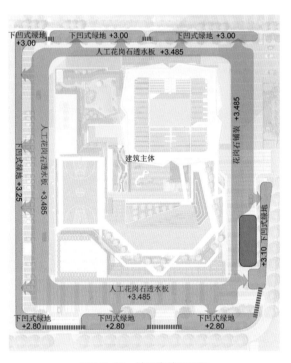

图3.2-38　地面海绵平面图

图3.2-39　地面南区海绵剖面图

2）屋顶花园海绵

屋顶花园海绵设计包括多功能平台和中式庭院两个区域。通过优化排水放坡、设置多级拦截措施的方式，实现雨水的净化、滞留及利用。

多功能平台区域的设计从北向南利用大台阶和屋顶花园外缘之间350mm高差的放坡，设置了多级拦截措施（图3.2-40）。部分雨水首先被基层开孔的仿真草坪、透水混凝土吸收净化，进入底层碎石排水层。余下的雨水再通过火山岩、碎石带滞留，进一步过滤雨水中的化学需氧量（COD）及悬浮物浓度，并被调蓄型花坛及种植箱吸收储存以供植物生长。经过多级净化且未被花坛、种植箱吸收的雨水才会沿碎石排水层溢流进入建筑排水系统（图3.2-41）。经过这一系列的措施处理，多功能平台的面源污染物去除率达到了75%以上。当年径流总量控制率为70%时，理论上屋顶花园的雨水利用率可达88%。

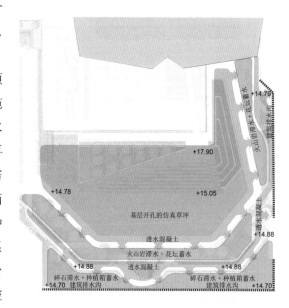

图3.2-40　多功能平台海绵平面图

图3.2-41　多功能平台海绵剖面图

此外调蓄型花坛及种植箱利用生态多孔纤维棉保水释水的特性设计，获得了相关的实用新型专利。实际施工中选用标准密度的纤维棉材料，最大限度地发挥纤维棉的保水、透水及释水能力。而将纤维棉设置于花坛种植箱侧壁和底部，利用花坛和种植箱的结构保护纤维棉，规避标准密度纤维棉强度不足的劣势。

中式庭院区域同样采用地表排水和结构顶面排水两种方式，最终汇集至东侧旱溪，实现雨水滞留和过滤净化的海绵功能。

2. 景观可持续发展

景观可持续发展致力于在城市生活和景观环境之间构建和谐的共生关系，旨在实现景观的长期、稳定和健康的发展，同时推动城市可持续发展的实现。本项目的景观设计从城市融合性、植物多样性、景观疗愈性三个方面的展现来促进景观可持续发展。

1）城市融合性

本项目景观的城市融合性考虑了两方面：①无明显边界。地面广场周边局部采用灌木带软化场地边界，并设置多个出入口连通城市道路，城市居民可以自由进出。②公众参与度高。为城市居民提供平等、自由、共享的空间，居民可以在这里通行、社交等，使场地更好地融入城市，并有助于提升城市的整体形象及文化内涵，推动城市可持续发展（图3.2-42）。

2）植物多样性

本项目景观的植物多样性主要考虑了三方面：①品种。植物种类尽量丰富，数量达100多种，以多年生乡土植物为主。②组群。在控制种植密度、避免因植物相克滋生病虫害的前提下，配置丰富的植物组群。③空间。地面及屋顶花园均有多种植物组群，打造不同的空间体验感，保证植物的多样性（图3.2-43、图3.2-44）。以上措施对于推动城市生态多样性建设及促进景观可持续发展至关重要。

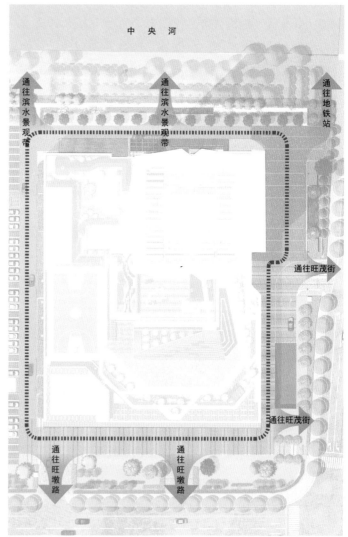

图3.2-42 场地与周边环境的衔接

图3.2-43 地面北区的植物组群　　　　　　　　　图3.2-44 屋顶花园的植物组群

3）景观疗愈性

本项目景观的疗愈性场所主要设置于地面北区、屋顶花园及空中环廊。

地面北区的人行步道是一条惬意的慢行步道，步道南侧有丰富的海绵植物，步道北侧与滨水绿地相连（图3.2-45），通过为城市居民提供舒适、放松的环境，营造具有疗愈功效的能量场。

屋顶花园的中式庭院融入了苏州园林及山水文化（图3.2-46），适宜的空间规划、亭廊和旱溪的设置及富有层次的植物配置所营造出的优美景致和宁静氛围有助于调节身心、舒缓压力。

屋顶花园的多功能平台是一个集运动、休闲、蔬菜种植等于一体的多功能场地，球类运动场地、器械运动场地、廊下休憩场地及蔬菜种植区域能放松精神、治愈心灵，进而释放疲劳和压力。

建筑的空中环廊可远眺场地北侧的中央河景观带，呼吸新鲜空气，促进人的身心健康（图1.2-7）。

图3.2-45 地面北区的人行步道　　　　　　　　　图3.2-46 中式庭院的旱溪

3.2.4　专项实践探索

1. 细节

1）铺装

本项目的景观设计中，铺装占据了场地的大部分面积。铺装作为室外景观重要的艺术表现形式，可以协调场地不同景观元素之间的关系，又是区分场地功能和空间主次的重要手段。铺装选用了花岗石、石英砖、透水混凝土和人工花岗石透水板四种材料，铺装颜色以黑白灰为主基调色。

地面主入口广场区选用黑色水洗面花岗石以突显场地的重要性，其他区域以浅色石材为主（图3.2-47）。屋顶花园主要选用浅色铺装，能够有效增加热反射能力（图3.2-48）。

地面铺装的分隔节奏延续建筑幕墙分缝的比例，铺装分隔条与幕墙铝合金分隔条对应，既保证了建筑与景观的整体性，又创造了铺装的节奏感。地面铺装分隔带与场地中的庭院灯、开孔侧石等景观元素对应，使场地的多样景观元素形成统一的整体（图3.2-49、图3.2-50）。

图3.2-47　地面铺装

图3.2-48　屋顶花园浅色铺装

图3.2-49　下沉庭院铺装延续幕墙分缝

图3.2-50　地面南区富有节奏感的铺装

　　屋顶花园中式庭院的铺装选择具有自然肌理的材料，整体采用深色花岗石，结合传统园林的铺装样式，营造精致典雅的景观庭院空间。

　　旱溪和竹林的汀步石均采用面层拉槽、四周凿毛的处理手法（图3.2-51、图3.2-52）；主园路采用花岗石席纹铺的形式（图3.2-53）；揽风台的铺装为传统园林中常见的花街铺地，图案选用经典的海棠花纹（图3.2-54）；乘风亭下方铺装采用45°斜角铺设，模仿传统园林中景观亭内铺设方砖的形式，石材之间采用阴雕的现代处理方式（图3.2-55）；顺风曲廊下方园路石材之间采用V形开槽，强化铺装的立体雕塑感（图3.2-56）。

图3.2-51　旱溪汀步石

图3.2-52　竹林汀步石

图3.2-53　花岗石席纹铺

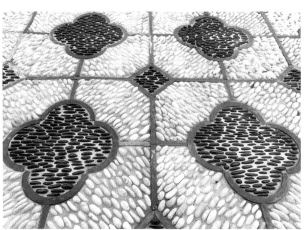

图3.2-54　海棠花纹花街铺地

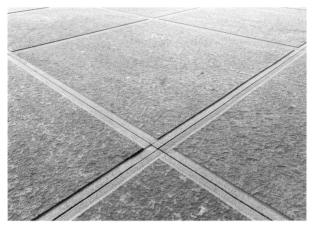

图3.2-55　乘风亭下方石材阴雕铺装　　　　　　　　图3.2-56　顺风曲廊下石材铺装V形槽

2）植物设计

植物是园林景观中重要的景观元素，与园林中的地形、水体、建筑等要素共同构成丰富多彩的景观形式。本项目的植物品种考虑浇水、施肥、病虫害、修剪等后期养护因素，选用具有观赏价值、抗旱、抗寒、适应性强的多年生乡土植物。植物的搭配以季相变化、四季有花为宗旨，因地制宜的植物配置迎合各空间概念效果为原则，结合景观区域的功能性，利用植物之间的结构关系，创造出功能分区合理的微环境，充分发挥植物的个体美、组团美及异彩纷呈的季相变化。

地面：大草坪上孤植和阵列式的雕塑型高大乔木，结合自然形态为主的带状地被，呈现简洁大气、视线通透的景观效果。乔木如树形独特的乌桕、树形雄伟的朴树、苍劲有力的榔榆、飘逸的垂柳、塔形的黄金杉等（图3.2-57、图3.2-58）。

图3.2-57　地面的雕塑型乔木　　　　　　　　　　　图3.2-58　地面的塔形黄金杉

　　场地内地被植物采用带状的种植方式，注重植物形态的对比关系，带状色块如金禾女贞、常绿鸢尾、毛鹃及金叶石菖蒲等形态、叶形、叶色、花色、花期各异的多年生地被植物（图3.2-59、图3.2-60）。

图3.2-59　北区雨水花园带状地被种植（一）

图3.2-60　北区雨水花园带状地被种植（二）

　　内庭院及下沉庭院：一层内庭院在设计中创造丰富的地形以增加覆土，运用佛甲草配合石板、沙石、景石，点缀鸿运果、结香、茶梅等自然形态的矮灌木，营造富有禅意的空间（图3.2-61）。负一层下沉庭院水景以早园竹为景墙背景，墙上嵌植的佛甲草似从崖壁长出的小草，演绎自然幽静的林涧山水空间主题（图3.2-62）。

　　新中式庭院：以写意的手法进行局部植物景观的画意组合，通过主题式栽植突出局部的植物景观特性。选用寓意"玉堂春富贵"的玉兰、海棠、迎春、牡丹、桂花和"岁寒三友"的松竹梅营造精致的庭院景观。顺风曲廊转角处选用传统园林盆景的罗汉松等主景树，形成障景弱化转角（图3.2-63）。运用杜鹃、麦冬、玉簪、金叶石菖蒲等地被品种点缀于枯山水的旱溪两侧（图3.2-64）。

图3.2-61　内庭院幽静禅意植物搭配

图3.2-62　下沉庭院景墙上的佛甲草

图3.2-63 新中式庭院盆景罗汉松

图3.2-64 枯山水的旱溪

中央草坪孤植造型红梅，搭配杜鹃、灌木球、玉簪与景石形成组景，通过品种的选择及精细化修剪养护演绎精致典雅的传统园林空间（图3.2-65）。通往篮球场的园路以早园竹、肾蕨、矮麦冬打造曲径通幽的竹林小径，营造先抑后扬的院落空间，转角处点缀海棠、紫玉兰与蜡梅，竹影婆娑，相映成趣（图3.2-66）。

图3.2-65 红梅组团式绿化

图3.2-66 竹林小径

多功能平台：运用多种植物创造不同类型的植物景观，营造丰富多彩的景观效果。大台阶西侧绿化以晚樱搭配毛鹃营造台地式樱花林（图3.2-67），东侧以茶梅营造茶山（图3.2-68）。花坛中植物组团以枫树搭配多年生、低维护、色彩丰富、对比强烈又不乏野趣的主题花境，运用驱蚊的迷迭香、艾草、鼠尾草，少病虫害的南天竹、细叶芒、狼尾草等，点缀叶色、质感、花色、花期各不相同的灌木球，弥补在秋冬季部分植被落叶以后的空白，又使得花境空间错落有致（图3.2-69、图3.2-70）。

蔬菜种植区通过蔬菜轮作，营造春夏秋冬的季节性菜园景观。条状的茶梅篱与各品种蔬菜（如西兰花、芹菜、油菜、韭菜、葱等）形成强烈的纹理感对比，以茶梅篱进行划分蔬菜区域，便于不同部门认养（图3.2-71、图3.2-72）。通过控制种植密度（16株/m²或25株/m²）保证植物的生长空间和通风，有效减少病虫害滋生，品种搭配避免因植物相克滋生病虫害（如海棠与松柏类搭配种植促发锈病）。

图3.2-67　台地式樱花林

图3.2-68　茶梅茶山

图3.2-69　休闲景观带花境（一）

图3.2-70　休闲景观带花境（二）

图3.2-71　蔬菜种植区实景（一）

图3.2-72　蔬菜种植区实景（二）

3）设施耐久性

本项目的景观设计以少维护、少修理、少更换为目标，通过材料选择和施工方案两方面来实现。

对于重要的景观设施，优先选用金属、石材、混凝土等耐风化和耐腐蚀的材料。例如，亭子的主体结构和座椅均采用坚固耐用的钢结构，其顶面采用轻质且耐候的铝镁锰板，内顶装饰选用易于清洁和维护的铝合金；水池、家具、雕塑、花坛均采用不锈钢材料，外饰烤漆；屋顶花园的种植箱选用纤维水泥制品，减轻结构荷载；所有螺栓和螺钉等连接件选用镀锌和不锈钢材料，确保设施的稳固性和耐久性。在铺装材料的选择中，地面铺装选用高强度且耐磨的材料，以确保其长时间的使用寿命和易维护性。同时，将各种铺装形式按一定比例进行铺设，既降低了材料成本，又保证景观的整体效果。屋顶花园的铺装主要选用一次性成型的透水混凝土，草坪则选用人工草坪，以减少维护成本并确保其四季常绿。

2．景观小品

1）主入口广场水景

主入口广场水景由景墙、叠瀑式水景与地面水池三部分组成，在水景两侧地面水池内点缀红枫，实现水景与自然的融合（图3.2-73、图3.2-74）。

为了解决内外场地的高差，在水景东侧设置了景墙，采用中国黑自然面花岗石，立面上部有规律的局部镂空，下部为实墙，视觉效果自然通透。叠瀑式水景高度为1.08m，共8级，采用中国黑光面花岗石，顶部设置矩阵式涌泉。地面水池底部满铺黑色砾石，水景不开启时能够模拟镜水面的效果，兼顾效果与成本。地面广场的雨水通过水池边缘的排水沟收集后，排入综合管网（图3.2-75）。

水景的开启方式有日常模式和迎宾模式。日常模式为跌水水景开启，通过较小的水量营造气势，水流汇聚至地面水池形成镜水面（图3.2-76），迎宾模式则是在此基础上开启涌泉（图3.2-77）。

图3.2-73 主入口水景平面图

图3.2-74 主入口水景效果图

图3.2-75　主入口水景剖透图

图3.2-76　主入口水景日常模式

图3.2-77　主入口水景迎宾模式

2）下沉庭院水景及高脚吧台

下沉庭院水景模拟自然山涧中的山水景象，由跌水景墙、镜面水池及两组水中花坛组成（图3.2-78、图3.2-79）。

跌水景墙高度为1.5m，采用L形的布局方式，展开面更长，景墙选用黑色流水板，能更好地模拟自然的山林效果（图3.2-80），水池溢流口为中国黑花岗石，采用锯齿状均匀切割而成，保证跌落的水幕能形成统一的效果，避免因施工工艺不达标而造成出水不均的情况（图3.2-81）。镜面水池池底铺设中国黑光面石英砖，水面深度为30mm，水池内两组花坛采用原色不锈钢，能还原多变的花坛造型（图3.2-82）。水景采用内循环方式，静水面下暗藏泵坑，内置涌泉低压泵一组，喷高80~90mm。溢流跌水低压泵一组，三处景墙水槽跌水一组。水中花坛的卵石沟兼作水景的溢流排水沟。

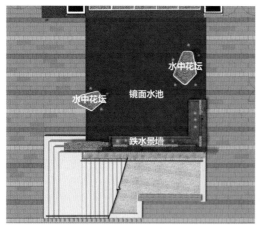

图3.2-78 下沉庭院水景平面图

图3.2-79 下沉庭院水景效果图

图3.2-80 下沉庭院水景剖透图

图3.2-81 水景溢流口细部

图3.2-82 水景不锈钢花坛

水池跌水和涌泉可单独控制。在跌水和涌泉关闭时，池底黑色光面石英砖能够模拟镜水面的效果。两组花坛周围是150mm高的涌泉，为镜水面增添灵动感（图3.2-83、图3.2-84）。

高脚吧台模拟林中的山石，形态自然且具有雕塑感，包含一组长桌、七组高脚凳、两组孝顺竹树池及两组花坛坐凳，均采用不锈钢白色烤漆工艺（图3.2-85、图3.2-86）。

图3.2-83 下沉庭院水景日常模式　　　　　　　　　图3.2-84 下沉庭院水景迎宾模式

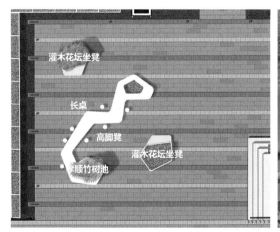 

图3.2-85 下沉庭院高脚吧台区平面图　　　　　　　图3.2-86 下沉庭院高脚吧台区效果图

长桌与两组孝顺竹树池相连，高度为1.1m。在孝顺竹树池内，除满足孝顺竹生长所需覆土外，底部采用轻质泡沫板填充，有效地减少了地库顶板的荷载。造型简洁的高脚凳高度为0.75m，在立柱底部设置了0.3m高的脚撑（图3.2-87、图3.2-88）。两组花坛坐凳的面层为菠萝格防腐木。

图3.2-87　下沉庭院台阶观赏视角

图3.2-88　餐厅内观赏视角

3）多功能平台大台阶

多功能平台大台阶代表"田园山水"中的"山"，整体呈现中心高、四周低的锥形形态，包含中心区竹木台阶及坡道、西侧的樱花林和东侧的茶梅山。大台阶北侧通过钢桥和五层建筑室内连接，南侧以台阶和坡道形式与屋顶花园顺接（图3.2-89）。

图3.2-89　大台阶

大台阶中心区域设置了300mm高的台阶，共10级，是大楼的最佳摄影场地（图3.2-90、图3.2-91）。台阶上的花箱可以自由移动，台阶西侧为坡道结合樱花林，东侧为19级150mm高的人行台阶搭配层叠的茶山。在大台阶的设计中考虑了荷载要求，进行了结构上的架空处理，将建筑的裙房上人口隐藏于台阶平台下方，樱花林及茶山下方局部填充轻质泡沫板，有效地减少了屋顶的荷载（图3.2-92）。

4）新中式庭院亭廊

新中式庭院亭廊包含东西两端的四角亭、八角亭和中间连接的曲廊。由于场地竖向呈现西高东低的空间布局，曲廊形成爬山廊的形式（图3.2-93）。

曲廊顶部形式为简洁的人字坡，采用铝镁锰板，兼顾成本与耐久性。屋顶下方采用原木色铝方通格栅，中间以轻质隔板分隔。亭廊下方设置坐凳及美人靠，坐凳面为深咖色菠萝格防腐木，美人靠采用与连廊立柱同色的圆形钢管，与钢结构立柱焊接，曲廊基础与土建屋顶花园结构统一浇筑成型（图3.2-94）。

图3.2-90　大台阶摄影场景（一）

图3.2-91　大台阶摄影场景（二）

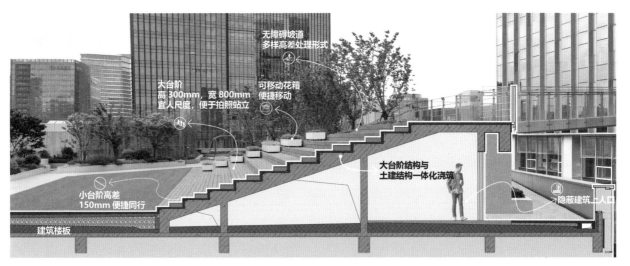

图3.2-92　大台阶剖透图

图3.2-93　新中式庭院亭廊

图3.2-94　曲廊剖透图

　　在西侧最佳城市观景点设置八角亭，顶部采用四组长边和四组短边的铝镁锰板组合而成，在顶部交会成正八边形，顶部中心是镂空的圆形玻璃，玻璃下方设置灯具并通过拉锁固定在四根立柱上（图3.2-95），地面铺装为正方形，与圆形玻璃一起寓意"天圆地方"（图3.2-96）。

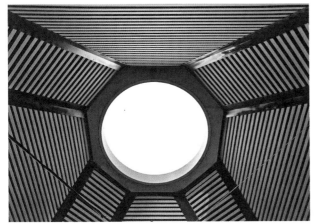

图3.2-95　八角亭圆顶

图3.2-96　八角亭方形地面

　　3．景观安全措施

　　1）化解高差

　　地面北侧绿地低于周边园路250mm，通过设置台阶和植物缓冲区的方式解决。在矮墙内种植湿旱两生的植物，兼顾海绵城市的功能性和场地的安全性（图3.2-97）。

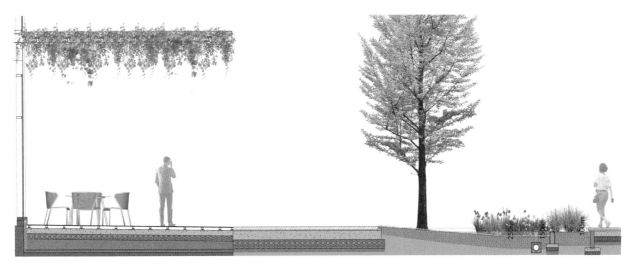

图3.2-97　地面北区剖面图

2）创造高差

地面南区在红线内设计海绵下凹绿地，低于市政人行道路面450mm，通过设置挡墙并在挡墙和人行道之间增设灌木带，对人行道上的行人进行安全隔离（图3.2-98）。

图3.2-98　地面南区剖面图

4. 成本控制

1）景观与结构一体化设计

景观方案在结构初步设计之前提供所有集中荷载的大小与范围，包括屋顶花园的种植箱、花坛、亭廊及灯具基础点位。结构专业据此进行合理设计，降低结构成本。

景观大台阶在建筑设计时，已将景观所需基础资料递交给建筑专业，作为建筑设计的一部分，由建筑施工一次成型，避免景观结构二次施工。大台阶内部预留室内进入屋顶的人行通道，在种植区域满足植物覆土深度前提下，底部铺设轻质泡沫板，通过架空和填充轻质泡沫板的形式，达到降低屋顶结构荷载的目的（图3.2-99）。

图3.2-99　大台阶剖面图

2）控制施工工序和施工难度

所有景观设施都采用成品采购、工厂预制和现场安装的方式进行施工，选用一次性成型材料，避免表面二次装饰所增加的施工时间，降低人力成本，减少现场交叉施工所造成的工期影响和材料损耗（图3.2-100、图3.2-101）。

图3.2-100 异形花坛安装过程　　　　　　　　　　　图3.2-101 高脚吧台安装过程

3）选用轻质材料

屋顶花园景观施工采用预制钢板替代花岗石作为花坛材料。屋顶花园铺装采用透水混凝土、火山岩、砾石等高孔隙率的材料，消减屋顶花园荷载，降低施工成本（图3.2-102）。

图3.2-102 屋顶花园透水混凝土及火山岩

第四章 | 照明

4.1 室外照明

　　城市夜景灯光环境展示城市形象风貌，体现城市文化内涵，是现代化城市环境的重要组成部分，美丽的城市夜景不仅为人们营造了舒适的夜间活动环境，丰富人们的夜晚生活，也对夜经济的繁荣，营造高质量的夜间氛围有着十分重要的意义。苏州，是一座古典与现代完美结合的城市，拥有"双城双片区"的格局，具有可欣赏、可感知、可参与、可分享、可记忆的鲜活城市夜景印象。

4.1.1 古今辉映，苏韵光影

　　1. 城市形象轴队列

　　启迪设计大厦作为苏州工业园区中央河景观轴线上的新建筑，设计理念古今呼应，作为高品质建筑夜景

图4.1-1　苏州工业园区景观中轴线鸟瞰全景

标杆，加入城市形象轴队列。站在启迪设计大厦向西远眺，东方之门气势恢宏、直冲云霄，从东方之门向西而望，姑苏古城青瓦白墙人字屋顶，一番古意盎然。从古城透过东方之门向东回望，楼宇林立，又在不经意间展露着苏式元素，"苏而新"，展示新时代城市面貌（图4.1-1、图4.1-2）。

图4.1-2 苏州古城区鸟瞰全景

2. 简约而不简单，独具"形""神""韵"

虚实相间力求化繁为简，特征结构凸显个性形象。看似简约，又有众多维度的表达。

设计团队为了打造出创新、典雅、时尚的设计大厦形象，整体梳理出建筑夜间应呈现的体块层次，利用灯光在夜间为建筑添加一层层灵动又和谐的秩序美感，细节上将建筑元素进行拆解、重组后把光融合进去，营造出明暗有层次、虚实有对比的视觉感，进一步强调纵横交错的建筑结构（图4.1-3）。

夜幕降临，灯光点亮，光线从立方体的四面流泻出来（图4.1-4），通体明亮，启迪设计大厦夜景灯光，充分解码建筑语言，赋予建筑生命，又传达了苏式建筑专属信息以及启迪设计人独有的气质、创作、前沿、专业、活力、奋进和引领。于是，"个性格"作为建筑灯光设计理念也由此定论，在城市中央河夜景观轴线上，和而不同。既能充分融合周围建筑群夜景观，又能展现启迪设计大厦独有的韵致。

图4.1-3　灯光设计阶段照明手绘概念

图4.1-4　启迪设计大厦沿湖夜景

3. 苏韵的彰显

一个地区的历史文化不仅只能够保存在文物古迹中，也可以以崭新的面貌、采用创新的技术去传承历史的印记，照明延续了"苏而新"的概念，设计赋予建筑独特的艺术魅力和文化内涵，汲取建筑的苏式特征，用灯光语言进行深入演变，让苏式元素与多元空间完美诠释结合，灯光从细节元素入手，将这座现代高楼与浓浓的苏式古韵相融合，重点凸显建筑特有的人字墙，灰瓦屋面、花窗等苏式建筑元素（图4.1-5，图4.1-6），渲染富有意境的"苏式美"，光影间，以匠人之心，洗尽浮华铅尘。

图4.1-5 大堂主入口仰视图

4. 夜间视觉符号的表达

解码建筑语言，传达专属信息。强化古苏州人文元素，让传统人文与现代科技完美结合，展现启迪设计大厦独有的气质，在中央河景观轴线上形成独特的视觉符号（图4.1-7）。启迪设计大厦不是古建，但却如同历史建筑一样联系着过去与未来，它既有着现代建筑的几何体块与简洁的线条，又有着传统苏派建筑自由灵活的布局和细致精巧的结构。过往的文脉需要传承，新的建筑特质也需要被积极塑造，照明希望通过对建筑语言的传达（图4.1-8），在夜间效果呈现上带来感官、思想与精神的启发。

图4.1-6 大堂入口花窗夜景

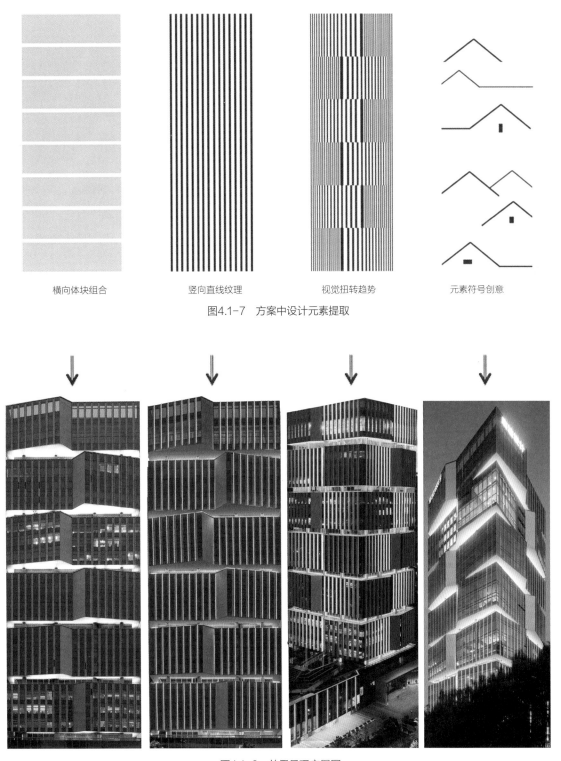

横向体块组合　　　　竖向直线纹理　　　　视觉扭转趋势　　　　元素符号创意

图4.1-7　方案中设计元素提取

图4.1-8　效果呈现实景图

5. 色调古朴，简净无奢

粉墙黛瓦是江南园林建筑最基本的色调，这简单的色彩，看似单纯却丰富了江南水乡"庭院深深"的层次。照明设计不仅在形与神上凸显建筑的苏式风格，在光色上也同步呼应城市文脉，营造出人文雅致的空间。五色炫目的光影，不如水墨淡雅的纯净，墨如水般轻盈剔透，水如墨般意味深长。在形式美的创造中，色彩比造型有更强烈的视觉冲击力。照明用4000K结合月色创造幽静清透的感受（图4.1-9），青瓦淡墨，色调古朴纯粹，营造平淡素净、恬淡雅致的空间氛围，灯光与建筑融合，明暗变化之处，独具神韵，塑造一个有延续苏式建筑生命特征的精神场所。

4.1.2 自然光影，空间感知

1. 层间照明

层间顶板作为苏式建筑人字墙、粉墙黛瓦元素符号，是建筑"苏而新"的个性彰显，面作为光环境中最大的元素，最具有表现力和独立性，相比点和线更具有形态特征，因此照明以面的形态强调此特征，实现方式则采用二次漫反射灯光照亮顶板，创造出柔和的面光，均匀地由内而外漫延开来，完美演绎了光在建筑之中，光又在建筑之外；层间光影错落有致、虚虚实实，好似一幅笔墨丹青徐徐展开（图4.1-10），建筑在灯光的烘托下将"苏而新"的氛围感拉满。

图4.1-9 启迪设计大厦夜景

图4.1-10 启迪设计大厦层间顶板夜景

2．裙房照明

裙房照明考虑行人近距离观赏视角，同时又考虑节能、节约成本，采用一隔一的排列方式（图4.1-11），拉伸视觉张力，在色温上、手法上与塔楼整体效果统一，近人尺度在亮度与密度上又给人以舒适的观感。

图4.1-11 启迪设计大厦裙房夜景

3．竖向线条照明

竖向线条形成韵律跳动，通过控制，灯光可以实现整体向上的动态，像一种蓬勃的力量势如破竹充满生机（图4.1-12），让照明的主题更为清晰与直观，体现设计大厦的灵动与活跃的氛围。

图4.1-12 启迪设计大厦半鸟瞰夜景

竖向线条通过智能控制系统实现光影横向流转（图4.1-13）。竖向线条以体块为单位，在对应体块上实现不同方向的横向旋转，光影与建筑在此刻交织，创造出灵动而美妙的光影，构建出立体感的旋转效果，在光影横向交错的韵律中体现建筑的横向张力。

灯光缓慢呼吸，犹如微风拂过，水面荡起涟漪，波光粼粼。结合层间人字屋顶的面光，明暗上形成对比，层次上富有节奏，静默无声中，展露江南建筑独有的雅韵（图4.1-14）。

4. 光生万物

光作为传递建筑语汇的媒介，在夜晚的形态延续建筑的形式和材料的质感，同时在夜间打造一个体现设计大厦独特性格的光环境，提高人们对灯光的认知品位，以内容为重点，动态模式下展示不同灯光主题，将静态人字屋墙，竖向势竹而生，横向动态魔方，设计"个性与性格"等一一呈现，既有古今辉映的苏韵光影，又能展现设计大厦的独有的"个性与性格"和文化内涵，在夜晚以不同形态和丰富的画面进行完美诠释。

夜幕中，在灯光作用下的建筑具有强烈的辨识度与标识性，在城市中央河景观轴队列中异常醒目（图4.1-15）。不同的角度均能感受灯光在建筑上的形态变化，同时保持灯光与建筑与人之间的融合与舒适。

图4.1-13　启迪设计大厦半鸟瞰夜景

图4.1-14　启迪设计大厦沿河灯光实景

图4.1-15　苏州工业园区中央河景观轴夜景

4.1.3　光建一体，系统实施

在启迪设计大厦的外立面照明设计中，采用了高效、节能的LED灯具，同时为确保灯具与建筑表皮的完美融合，外幕墙灯具安装位置需预留灯具安装槽，灯槽用于灯具隐藏安装和电缆敷设，设计团队在设计初期多次与幕墙、与建筑专业交流沟通并相互提资过程稿文件，最终在满足各专业需求的前提下完成预留灯槽所需的尺寸。

1. 竖向装饰线条照明系统

立面竖向线条选取线型灯具长1000mm，宽23mm，高47mm（包含灯具及灯具支架），幕墙预留灯槽尺寸宽度25mm，两边各留1mm作为伸缩缝，灯具的管线以及控制线暗藏在幕墙竖向结构的空腔内，落地过程中设计师严格把控竖向灯具发光面与幕墙表皮的平整度，确保灯具的安装不影响建筑白天的效果（图4.1-16）。

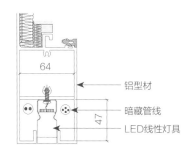

图4.1-16　竖向线条安装节点

2. 横向层间照明系统

层间顶板柔和舒适的照度与建筑表皮竖向线条形成强烈的对比，用灯光创造可辨识的夜间环境；设计前期多角度考虑该位置的灯具安装，如何既能实现顶部顶板均匀的面光又对建筑外观不造成任何影响。

1）方案一根据惯例考虑在接近吊顶位置增加横向灯槽（图4.1-17），在顶部安装线型投光打亮，但考虑到侧洗灯光光源向外围直射，人视角产生眩光较为严重。

2）方案二是采用壁装的投光灯每隔3m左右安装一盏在水平高度1.8m的位置（图4.1-18），但经过照度模拟达不到顶面匀光的效果要求，且立面增加投射灯具影响建筑白天外观效果。

3）方案三将灯具放置在幕墙底部（图4.1-19），通过与建筑、幕墙专业多次沟通最终确定将灯具安装在玻璃幕墙底部收口的位置，在保证光效的基础上又完美地隐藏了灯具及管线保证顶板日间效果、人字屋面的完整性。

在确定好灯具安装位置之后，采用照度测算软件进行模拟（图4.1-20），通过灯光模拟可以看到灯具漫反射到顶板的灯光可以覆盖被照面，并且由亮（内）到暗（外）柔和渐变出光，尽管局部灯光被立柱打断，但不影响整体顶板光照效果。

层间照明在玻璃幕墙底部的收边处采用铝合金材质，既作为玻璃幕墙的收边，同时根据灯具尺寸预留好槽口，又可作为灯槽使用，尽管灯槽在走廊过道内侧，但仍需考虑飘雨的情况，因此在槽口外侧底部，预留泄水孔（图4.1-21）。此处灯具安装做法已申请专利。

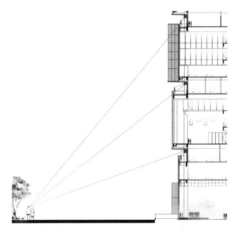

图4.1-17　方案一

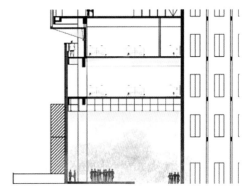

图4.1-18　方案二

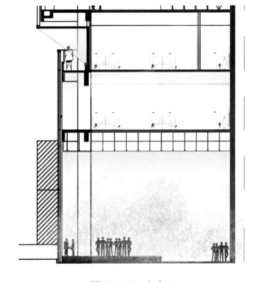

图4.1-19　方案三

图4.1-20　层间照明照度模拟及伪色图

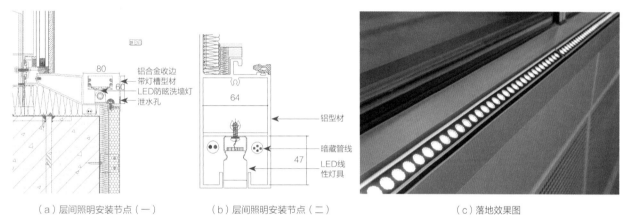

（a）层间照明安装节点（一）　　　（b）层间照明安装节点（二）　　　　　（c）落地效果图

图4.1-21　层间照明安装节点及落地效果图

　　此外，落地过程中现场灯具安装调试是不可或缺的重要环节，如何将灯具支架倾斜角度调到最优以达到最佳光效，带着对室内办公人员的无眩光影响，以及顶面光斑均匀的这两个需求，进行反复测试倾斜角度，最终将所有灯具支架倾斜度调整在25°，达到满意的效果（图4.1-22）。

　　3. 电器元件及管线的隐蔽处理

　　灯具的开关电源和控制器安装在4层、8层、12层、16层外走廊铝板吊顶内，该位置靠近灯具，低压电源线与控制线路较短可以有效保证系统的可靠性同时也方便后期检修维护。隐蔽安装于铝板吊顶内，使其与建筑外观融为一体，空腔内部既便于散热，也能有效避免外界环境对电源的干扰，确保照明的稳定性和安全性。

　　另外，设计阶段合理规划检修口位置，便于日后维护和检修。在层间铝板吊顶设置检修口，直接利用铝板分格，结合灯具及开关电源分布合理规划检修口，铝板胶缝处采用胶条进行密封（图4.1-23），在外观上与其他胶缝无差异，但在功能上又方便维护时拆卸。

图4.1-22　层间走廊灯光实景

检修口隐藏缝

图4.1-23　层间实景

4.1.4　宁静时光，景观照明

景观照明包括户外场地的空间功能照明和装饰照明两部分，在实现基础照明的前提下，为场地创造景观效果和活动可能。景观照明的控制系统与建筑照明的控制联动，实现分区、分场景、跨专业的统一管理和控制。

1. 室外功能照明

室外功能照明包括地面车行道路照明、游憩步道照明和篮球场照明。考虑到建筑泛光照明和幕墙的透光性，建筑外围场地采用适度照明方案，同时强调灯光的景观艺术性和场所气氛营造。

1）车行道路照明

地面车行道选用与建筑风格匹配的截光型LED庭院灯在外侧道路布置，并进行全场地覆盖（图4.1-24），对于内侧光亮度不够的区域，采用低矮草坪灯作为亮度补充和效果营造（图4.1-25）。入口大广场东西进深较大，在东北侧设置中杆投光灯，以便适时能够提供照明补充。场地内的监控与庭院灯进行合杆，以达到减少立杆的目的。

图4.1-24　车行道路照明

图4.1-25　停车场照明

2）游憩步道照明

为创造景观的整体性和保证花园在夜间的游憩安全，步道边设置300mm高度的草坪灯来提供照明，低矮的灯具在白天可以消隐在景观中，夜间也能最大程度地减少眩光，为场地创造安全和幽静的视觉环境（图4.1-26、图4.1-27）。

3）室外篮球场照明

经照度模拟计算，选用8套功率250W色温4500K的专业体育场照明灯具设置在围网立杆顶部，为球场提供均匀的灯光照明，照明所需用电都由球场内绿色光伏墙提供（图4.1-28）。

图4.1-26 中式庭院步道灯光　　　　　　　　　　图4.1-27 屋顶步道光图

图4.1-28 屋顶篮球场照明

2. 景观装饰照明

景观装饰照明作为景观照明的一部分，在夜晚为环境提高亮度的同时，更重要的作用是烘托重要景观实物和加强景观艺术氛围，主要使用于水景、屋顶花园大台阶和景观构筑物上。考虑装饰灯光的柔和度和颜色统一，所有装饰灯具均选用色温3000K的灯源。

1）入口广场水景灯光

入口广场水景是由涌泉、叠瀑、镜水面和两侧的红枫树组合构成，选用防护IP68、安全隔离低压电源供电的三种灯具，包括中孔涌泉灯、水下投光灯和射灯，为水景创造夜间灯光装饰效果（图4.1-29）。

根据涌泉数量，选用30组中孔涌泉灯与喷头配套安装，体现涌泉的序列感和灵动感；采用18套水下投光灯，均匀等距地排列在叠瀑下方，投光均匀无暗区，用于展现叠瀑动感和气势（图4.1-30）。为两侧红枫各配置1套地埋灯，从下至上通体照亮树冠，以凸显其优美树形和姿态（图4.1-31）。

图4.1-29　入口广场水景灯光

图4.1-30　涌泉和叠瀑灯光

图4.1-31　红枫夜景

2）下沉庭院水景灯光

下沉庭院水景主要由镜面水池、涌泉、水帘跌水、景墙水幕和背景竹子组成，为展现不同水景在夜间的形态（图4.1-32）。

选用了点光源中孔涌泉灯来打亮每个涌泉，体现水体灵动感（图4.1-33）；选用灯带安装在线型跌水和水幕下方，来烘托其水流细节和整体形态；对于景墙背后的竹林，采用洗墙灯来实现整体打亮，配合黑色花岗石景墙，实现一暗一明对比双重背景（图4.1-34）。

图4.1-32　下沉庭院水景灯光

图4.1-33　涌泉灯光

图4.1-34　跌水和水幕灯光

3）大台阶照明灯光

　　大台阶的使用场景需呈现简洁现代的界面，相比采用线型照明营造出来的柔和均匀的整体效果，设计更倾向于使用点光源照明来展现夜间灯光的横向序列感和竖向层级感。

　　为保证台阶的安全性和整体感，在台阶侧面选用体积小，功率为0.5W的嵌入式台阶灯具，为大台阶提供夜间的整列灯光效果和照明（图4.1-35）。从通行坡道的安全和效果考虑，在外侧等距安装功率1W的地埋侧光灯，单向对地面投射灯光，既实现安全照明功能，又起到坡道边缘警示作用（图4.1-36）。

图4.1-35　大台阶照明灯光

图4.1-36　坡道地埋侧光灯

4）中式庭院灯光

中式庭院灯光的设计重点是氛围营造和特色焦点的突显。为配合景观设计，体现中式文化和内敛气质，院内所有的灯光均采用点式光源，灯具造型进行专属设计和定制，院子整体亮度控制偏暗，对于重要景观元素，比如园路、焦点树、长廊和亭子，采用不同的光照方式提供照明和光照效果（图4.1-37）。

院内草坪灯采用中式语言设计，高度控制在300mm，沿园路等距布置；长廊的壁灯与立柱进行一体化设计向下投光打亮立柱并照亮地面；对于场地中造型树红梅和罗汉松，采用功率15W地插投射灯进行通体打亮，来营造场地视觉焦点（图4.1-38）；三处建筑光导桶（图4.1-39），在夜间可以将室内的灯光传递至室外，为庭院提供额外的灯光照明。

八角亭场地灯光由一盏吊灯和四盏矮地灯组成，灯具样式采用了宫灯元素进行设计，吊灯由四根钢丝悬挂于亭子斜梁上，为亭子提供主要照明，四盏矮地灯分别安置于场地四角，主要配合吊灯营造场所氛围（图4.1-40）。

图4.1-37 中式庭院灯光

图4.1-38 红梅夜景

图4.1-39 建筑光导桶

图4.1-40 八角亭场地灯光

4.2 室内照明

室内光环境设计是室内重要的组成部分，和其他环境设计要素一起构成了室内软环境。光环境包含自然光环境和人工光环境，前者是大自然中太阳光形成的光环境，是室内空间白天的采光环境；后者指的是通过电力发电产生的光照环境，是室内空间夜晚的采光环境。环境心理学认为，环境对人的心理有不容忽视的影响，室内灯光可结合光环境的实用功能和艺术审美，构建舒适、个性、美观、高品质的室内氛围，让人形成良好的心理状态。

4.2.1 门厅空间灯光设计

门厅是企业的"第一印象区"，其设计和使用方式直接影响到访者的感受和员工的体验。以开放、多元的视角来审视办公门厅的作用，提升其实用性和象征性价值。

1. 门厅灯光设计策略

形象塑造：遵循"少即是多"的原则，避免过于复杂的图案和色彩，局部设置重点照明。整体空间灯光设计简洁、素雅，追求简洁明了的空间效果。

多功能性：考虑到不同的应用场景，灯光设计注重灵活性与可调节性。如迎宾模式、日间模式、夜间模式等。

2. 门厅灯光设计方式与手法

门厅灯光设计秉承室内空间设计理念，以简洁、素雅的风格，营造富有江南韵味的空间氛围。顶面主要采用4000K高空射灯作为空间基础光源，灯具均匀布置，通过灯光软件模拟确保空间最低照度不低于200lx，4000K接近自然光的色温，有助于营造室内空间室外化的氛围。

接待台上方吊挂3500K艺术吊灯做台面照明，满足功能的同时提升门厅空间品质（图4.2-1）。沿墙地面处预埋安装50mm宽线条洗墙灯，将室外雨棚两侧花窗灯光延续进室内空间，内外呼应，提升空间仪式感（图4.2-2）。曲桥作为门厅空间承上启下的"纽带"，楼梯下方设置踏步灯带可以让楼梯层次更加丰富、灵动的同时起到视觉引导和提醒的作用（图4.2-3）。

图4.2-1 服务台处吊灯图

图4.2-2 洗墙灯

图4.2-3 楼梯踏步灯

　　照亮"启迪设计"的那道光，启迪设计牌匾小角度精准投光，采用精准迷你款灯具进行投射，现场先预设好灯具安装位置，投射光斑根据匾额尺寸以及匾额与灯具安装位置垂直角度、垂直距离在原厂精准调好尺寸，现场安装后调好角度，确保光斑满铺匾额，完美重合（图4.2-4）。另外，由于灯体小巧精致，安装隐藏于绿植中间，完美地与景观融合，实现无任何破坏，隐藏装灯，室内见光不见灯的效果，规避亭子内部眩光，同时做好线缆和灯具隐藏（图4.2-5、图4.2-6）。

　　雕塑、曲桥、雾森与灯光形成视觉漂移的效果。门厅水池区，定点设置雾森喷淋系统，辅助以灯光投射，云雾飘移，亭台流水件（图4.2-7～图4.2-9）。随着雾气漂移，视线看向西侧，水波微漾，曲桥屹立，形成独特的韵味，以微光细节，灵动室内景观。

图4.2-4　牌匾灯光　　　　　　　图4.2-5　四角亭灯光　　　　　　图4.2-6　四角亭内部顶面灯光

图4.2-7　水池灯光　　　　图4.2-8　雕塑灯光　　　　　　　图4.2-9　雾森

4.2.2　展厅空间灯光设计

　　展厅不仅是一个静态的空间概念，它更是一种动态的企业文化传播途径。在这个空间里，企业可以通过多感官互动方式向参观者传达其核心价值观、历史沿革及未来愿景。展厅是企业产品展示的重要平台，恰到好处的展厅灯光设计不仅能提升整个展厅的美学效果，还能直接影响参观者的心理感受和对企业品牌的认知。

　　1. 展厅灯光设计策略

　　突出展品：采用重点照明，将展品的特点和细节突出显示，吸引参观者的注意力。

　　均匀照明：确保展厅内光线分布均匀，避免产生暗角或过亮区域，影响观众的参观体验。使用辅助照明手段，如线条灯、磁吸轨道射灯等，填充阴影区域，增加空间的层次。

　　控制亮度和色温：根据展品的需要和展厅的功能，调节灯光的亮度和色温，以达到最佳的展示效果。

　　2. 展厅灯光设计方式与手法

　　照明：结合自然光，采用合理的灯光布局，确保展厅照明充足且均匀，通过主灯和辅灯的搭配，使得整个展厅的照明效果更加均匀和温和。

　　色温：展厅常用的色温为4000～5000K，这样的色温既能营造明亮舒适的氛围，又能保证展品的色彩还原性。

　　效果灯光：根据展厅设计效果灯光装饰，增强展厅的艺术感和观赏性。

　　灯光方向、类型：选择合适的灯光方向和类型，如顺光、逆光、顶光、底光等，以及LED线条灯、高空射灯、轨道射灯等，以突出展品的特色和品牌形象。

　　企业历程展示区照明：采用磁吸轨道射灯照亮企业发展历程时间轴，以光源勾勒出时间流逝的轨迹，清晰展现企业发展脉络（图4.2-10）。在时间轴另一侧，一个个历史地标项目剪影，象征企业发展史上的里程碑，灯光将剪影立体呈现，使参观者仿佛置身于企业发展的历史长河之中，更深刻地理解企业的发展轨迹和成就（图4.2-11）。

　　磁吸轨道射灯，可根据展示内容的布局变化灵活调整灯光位置和角度，安装方便，可以满足多样的灯光需求。

　　主展厅区域照明：展厅区域的设计大面积运用间接照明，营造出开阔明亮的空间感。层叠交错的天花造型，展现出现代简约的美感。侧面安装的LED线条灯，进一步提升了顶面的轻盈灵动。阵列排布的射灯，宛如夜空中闪烁的星辰，为地面投下柔和的光线，将整个展厅打造成一个科技与艺术交融的梦幻空间（图4.2-12）。

图4.2-10 企业发展历程灯光　　　　　　　　　图4.2-11 历史地标项目剪影灯光

图4.2-12 展厅造型顶阵列排布灯光

　　成果展示区照明：设计将透明屏融入荣誉展示区，实现双重展示效果。屏幕开启时，可通过图片展示企业荣誉，屏幕关闭时，展示柜呈现透明状态，用于实物展示获奖证书及奖杯，柜体一圈安装灯带，为实物展示提供立体光源，提升视觉效果（图4.2-13）。启迪设计五大板块展示区，利用五个立体块面串联五个分屏，以简洁的方式划分区域（图4.2-14）。发光灯片由上而下照射，提供柔和的照明，确保良好的观赏体验。模型展示区，在模型展台下方设置发光灯片，提升区域对比度，使模型区域成为视觉焦点，吸引参观者的目光（图4.2-15）。

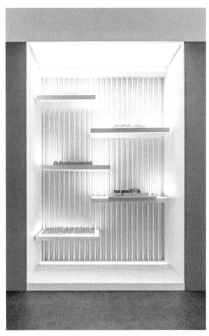

图4.2-13　荣誉展区灯光　　　　　　图4.2-14　五大板块展示灯光　　　　　图4.2-15　模型展区灯光

　　多媒体展示区照明：以配合多媒体屏幕内容呈现为核心，根据播放内容调节LED灯光亮度，在播放震撼画面时，可调整灯光亮度或关闭线型灯带，将观众的视觉注意力集中于屏幕内容，增强画面冲击力。

　　层层递进的线条灯设计巧妙地反射至屏幕两侧的黑色烤漆玻璃墙面，营造出空间的延伸感，仿佛将观者引入一个深邃的空间隧道（图4.2-16、图4.2-17）。

图4.2-16 多媒体放映区灯光

图4.2-17 多媒体放映区灯光

4.2.3 共享中庭灯光设计

在现代城市环境下，人们日益渴望与自然建立联系。共享中庭作为连接工作空间与自然环境的桥梁，照明设计以自然、温馨为核心，采用高空射灯、艺术吊灯、落地灯多重组合形式，满足不同功能区域的照明需求。

大面积的幕墙窗，将室外明媚的光线尽情引入，最大程度地减少了人工照明的需求，将室内空间浸润在温暖的光晕中。高空射灯宛若天穹的星辰，散发出柔和的光芒，为整个空间提供基础照度。共享讨论区，顶部悬挂的绿植，如同繁茂的枝叶，带来自然的气息。为了避免遮挡光线，设计在讨论桌上方融入了竹编吊灯，确保讨论区亮度充足，方便员工进行讨论（图4.2-18）。"亭"内洽谈桌上方，纸质灯罩的艺术吊灯散发出柔和温暖的光线，为洽谈区域营造出舒适而温馨的氛围（图4.2-19）。

工作时段，根据日照情况手动开启照明，便于员工及管理人员操作。夜间时段，配合室外泛光照明，开启沿幕墙照明回路，使室内外光线相互呼应，营造通透的视觉效果。

图4.2-18 讨论桌上方灯光

图4.2-19 "亭"内洽谈桌灯光

4.2.4　会议空间灯光设计

会议空间是办公环境中重要的交流与决策中心，照明设计需满足不同场景的需求，根据不同会议模式设计灯光场景，创造舒适、专注的会议环境。

1. 会议空间灯光设计策略

满足会议功能：会议空间灯光设计应以满足功能为前提，根据会议室的大小，布局和用途进行合理设计。

舒适性：灯光设计应考虑参会人员的视觉舒适度，避免产生眩光、阴影等不适感。

突出演讲者：灯光设计应突出演讲者，使其在会议中更加引人注目，提高演讲效果。

兼顾效果：合理设置背景灯光，可增强会议氛围，突出室内效果。

2. 会议空间灯光设计方式与手法

照度：会议空间灯光照度应满足会议需求，确保与会者脸部光线明亮且均匀。

参会者面部照度不低于500lx、投影屏附件照度为50～80lx、会议室的桌面照度为300lx、地面为150lx、垂直视觉高度照度则在50lx左右。避免直射光，以免产生眩光。

色温：会议空间色温控制在4000K左右，接近自然光。

灯光控制：灯光考虑灯具回路的分配，在投影屏附近的灯具采用单独回路控制，在投影汇报时关闭此区域的灯光。由会务系统管控，当会议室被预约时，在会议开始前30min，会议室照明开始供电，可提前准备会议资料等；在会议时间结束后，会议室照明自动断电关闭。

灯具安装：会议空间采用吊装线型灯具、嵌入式筒射灯、发光灯盘等方式，作为桌面的主要灯光，会议桌四周设置筒射灯、灯槽等作为辅助照明提供通道及墙面的灯光。

报告前厅照明：设计充分考虑空间的整体风格及功能需求，选用了定制LED线条灯作为主照明，并与顶面铝格栅完美融合。线条灯的宽度与格栅间距相一致，形成自然的夹角，巧妙地避免了眩光，营造舒适柔和的灯光氛围（图4.2-20、图4.2-21）。

图4.2-20　报告厅前厅灯光

图4.2-21　报告厅前厅灯光

图4.2-22 报告厅入口通道灯光

图4.2-23 报告厅入口通道灯光

　　报告厅入口处照明：设计采用墙顶面连通的线型灯和踏步灯带，以营造庄重而富有仪式感的空间氛围。墙顶面线型灯的运用，通过光影的层次变化，营造出空间的纵深感，提升整体视觉效果。踏步灯带的均匀分布，不仅清晰地勾勒出楼梯的形态，更起到引导参会人员步行的作用，彰显空间的优雅与精致（图4.2-22、图4.2-23）。

　　报告厅照明：设计将报告厅照明区域划分为舞台区和坐席区。舞台区配备基础舞台灯光，包括面光灯、泛光灯、色温灯等，可根据场景需求灵活调整，满足不同的使用需求（图4.2-24、图4.2-25）。坐席区照明设计以舒适度和视觉效果为重点，通过结合空间造型体块设置灯槽，营造层层递进的视觉效果，灯槽之间均匀布置防眩筒灯，确保坐席区亮度充足，同时避免眩光对观众的干扰（图4.2-26）。

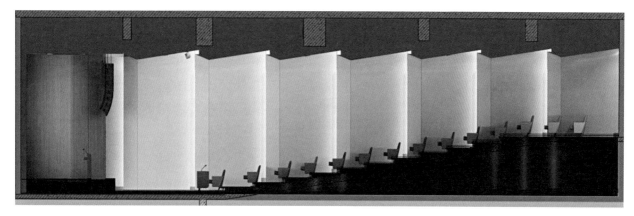

图4.2-24　报告厅会议灯光模式

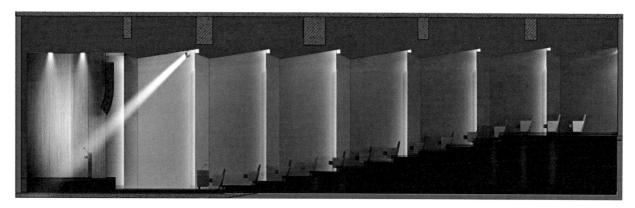

图4.2-25　报告厅汇报灯光模式

图4.2-26　报告厅坐席区灯光

会议室照明：为满足不同会议室功能需求，照明设计采用差异化策略，实现灵活、高效的照明效果。多功能厅通过精心设计的线条灯进行勾勒，赋予空间自然、富有节奏的灯光效果（图4.2-27）。

图4.2-27　多功能厅灯光

主要用于对外接待的会议室，采用筒灯、射灯、线型间接吊灯组合照明方式，并配备可调光系统，以满足不同场景需求。清扫模式：仅开启沿墙一圈射灯，提供基础照明，方便清洁人员进行日常清洁工作；视屏汇报模式：开启线型间接吊灯，提供均匀柔和的照明，确保屏幕清晰可见，并营造舒适的观影氛围；准备模式：开启桌面筒灯，为参会人员提供充足的局部照明，方便准备会议资料；会议模式：所有灯具全部开启，提供充足亮度，确保会议顺利进行（图4.2-28）。

图4.2-28　会议室灯光（一）

部门间协作的小型会议室中，采用了简洁高效的灯光设计。主光源选择下挂线型吊灯，根据家具尺寸和灯具模数定制，确保光线精准覆盖会议区域。两侧辅以筒灯，营造柔和的光线氛围，为参会人员提供舒适的照明环境（图4.2-29）。

图4.2-29　会议室灯光（二）

4.2.5　办公空间灯光设计

针对办公区域的不同需求进行设计，设计遵循人体工程学，满足不同区域、不同岗位的照明需求，工位需要个人专注工作的舒适度和效率，共享协作及休息区更关注促进群体沟通与创意激发的环境打造。主灯、辅助灯、装饰灯具相结合。充分考虑自然光的引入和利用，实现自然与人工照明的完美结合，均匀的光线分布，减少眩光和视觉疲劳。

1. 办公空间灯光设计策略

确保整个办公区域的光线均匀度，合理布置避免出现强光和弱光区域。

办公空间中洽谈、讨论区选择较低的色温的灯具，营造舒适和放松的氛围。

办公区配套会议室，靠近显示屏幕的第一组灯具设置独立回路，在使用屏幕时可单独关闭，确保屏幕的清晰度，会议桌上方设置吊挂线型灯，明确会议桌区域的照度。

2. 办公空间灯光设计方式与手法

照度：确保办公空间有足够的光照强度，使员工能够清晰地看到工作区域的细节，选用防眩灯具降低眼睛疲劳，控制0.75m参考水平面照度达到300lx。

均匀度：确保办公空间内的光照分布均匀，避免出现明亮和阴暗的区域。通过合理布置灯具位置和数量的灯具来实现。

色温：办公位及会议区色温控制4000K，接近自然光，创造更加放松和高效的氛围。

灯光控制：分区控制及分时段智能控制的组合方式，公共走道区域线型灯具备分时段控制功能，可全开、1/3开启、1/2开启等多种控制模式，减少不必要的能源消耗（图4.2-30）。

围绕核心筒走道采用成品嵌入式线型灯条，靠近核心筒墙面一侧，可照亮墙面聚酯吸声板展示墙。办公工位上方采用吊线装下照平板灯，与家具布置位置及方向相呼应，整体简洁大方，与现代建筑风格的室内能有更好的结合度（图4.2-31）。

图4.2-30 公共走道灯光模式

图4.2-31 敞开办公区灯光照片

　　讨论区采用组合式照明设计，吧桌区艺术吊灯做桌面照明、沙发区吊装筒灯、卡座区采用嵌装格栅灯，组合式照明增加空间的层次感及温馨感（图4.2-32）。

　　电话间以及楼梯下方休息区采用壁灯照明，间接漫反射的灯光效果，为整个空间提供了较为舒适的空间氛围（图4.2-33~图4.2-34）。

图4.2-32　讨论区灯光

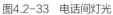

图4.2-33　电话间灯光

图4.2-34　洽谈区灯光

4.3 绿色低碳设计与研究

4.3.1 LED高效光源

本项目选用了高效、环保的LED光源作为室内外照明的主要光源。LED光源具有长寿命、低能耗、高显色性等优点，能够满足启迪设计大厦对高品质照明的需求。

另外，在光源的选用上，泛光层间顶板照明采用精确的光学设计和控光技术，采用定向照明和防眩光的技术，确保光线准确投射到需要照明的目标上，减少不必要的能源浪费，同时提高照明质量。室内照明设计注重节能环保，利用自然光线，设计合理空间排布，减少对人工照明的依赖，对于人员长期停留的办公空间，采用符合《灯和灯系统的光生物安全性》GB/T 20145—2006规定的无危险类 RG0 照明产品。

4.3.2 智能控制系统

建筑泛光照明设置集成控制中心，集成中心控制负责集中监控和管理整个系统，同时也担负储存、编辑、输出调用整个大楼外立面的照明节目素材的功能，而单元控制则是实现这一目标的基础。在泛光照明控制系统设计中，本项目在大楼消控室搭接了一套总控系统作为整个照明管理的集成控制中心，每层单独设置照明，分控器作为基础控制单元，为保证系统可靠运行减少后期运维工作量，每层分控均单独连接总控。通过这套集成控制系统为后期的节能措施打好硬件基础。

景观照明各回路由智能断路器控制，系统合并入室内照明中，实现分区、分场景、跨专业的统一的管理和控制。室内照明因时、因人、因地的健康光环境要求，设计将环境照明系统划分为独立控制的照明组面积≤24m^{2}或为开放建筑面积的18%。此外，室内外照明还充分考虑了运维管理的节能及便捷性，并为之进行相应的规划。例如：在设计初期就把室内景观亭照明、雾森、入口花窗等划分回路并入智能化系统，另外泛光照明塔楼的竖向线条、裙房的竖向线条、层间顶板照明、半户外区域的功能照明等分别独立设置回路，在营运期间，可以达到便捷设置不同模式，减少不必要的灯光开启，达到合理利用，进一步提高节能降耗的目标。

4.3.3 运营数据分析

泛光照明在运营期间利用智能控制系统，将夜景效果划分节假日、平日、深夜模式，并且在不影响整体效果的前提下运用智能控制系统0～100%亮度调光功能降低灯具亮度，以达到节能降耗的目标。运营半年来，利用节能模式每天节约用电量占比33%。

第二篇

技术成就

第五章 | 结构

5.1 结构设计与分析

5.1.1 设计条件

启迪设计大厦结构设计执行2020年设计时有效的国家及地方规范、规程及标准等，结构设计标准与参数见表5.1-1。

结构设计标准与参数 表5.1-1

设计基准期	50年	设计使用年限	50年
设计耐久性	50年	抗震设防分类	标准设防类（丙类）
建筑结构安全等级	二级	地基基础设计等级	甲级
设防烈度	7度	基本地震加速度	0.10g
特征周期	0.56s	周期折减系数	0.80
场地类别	Ⅲ类	设计地震分组	第一组
结构阻尼比	0.05	—	—

地勘报告显示，本项目所在场地地形地貌条件单一，无不良地质作用，属于可进行建设的抗震一般地段。

本项目建筑概况见第1章。

地下共三层，建筑平面轴线尺寸为100.95m×108.6m，建筑层高自下而上分别为3.0m、3.0m和4.1m。为有效得到最大建筑净高，地下三层和地下二层顶板结构多数区域采用带柱帽的无梁楼盖，地下一层顶板采用梁板结构。

裙楼共三层，平面轴线尺寸为71.1m×88.0m，首层层高5.4m，二层、三层层高均为4.5m，典型柱网为8.1m。三层结构平面图见图5.1-1。

主塔楼平面轴线尺寸为37.8m×37.8m，开间跨距9.3m，进深跨距分别为13.8m、12m和12m。因建筑平面要求塔楼四角"打开"，因此塔楼的4个角柱向内平移了3.5m。塔楼典型结构平面图见图5.1-2。

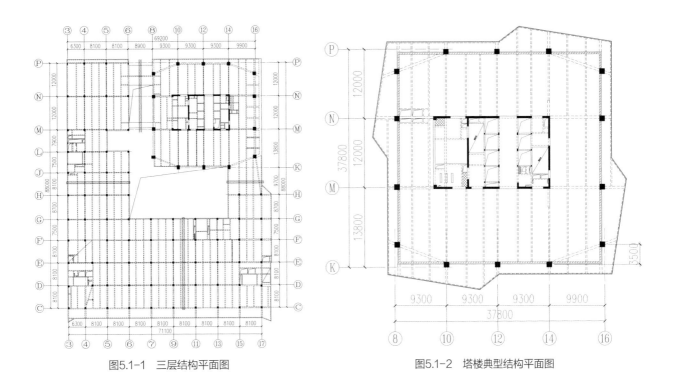

图5.1-1 三层结构平面图　　　　　　　　　　　图5.1-2 塔楼典型结构平面图

塔楼除四层层高为4.5m外，其余标准层层高均为4.2m。相较于本项目塔楼13.8m进深而言，如何提升净高成为结构工程师必须解决的一个课题。

5.1.2 结构设计与分析

1. 结构布置、材料及主要构件尺寸

结合建筑功能和高度，主体结构采用钢筋混凝土框架—剪力墙结构体系，裙楼与塔楼间不设置防震缝。主体结构抗震等级见表5.1-2。

主体结构抗震等级

表5.1-2

结构构件	楼层	抗震等级/构造措施的抗震等级
框架	B1及以上	二级
	B2	二级/三级
	B3	二级/四级
剪力墙	B1及以上	二级
	B2	二级/三级
	B3	二级/四级

塔楼轴网进深与开间之比最大达到1.48，适合于布置单向梁板，因此在较大跨度的进深方向布置次梁，在较小跨度的开间方向布置主框架梁。

剪力墙自下而上厚度为600～250mm，框架柱自下而上截面为1400mm×1400mm～700mm×700mm。周边框架梁截面为400mm×1100mm，内框架梁截面为200mm×1100mm，次梁截面为200mm×1100mm等；楼面主要板厚为120mm，标准层采用钢筋桁架混凝土叠合楼板。大部分楼板采用叠合混凝土楼板，按单向板布置、预制底板密拼做法，有利于提高混凝土预制构件的应用比例及标准化程度，降低工程造价。

混凝土材料强度等级，塔楼（含地下室）竖向构件自下而上由C60渐变为C40，裙楼（含地下室）竖向构件由C50渐变为C40，地下室外墙C40；水平梁板采用C40（对应竖向构件C60的楼层）及C35（其余楼层）。钢筋均采用HRB400钢筋。

2. 主要结构指标

主体结构采用北京构力科技有限公司编制的PKPM结构设计软件SATWE（V5.1.1）进行整体计算分析，结构三维图见图5.1-3。

在多遇地震反应谱计算中，考虑了扭转耦联效应、偶然偏心及双向地震效应。结构位移指标验算采用全楼强制刚性楼板假定。风荷载采用重现期为50年的基本风压。整体结构主要计算结果见表5.1-3。

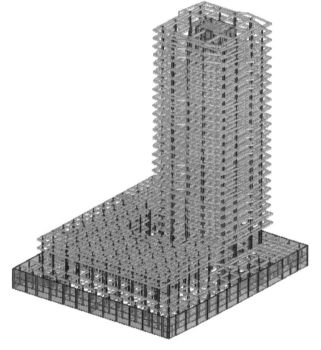

图5.1-3　整体结构三维图

整体结构主要计算结果 表5.1-3

计算软件		SATWE
计算振型数		12
振型参与质量系数	U_X	95.63%
	U_Y	95.81%
	U_Z	99%
结构总质量（T）		123990.53
剪重比	X	1.79%
	Y	2.23%
刚重比	X	2.11
	Y	2.38
第1平动周期		3.04（X向平动）
第2平动周期		2.90（Y向平动）
第1扭转周期		2.69（扭转）
第1扭转/第1平动周期<规范限值0.9>		0.88
50年一遇风荷载下最大层间位移角<规范限值1/800>	X	1/1537
	Y	1/1392
地震作用下最大层间位移角<规范限值1/800>	X	1/867
	Y	1/1103
扭转位移比<规范限值1.5>	X	1.43
	Y	1.28

根据《超限高层建筑工程抗震设防专项审查技术要点》（建质〔2015〕67号）附件一，本项目存在扭转不规则、楼板不连续、局部穿层柱三项不规则，属一般不规则的高层建筑工程。

针对以上工程特点，结构设计需重点考虑楼面开洞、穿层柱等不规则项的加强措施。二层结构布置示意见图5.1-4，三层结构布置示意图5.1-5。

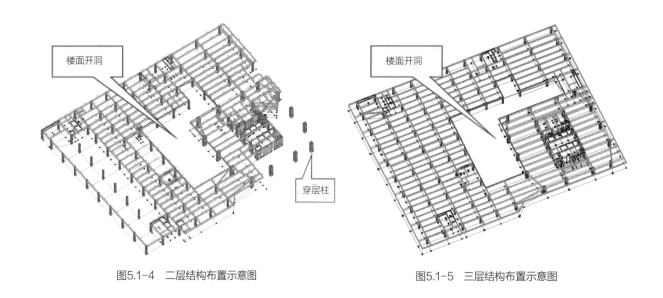

图5.1-4 二层结构布置示意图　　　　　　　图5.1-5 三层结构布置示意图

3．基础设计

根据区域地质资料，本项目位于长江三角洲东南缘太湖水网平原东部，勘探最大深度为130.45m，共揭露包括上部填土和第四纪各期陆、海相沉积层16层，主要土层为粉质黏土、粉细砂等。

桩基采用桩径600mm的高强预应力混凝土管桩（PHC桩），塔楼以⑨粉质黏土作为桩基持力层（下部为⑩粉细砂层、⑪粉砂层，没有软弱下卧层），桩长为44m，单桩竖向抗压承载力特征值为2800kN；裙楼及地下室以⑤黏土、⑥粉土夹粉质黏土作为桩基持力层，桩长为14m，单桩竖向承载力特征值为1250kN（抗压）、470kN（抗拔）。

本项目基础埋深为12.45m，超过房屋高度的1/18，满足基础埋深的要求。

5.1.3 装配式楼板标准化设计

建筑产业化的核心是工厂化生产，其关键在于标准化设计。标准化设计是在模数协调的基础上，遵循"少规格、多组合"的原则进行设计。"少规格、多组合"指减少预制部品部件的规格种类、提高部品部件生产模具的重复使用率，以规格化、通用化的部件部品形成多样化、系列化组合，满足不同类型建筑的需求。只有"少规格、多组合"才能以最小的投入获得最大的收益，满足合理性和经济性，充分体现出装配式建筑的经济效益。作为工业化的基础，标准化设计是装配式建筑的典型特征，也是装配式建筑的设计思路和方法。

本项目装配式楼板采用预制底板密拼、单向板传力方式布置。设计时统一采用宽度为2100mm的一种规格预制底板（即：一种板型），预制板与梁边缘空隙创新采用与梁整浇的挑耳调节，大大提高了预制楼板的标准化程度。标准层预制底板典型平面布置和现浇梁侧边挑耳通用做法见图5.1-6和图5.1-7。

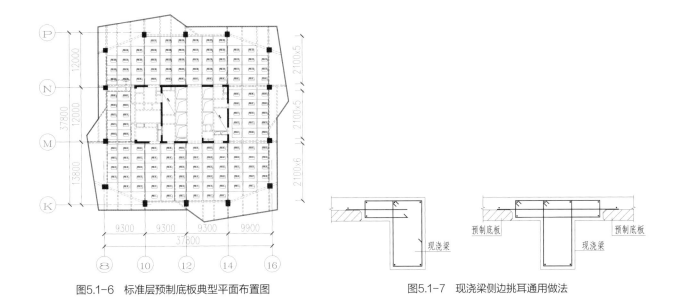

图5.1-6 标准层预制底板典型平面布置图　　　　图5.1-7 现浇梁侧边挑耳通用做法

5.2 结构抗裂防渗研究设计与实测

5.2.1 混凝土结构抗裂性能研究的必要性

建筑混凝土结构开裂渗漏现象非常普遍，尤其在地下水位比较高、汛期比较长的江南地区，地下室外墙和顶板裂缝很常见，且出现的时间不同：有的是混凝土墙浇筑结束即出现裂缝，有的是混凝土墙拆模后即出现裂缝，还有的是在使用一阶段后才出现裂缝。这些裂缝如果是里外贯通的裂缝，则易渗漏、难修补。地下室常见裂缝渗漏见图5.2-1。

混凝土结构一旦出现里外贯通的裂缝，不但会影响结构的自防水功能，而且随着龄期的增长，地下水不断渗入钢筋混凝土裂缝里面，使钢筋受到有害离子的腐蚀而生锈，逐渐危害到结构安全，缩短结构使用寿命。根据相关研究表明：C30以上混凝土一般就能满足抗渗防水要求。从结构受力安全和耐久性的角度：混凝土裂缝宽度不超过0.2mm，只要不是贯通裂缝，就能满足抗渗防水要求。但如果有0.1mm宽的贯通裂缝，就会导致渗透系数快速变大，中国工程院院士、东南大学刘加平教授团队研究表明：0.1mm宽的贯通性裂缝引起的渗漏系数增加10^8倍。裂缝宽度、压力梯度与水流流速的关系见图5.2-2。由此可见，贯通性裂缝是引起混凝土结构渗漏的主要原因。

从结构角度而言，结构构件在约束和受力条件下变形引起的拉应力大于混凝土的抗拉强度就会产生裂缝。但实际引起混凝土开裂的原因非常多，从材料的角度：混凝土在硬化前的塑性收缩、在硬化阶段的自收缩和干燥收缩、在使用阶段的徐变收缩等；从环境的角度：混凝土结构所处的温度、湿度、混凝土配方、养

图5.2-1　地下室常见裂缝渗漏（图片来自江苏省建筑科学研究院）

护工艺、拆模时间等；从结构类型角度：大跨度、大体积、大面积、超长、边界约束等。

超长建筑混凝土结构的变形效应控制可以基于"放"和"抗"两种原则："放"就是采取结构措施，通过设伸缩缝的方法，避免变形荷载应力达到破坏应力；而"抗"则是通过材料和结构相结合的方法，提高结构抵抗变形效应的能力。目前大多数国家是采用"放"+"抗"结合来控制变形荷载效应。

1.国外方法

苏联、东欧、德国和法国：伸缩缝间距为30～40m，英国：为20m左右，美国：在伸缩缝间距方面没有明确规定，也没有给出具体的计算方法：①美国预制

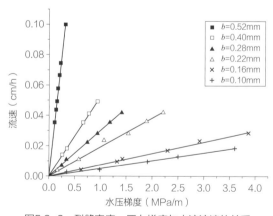

图5.2-2　裂缝宽度、压力梯度与水流流速的关系

混凝土协会出版的《预制混凝土和预应力混凝土结构设计手册（第七版）》（PCI Deisgn Handbook–Precast and Prestressed Concrete，7th Edition，2010），关于预制混凝土停车场的设计和施工建议中提到了一般伸缩缝间距大概在91m。②美国混凝土协会出版的行业规程ACI 224.3R–95（Reapproved 2001）（Joints in Concrete Construction），里面提到了1974年出版的美国联邦下属的一个结构设计研究机构发布的关于伸缩缝间距的推荐数值的建议图表，它不只是针对建筑结构中的伸缩缝，还涉及桥梁、蓄水池、隧道以及其他土木工程结构中的伸缩缝、施工缝，内容比较详实。文中虽然提到图表适用于大多数的情况，但是并不是适用于所有的情况，对于特殊结构，工程师需要有自己的判断，在必要的时候需要作一些详细的分析。美国一般由结构工程师自行确定合理的伸缩缝间距，但要求结构工程师对这类结构进行温度应力的计算和配筋设计。

2．国内的方法

我国《混凝土结构设计标准》GB/T 50010—2010（2024年版）首先是采用"放"的变形效应控制思想，通过一定间距设置伸缩缝，钢筋混凝土结构伸缩缝最大间距见表5.2-1。同时规定结构构件应根据结构类型和该标准第3.5.2条规定的环境类别，按标准中表3.4.5的规定选用不同的裂缝控制等级及最大裂缝宽度的限值 ω_{lim}，见表5.2-2。

钢筋混凝土结构伸缩缝最大间距（m）　　　　　　　　　　表5.2-1

结构类型		室内或土中	露天
排架结构	装配式	100	70
框架结构	装配式	75	50
	现浇式	55	35
剪力墙结构	装配式	65	40
	现浇式	45	30
挡土墙、地下室墙壁等类结构	装配式	40	30
	现浇式	30	20

结构构件的裂缝控制等级及最大裂缝宽度的限值（mm）　　　　　　表5.2-2

环境类别	钢筋混凝土结构		预应力混凝土结构	
	裂缝控制等级	ω_{lim}	裂缝控制等级	ω_{lim}
一	三级	0.30（0.40）	三级	0.20
二a				0.10
二b		0.20	二级	—
三a、三b			一级	—

3．抗裂防渗新要求

住房和城乡建设部正式发布《建筑与市政工程防水通用规范》GB 55030—2022，自2023年4月1日起实施。此规范中第2.0.1条指出：工程防水应遵循因地制宜、以防为主、防排结合、综合治理的原则，第2.0.2条明确工程防水设计工作年限应符合下列规定：地下工程防水设计工作年限不应低于工程结构设计工作年限。这对地下工程的防水设计提出了极高要求，而这要求靠任何的外防水材料都不能达到，只能靠混凝土结构自防水才能实现。

4．混凝土结构抗裂性能研究的必要性

尽管我国在超长混凝土结构、大体积混凝土裂缝控制方面已经进行了大量研究、取得了大量工程经验，但大多都是研究提出诸如混凝土温度应力控制、施工构造等方面的指标控制；而对于建筑工程，由于各建筑的体型、结构体系、平面布置、构件受力、地基基础等因素各不相同，结构控制裂缝等级要求差异较大，相关经验难以借鉴。迄今为止，对于建筑工程的抗裂仍没有一套完整且系统的方法能从根本上解决问题。

基于结构—材料—环境多因素耦合对混凝土开裂风险评估理论与方法，结合启迪设计大厦建筑结构设计，在结构体系传统荷载（正常使用恒荷载、活荷载、地震作用、风荷载等）参数的分析基础上，结合结构整体和局部受力分析与施工时的环境（如温度、湿度）、混凝土材料水化等相关因素交互作用，对地下室、屋面板等易开裂部位进行了开裂风险量化分析，提出针对性措施，并对实施效果进行了监测与反演，为建筑结构混凝土的抗裂设计提供技术支撑。

5.2.2　混凝土早期抗裂防渗设计方法

实际工程中混凝土结构底板、侧墙、楼板分步浇筑所导致混凝土收缩是不一致的。在地下室结构中，地基或桩基约束等作用，均会导致混凝土的收缩受到约束而产生拉应力，对相对较薄的侧板受到基础约束产生拉应力的可能性更大。

在混凝土开裂风险评估过程中，控制约束条件下收缩变形产生的拉应力不超过混凝土材料的抗拉强度，是控制裂缝的基本准则。但与实验室单一因素、标准条件不同，实际工程结构混凝土的开裂受材料、内部化学反应及外部约束、环境因素等的综合作用，混凝土的体积变形是其内部水化及温、湿度状态变化以及结构受力等因素的综合反映。考虑上述过程中，湿度、温度、化学反应以及结构受力等的交互作用，进而建立相关的数学模型分析这种交互作用已成为当前研究控制混凝土裂缝的最新趋势。

中国工程院院士、东南大学刘加平教授团队基于相同水化程度下混凝土材料性能相同的假设，考虑了现代混凝土复杂胶凝材料体系和环境温湿度的交互作用，结合有限元数值模拟方法，实现硬化混凝土自收缩、温降收缩和干燥收缩耦合计算，以及开裂风险的量化评估。主要计算流程如下：

（1）水泥混凝土的水化放热历程。通过不同水化放热量计算混凝土的水化程度，如式（5.2-1）所示（水化放热历程可通过绝热温升测试获得）。同时，通过引入反应活化能以实现实际工程温度对水化和放热历程影响分析。

$$\alpha = Q(t)/Q \tag{5.2-1}$$

式中：α——水化程度；

$\quad$ $Q(t)$——t时刻胶凝材料放热量（kJ/kg）；

$\quad$ Q——胶凝材料放热总量（kJ/kg）。

（2）混凝土内部温度场和湿度场。混凝土中热传导可以通过Fourier定律描述，而水分传输过程则可采用Fick定律描述，如式（5.2-2）所示。

$$\begin{cases} q = -\lambda_{\mathrm{eff}} \nabla T \\ J = -D_{\mathrm{h}}(h,T) \nabla h \end{cases} \tag{5.2-2}$$

式中：q——热流量；

$\quad$ λ_{eff}——有效导热系数；

$\quad$ T——温度；

$\quad$ J——水分流量；

$\quad$ D_{h}——依赖于相对湿度和温度的湿扩散系数；

$\quad$ h——湿度。

（3）混凝土收缩变形。混凝土内部温度场和湿度场计算结果基础上，结合混凝土弹性模量等参数，则可确定混凝土的收缩变形。在硬化阶段，混凝土的收缩变形（$\varepsilon_{\mathrm{sh}}$）包括了温度降低所引起的收缩变形（$\varepsilon_{\mathrm{T}}$）、混凝土自收缩变形（$\varepsilon_{\mathrm{as}}$）和干燥收缩变形（$\varepsilon_{\mathrm{ds}}$），如式（5.2-3）所示。

$$\varepsilon_{\mathrm{sh}} = \varepsilon_{\mathrm{T}} + \varepsilon_{\mathrm{as}} + \varepsilon_{\mathrm{ds}} \tag{5.2-3}$$

（4）混凝土收缩应力。混凝土的收缩变形受到约束时，内部将产生收缩应力，并进一步影响弹性变形和徐变，此时混凝土总的变形（ε）可采取式（5.2-4）进行表示。

$$\varepsilon = \varepsilon_{\mathrm{sh}} + \varepsilon_{\mathrm{e}} + \varepsilon_{\mathrm{c}} \tag{5.2-4}$$

式中：ε_{e}——弹性变形；

$\quad$ ε_{c}——徐变变形。

（5）混凝土弹性模量和抗拉强度。混凝土力学性能表示为水化程度的函数，如式（5.2-5）所示。

$$f_{\mathrm{M}}[\alpha(t)] = f_{\mathrm{M}\infty}\left(\frac{\alpha - \alpha_0}{1 - \alpha_0}\right)^a \tag{5.2-5}$$

式中：$f_{\mathrm{M}\infty}$——弹性模量或抗拉强度设计值；

$\quad$ α_0——初始水化程度；

$\quad$ a——指数。

（6）收缩应力和开裂风险计算。明确工程初始、边界和约束条件后，采用增量法求解混凝土的收缩应力。

$$\Delta\overline{\sigma}_i = \overline{D}\left\{\Delta\overline{\varepsilon}_i - \left(\Delta\overline{\varepsilon}_{sh}\right)_i - \left(\Delta\overline{\varepsilon}_c\right)_i\right\} \tag{5.2-6}$$

式中：$\Delta\overline{\sigma}$——应力增量；

　　　$\overline{D}$——弹性矩阵；

　　　$\Delta\overline{\varepsilon}$——总应变增量；

　　　$\Delta\overline{\varepsilon}_{sh}$——总收缩应变增量，是温度应变增量和自生体积变形、干燥收缩变形应变增量的总和；

　　　$\Delta\overline{\varepsilon}_c$——是徐变应变增量。

上述计算过程考虑材料参数、环境温湿度和结构约束的共同作用，采用复杂胶凝体系活化能计算方法，建立水化—温度—湿度—约束耦合计算模型，计算混凝土拉应力$\sigma(t)$和抗拉强度$f_t(t)$。以开裂风险系数η作为混凝土开裂风险评价依据，见式（5.2-7）：

$$\eta = \frac{\sigma(t)}{f_t(t)} \tag{5.2-7}$$

式中：$\sigma(t)$——t时刻的混凝土最大拉应力；

　　　$f_t(t)$——t时刻的混凝土抗拉强度。

混凝土开裂风险评判准则：一般认为$\eta \geq 1.0$时混凝土一定会开裂，$0.7 < \eta < 1.0$时混凝土存在较大的开裂风险；$\eta \leq 0.7$时混凝土基本不会开裂，不开裂保证率$\geq 95\%$。

该团队运用了相应计算软件，通过各参数的反复迭代计算、比较，达到全过程识别开裂风险点，调控开裂应力。抗裂混凝土设计过程见图5.2-3，全过程调控应力见图5.2-4。

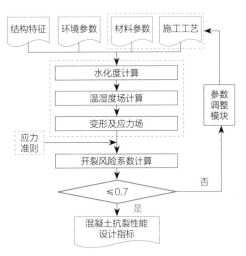

图5.2-3　抗裂混凝土设计过程

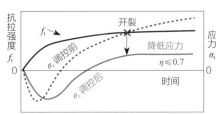

图5.2-4　全过程调控应力

5.2.3 结构混凝土抗裂性能的研究及设计运用

依据刘加平院士团队研究的理论基础，结合启迪设计大厦工程实例，对该理论进行了具体的深入研究实践和实测检验，提出针对性混凝土开裂的控制指标及改进措施。

1. 开裂风险计算

开裂风险评估计算采用商业软件的水化热模块进行，将考虑水化度影响的绝热温升、弹性模量、抗拉强度和自身体积变形等随时间变化的性能参数导入模块中，结合温度场、应力场的边界条件，即可完成收缩应力和开裂风险的计算。在施工前，对底板、侧墙、屋面板结构进行了不同材料参数、不同结构设计尺寸、不同浇筑工艺和不同施工环境影响下的开裂风险系统评估，计算工况达上百种，在混凝土配合比和结构设计尺寸确定后，重点进行了启迪设计大厦底板、侧墙和屋面板等结构尺寸、施工环境、采用普通混凝土和抗裂混凝土等工况的评估与分析。结构整体计算模型见图5.2-5，计算参数选取见表5.2-3。

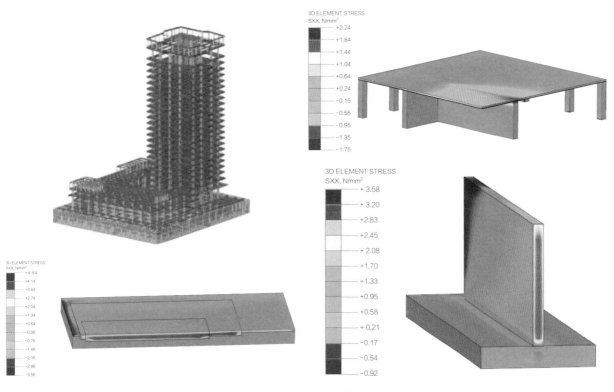

图5.2-5 结构整体计算模型

计算参数选取
表5.2-3

参数类别	具体参数	数据来源
结构部位	几何尺寸	设计图纸
环境条件	日平均气温、风速	历年观测数据
混凝土原材料	水泥、粉煤灰、矿粉品种，功能材料	设计图纸 试验数据 研究单位数据库
混凝土性能（与设计强度等级匹配）	强度等级、自身体积变形、绝热温升、弹性模量、劈拉强度、线膨胀系数、导热系数、混凝土比热容、混凝土放热系数、混凝土密度、混凝土泊松比	
施工措施	入模温度、模板类型、拆模时间、养护措施	研究单位数据库、实际工况（如钢模板、双侧支模）

2. 地下室外墙板计算结果

通过计算发现，使用普通混凝土，地下室底板在任何工况下开裂的风险都是可控的。

地下室外墙板的情况则相反。图5.2-6是地下三层混凝土外墙板抗裂性能评估有限元模拟模型，图5.2-7是春秋季施工时外墙表面、外墙中心混凝土开裂风险系数，由此可见：由于地下室外墙混凝土早期收缩（温降收缩、自收缩和干燥收缩）受到底板约束，开裂风险是比较高的，如果使用普通C40混凝土，即使按规范30m间距设置伸缩缝的要求一次性浇筑30m长混凝土，外表开裂风险系数也超过1.0；采用抗裂混凝土后即使浇筑长度为60m仍可控制开裂风险低于0.7。

同样对地下室外墙板在夏季施工时的抗裂性能进行了评估与设计，混凝土入模温度为35℃，夏季地下三层混凝土外墙板抗开裂风险系数见图5.2-8，由此可见：采用普通混凝土在浇筑长度为30m和42.7m时，开裂风险系数均远远高于1.0。事实上计算表明：地下室外墙在夏季施工如采用普通混凝土，则浇筑的长度大概只有5~8m才能保证不开裂。采用抗裂混凝土后，30m浇筑长度

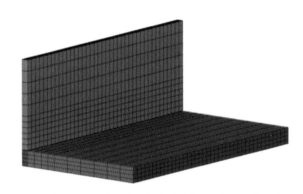

图5.2-6　地下三层混凝土外墙板抗裂性能评估有限元模拟模型

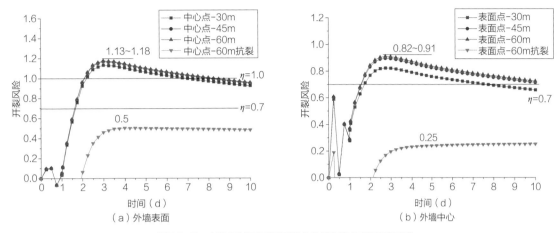

图5.2-7　春秋季地下三层混凝土外墙板抗开裂风险系数

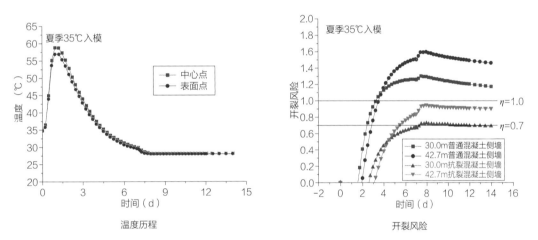

图5.2-8　夏季地下三层混凝土外墙板抗开裂风险系数

开裂风险系数才能达到0.7，如果浇筑长度为42.7m则开裂风险系数也将接近1.0。

3．裙房屋面板计算结果

裙楼地上共3层，裙楼屋面板厚度约为150mm，尺寸约88.0m×71.1m，混凝土强度等级为C40。屋面板厚度薄，温升一般不超过10℃，但存在板面几何尺寸约束。采用普通C40混凝土时，裙楼设计有2道伸缩后浇带，若取消伸缩后浇带，单次浇筑裙楼屋面板呈L形，尺寸见图5.2-9。无论采用有伸缩后浇带或无伸缩后浇带，裙楼屋面板的开裂风险均在0.7～1.0。在保留后浇带、不增加楼面板配筋的原则下，采用C40抗裂混凝土，考虑"水化—温度—湿度—约束"多因素耦合作用计算方法对结构的开裂风险进行计算评估，控制其开裂风险小于0.7。

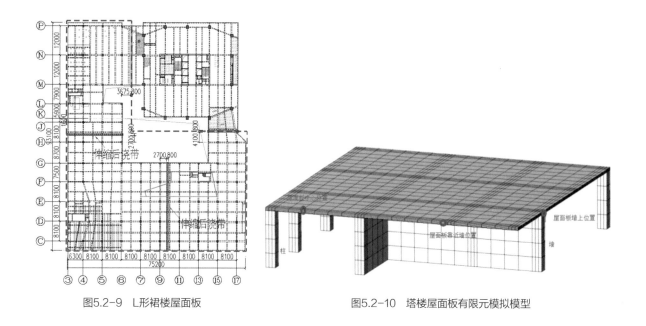

图5.2-9 L形裙楼屋面板　　　　　　图5.2-10 塔楼屋面板有限元模拟模型

4. 塔楼屋面板计算结果

根据施工组织安排，塔楼屋面混凝土浇筑时间为夏季7～8月。塔楼屋面板抗裂性评估与设计的有限元模拟模型见图5.2-10。屋面混凝土板采用C35混凝土，平面尺寸为37.8m×37.8m，厚度为120mm，其水化温升较小，自收缩和干燥收缩是引起施工期开裂的主要原因，同时该屋面板存在周围墙壁约束。如采用C35普通混凝土的屋面板靠近墙体部位的开裂风险超过0.7（0.80～1.0），存在开裂风险，采用C35高性能抗裂混凝土后的屋面板施工期开裂风险均小于0.7。夏季塔楼屋面板开裂风险系数详见图5.2-11。

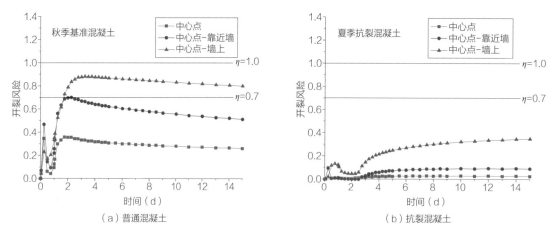

（a）普通混凝土　　　　　　　　　（b）抗裂混凝土

图5.2-11 夏季塔楼屋面开裂风险系数

5.2.4　现场监测结果及分析

在工程施工及后续时间对结构混凝土收缩变形、随温度及时间变化的效应性能进行监测，一方面对结构混凝土抗裂性进行有效评估，另一方面指导精细化施工（如拆模时间、保温措施等），最终实现设计、材料、施工等的闭环控制。同时通过监测温度历程，可精确控制高性能抗裂混凝土的拆模时间和保温保湿的措施；通过监测变形历程，可精确监测其膨胀或收缩应力。

1. 底板监测

本项目监测了裙楼地下室底板C40混凝土的温度—变形。该区域混凝土底板长度约56m，宽约46m，厚度为0.6m。同时还监测了主楼地下室底板C50混凝土的温度—变形，该区域混凝土底板长度约62m，宽约51m，监测区域的厚度1.5m。图5.2-12为底板混凝土中传感器埋设位置示意图，红色线包围区域的红星为C50混凝土监测区域，伸缩带右侧位置的红星为C40混凝土监测区域，混凝土检测点埋设示例见图5.2-13。

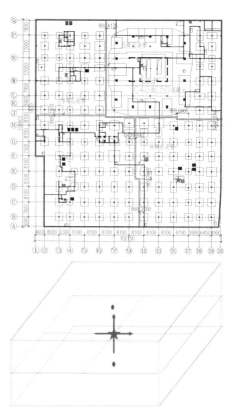

图5.2-12　底板混凝土中传感器埋设位置图

（a）裙楼底板（2021年1月3日）

（b）塔楼底板（2021年2月3日）

图5.2-13　混凝土检测点埋设示例

塔楼1.5m厚C50混凝土底板监测结果：混凝土的入模温度在14.2～19.0℃，混凝土中心温峰为65.7℃，最大温升50.7℃，近似绝热状态，底板底部最大温升为31.9℃，底部上表面处的最大温升达到41.1℃。前7d的平均温降速率：底板中心混凝土约2.9℃/d，底部混凝土约0.02℃/d，上表面混凝土约4.3℃/d。由此可见：1.5m厚的底板底部混凝土温降速率较慢，说明垫层混凝土起到了保温的作用。塔楼底板监测的温升—变形历程见图5.2-14。

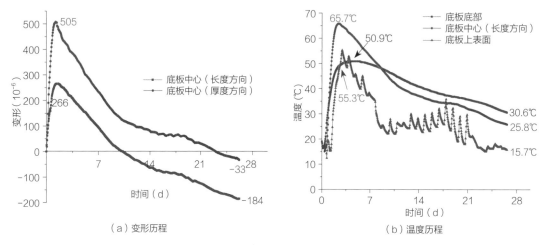

（a）变形历程 （b）温度历程

图5.2-14　塔楼底板（1.5m厚）监测的温度-变形历程

2. 地下室外墙监测

图5.2-15为外墙混凝土传感器埋设位置示意图，红色线区域为第一次浇筑的外墙区域，红星为C40高性能抗裂混凝土检测点。图5.2-16为外墙传感器埋设位置图。地下室外墙混凝土均为C40，厚度为400mm。

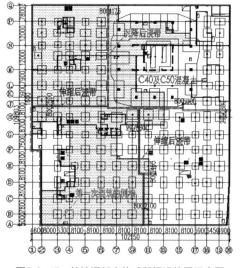

图5.2-15　外墙混凝土传感器埋设位置示意图　　图5.2-16　外墙传感器埋设位置图

3．负三层外墙监测

负三层高性能抗裂混凝土外墙一次性浇筑长度为26m＋37.1m＋51.8m，入模温度在22.2～23.5℃。混凝土中心的入模温度在26.8℃，中心温峰值48.4℃，混凝土温升达21.6℃。温峰至6d的平均温降速率为5.8℃/d。浇筑后7d混凝土内部温度已降至常温。图5.2-17为负三层外墙监测的温度—变形历程。

从上述监测结果看，负三层外墙受到底板的约束较大，抗裂功能性材料产生了一定的有效膨胀，建立了一定程度上的预压应力，对冲了这种约束效应。

4．负二层外墙监测

地下室外墙浇筑时间是2021年4月30日。监测设备显示C40高性能抗裂混凝土的入模温度在26.1～26.7℃，中心最大温升22.1℃，温峰至6d的平均温降速率为5.1℃/d。负二层外墙监测的温度—变形历程见图5.2-18。

负二层外墙的约束小于负三层侧墙的约束，从图5.2-18可以看出抗裂功能性材料产生了有效膨胀。

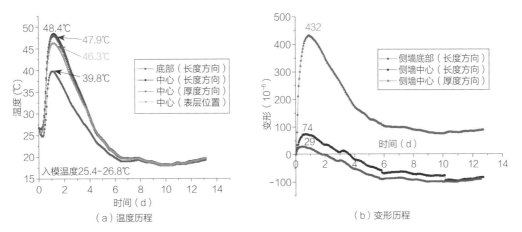

（a）温度历程　　　　　　　　　（b）变形历程

图5.2-17　负三层外墙监测的温度-变形历程

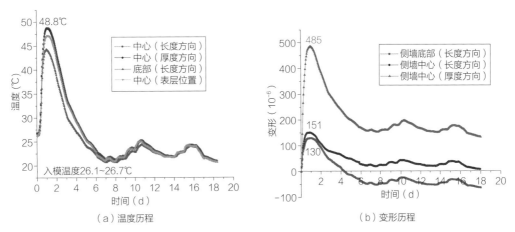

（a）温度历程　　　　　　　　　（b）变形历程

图5.2-18　负二层外墙监测的温度-变形历程

5. 负一层外墙监测

负一层外墙浇筑时间是2021年6月20日。监测设备显示C40高性能抗裂混凝土的入模温度在32.37℃，负一层C40混凝土侧墙中心最大温升22.0℃，7d混凝土内部温度已降至常温。负一层外墙实测温度数据和单位温度变形见图5.2-19。

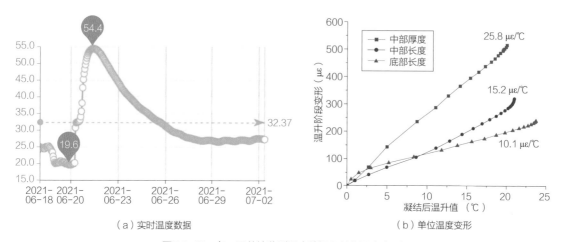

（a）实时温度数据 （b）单位温度变形

图5.2-19 负一层外墙监测温度数据和单位温度变形

相比地下三层、地下二层的单位温升变形、单位温降变形值可知，地下三层约束度最大，地下二层次之，地下一层的约束度最小。所以结构工程师在设计时，对靠近底板部位的地下室墙板要适当加强构造配筋，有效抵抗底板约束所引起的附加应力。

6. 裙楼屋面板监测

裙楼屋面混凝土为C40，浇筑时间为2021年10月。因屋面板仅有150mm厚，无法绑扎宽度方向的监测探头，仅监测了裙楼屋面板的长度、宽度方向的温度-变形。裙楼屋面板传感器埋设位置见图5.2-20。

裙楼混凝土屋面板的单位温度变形见图5.2-21。温升阶段，长度方向的单位温度变形为$10.0 \times 10^{-6}/℃$，宽度方向的单位温度变形为$15.6 \times 10^{-6}/℃$。温降阶段，长度方向的单位温度变形为$-5.4 \times 10^{-6}/℃$，宽度方向的单位温度变形为$-7.3 \times 10^{-6}/℃$。监测结果显示：顶板混凝土温升较小，且随环境波动；早期混凝土未出现收缩，现场未见裂缝；表明抗裂功能性材料产生了有效膨胀。

7. 主楼屋面板监测

因主楼屋面板仅有120mm厚，无法绑厚度方向的监测探头，仅监测了主楼屋面板的长度、宽度方向的温度-变形。屋面板浇筑日期在2022年8月5日，当天天气预报温度39℃，入模前采取了措施使模板温度降至35℃以下。

由于高温太阳直射，导致混凝土的温升加大，最大温升达到了27.8℃；后期主楼屋面板混凝土的温度随着气温波动，现场混凝土塑性阶段采用薄膜覆盖，硬化后覆盖土工布，并在土工布上洒水养护14d，后期混

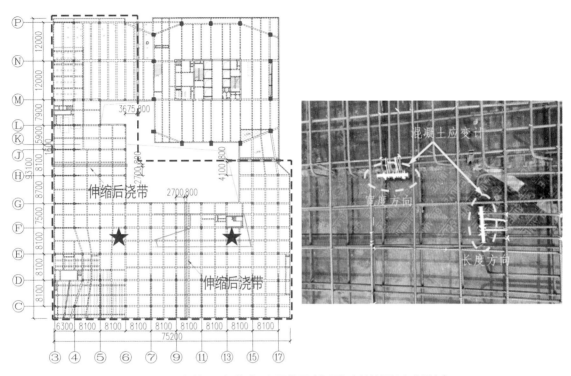

图5.2-20　裙楼屋面板传感器埋设位置（红星为高性能混凝土监测点）

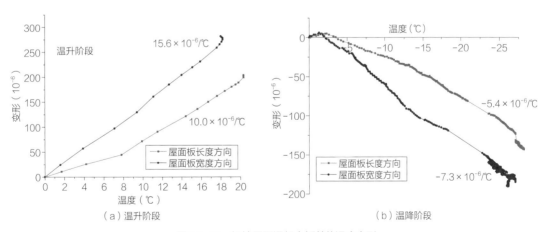

（a）温升阶段　　　　　　　　　　（b）温降阶段

图5.2-21　裙楼屋面混凝土板单位温度变形

凝土的温度波动幅度变小。

　　监测数据表明，抗裂功能性材料产生了有效膨胀。主楼屋面板监测至2023年3月14日，从监测的变形数据表明，与屋面板的后期干燥收缩相比，混凝土自收缩、温降收缩占主导地位。浇筑后200多天的塔楼屋面混凝土板单位温升变形见图5.2-22。

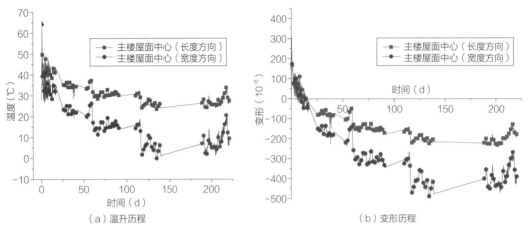

（a）温升历程　　　　　　　　　　（b）变形历程

图5.2-22　塔楼屋面混凝土板单位温升变形

5.2.5　实施效果和数据反演

1．实施效果

通过结构受力与材料性能的融合设计，有效抑制了临水混凝土墙、板产生贯穿性裂缝的问题。现场实施建成后效果见图5.2-23。项目建成至今已经经过了2023年及2024年的江南梅雨期和夏季高水位汛期，尤其是在苏州2023年7月16日和2024年6月30日的大暴雨期间，该地下室外墙板及屋面板均未发现漏水或渗水点。

（a）地下室侧墙　　　　　　　　（b）屋面板

图5.2-23　现场实施建成后效果

2. 监测数据反演

图5.2-24为采用上述模型计算的地下三层0.4m厚外墙C40混凝土中心的温度历程,以及实测的温度历程(图5.2-17中显示的中心温度)。在混凝土温升和温降阶段,计算值与实测值具有高度一致性。当混凝土温度降至环境温度时,由于环境温度的扰动,计算值与实测值存在极小的波动。

图5.2-25为采用上述模型计算的地下三层0.4m厚外墙C40混凝土中心厚度方向的变形历程,以及实测的厚度方向变形(5.2-17中显示的中心厚度方向变形)和温度历程(图5.2-17中显示的中心温度)。外墙厚度方向基本无约束,侧墙厚度方向的变形为侧墙自身体积变形与温度变形叠加。采用已计算的侧墙中心厚度的温度数据和混凝土自身体积变形数据,计算得到侧墙中心厚度方向的变形值。在混凝土温升和温降阶段,计算值与温度实测值的趋势高度一致,绝对数值相近。当混凝土温度降至环境温度时,由于环境温度的扰动,计算值与实测值存在极小的波动。

图5.2-26为采用上述模型计算的地下二层0.4m厚外墙混凝土的早期开裂风险,以及开裂情况实际监测变形结果(图5.2-18中的中心长度方向变形)。结果表明,侧墙中心部位在早期15d内的开裂风险系数计算结果小于0.7;中心部位的应变未发现明显突变,且处于微膨胀状态,表明混凝土未开裂。因此,现场应变监测结果较好地印证了开裂风险系数计算结果。与此同时,现场的裂缝观测也佐证了上述的结论。

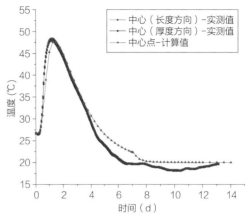

图5.2-24 地下三层0.4m厚外墙混凝土中心的计算温度与监测结果对比

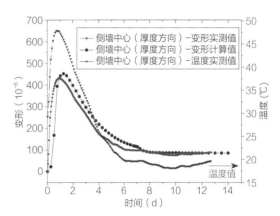

图5.2-25 地下三层0.4m厚外墙混凝土中心厚度方向的变形计算值与实测结果对比

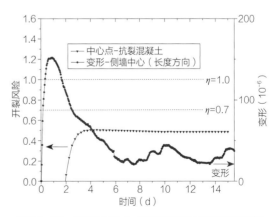

图5.2-26 地下二层0.4m厚外墙混凝土开裂风险预测结果与监测结果对比

5.2.6　结语

启迪设计大厦是国内首个在房屋建筑工程中全面系统地进行混凝土抗裂专项研究分析设计的工程。结合本项目所做的混凝土结构抗裂性能研究课题得出具体结论如下：

1）建筑工程混凝土结构的抗裂设计，不宜简单套用规范规定，要结合结构整体和局部受力、施工环境等综合分析确定。采用考虑结构—材料—环境耦合作用的混凝土开裂风险评估理论和方法可对建筑工程不同结构混凝土的开裂风险量化评估。

2）通过开裂风险模型计算，以及工程实测表明：侧墙相比底板、屋面板开裂风险最高，且开裂风险随着环境温度的增加而增大；采取普通高性能混凝土，在现有的施工条件下，难以解决侧墙和屋面混凝土收缩开裂问题（开裂风险系数超过0.7甚至1.0）；通过结构设计、采用抗裂混凝土、施工过程养护控制可实现工程不产生贯穿性裂缝。

3）设计先行、过程严控，对结构关键部位混凝土采取针对性减少开裂的技术措施，是有效控制混凝土裂缝的有效方法。

5.3　大高宽比多开洞梁设计及试验研究

5.3.1　研究背景

高层建筑的层数较多，层高根据功能的不同而不同，一般而言住宅层高在2.9～3.1m，办公楼在4.2m左右，酒店在3.9m左右。建筑层高确定后，最终建成使用的净高涉及很多因素：结构梁、板所需要的高度、机电管线的综合排布、建筑装修吊顶高度及施工的精度等。"结构尤其是高层建筑结构在一个建筑物中必定要占据一定的空间。结构如何和建筑巧妙结合，为建筑创造尽量更多的使用空间，也是高层建筑结构设计的重要指标之一"。总结多年来高层建筑的楼面结构形式，一般为现浇钢筋混凝土梁板结构、钢梁与混凝土板构成的组合楼板结构等，后者往往在钢梁上开并列圆孔或方孔，以方便设备管线穿梁，达到降低建筑层高的目的。现浇钢筋混凝土梁板结构以其布置的灵活性而被广泛运用在200m以下的高层建筑中，通常梁截面高度取跨度的1/15～1/10，梁的宽度一般取梁高的1/4～1/2。当然，这些取值要求并不是严格的规定，可以根据建筑要求、荷载大小等具体情况由设计师灵活掌握。

为有效降低建筑层高，以傅学怡大师为首的深圳大学建筑设计研究院与中国建筑科学院等单位合作，对宽扁梁结构进行了系列专项课题研究，其研究成果、对设计的建议和项目运用总结汇编在《复杂高层建筑结构设计》和《实用高层建筑结构设计》（第二版）中。该研究得出结论：相对于普通梁，宽扁梁梁高小，考虑楼板作用下T形截面惯性矩小，有利于实现强柱弱梁的抗震性能。根据其对宽扁梁结构设计的建议：梁截面高度一般为梁跨$L/25$，梁宽为梁高的2.0～2.5倍。比较普通梁截面高度$L/12$，梁宽为梁高的1/4，可见宽扁梁具有相同的刚度，但截面面积比普通梁大1倍，也就是宽扁梁自身结构自重将加大1倍。以13m跨距的楼面梁为例，普通梁截面一般为350mm×1100mm，宽扁梁截面为1200mm×600mm，两者的刚度基本相同，但宽扁梁自重为普通梁的2倍。如果考虑梁下机电总安装要求为500mm，则宽扁梁加机电总高度为1100mm。

对抗震设防地区的高层建筑而言，增加结构自重将同步增加地震作用，引起结构造价的提升。结构自重和建筑高度、烈度及使用功能关系都比较大，据中国建筑科学研究院的相关统计：一般在100~200m的混凝土结构高层建筑中，结构自重约占总重量的70%~75%；如果全楼重力荷载代表值按1.7t/m²计，平摊到每平方米的楼板自重按250kg，梁自重300kg，则楼板自重约占结构自重的15%，混凝土梁自重约占结构总重的18%。所以楼板类型的选择应尽可能减小楼盖自身的自重，减轻楼盖自重是结构设计的原则之一。合理减小楼盖结构高度对主体结构往往"利大于弊"，在层高不变的情况下，减低楼盖高度带来使用净高的增加；如果净高不变，则层高及建筑总高度可适当减小，有利于减小高层建筑的侧向水平荷载。

为了减小结构、机电在高层建筑中的综合高度，在组合楼板的钢梁中开洞，或者在梁靠近支座附近做成截面高度较小的变截面梁，便于设备管线布置。钢结构蜂窝梁和变截面梁示意见图5.3-1。而对于采用传统现浇混凝土梁板的结构，《高层建筑混凝土结构技术规程》JGJ 3—2010（简称《高规》）对梁上开洞做出明确规定和要求：洞口位置宜位于梁跨中1/3区段，洞口高度不应大于梁高的40%。目前对于混凝土梁上开洞后的结构加强措施，一般是按照《混凝土结构构造手册》（第五版）第三章第十一节提供的洞口加强钢筋计算公式进行配置，但计算所得的洞口斜筋往往偏大，工程实际施工时梁洞口四角的弯起斜筋无法安放或操作十分困难，所以《高规》条文解释中指出：有些资料要求在洞口角部配置斜筋，容易导致钢筋之间的间距过小，使混凝土浇捣困难；当钢筋过密时，不建议采用。

对于混凝土梁上开洞，多年来国内外学者对此开展了系列理论和试验研究，取得一定成果。早在1988年，殷芝霖等人在分析研究了国内外28根梁腹带有矩形孔的梁试验基础上，结合国内外有关规范和研究论述的规定，对梁腹开洞的形式、影响开洞梁破坏剪力的主要因素、开孔梁的内力分析和强度计算方法以及配筋构造等进行了详细研究探讨，提出的方法形成了《混凝土结构构造手册》（第五版）第三章第十一节洞口加强钢筋计算公式基础。Bengi Aykac等对截面为200mm×500mm、长度为4m、梁上连续开有12个200mm×200mm矩形或D200mm圆形孔的梁弯曲性能进行了研究，得出与开有单个洞口的梁相比，开有多个

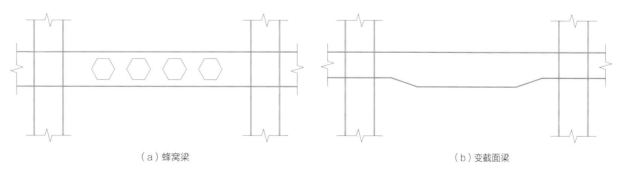

（a）蜂窝梁　　　　　　　　　　　　　　　　　　　　　　　（b）变截面梁

图5.3-1　钢结构蜂窝梁和变截面梁示意

洞口梁的失效破坏发生在洞口之间的腹杆上，而在洞口之间设置斜向钢筋是避免剪切破坏的有效方法。该试件模型和试验结果反映出梁的效应已不明显，更多是反映出空腹桁架受力特点。国内学者黄泰斌贝、黄健对腹部开矩形孔的混凝土试件梁在集中荷载作用下的应变分布、荷载特性等进行了研究，指出开孔梁的破坏形式取决于梁剪跨比、矩形孔尺寸和加强腹筋配置情况等因素，开孔区段的平面桁架受力特点增强。王晓刚、范文武等人进行了腹部开大洞口钢筋混凝土梁受剪性能试验研究，得出结论：钢筋混凝土梁腹部开大洞会使其桁架抗剪机制受到破坏，空腹效益显著，抗剪承载力大幅削弱，在开有间距较近的双孔洞口区域梁受力非常复杂。蔡建、叶嘉彬等进行了腹部开矩形孔预应力混凝土简支梁受剪性能试验研究，认为施加预应力对开孔梁剪切刚度提高并不明显，但可以有效抑制斜裂缝的开展，改变受压区高度，从而提高极限受剪承载力。上述国内的研究都是针对梁上开单个或双个矩形孔进行的。在实际工程中，由于混凝土梁上开的孔洞尺寸较小、现场施工时机电管线难以对准混凝土梁上的孔洞，或者开孔数量太少难以满足机电综合布置的需求，多数情况下最终机电管线还是在混凝土梁下布置。

建设行业是节能减排的重点领域，在"双碳目标"下随着高品质建筑要求的提出，业主对梁下净高和楼板下机电管线布置提出了比以往更高的要求。同时为减小地震作用，提高结构效益，结构设计人员必须更加注重在安全的前提下减小构件截面节约材料减少碳排放、同时提高建筑品质和体验感，混凝土梁上开洞结构方案又再次引起结构和机电工程师的重视。

为了既能降低楼盖的自重，又能减少楼盖结构和机电所需的建筑高度，本项目结构设计提出了一种大高宽比（梁高宽比大于5）、并列开多孔（并列4个矩形孔）的现浇混凝土梁，对该种梁的受力性能、梁柱节点抗震性能，尤其是洞口加强钢筋的大小和形式对洞口受力性能的影响等做了试验研究，并对在实际工程启迪设计大厦中的运用作了总结。

5.3.2 本项目楼面梁板结构

如前所述，启迪设计大厦结构体系为钢筋混凝土框架-剪力墙结构，典型结构平面图见图5.1-1、图5.1-2。

本项目楼面梁跨度为13.8m，按常规设计梁高取跨度的1/15～1/10，梁高取值范围大致为950～1300mm，梁宽取值范围大致为350～400mm。从承载力需求考虑，当梁高取较小值时，梁宽需取较大值。如取较小梁高950mm，加上机电管线高度400mm，则总高度为1350mm。但建筑希望"结构+机电管线"总高度控制在1100mm以内。

根据力学原理，梁的抗弯刚度与其高度是三次方关系。为在充分利用结构梁高度对梁刚度贡献的前提下尽可能减轻结构自重，本项目在采用了与普通梁基本相同的梁高L/12基础上，适当减小了梁的宽度，梁截面取200mm×1100mm，其高宽比达到5.5；同时，为了尽可能增大净高，提出了所有设备管线穿混凝土梁的综合设计方案。结合大楼采用中央空调的布置，结构在沿南北向所有中部的梁跨中近1/2长度范围内并联开设2个900mm×400mm和2个1000mm×400mm矩形孔，孔洞边间距为900mm。梁开洞平面图及立面图见图5.3-2、

图5.3-3，经初步计算该梁截面尺寸能满足受力要求。与常规设计梁截面350mm×950mm相比，梁自重线荷载由8.3kN/m降为5.5kN/m（未考虑梁上开洞减轻的自重），梁自重减小约1/3。建成后实景见图5.3-4。

　　该梁高宽比，以及梁上开洞数量、位置都超出相关的规定或建议范围，目前国内尚无建成项目可以借鉴。设计团队以本项目为基础，对大高宽比多并列开洞梁的受力性能、梁柱节点抗震性能等进行了详细的计算分析和试验研究。

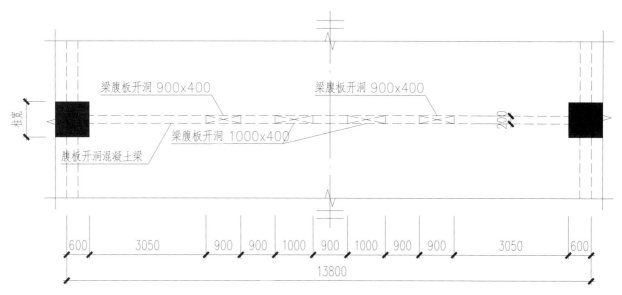

图5.3-2　梁平面图

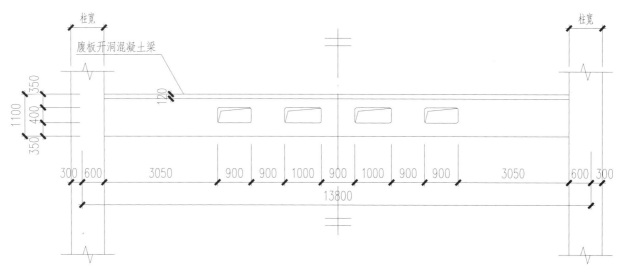

图5.3-3　梁立面图

图5.3-4　开洞梁实景

5.3.3　大高宽比多开洞梁有限元分析

1. 原型梁计算分析

选取本项目塔楼第12层12轴（图5.1-1）上的KL19开孔框架梁作为原型算例进行有限元模拟。该框架梁并列开有4个矩形洞口，洞口尺寸及分布同前文所述；其靠近支座的孔洞边缘截面处剪力设计值V_1=152.6kN，按《混凝土结构构造手册》（第五版）第三章第十一节提供的公式算得：洞口一侧加强箍筋A_{sv}=228.9mm^2，洞口角部弯起斜筋A_d=455.6mm^2。因此原型梁洞边一侧补强箍筋配3$\underline{\Phi}$12，弯起筋配1$\underline{\Phi}$25。同时按该手册相关公式算得洞口上侧水平加强钢筋为2$\underline{\Phi}$16、下侧水平加强钢筋为4$\underline{\Phi}$20，各洞口的四周均设置补强钢筋。算例开孔框架梁的几何尺寸及钢筋布置情况见图5.3-5，几何模型见图5.3-6。

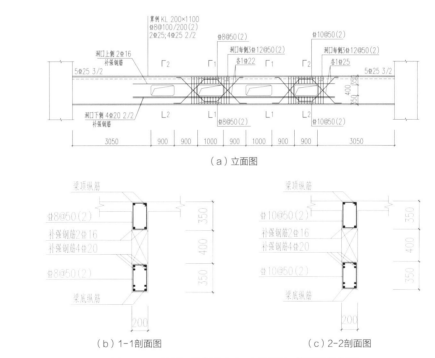

图5.3-5　算例开孔梁的几何尺寸及洞口补强钢筋布置

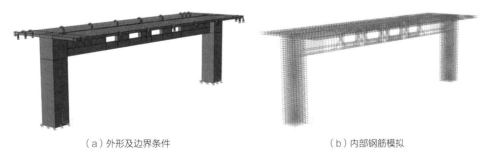

（a）外形及边界条件　　　　　（b）内部钢筋模拟

图5.3-6　模型示意图

2．有限元模型参数

1）单元类型及材料本构

采用ABAQUS/CAE 2019建立框架的有限元模型。混凝土采用C3D20R实体单元模拟，钢筋采用T3D2线性桁架单元模拟。钢筋单元通过"EMBED"约束与混凝土单元形成共同工作。单元网格边长约为300mm。混凝土采用塑性损伤本构模型，梁板混凝土等级C40，柱混凝土等级C60；钢筋采用理想弹塑性本构模型。

2）边界条件及加载制度

算例框架的柱底采用固定约束，楼板边缘设置框架面外平动位移约束。计算中设置两个分析阶段，第一阶段施加柱顶轴力和梁顶面均布荷载，第二阶段分级施加柱顶水平往复位移，有限元模型加载制度见图5.3-7。

3．结果分析

1）滞回曲线和骨架曲线

算例框架及与其同条件无洞口框架的荷载—位移滞回曲线和骨架曲线的对比见图5.3-8和图5.3-9。从图中可见：①在循环加载至2200kN之前，结构处于弹性阶段，水平位移小于±10mm，开洞梁与无洞口梁的荷载—位移及骨架曲线基本一致。②在加载至2200kN时，开洞梁位移加大，承载力下降至1750kN，位移最大至±20mm；而无开洞梁在荷载达到2200kN时，也出现位移加大的现象，但承载力并未明显下降，位移最大至±20mm。③继续下一轮加载时，无论是开洞框架梁还是无开洞框架梁，最大加载值均为1700kN，滞回曲线也同时出现不收敛。由此可知：两种梁的极限承载力值和位移值基本相同，开洞框架梁滞回环面积略小于无洞口框架梁，但整体仍较为接近，说明梁腹板开洞对框架的耗能能力影响程度有限。

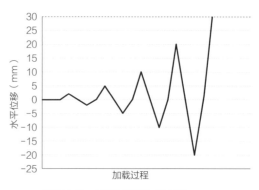

图5.3-7　有限元模型加载制度

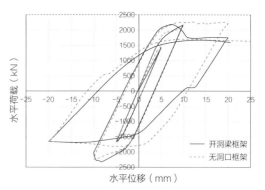

图5.3-8　滞回曲线

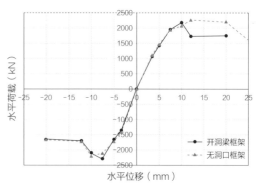

图5.3-9　骨架曲线

2）应力云图及塑性损伤云图

算例开洞框架在往复加载下的混凝土塑性受拉损伤和钢筋应力水平发展历程见图5.3-10和图5.3-11。对于本算例的开洞情形，框架梁在水平往复作用下的塑性区仍首先出现于梁端位置，而非梁腹洞口附近，梁的最终破坏是在支座至洞口之间的梁段上，而洞口及洞角周边均未出现破坏，由此可见梁的整体破坏模式相较于无洞口框架没有出现明显变化。在±10mm的水平位移下，梁内钢筋最大应力出现在梁端下纵筋，最大应力约为380MPa；在±20mm的水平位移下，钢筋最大应力出现在梁端下部纵筋，纵筋最大应力为400MPa，此时箍筋最大应力为380MPa。结合前述滞回及骨架曲线可见，本项目楼面框架梁在采取合理的洞口排布和洞边补强措施后，梁腹并列开设多孔洞并不会对框架的抗侧能力及破坏模式产生显著的影响。

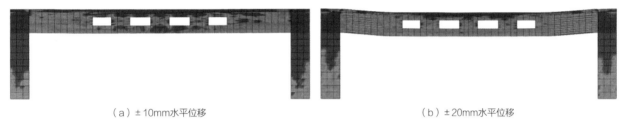

（a）±10mm水平位移　　　　　　　　（b）±20mm水平位移

图5.3-10　混凝土塑性受拉损伤发展历程

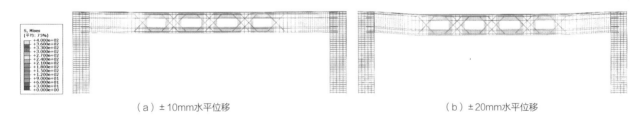

（a）±10mm水平位移　　　　　　　　（b）±20mm水平位移

图5.3-11　钢筋应力水平发展历程

5.3.4　静力极限承载力试验研究

为了更好地了解大高宽比、多并列开洞梁的性能，以本项目塔楼第12层12轴（图5.1-1）上的KL19为原型，按3/4比例设计了5根梁试件进行四点弯曲性能试验。

该梁跨度为13.8m，截面为200mm×1100mm，实配梁上部通长筋2⊕25，下部纵筋4⊕25，箍筋⊕8@100/200双肢箍，该层楼板厚度为120mm。按该梁内力包络图上内力最小点之间的距离10.1m作为试件简支跨度。梁上共开4个洞口，分别为900mm×400mm和1000mm×400mm，原型梁洞边加筋见图5.3-4。

试件1-1、试件1-4和试件1-5为带楼板开洞梁（洞口弯起斜筋不同），几何尺寸见图5.3-12；试件1-2为同尺寸带楼板但不开洞梁，试件1-3为同尺寸不带楼板开洞梁。5个试件梁长均为7800mm（含两端各放出150mm

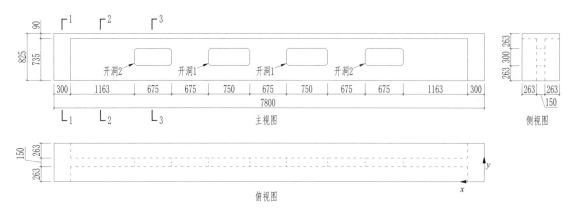

图5.3-12 试件1-1、试件1-4和试件1-5带楼板开洞口梁几何尺寸

以放置铰支座），梁截面高宽度均为825mm×150mm，有翼缘楼板厚度均为90mm，有洞口梁跨中2洞口尺寸均为750mm×300mm、两端洞口尺寸均为675mm×300mm。各试件参数见表5.3-1，试件1-1配筋见图5.3-13。

各试件参数   表5.3-1

试件编号	是否带洞	是否带翼缘板	梁上/下面配筋	洞口弯起斜筋	洞口上/下加强纵筋
1-1	4个洞口	是		2×1⎵20	2⎵18/4⎵18
1-2	否	是		—	—
1-3	4个洞口	否	2⎵22/4⎵22	2×1⎵20	2⎵18/4⎵18
1-4	4个洞口	是		无	2⎵18/4⎵18
1-5	4个洞口	是		2×1⎵12	2⎵18/4⎵18

为消除剪力对正截面受弯的影响，在加荷架中用千斤顶通过分配梁进行两点对称加载，使简支梁跨中形成长2500mm的纯弯段，试件一端采用固定铰支座来保证试件端部转动，另一端采用滑动铰支座保证水平位移不受约束；按荷载分级加载的方式，每级荷载为20kN，由零开始加载直至试件破坏或承载力下降至85%以下。试验研究梁试件的正截面受弯承载力大小、挠度变化、裂缝出现和发展过程以及破坏模式。梁正截面受弯承载力试验装配照片见图5.3-14。

试验的竖向荷载通过压式负荷传感器显示，试验量测内容主要包括竖向荷载、每级荷载下的梁纯弯区段控制截面内纵向钢筋的应变值、梁开洞口相应位置钢筋应变、塑性铰区剪切变形、梁的支座和跨中挠度以及试件破坏过程及现象（标出裂缝位置和走向）。应变片和位移计的试件测点布置见图5.3-15。

带楼板开洞梁试件1-1的裂缝分布及破坏形态见图5.3-16。加载至100kN时，梁跨中纯弯段内洞口下边缘开始出现细微竖向裂缝，梁跨中挠度5mm。加载至140kN时，梁两侧弯剪区洞口下边缘开始出现竖向裂

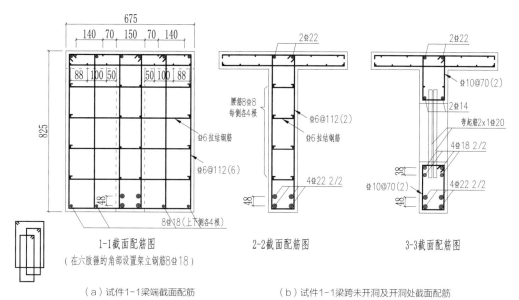

（a）试件1-1梁端截面配筋　　　　　　　　　　（b）试件1-1梁跨未开洞及开洞处截面配筋

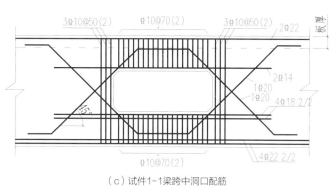

（c）试件1-1梁跨中洞口配筋

图5.3-13　试件1-1配筋图

缝，梁纯弯段洞口下边缘裂缝增多，梁跨中挠度14mm。加载至200kN时，梁两侧弯剪区洞口对角开始出现斜裂缝，梁跨中挠度22mm。加载至300kN时，梁弯剪区斜裂缝不断延伸，裂缝数量增多，梁跨中挠度32mm。加载至380kN时，梁纯弯段洞口下边缘出现横向贯穿裂缝，梁挠度增大至41mm。加载至580kN时，梁上裂缝数量不断增多，裂缝长度延伸，裂缝宽度急剧增大，梁承载力开始下降，梁挠度增大至80mm。加载至640kN时，梁挠度最大值为87mm，梁底位移计均达到量程，跨中纯弯段裂缝宽度急剧增大。加载至718kN时，梁纯弯段梁顶有混凝土开

图5.3-14　梁正截面受弯承载力试验装配照片

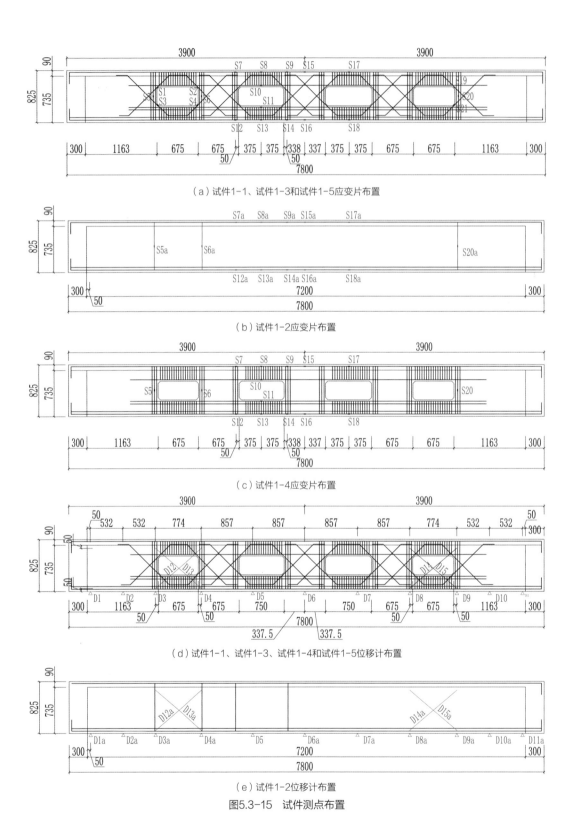

（a）试件1-1、试件1-3和试件1-5应变片布置

（b）试件1-2应变片布置

（c）试件1-4应变片布置

（d）试件1-1、试件1-3、试件1-4和试件1-5位移计布置

（e）试件1-2位移计布置

图5.3-15　试件测点布置

（a）380kN时梁纯弯段裂缝分布　　　　（b）580kN时梁弯剪区裂缝分布　　　　（c）梁纯弯段破坏形态

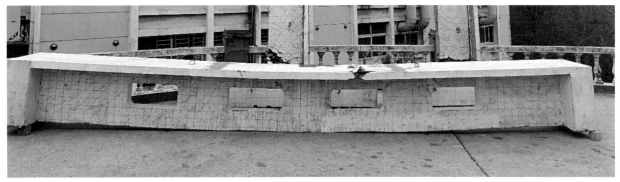

（d）梁残余变形

图5.3-16　试件1-1的裂缝分布及破坏形态

裂脱落，梁承载力不断下降，试验结束。

带楼板不开洞梁试件1-2的裂缝分布及破坏形态见图5.3-17。加载至80kN时，梁纯弯段下边缘开始出现自下部向上部开展的细微竖向裂缝，长度约50cm，梁跨中挠度8mm。加载至140kN时，梁一侧弯剪区出现斜裂缝，梁跨中挠度14mm。加载至220kN时，梁两侧弯剪区斜向裂缝不断延伸，裂缝数量增多，裂缝宽度不断增加，梁跨中挠度22mm。加载至300kN时，梁两侧弯剪区斜裂缝数量增多，纯弯段竖向裂缝数量增多，梁底位移计斜裂缝数量增多，跨中挠度增大至29mm。加载至420kN时，有轻微劈裂声，梁跨中挠度增大至39mm，纯弯段竖向裂缝宽度达2mm，梁跨中底部出现密集裂缝，承载力开始下降。加载至460kN时，梁跨中裂缝宽度加大，纯弯段腹板表面混凝土有轻微剥落，承载力持续下降。加载至500kN时，梁弯曲明显，承载力降至420kN，试验结束。

不带楼板开洞梁试件1-3的裂缝分布及破坏形态见图5.3-18。加载至220kN时，梁两侧弯剪区洞口对角出现细微斜裂缝，梁跨中挠度13.5mm。加载至240kN时，梁纯弯段洞口下侧开始出现竖向裂缝，梁跨中挠度15mm。加载至280kN时，梁两侧弯剪区洞口出现横向贯穿裂缝，纯弯段竖向裂缝数量增多，梁跨中挠度18mm。加载至300kN时，梁两侧弯剪区洞口间出现斜向裂缝，梁跨中挠度21mm。加载至440kN时，梁两侧弯剪区斜向裂缝持续延伸，梁纯弯段洞口下侧竖向裂缝密集，梁跨中挠度增大至33mm，承载力开始下降。

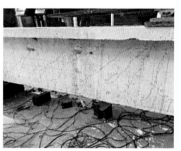

（a）300kN时梁弯剪区斜裂缝分布　　　　（b）梁纯弯段破坏形态　　　　（c）梁弯剪区破坏形态

（d）梁残余变形

图5.3-17　试件1-2裂缝分布及破坏形态

（a）300kN时梁裂缝分布　　　　　　　　（b）梁纯弯段破坏形态

（c）梁残余变形

图5.3-18　试件1-3裂缝分布及破坏形态

加载至520kN时，梁跨中挠度最大值约44mm，承载力持续下降。加载至550kN时，梁纯弯段上边缘混凝土碎裂，承载力下降至85%以下，试验结束。

带楼板开洞梁试件1-4的裂缝分布及破坏形态见图5.3-19。加载至60kN时，梁纯弯段洞口下侧出现少量竖向裂缝，梁跨中挠度6mm。加载至100kN时，梁两侧弯剪区洞口对角出现斜裂缝，梁跨中挠度6.5mm。加载至140kN时，梁两侧弯剪区出现斜向裂缝，梁跨中挠度9mm。加载至200kN时，梁纯弯段竖向裂缝数量增多，梁两侧弯剪区斜向裂缝持续延伸，梁跨中挠度13mm。加载至320kN时，梁两侧弯剪区斜向裂缝宽度增大，梁纯弯段两洞口之间出现竖向裂缝，梁跨中挠度增大至25mm。加载至400kN时，梁纯弯段洞口下边缘竖向裂缝密集发展，梁跨中挠度增大至38mm。加载至440kN时，梁上裂缝宽度明显增大，梁跨中挠度急剧增加，承载力开始下降，梁跨中挠度增大至49mm。加载至480kN时，梁纯弯段洞口上边缘出现竖向裂缝，梁跨中挠度达55mm左右，承载力持续下降。加载至534kN时，梁纯弯段内楼板混凝土断裂，承载力下降至85%以下，试验结束。

（a）480kN时梁裂缝分布　　（b）梁纯弯段破坏形态　　（c）梁弯剪区破坏形态

（d）梁残余变形

图5.3-19　试件1-4破坏形态

带楼板开洞梁试件1-5的裂缝分布及破坏形态见图5.3-20。加载至80kN时，纯弯段洞口下侧开始出现竖向裂缝，梁跨中挠度4.5mm。加载至180kN时，梁纯弯段洞口下侧竖向裂缝密集发展，梁两侧弯剪区开始出现斜向裂缝，梁跨中挠度11mm。加载至200kN时，梁两侧弯剪区斜裂缝逐渐延伸，纯弯段竖向裂缝数量增多，梁两侧弯剪区洞口对角出现斜向裂缝，梁跨中挠度12mm。加载至300kN时，梁纯弯段竖向裂缝宽度明显增大，梁跨中挠度19mm。加载至400kN时，梁两侧弯剪区斜向裂缝持续延伸，裂缝宽度明显增大，梁跨

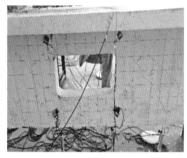  

（a）300kN时梁裂缝分布　　　　　　（b）梁纯弯段破坏形态　　　　　　（c）梁弯剪区破坏形态

（d）梁残余变形

图5.3-20　试件1-5裂缝分布及破坏形态

中挠度增大至27mm。加载至500kN时，梁跨中挠度达50mm，承载力下降。加载至550kN时，梁纯弯段楼板混凝土碎裂，承载力下降至85%以下，试验结束。

各试件梁的剪切应力对应分析：各级加载下靠近梁侧支座处的箍筋S20应变对比见图5.3-21，该应变直接反映出梁受剪作用下的变化特征。在梁加载初期，箍筋应变变化较小，基本没有出现大的增加或减少，此时剪力主要由混凝土承担，箍筋未发挥明显作用。随着荷载的增加，大致在达到120kN时，箍筋应变开始发生变化：试件1-2、试件1-5应变增加明显，而试件1-1、试件1-3、试件1-4则相对增加少一些。试件1-2作为对比试件，其箍筋应变在随后的加载过程中稳定增长，并且箍筋在试件最终破坏时超过了屈服应变，符合普通混凝土梁的一般承载规律。与之形成鲜明对比的是，洞口弯起斜筋较大的试件1-1在后续的加载中，应变增加远远小于其他试件，并且在试件最终丧失承载力前，两侧箍筋应变仍处于较低水平，远小于屈服应变，说明试件1-1中承担剪力的钢筋偏多，受剪钢筋直到试件完全破坏，仍未充分发挥其抗剪作用，存

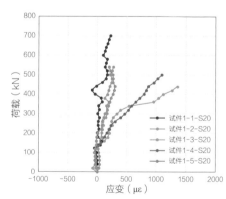

图5.3-21　箍筋S20应变对比

在较大富余。试件1-3配筋与试件1-1相同，仅仅是无混凝土翼缘楼板，而翼缘楼板对于抗剪承载力影响不大，因而直到试件完全破坏，箍筋应变同样处于较低水平（与试件1-1类似），钢筋的抗剪能力同样未得到充分发挥。试件1-4完全取消洞口角部配置斜筋，在加载初期与一般的混凝土梁基本一致，剪力增加后由于受到开洞的影响，其应变快速增长，伴随着洞口附近混凝土开裂，S20应变继续增长，最后屈服直至试件完全破坏，由于在测试点（洞口边）试件1-4存在加强箍筋，所以最终破坏时的箍筋应力比无开洞梁试件1-2的小，但两者应变曲线趋势是相同的。试件1-5的角部配置弯起斜筋减少至试件1-1的1/3，其箍筋应变增长速度虽然大于试件1-1，但明显小于不开洞梁试件1-2和不带弯起斜筋的试件1-4，直至最后破坏，箍筋应变都较小，说明弯起筋和箍筋同时发挥作用，可见尽管洞口角部配置的弯起筋较小，但也能有效地分担部分剪力。对比试件1-1、试件1-5，可知洞口角部配置弯起筋确实可以有效提高抗剪承载力，对于开洞梁起到很好的抗剪加强效果，但数量上可以减少（见5.3.6节），可以根据梁宽情况设置角部斜筋。对比试件1-2、试件1-4和试件1-5可见，对于开洞口的梁，如果梁宽较小，亦可以不设洞口角部弯起筋，但在洞口边的箍筋要根据该截面的剪力予以加强。

图5.3-22为同条件下有限元仿真分析结果，总体上较为接近。

梁跨中位移对比见图5.3-23，可见5根梁位移变化与洞口边箍筋应力变化有相同趋势：试件1-1、试件1-3、试件1-4和试件1-5虽然开洞，但刚度明显大于试件1-2，在同等荷载条件下，试件1-2位移最大，说明洞口上下边及角部加强钢筋在一定程度上提高了梁的刚度；在加载至250kN前，试件1-1、试件1-3、试件1-4、试件1-5的位移非常接近，在弯曲荷载作用的中后期，试件1-4较其余三个试件刚度下降明显位移发展快，但其刚度相比试件1-2较大。图5.3-24为同条件下有限元仿真分析结果，与试验结果较为吻合。

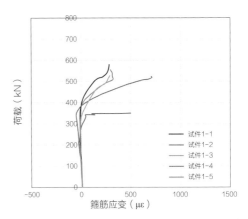

图5.3-22　箍筋S20位置应变（有限元分析结果）

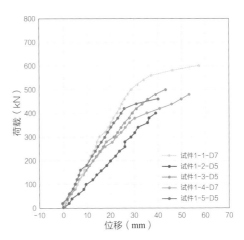

图5.3-23　梁跨中位移对比

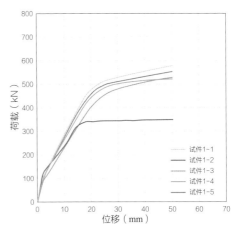

图5.3-24　梁跨中位移（有限元分析结果）

各梁跨中上部纵筋压应变对比、下部纵筋拉应变对比见图5.3-25和图5.3-26。可见5根梁上、下部纵筋的应变分别均呈现出受压、受拉增长的趋势。根据混凝土梁受力的一般原理，上部纵筋与混凝土共同受力，其应变与受压混凝土基本一致：在加载初期，各梁纵筋的受压应变变化趋势基本相同；在荷载超过250kN以后，试件1-3由于没有翼缘板，上部受压混凝土面积远小于其他试件，上部钢筋压应变明显大于其他梁；开洞梁试件1-1、试件1-3和试件1-4的上部受压钢筋极限应变相差不多，最终的破坏形态也均为上部混凝土压碎；而试件1-5由于应变化位置接近混凝土破坏位置，钢筋压应变略大。对于下部受拉钢筋应力，试件1-1、试件1-3、试件1-5类似，直到试件完全破坏时，下部纵筋才开始屈服，说明洞口附近的增强钢筋起到了纵筋的作用，造成梁底部配筋过多，需要进一步优化。试件1-2为普通混凝土梁，前期其应变稳定增长，随着荷载加大至底部纵筋进入屈服阶段，压应变出现了抖动和异常，最终上部混凝土受压破坏，与适筋梁破坏特征基本一致；没有洞口角部弯起筋的试件1-4，纵筋应变变化趋势与试件1-2基本一致，两者的最终破坏形式也类似：都是在下部钢筋出现屈服后，上部混凝土压碎，极限承载能力也基本相同，这表明仅对抗弯能力而言，开洞的混凝土梁不需要过度加强。图5.3-27和图5.3-28为对应的有限元分析结果，吻合度都较高。

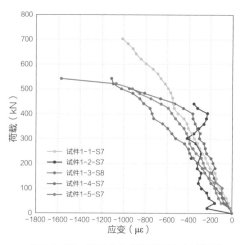

图5.3-25　梁跨中上部纵筋压应变对比图

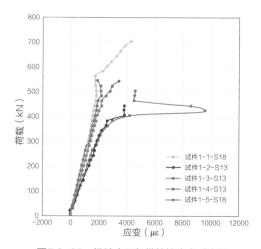

图5.3-26　梁跨中下部纵筋拉应变对比图

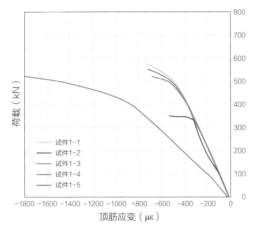

图5.3-27 梁跨中上部纵筋压应变（有限元分析结果）

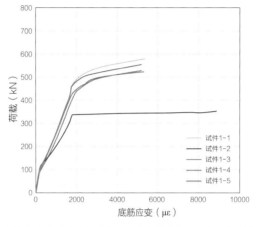

图5.3-28 梁跨中下部纵筋拉应变（有限元分析结果）

5.3.5 梁柱节点低周反复试验研究

取塔楼第12层典型边跨梁柱节点，柱轴压比为0.75，按1：1.5缩尺制作试件。共制作3个试件，均为缩尺原型节点，节点柱高均为2760mm，柱截面尺寸均为540mm×540mm；节点梁长均为2280mm，T形梁截面高均为660mm，梁宽：试件2-1和试件2-2为120mm，高宽比为5.5，试件2-3为165mm，高宽比均为4.0，翼缘（楼板）板宽均为540mm、厚度均为72mm。试件2-1为带楼板开矩形洞口梁柱节点，试件2-2和试件2-3为带楼板不开洞梁柱节点。节点试件的立面几何尺寸见图5.3-29。

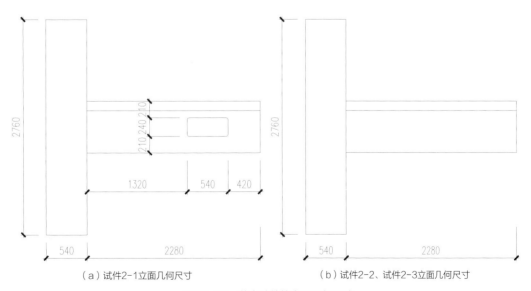

（a）试件2-1立面几何尺寸　　　　　　　　（b）试件2-2、试件2-3立面几何尺寸

图5.3-29 节点试件的立面几何尺寸

对3个梁柱边节点试件进行低周反复荷载抗震试验，节点试件柱顶采用电液伺服作动器施加水平往复荷载以模拟水平地震作用，采用4个千斤顶配合高强度钢拉杆对节点试件柱施加恒定竖向压力以模拟节点服役期间柱承受的竖向荷载；同时研究带楼板开矩形洞口梁柱节点试件和带楼板不开洞口梁柱节点试件在地震作用下的破坏模式和各抗震性能指标变化规律。试件低周反复荷载试验装配照片见图5.3-30。

梁柱节点试件2-1试验过程中的裂缝分布及破坏形态见图5.3-31。加载至层间位移角0.35%时，正向水平荷载达41.56kN，

图5.3-30　试件低周反复荷载试验装配照片

（a）1.5%位移角时梁裂缝分布

（b）2%位移角时梁裂缝分布

（c）破坏时梁开矩形洞口处裂缝分布

（d）近柱端梁腹板破坏形态

图5.3-31　试件2-1裂缝分布及破坏形态

负向水平荷载达56.95kN，梁翼缘处出现裂缝，矩形洞口上下边缘出现少量细微裂缝。加载至层间位移角0.75%时，正向水平荷载达103.02kN，负向水平荷载达120.11kN，梁腹板处裂缝增多，出现下部往上部开展裂缝，矩形洞口四角裂缝增多。加载至层间位移角1.5%时，正向水平荷载达161.87kN，负向水平荷载达182.74kN，第二圈水平荷载下降，裂缝开展迅速。加载至层间位移角2%时，正向水平荷载达152.96kN，负向水平荷载达185.60kN，近柱端梁裂缝宽度急剧增大，梁端混凝土开始剥落。加载至层间位移角3.5%时，第一圈正向水平荷载下降至69.7kN，近柱端梁表面混凝土大量剥落，底部纵向钢筋屈曲，试验结束。

梁柱节点试件2-2试验过程中的裂缝分布及破坏形态见图5.3-32。加载至层间位移角0.35%时，正向水平荷载达54.37kN，负向水平荷载达65.39kN，梁翼缘处出现少量裂缝。加载至层间位移角0.75%时，正向水平荷载达121.87kN，负向水平荷载达137.53kN，梁腹板处裂缝增多，出现下部往上部开展裂缝。加载至

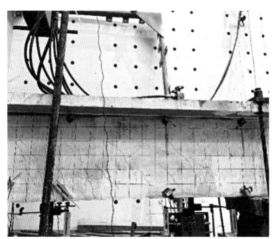

（a）0.75%位移角时梁裂缝分布　　　　　　　　　　　（b）1.5%位移角时梁裂缝分布

（c）2%位移角时梁裂缝分布　　　　　　　　　　　（d）近柱端梁腹板破坏形态

图5.3-32 试件2-2裂缝分布及破坏形态

层间位移角1.5%时，正向水平荷载达166.39kN，负向水平荷载达191.52kN，裂缝开展迅速，梁端裂缝宽度明显增大，裂缝长度贯穿腹板表面。加载至层间位移角2%时，正向水平荷载达159.97kN，负向水平荷载达193.22kN，近柱端梁裂缝宽度急剧增大，梁表面混凝土开始剥落。加载至层间位移角3.5%时，第一圈正向水平荷载达172.47kN，负向水平荷载下降至98.31kN，近柱端梁表面混凝土大量剥落，底部纵向钢筋裸露屈曲，试验结束。

　　梁柱节点试件2-3试验过程中的裂缝分布及破坏形态见图5.3-33。加载至层间位移角0.5%时，正向水平荷载达72.73kN，负向水平荷载达101.93kN，梁翼缘处出现裂缝，梁腹板裂缝由上向下开展。加载至层间位移角0.75%时，正向水平荷载达117.14kN，负向水平荷载达147.56kN，梁腹板裂缝由下向上开展，裂缝长度不断延伸。加载至层间位移角1.5%时，正向水平荷载达167.97kN，负向水平荷载达201.68kN，近柱端梁裂

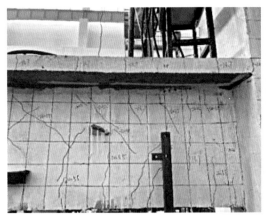

（a）0.75%位移角时梁裂缝分布　　　　　　　　　　（b）1.5%位移角时梁裂缝分布

（c）2%位移角时梁裂缝分布　　　　　　　　　　（d）近柱端梁腹板破坏形态

图5.3-33　试件2-3裂缝分布及破坏形态

缝开展密集，裂缝宽度明显增大。加载至层间位移角2%时，正向水平荷载达163.61kN，负向水平荷载达204.15kN，梁底部混凝土开始脱落，裂缝宽度持续增大。加载至层间位移角3.5%时，第一圈正向水平荷载达172.62kN，负向水平荷载达208.09kN，梁腹板表面混凝土大量剥落，底部钢筋全部显现，第三圈承载力下降至最大值的85%以下，试验结束。

由以上试验过程中的裂缝分布和破坏形态可见，三个试件的破坏形态都是近柱端梁表面混凝土大量剥落、底部纵向钢筋屈曲破坏，节点受力大幅度下降，最终完全丧失承载能力，破坏形态十分相似。梁上开洞的试件2-1直到最终失效，矩形洞口附近的裂缝宽度仍远小于梁根近柱端，洞边混凝土也没有明显剥落。若以试件2-2为基准，层间位移角2%时，正向水平荷载和负向水平荷载与另两个试件相差不超过6%。

滞回曲线是试件在低周往复荷载作用下得到的荷载—位移曲线，是确定结构恢复力模型和进行非线性地震反应分析的主要依据，通过滞回曲线可以非常直观地反映构件的耗能能力、变形性能、延性特征、刚度退化及强度衰减等特性。三个节点的荷载—柱端加载点位移滞回曲线见图5.3-34。

各试件在加载初期，荷载—位移曲线基本呈线性变化，说明试件处于弹性阶段；随循环位移的增加，节点达到最大承载力后，各级荷载基本保持不变，但曲线斜率减小更快，节点刚度退化，说明节点延性较好。

骨架曲线反映了结构及构件受力与变形各个阶段的强度、刚度等特性。各节点试件荷载—位移骨架曲线见图5.3-35。

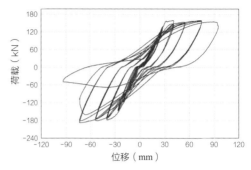

（a）试件2-1滞回曲线

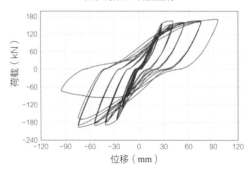

（b）试件2-2滞回曲线

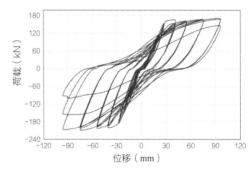

（c）试件2-3滞回曲线

图5.3-34　节点试件滞回曲线

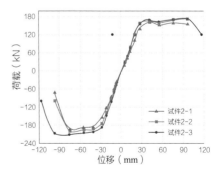

图5.3-35　节点试件荷载-位移骨架曲线

从各试件的骨架曲线可见，三个试件的骨架曲线基本重合，弹性阶段保持直线，曲线拐点和峰值荷载基本相同，水平段延展长度也十分接近。

延性系数是反映结构构件塑性变形能力的指标，按式（5.3-1）计算，计算结果如表5.3-2所示。

$$\mu = \Delta u / \Delta y \tag{5.3-1}$$

式中：Δu——试件的极限变形；

Δy——试件的屈服变形。

各试件延性系数 表5.3-2

试件	极限变形（mm）	屈服变形（mm）	延性系数
2-1	95.9	27.4	3.5
2-2	95.9	27.4	3.5
2-3	95.9	27.4	3.5

从表5.3-2可见，三个试件的延性系数均为3.5，可见试件梁开洞和梁高厚比不同没有对节点的延性产生明显的影响。

5.3.6 对开洞梁洞边加强筋的讨论

在工程设计中对梁上开洞一般按《混凝土结构构造手册》（第五版）第三章第十一节提供的方法，开洞梁孔洞一侧的补强钢筋A_v、A_d（图5.3-36）可按下列公式计算：

$$A_v \geq 0.54 V_1 / f_{yv} \tag{5.3-2}$$

$$A_d \geq 0.76 V_1 / f_{yd} \sin\alpha \tag{5.3-3}$$

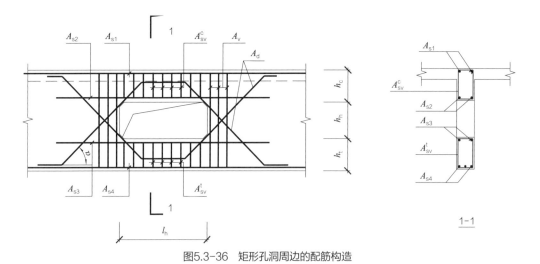

图5.3-36 矩形孔洞周边的配筋构造

式中： V_1——孔洞边缘截面处较大的剪力设计值；

   f_{yv}、f_{yd}——分别为孔洞侧边垂直箍筋和弯起钢筋抗拉强度设计值；

   α——弯起钢筋与水平线之间的夹角。

该公式中，孔洞边缘截面处的剪力V_1由洞口箍筋和弯起斜筋共同承担，但是配筋在剪力设计值的基础上又放大了1.3倍（0.54+0.76=1.3）。但在实际梁施工中洞口弯起筋A_d难以就位，因其为斜向钢筋，需在A_{s2}和A_{s3}之间穿过，而A_{s2}和A_{s3}外侧尚有箍筋及箍筋外的混凝土保护层，因此施工十分困难。从施工便利性角度，希望能减小该弯起钢筋的直径，甚至取消该弯起钢筋，因此需要研讨减小弯起筋直径或取消弯起筋的可能性。

从配有1Φ20弯起筋试件1-1、取消弯起筋的试件1-4、配有1Φ12弯起筋试件1-5的有限元分析结果中，提取出相同荷载作用下靠近左支座洞口左下角处的弯起斜筋、洞底纵筋、洞侧箍筋、洞口角部混凝土单元的内力，见表5.3-3。

近支座洞口左下角处部分内力　　　　表5.3-3

计算模型	竖向加载（kN）	弯起斜筋内力（kN）	洞底加强纵筋总内力（kN）	梁底纵筋总内力（kN）	洞侧箍筋内力（kN）	洞下箍筋内力（kN）	洞口角部混凝土单元内力（kN）
试件1-1	522.0（弹性）	112.2	250.8	283.0	14.2	4.8	2.9
试件1-4	520.1（破坏）	—	317.2	350.9	72.0	22.2	9.0
试件1-5	521.4（破坏）	43.4	295.6	313.3	47.8	13.7	6.5

从表5.3-3可以看出：随着洞口弯起斜筋的减小，洞口周边其他钢筋的内力加大，其中以洞侧加强箍筋的应力增加最为明显，说明洞口箍筋代替了大部分弯起斜筋的作用；洞底加强纵筋和梁底纵筋钢筋应力也相应有所增大。结合图5.3-37洞口角部内力近似分析可见，取消弯起筋的试件1-4，洞口局部应力由洞底纵筋和洞侧箍筋抵抗，其洞底纵筋、洞侧箍筋以及洞口角部混凝土单元名义内力的合力为334.3kN，与试件1-5的对应合力并加上弯起筋内力之和349.3kN之比，吻合度为96%；而试件1-1的对应合力并

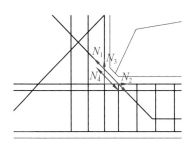

图5.3-37　洞口角部内力近似分析图

加上弯起筋内力之和366.3kN之比，吻合度也达到了91%，因此可以认为在梁洞口配置弯起斜筋时，洞口边剪力由洞底纵筋、洞侧箍筋、弯起筋以及混凝土在开裂前承受的拉应力共同平衡；当不设弯起筋时，洞底纵筋、洞侧箍筋和混凝土拉应力亦可以承担相应的洞口剪力。

有限元分析结果显示，在加载至破坏荷载520kN左右时洞口角点混凝土的名义拉应变试件1-4为0.0154、试件1-5为0.01，两根试件的比值为1.5：1，说明弯起筋的作用是明显的。但从试件1-4该洞口角部裂缝发展过程（图5.3-38）可见，在加载到100kN时出现角部开裂，但其后该裂缝就不再继续发展，照片中显示了直到加载值达360kN时的裂缝分布情况。图5.3-39为试件1-5洞口角部的裂缝发展过程，该梁只配置了1Φ12弯

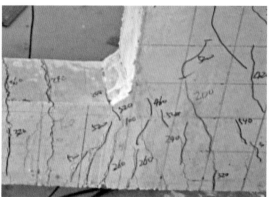

图5.3-38　试件1-4洞口角部裂缝发展过程照片　　　图5.3-39　试件1-5洞口角部裂缝发展过程照片

起钢筋，如前所述：该试件直到加载至200kN时，梁两侧弯剪区洞口对角开始出现斜向裂缝，说明斜筋的存在确实提高了洞口角部的开裂荷载；此后也出现了与试件1-4类似的应力重分布现象，角部裂缝发展到一定程度就不再继续发展，最终的承载力也与试件1-4相同。该两根梁最后破坏都是梁下部纵筋先屈服后导致梁上部混凝土压碎而破坏。这说明随着荷载的增加，洞口角部应力集中产生的混凝土拉应力在混凝土开裂被释放后，发生了应力重分布：洞口水平加强筋和竖向箍筋应力加大继续承担该截面内力，角部应力没有持续增大。

试件1-1加载至200kN时，梁两侧弯剪区洞口对角也开始出现斜裂缝，但如前所述下部弯起斜筋的水平段也参与到梁的下部纵筋受力，所以试件1-1由于存在较大的弯起斜筋，加载量522kN时梁的下部纵筋还未屈服，整个梁还处于弹性状态（试验中屈服加载量为580kN、破坏加载量为718kN）。

综上所述，对一般梁而言，在离支座2倍高度以外的中部区域内开设矩形洞口，如果是正常的洞口长高比和洞口间距尺寸，对于当梁宽允许设置一定直径的弯起筋时，可配置弯起筋，但弯起斜筋可以减小，对于式（5.3-2）、式（5.3-3），考虑到目前有关规范已经将恒荷载分项系数提高为1.3、活荷载分项系数提高为1.5，建议改为：$A_v \geq (0.6 \sim 0.8) V_1/f_{yv}$，$A_d \geq (0.5 \sim 0.3) V_1/f_{yd}\sin\alpha$；具体系数可由设计人员根据具体情况而定，但二者相加不小于1.1；当梁宽较小，弯起筋的配置可能影响混凝土浇筑质量或其他钢筋正常绑扎，或为了施工方便，可不设弯起斜筋，加强洞侧箍筋，式（5.3-2）改为$A_v \geq 1.1 V_1/f_{yv}$，有条件时洞底纵筋也予以适当加强；弯起钢筋的存在只影响洞口角部开裂荷载的大小，对梁整体受力影响不大。

5.3.7　结语

从以上试验结果，可以得到以下结论：

1）带楼板开洞梁试件1-1、试件1-4、试件1-5、带楼板不开洞梁试件1-2和不带楼板开洞梁试件1-3的最大竖向极限承载力依次分别为718kN、534kN、550kN、500kN和550kN。其中带楼板开洞梁试件1-1的承载能力高出带楼板不开洞梁试件1-2约33%，带楼板开洞梁试件1-4、试件1-5则与未开洞普通混凝土试件1-2承载能力基本相当。极限承载力数据表明，合理的梁腹开洞设计并不会显著降低混凝土梁的抗弯承载力。

2）不带楼板开洞梁（试件1-2）作为对比试件，表现出典型的适筋梁破坏特征，与预期完全相符。而开洞梁的最终破坏现象则存在显著区别：带楼板开洞梁试件1-1由于较大的角部配置斜筋的水平段以及多洞口下部水平加筋连通配置也参与了梁抗弯作用，使得该梁呈现了一定的超筋梁破坏特征，即上部混凝土先压碎，而底部纵向钢筋并未完全屈服；开洞梁试件1-4全部取消了弯起筋，仅在洞口附近适当加密了箍筋，虽然洞口角部出现裂缝时的荷载最小，但最终还是由于梁下部纵向钢筋先屈服、后其顶部受压混凝土受压破坏，属于正常混凝土梁破坏，梁承载力也并未明显减小。由此可以判断，对于以抗弯为主的梁腹开洞构件，即使只配置正常洞口增强水平钢筋和竖向箍筋，亦可达到同样条件未开洞普通梁的抗弯承载效果，所以在梁截面宽度受到限制时，可不配置洞口角部弯起筋。对比梁试件1-5应变曲线，经过优化之后的试件1-5在破坏前受弯区域裂缝充分扩展，上部混凝土压碎，具有适筋梁破坏特征；最终破坏时钢筋基本都达到屈服状态，随后上部混凝土压碎。从受力上讲，试件1-5是比较理想的优化结果，即在开洞口角部设置少量对称的弯起筋，就可以起到应有的效果。

3）对于带有部分楼板的梁柱节点，在反复荷载作用下，节点应力最大均在梁根部下边缘，梁端底部首先发生破坏；节点柱配筋和尺寸远强于梁，因此柱顶和柱底基本未受影响，试验证明所有试件均做到了"强柱弱梁、更强节点"；三个节点试件的骨架曲线基本一致，在加载初期滞回曲线均具有梭形的特征，试件开始屈服后，随着试件刚度的降低，滞回曲线出现明显弓形特征，表现出相似的吸能特征。

4）高宽比为5.5的梁节点功能基本与高宽比为4的梁节点情况类似，在反复荷载下，梁受压区并未出现其它特殊破坏现象，所以适当提高梁截面高宽比是不影响梁的节点受力性能的；对于在距离梁根部2倍梁高处开矩形洞，且洞口周边进行适当加强的梁柱节点，与梁不开洞试件的破坏形态基本一致，开洞构造未对节点抗震性能造成明显影响。

5.4 特色楼梯及连桥设计

5.4.1 空间曲桥钢楼梯设计及荷载试验

建筑中常见的楼梯形式有直跑楼梯、剪刀楼梯、螺旋楼梯、悬挑楼梯等。随着建筑日益向高品质方向发展，建筑师对楼梯设计不但提出了要满足竖向交通、疏散逃生等基本功能需求，对造型设计也提出了很多新的想法，异形的钢楼梯、玻璃楼梯等结构形式应运而生。这些楼梯除了提供竖向交通、确保结构安全外，还要满足特定建筑区域艺术造型上的需要。靓丽的楼梯设计常常成为建筑大厅或共享空间的点睛之笔。

启迪设计大厦大堂曲桥钢楼梯见图5.4-1。

该大堂楼梯的建筑设计构思来自于传统园林中的曲桥。江南园林移步生景之美妙在曲桥的"曲"，曲中寓直，左顾右盼，趣味横生。楼梯采用形态提取手法，借鉴古典园林拙政园中的曲桥，形成漂浮在水上的六

（a）实景照片

（b）建筑构思示意

图5.4-1 启迪设计大厦大堂曲桥钢楼梯

折竖向曲桥楼梯，与大厅的池塘、假山、小桥、亭台等古典园林元素呼应，形成既传统又现代的创作风格。其造型由建筑功能和室内效果决定，与结构合理受力的相关度不高。

该楼梯所在楼层层高为5.4m，楼梯中线总长20.8m，宽1.7m，每踏步宽300mm、高150mm，六段梯板长度不等，转折分为90°和135°两种。

1. 支座设置

异形钢楼梯要满足其特定的建筑造型要求，就不允许按常规结构传力的需要设立跨中支承柱。因此结构设计的第一要务是要在满足建筑特定造型的前提下，使楼梯结构安全、可靠地传力，并尽量使之合理化，这样结构布置就显得尤为重要。

支座设置（即边界条件）是异形空间钢楼梯设计的关键之一，包括上下支座的设计和中间支座（约束）的确定。虽然异形空间钢楼梯的突出特征是"空间"，意味着"悬空"，但并不是在楼梯跨中所有位置都完全没有设置支座或约束的可能性。结构设计可以立足建筑楼梯的造型，在不影响效果的前提下，尽可能在跨中设置隐蔽的支座或约束。

异形空间钢楼梯上、下支座从受力角度出发，都应设计成刚度尽可能大的固定支座，才能为异形楼梯结构的成立和楼梯构件的小型化创造条件。

该大堂楼梯，建筑师为了达到极致飘逸的效果，对楼梯的厚度作了严格限制：斜踏步部分总厚度不得超过300mm，平台厚度最大200mm。结合建筑功能和效果需求，采用两侧布置矩形钢管空间折梁+钢折板踏步共同工作的空间钢结构，楼梯钢梁采用Q355B钢板焊接而成，踏步板采用花纹钢板，楼梯踏步—钢梁做法见图5.4-2。但其六折造型导致楼梯中部变形很大，强度、舒适度也无法满足要求。因此结构设计利用楼梯贴着塔楼框架柱设有平台的建筑布置，在平台靠近框架柱一侧设置了3个隐蔽的中间支座，见图5.4-3。尽管不规则的六折楼梯受力极为复杂，结构通过巧妙地设置及隐藏中间支座，完美地实现了建筑功能与效果的结合。表5.4-1列出了楼梯不同边界条件下的计算结果对比：上下铰接支座和上下固接支座，以及设与不设中间支座，表中所列位移是恒荷载+活荷载（$D+L$）标准组合下的位移，最大弹性名义应力是各荷载基本组合下的最大值。

图5.4-2 楼梯踏步—钢梁做法

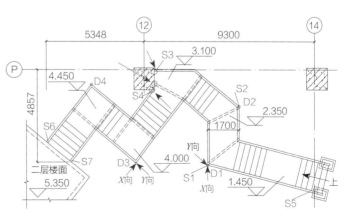

图5.4-3 楼梯的中间隐蔽支座示意

楼梯不同边界条件下的计算结果对比　　　　　　　　　　　　　　　　表5.4-1

边界条件比较项		D+L最大竖向位移（mm）	最大弹性名义应力（MPa）	第1竖向振动频率（Hz）
上下铰接	无中间支座	237.2	1449	1.18
	有中间支座	20.8	330	3.95
上下固接	无中间支座	133.9	1220	1.53
	有中间支座	19.8	238	4.20

从表5.4-1可见，楼梯中间支座对跨中位移、钢板件应力和自振频率都具有很大的影响；而楼梯上下两端固接与否，对钢板件应力影响较大。可见，空间异形楼梯边界条件（支座或约束）的合理设置，能够极大地改善其受力、变形和舒适度，对实现空间效果起到至关重要的作用。

2. 受力特点及计算模型

作为外露结构，充分利用所有使用功能必须设置的构件参与受力是一种合理的设计，比如踏步板等。因楼梯功能的需要，踏步板总是存在的，可以用来作为楼梯两侧曲梁之间的联系构件，并提供曲梁复杂空间受力在垂直于曲梁长度方向的约束。

从提高计算分析效率出发，有限元分析中线单元能够满足分析精度时，就不必采用面单元；面单元能够满足分析精度时，就不必采用体单元。但异形空间钢楼梯形状特异，构件受力复杂，同一截面大多同时受到轴力、双向剪力、双向弯矩、扭矩等6个空间方向的力的作用，因此线单元已不能满足要求。因其构件多由钢板焊接而成，厚度方向的尺寸远小于长度和宽度方向的尺寸，所以适合采用面单元建模。当然，如果存在长、宽、厚三个维度尺寸接近的节点，可以局部采用体单元，建多尺度计算模型进行精确分析。全楼梯采用体单元建模将导致计算工作量过大，降低计算效率，多数情况下是没有必要的。

本楼梯在受力上更像动态的折板结构。折板结构的发展基于折纸结构：一张纸的平面外刚度很小，但经过一定方式折叠后，不仅可以自行站立，还能承受一定的外界荷载。折纹也为纸自身形状的变化起着导向作用。所以在采用SAP2000软件的SHELL单元（薄壳）建模时，模拟空间钢楼梯的所有钢板，包括箱形钢梁、踏步板等，计算模型如图5.4-4所示。因SAP2000 SHELL单元角点不带旋转自由度，因此采用多点不动铰支座来模拟固接支座，楼梯SAP2000计算模型支座局部—拉伸显示模式（可见钢板厚度）见图5.4-5。

从图5.4-5同时可以看到，由于全部采用SHELL单元建模，避免了线单元与面单元交界处的近似处理，模型的传力更加连续，能够使计算结果中的应力集中现象降到最低，利于计算结果的判读。在（1.3恒+1.5活）荷载组合下的局部von Mises应力云图见图5.4-6。由图可见，在定义铰支座的角点处，部分楼梯的计算结果仍然会出现局部应力集中的情况，但范围极小且很明确是由于角点支座定义引起，因此可以忽略。调整该区域的SHELL单元划分，可在一定程度上缓解该现象。

计算采用SHELL单元建模，通过SHELL单元之间的节点耦合来模拟钢板之间的焊缝连接，因此建模时应高度重视单元网格的划分，在确保节点耦合的前提下，合理使用三角形单元和四边形单元，合理确定网格尺寸。既要避免局部振动，又要保证较高的计算效率和计算精度。

3. 楼梯舒适度验算

舒适度验算对于异形钢楼梯而言是必不可少的。从表5.4-1可见，楼梯在未设中间支座时，即使上下支座固接，竖向自振频率也仅1.53Hz，远小于3Hz的要求，舒适度不能满足要求。但设置中间支座后，竖向自振频率达到3.95~4.20Hz，舒适度已能够满足较高要求（4Hz）。

因楼梯整体形式为窄长的折线形，且在建筑功能上具有明显的交通导向作用，所以行人经过此处时的行走激励表现具有较为明显的方向性和规律性。基于此，舒适度验算时主要考虑人行通过的状态，而非考虑行人在此奔跑、跳跃、原地踟蹰等情形。计算考虑单人沿楼梯的外侧自下而上行走的情况。人行通过楼梯所用的时间假定为30s，沿行走路径依次均匀选取20个离散的人行激励加载点，每个加载点激励持时1.5s，从而模拟单人通过楼梯的全过程。人行步频假定为1.9Hz，参照规范对楼面人行激励的假定，算得人行单点激励时程见图5.4-7。

考察第1阶模态振型峰值位置点S1（图5.4-3）附近的加速度时程响应见图5.4-8，可见在单人行走的情况下，楼梯的加速度响应基本满足人行舒适度要求（按振动峰值加速度限值$0.15m/s^2$控制）。

解决舒适度问题的另一个应用较为广泛的方法是设置调谐质量阻尼器（TMD），但由于难以隐蔽影响美观，因此笔者不建议对作为亮点的异形钢楼梯采用这个方法。

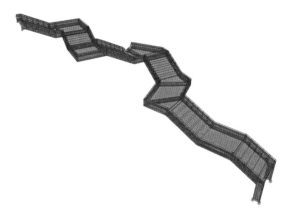

图5.4-4 楼梯SAP2000计算模型

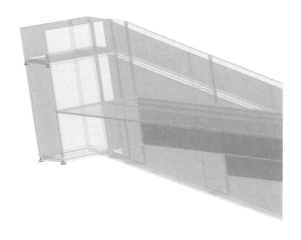

图5.4-5 楼梯SAP2000计算模型支座局部—拉伸显示模式

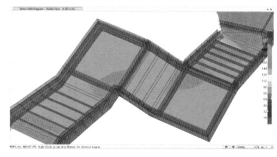

图5.4-6 楼梯局部von Mises应力云图

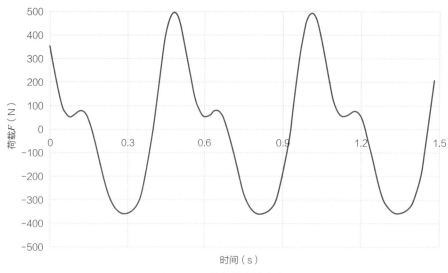

图5.4-7　人行单点激励时程

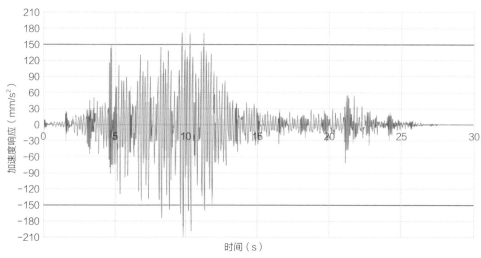

图5.4-8　点S1附近加速度响应

4. 节点支座

如前文所述，异形钢楼梯支座一般采用固接连接，而且固接刚度应尽可能大。因此，当条件允许时，其支座可采用埋入式，埋入式柱脚大样见图5.4-9；但多数情况下受条件限制是采用在混凝土构件内预埋锚栓+钢板（依具体情况确定形状）的做法，楼梯梁上支座大样见图5.4-10。

对于受力较大又要达到隐蔽效果的支座，如大堂楼梯的中间支座，则需做专门的设计。本楼梯中间支座设在一根清水混凝土柱内，建筑效果不允许有钢埋件出露，因此在框架柱内部局部设置环形封闭的型钢暗框，仅楼梯钢梁伸出，楼梯中间支座大样见图5.4-11。

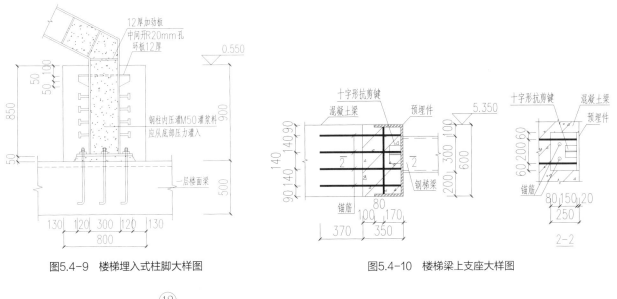

图5.4-9 楼梯埋入式柱脚大样图   图5.4-10 楼梯梁上支座大样图

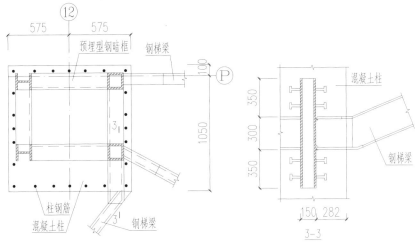

图5.4-11 楼梯中间支座大样图

5. 载荷试验及分析

大堂楼梯为六折异形钢结构楼梯，跨度大，形状特异，受力复杂，现场结构施工完毕后进行了静载试验，对关键部位的位移、应变进行实测，以检验结构的安全性和正常使用性能。

根据六折异形钢楼梯的构造和受力特点，在钢梁受力最大位置的侧面和底面共布设了8个三向应变花测点，在钢梁顶面或底面布置了4个单向应变片测点，分别测量钢结构的拉压应变和剪切应变。测量设备采用120Ω的胶基电阻式应变花和应变片。具体测点布置位置见图5.4-3。其中，应变测点S1、S2测梁底和梁外侧中部的应变，S3测量梁底应变，S4测量梁顶应变，S5、S6、S7测量梁顶和梁外侧中部的应变。应变花测点现场布置见图5.4-12。

根据本楼梯的受力特点，对楼梯的4个悬挑最大折角位置布设8个位移测点，测量楼梯角部位的变形，具体布置见图5.4-3。其中D1、D3各布置三个电子位移计测量X、Y、Z三个方向的位移，D2、D4布置两个位移计测量Z向一个方向的位移，Z向表示垂直地面方向。电子位移计量器现场布置见图5.4-13。

钢梁侧面与底面各测点的应变采用45°应变花测量，见图5.4-14，其中ε_0、ε_{45}、ε_{90}分别表示水平方向、45°方向和竖直方向的应变测量值。

测点处三个应变分量计算公式为：

$$\varepsilon_x = \varepsilon_0 \tag{5.4-1}$$

$$\varepsilon_y = \varepsilon_{90} \tag{5.4-2}$$

$$\gamma_{xy} = 2\varepsilon_{45} - \varepsilon_0 - \varepsilon_{90} \tag{5.4-3}$$

主应变计算公式为：

$$\left.\begin{array}{c}\varepsilon_1\\\varepsilon_2\end{array}\right\} = \frac{\varepsilon_x + \varepsilon_y}{2} \pm \sqrt{\left(\frac{\gamma_{xy}}{2}\right)^2 + \left(\frac{\varepsilon_x - \varepsilon_y}{2}\right)^2} \tag{5.4-4}$$

根据构件特征，取$\varepsilon_0 = 0$。

von Mises应力是基于剪切应变能的一种等效应力，其计算公式为：

$$\sigma_{\mathrm{eq}} = \sqrt{\frac{(\varepsilon_1 - \varepsilon_2)^2 + (\varepsilon_2 - \varepsilon_3)^2 + (\varepsilon_3 - \varepsilon_1)^2}{2}} \cdot E \tag{5.4-5}$$

其中钢材的弹性模量E取为$206 \times 10^3 \mathrm{N/mm^2}$。

在曲桥楼梯被施加荷载之前对各检测点进行了读数清零。根据楼梯的设计荷载：恒荷载$2.2\mathrm{kN/m^2}$，活荷载$3.5\mathrm{kN/m^2}$，结构最大加载以规范中"1.3恒荷载+1.5活荷载"总值$8.1\ \mathrm{kN/m^2}$为最终荷载，平均分为8个加载等级，前7级每个加载等级持续时间为10min，第8级达到最大加载量，持续时间为30min。卸载按照4个等级均匀卸载。现场加载见图5.4-15。

各测点在最大加载作用下的变形量计算值和实测值对比见表5.4-2。

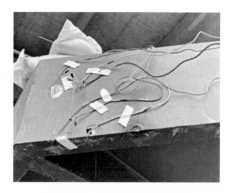
图5.4-12　应变花测点现场布置

图5.4-13　电子位移计量器现场布置

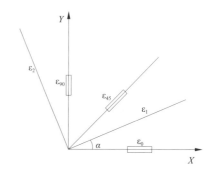
图5.4-14　应变花计算简图

图5.4-15　现场加载

最大加载作用下的变形量计算值和实测值对比 表5.4-2

测点	变形方向	计算变形量（mm）	实测变形量（mm）	卸载后残余变形量（mm）
D1	X向	−8.4	−0.4	−0.14
	Y向	0.0	−6.4	−0.85
	Z向	−27.4	−23.69	−1.75
D2	X向	−2.7	—	—
	Y向	−1.9	—	—
	Z向	−8.9	−11.89	−0.41
D3	X向	−0.9	−2.66	−0.24
	Y向	−1.4	0.38	−0.2
	Z向	−6.8	−7.32	−0.69
D4	X向	0.8	—	—
	Y向	−0.7	—	—
	Z向	−0.6	−1.52	−0.15

在加载至最大荷载时各测点的应变及换算应力见表5.4-3。

最大加载作用下各测点应变及换算应力 表5.4-3

测点位置	最大应变（με）	最大应力（MPa）	剪切应力（MPa）	von Mises应力（MPa）
S1梁底	196.39	40.5	74.5	40.5
S1梁侧	−136.48	−28.1	72.2	21.3
S2梁底	243.84	50.2	−4.0	44.1
S2梁侧	473.00	97.4	−108.8	135.7
S3梁底	−272.05	−56.0	−63.0	60.7
S4梁顶	200.40	41.3	—	—
S5梁顶	325.87	67.1	—	—
S5梁侧	−39.99	−8.2	9.7	2.1
S6梁顶	41.96	8.6	—	—
S6梁侧	31.45	6.5	3.7	1.4
S7梁顶	68.56	14.1	—	—

从表5.4-2结果对比可见，最大竖向位移发生在测点D1，实测值是计算值的86.5%；除个别变位数值很小的方向外，各测点实测变形和计算值方向一致，数值接近。从表5.4-3实测数据可知，结构von Mises应力均小于钢材设计强度，与实测主拉应力基本接近。可见，计算结果与加载实测结果总体相符，计算精度能够满足工程需要，结构是安全的。

6．结语

异形钢结构楼梯设计需要与建筑师、室内设计师深度配合，综合、灵活地运用力学基本原理，方能较好地达到结构安全可靠、受力合理，同时又美观的效果。

1）异形钢结构楼梯设计应充分利用所有可能的部件参与结构受力，包括踏步板、扶手栏板等，其上、下支座一般按固接设计，并应尽可能设置隐蔽的中间支座或约束。

2）由于空间异形楼梯的受力复杂性，结构计算时需要采取更精确符合实际的合理模型，尤其要注重同一截面各向应力的组合效应。

3）对轻质的空间复杂异形钢楼梯需要根据实际情况进行多质点验算其舒适度。

4）对各种不同空间复杂异形楼梯的支座要进行专项设计，尤其要注意支座根部弯剪扭内力对主体结构内预埋件的要求。

5.4.2　双曲扇形螺旋楼梯设计

1．造型与概念设计

塔楼的中庭区域每三层为一个通高的共享空间，同一共享空间内通过竖向楼梯紧密联系各层建筑功能，促进同一中庭人员交流互动。并且，由于共享空间的中庭是塔楼各楼层的设计亮点及使用者的特色展示部位，而此类楼梯又是中庭内最引人注目的建筑元素，因此建筑师对各共享空间的楼梯造型提出了较高的视觉要求，本项目内5～7层的中庭楼梯实景见图5.4-16。

在建筑17～19层和21～23层的中庭空间，建筑师希望设计比一般的螺旋楼梯更加轻盈且富有变化的圆弧形螺旋楼梯。结构设计在普通圆弧形螺旋楼梯的建筑方案基础上，结合板式螺旋楼梯受力模式的分析，提出了一种新型的螺旋楼梯形式——双曲扇形螺旋楼梯：通过调整圆弧内外侧的梯板厚度，采用整体上外薄内厚的梯板形式，以贴合板式螺旋楼梯的受力特点，并且自然地减薄对视觉观感影响最为显著的楼梯外圈厚度，从而营造出建筑师所希望的轻盈挑空的楼梯效果。由于此设计对螺旋楼梯的内外分别采用了不同的曲线形式，因此将此类新型的螺旋楼梯命名为"双曲扇形螺旋楼梯"，该楼梯建筑室内设计效果见图5.4-17。

2．结构计算分析

1）分析方法选择

对于传统的横截面为矩形的混凝土板式旋转楼梯，结构分析一般将其简化为梁单元进行计算，根据梁单元内力结果进行混凝土截面的配筋设计。传统板式螺旋楼梯三维示意和计算简图见图5.4-18。

在本项目所采用的楼梯形式中，其梯板沿圆弧径向厚度渐变（内侧厚度300mm、外侧厚度150mm），横

图5.4-16 5~7层中庭楼梯实景

注：单个楼梯的旋转角度约为270°，单层层高约4.4m

图5.4-17 双曲扇形螺旋楼梯建筑室内设计效果

截面参见图5.4-19，其形式与传统的板式螺旋楼梯存在较大差异。在结构计算中，梯板各处厚度的差异表现为梯板沿其径向刚度渐变，内力及应力状态分布模式复杂。因此，在本楼梯的结构分析中不能简单将其考虑为梁单元模型。

为相对准确地分析梯板各处的实际受力模式及应力水平，采用壳（SHELL）单元建立该楼梯的有限元模型，模拟此双曲扇形螺旋楼梯的受力状态。

2）双曲扇形螺旋楼梯壳单元建模分析

采用通用有限元软件SAP2000建立了双曲扇形螺旋楼梯的壳单元线弹性有限元模型。在保证安全性的前提下，模型中做了以下简化假定：忽略踏步混凝土对结构刚度的贡献，将踏步自重折算为荷载，计入楼梯均布恒荷载中；模型沿梯板的径向分段设置不同的壳单元厚度，以各区段中心点处的板厚为该区段的计算板厚，从而近似模拟该楼梯梯板沿径向逐渐变厚度的情况。本楼梯的壳单元有限元模型示意及计算板厚取值情况见图5.4-19及图5.4-20；结构计算单元采用薄壳单元，单元尺寸约为50mm×100mm；梯板沿径向区分为5种厚度的板带，每条板带宽度为300mm。在此模拟方式下，壳单元计算厚度与实际厚度之间的误差最大处为梯板的外环边缘部位，最大误差为10%；考虑到混凝土长期刚度折减的影响，模型计算中对混凝土材料的弹性模量折减50%。

计算模型的边界条件对于计算结果有较大的影响。考虑到楼梯的实际边界条件应介于铰接与刚接之间，因此结构分析中分别建

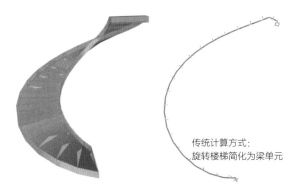

图5.4-18　传统板式螺旋楼梯三维示意和计算简图

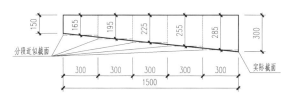

图5.4-19　壳单元计算厚度取值

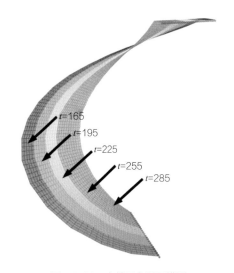

图5.4-20　壳单元有限元模型

立楼梯的铰接模型与刚接模型，按两种计算模型的包络结果进行结构复核设计。

本楼梯的结构分析结果汇总如下：

计算结果显示，在正常使用状态1.0D+1.0L工况下：楼梯的最大挠度为5mm（铰接支座模型）约为梯段轴线长度4820mm的1/942，满足规范要求；楼梯的第一阶自振频率约为11Hz，满足规范对于楼面第一阶竖向自振频率不宜低于3Hz的规定，楼梯结构具有较好的刚度和竖向舒适度。

传统的设计观点认为，由于圆弧形螺旋楼梯的外侧跨度大于内侧跨度，因此应对其外圈结构予以加强。但在对本楼梯做详细分析后发现，当梯段的轴线长度与梯板的宽度之比在一定的范围内时，梯板的整体工作效应显著。根据力始终沿最短路径传递的原则及力在结构内部按刚度分配的原则，外圈的荷载并不会全部沿外圈弧线传至支座，而是会有相当一部分的荷载经由梯板的横向传力效应分配至梯板的内圈，从而导致内圈的受力大于外圈。因此，不能简单割裂地视外圈长度较大以为外圈受力更大。

模型计算结果显示，无论是铰接模型还是刚接模型，梯段的最大拉应力均出现于梯段板圆弧的内圈，只是具体部位有所不同。铰接模型下，梯段的最大拉应力出现在梯段内圈的中部，最大名义拉应力约为8.5MPa；刚接模型下，梯段的最大拉应力出现在梯段内圈的支座部位，最大名义拉应力约为7.5MPa。楼梯壳单元各项应力计算结果见图5.4-21。

3. 结构构造设计

钢筋混凝土板式螺旋楼梯在全工作寿命中

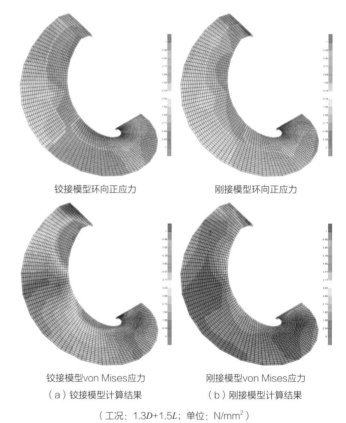

铰接模型环向正应力　　　　刚接模型环向正应力

铰接模型von Mises应力　　　刚接模型von Mises应力

（a）铰接模型计算结果　　　（b）刚接模型计算结果

（工况：1.3D+1.5L；单位：N/mm²）

图5.4-21 楼梯壳单元各项应力计算结果

一般都处于复杂的弯剪扭受力状态，因此通常对其梯板均采用梁式配筋。一方面，本设计中着重加强了箍筋配置，以强化梯段横向的传力及变形协调能力，从而加强螺旋楼梯的整体工作性能。另一方面，前述分析亦表明本旋转楼梯在上端支座部位负弯矩产生的拉应力峰值较大、分布形式复杂，并且局部存在一定的应力集中现象。因此在构造设计中，对本楼梯的上端支座纵筋构造进行了加强，要求梯段的全部纵筋均伸入主体结构一跨进行锚固，以可靠承担上支座部位的负弯矩；同时在上支座部位的板顶和板底均"隔一加一"增设附加钢筋，以减弱应力集中的不利影响。螺旋楼梯截面及平面配筋形式见图5.4-22、图5.4-23。

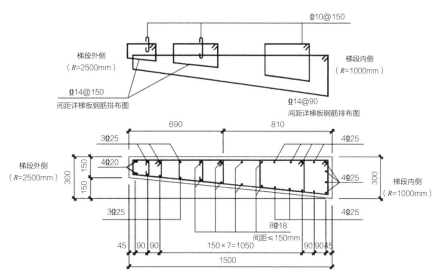

图5.4-22　螺旋楼梯截面配筋形式

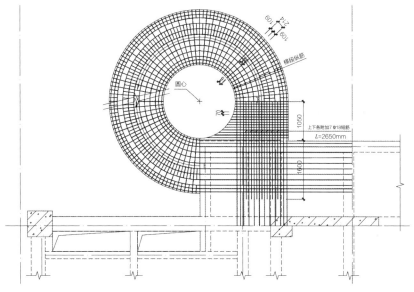

图5.4-23　螺旋楼梯平面配筋形式

4. 小结

通过以上结构的分析，成功实现了此造型独特的双曲扇形螺旋楼梯设计，并且达成了结构受力形式与建筑造型的统一，取得了较好的室内空间设计效果，见图5.4-24。

图5.4-24 双曲扇形螺旋楼梯实景

5.4.3 连桥设计

从裙楼屋面到塔楼五层，跨越裙楼中庭，建筑设计有一座跨度18.88m的连桥，要求达到尽可能轻盈的效果（图5.4-25）。

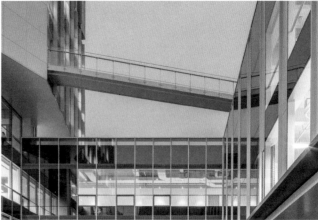

图5.4-25 连桥实景

该连桥一端连接塔楼五层楼面，一端连接裙楼屋面，是一个露天构筑物，受到的温度作用较大；且地震作用下其两端支点之间也存在相对位移。因此一端采用固定铰支座，另一端采用可滑移支座。

结构设计采用箱形截面钢结构，以尽可能减小截面高度。采用SHELL单元在SAP2000软件中建模，计算结果显示，当箱形钢梁采用1005mm宽、380mm高时，连桥在恒荷载+活荷载下的最大变形为47.5mm（相对挠度1/397），满足规范要求；其竖向自振频率为2.85Hz，不满足不宜小于3Hz的要求；按考虑单人（体重0.75kN）有节奏人行激励验算竖向振动加速度，算得加速度峰值为0.49m/s^2，小于《建筑楼盖结构振动舒适度技术标准》JGJ/T 441—2019对不封闭连廊振动峰值加速度的限值0.50m/s^2，连桥的竖向舒适度满足要求。此时连桥跨高比为1/49.7，达到了建筑要求的效果。

连桥截面见图5.4-26，连桥支座大样见图5.4-27、图5.4-28。

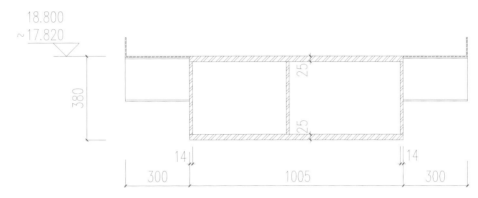

图5.4-26　连桥截面

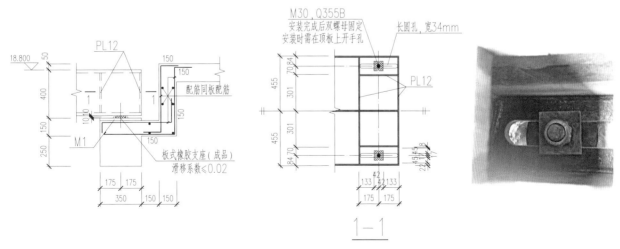

图5.4-27　上支座（可滑移）

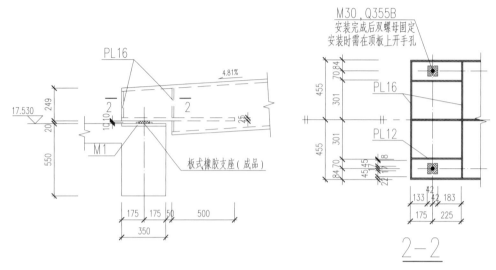

图5.4-28 下支座（固定铰支座）

5.5 清水混凝土柱

清水混凝土作为一种现代主义建筑的重要表现手法，不仅承载着朴实无华、绿色环保的理念，更以其独特的装饰质感和艺术魅力而备受推崇。其浅灰色调与山水纹理同苏州传统建筑文化完美融合，展现出极高的匹配度。在本项目一楼大厅中，设置了5根清水混凝土柱，每根柱子高达9.8m，柱截面尺寸为1150mm×1150mm，混凝土强度为C60。由于柱体高度较高、截面尺寸较大，且对质量要求极为严格，施工难度相应增大，因此，这些清水混凝土结构柱成为本项目的重点和亮点之一。它们不仅承载着结构的功能，更以其独特的艺术表现力，为整个项目增添了现代与传统相融合的独特韵味。

5.5.1 混凝土和模板设计

1. 总体要求

混凝土颜色要求浅色偏灰，色泽均匀无明显色差；应密实整洁、面层平整、表面光滑。结构拆模后应达到以下要求：

无螺栓孔眼、无露筋、无明显模板拼缝、无油迹、无锈斑、无粉化，无流淌痕迹；

表面无明显裂缝、无漏浆、无涨模，无烂根、无明显错台，无冷缝、无夹杂物，无蜂窝、麻面和孔洞。

气泡面积不大于10cm^2；保持混凝土原貌，无剔凿、磨、抹或修补和涂刷处理痕迹。

柱角需为20mm圆形倒角，梁柱节点角、线、面清晰。

2. 混凝土配合比设计

清水柱浇筑时间正值夏季高温阶段，考虑到柱体采用高强度混凝土，在高温天气环境下严格控制进场自密实混凝土的质量性能满足设计和施工要求显得尤为重要。为此与混凝土公司实验室合作，对自密实混凝土胶凝材料配比进行研究，提出如下特别要求：

1）选用同一规格、同一型号的原材料，使配比自始至终保持一致，同时也有利于保证结构外观颜色均匀，不会出现色差；

2）拌合前，粗细骨料经过清洗晾干，确保针、片颗粒含量控制在5%以内，含泥量控制在0.5%以内；

3）混凝土的工作性能应稳定，无泌水离析现象，入泵坍落度控制在（150±20）mm。

通过各参数分析，进行了混凝土配方的试配，并在样板段进行验证后，最终确定混凝土材料的选用和配合比见表5.5-1。

混凝土配合比（kg/m³）   表5.5-1

水泥	粉煤灰	矿粉	水	粗骨料（石子）	细骨料（砂）	外加剂
海螺水泥硅酸盐52.5	南亚电子材料（昆山）有限公司热电厂	联峰钢铁（张家港）有限公司高炉矿渣粉S95	地下水	湖州丰华矿业有限公司5-25连续级配	湖北天然中粗砂	江苏苏博特新材料股份有限公司
402	101	56	162	947	686	6.7

3. 模板设计

根据结构设计图纸深化柱模板加工图，对梁柱节点、模板分段尺寸、分段接缝位置、吊装点、木方和卡箍间距尺寸等进行详细深化。定型加工模板配模设计图见图5.5-1。

模板背楞采用40mm×90mm木方和100mm×20mm×9mm×9mm专用定制型配套卡箍，木方和卡箍间距按计算确定。专用卡箍可以达到紧固效果好、结构简单、尺寸可调节、配件少，安装程序简单，拆卸便捷的效果。专用卡箍模板固定见图5.5-2。

根据建筑设计的要求，柱角采用定制倒圆角半径20mm的塑胶条，并整体随模板安装到位。柱圆角内塑模见图5.5-3。

5.5.2 清水混凝土施工

在本项目清水混凝土施工中，除了常规混凝土结构施工措施外，还特别采取了下列施工措施。

1. 钢筋绑扎

为保证钢筋笼的几何尺寸、混凝土保护层厚度以及浇筑的方便性，对柱的钢筋绑扎提出如下要求：

1）箍筋与外层主筋绑扎采用满扎；为防止扎丝外露生锈，钢筋绑扎后所有扎丝丝头向柱内弯折；

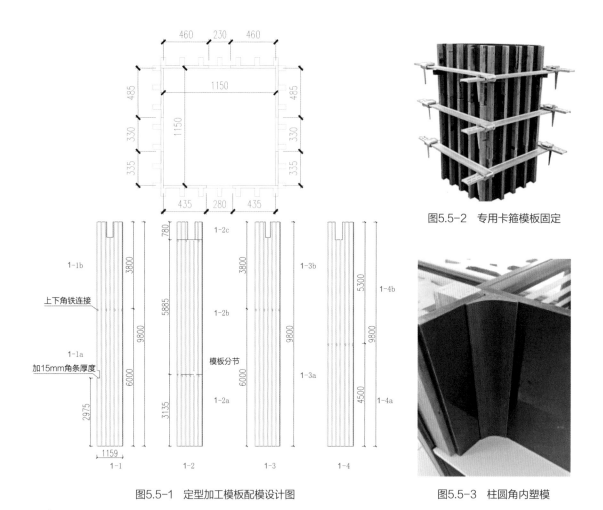

图5.5-2　专用卡箍模板固定

图5.5-1　定型加工模板配模设计图

图5.5-3　柱圆角内塑模

2）优化箍筋形状，在柱箍筋中间部位留出浇筑混凝土放置串筒的空间尺寸；

3）为保证柱面混凝土不出现箍筋痕迹，钢筋保护层厚调整为35mm；

4）为防止垫块发生偏位、移位和坠落，减少垫块和模板的接触面积，保护层厚度控制采用高强度圆形混凝土垫块，见图5.5-4，按照竖向1000mm间距梅花形布置，柱子上口的垫块每侧不低于4个垫块；

5）为确保新旧混凝土接茬质量，减少柱根混凝土质量缺陷，柱根部混凝土要求凿毛，清除所有混凝土浮浆并用水冲洗清理干净；

6）为保证柱体钢筋定位准确，在柱子的根部和顶部，焊接整体定位筋；柱底插筋套塑料保护管，防止浇筑时污染钢筋，见图5.5-5。

2. 模板选用

一般混凝土结构模板存在拼缝过多、易挂浆、表面成型粗糙、光滑度不够，析水性差等问题，无法满足清水混凝土的效果。为了达到更好的清水混凝土效果，减少拼缝，模板采用单侧分二段定制方式，提出定制模板的要求如下：

模板选用18mm覆塑木模板，表面和侧面采用环保的聚丙烯覆面，塑膜厚度0.30mm，确保有韧性，耐刮擦，不破碎，防水效果好，脱模效果好，表面光滑。

为保证混凝土的清水效果，减少模板钉眼痕迹，柱面单侧模板木方采用分二段定制安装一体后再进行模板贴面覆膜处理。

模板拼缝处侧边粘贴海绵条后进行靠紧加固，保证拼缝不失水、不漏浆。

3．实体样板模拟施工

在地下室及一层其他部位进行三次清水混凝土实体样板柱模拟施工，目的是对模板选择、混凝土配合比和施工方案进行验证；检查柱成型后表面是否出现气泡、色差，成型面是否光洁，是否有箍筋痕迹等问题，验证模板的选型、加固方案是否合适，同时对整体垂直度误差、截面尺寸偏差等进行检验，并对样板出现的问题进行分析改进。现场检查实体样板柱模拟施工见图5.5-6。

4．模板安装

1）模板运抵现场后，为保证模板不变形，将模板放置于平整场地，并进行专项验收，符合原设定要求的方可使用。

2）采用专用材料清理模板内表面并涂刷隔离剂，防止污渍影响清水柱表面色泽均匀性。管理人员在模板吊装前进行专项检查是否清理干净以及倒角构件是否安装到位，经检查合格后方可进行吊装和合模。

3）为防止模板吊装过程中发生变形，模板吊装时根据厂家预设的吊装点位和吊装顺序进行吊装，吊装过程中谨慎小心，防止模板出

图5.5-4　圆形混凝土垫块

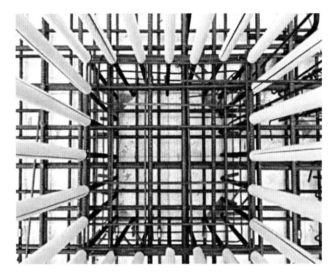

图5.5-5　柱底插筋套塑料保护管

图5.5-6　现场检查实体样板柱模拟施工

现磕碰导致板面出现裂缝等问题。模板单侧整体拼装和吊装见图5.5-7。

4）模板安装前，对清水柱的轴线位置进行复核。安装后对柱模板支设位置及模板支设完成后的垂直度、几何尺寸等进行复核校准，复核满足规范要求后方可进行模板最终固定，混凝土浇筑前再次进行复核。现场柱模板定位见图5.5-8。

5. 混凝土浇筑

1）增加4名振捣人员，配合手持式振捣设备，在浇筑时柱外侧四周各一人协同上部振捣人员同时振捣，完成板侧振捣工作，保证清水混凝土充分振捣，减少气泡的产生。柱模外侧辅助振动见图5.5-9。

2）在浇筑混凝土时配备专职木工两名进行看模，及时对在振捣过程中模板可能出现松动的位置及时加固。

图5.5-7　模板单侧整体拼装和吊装

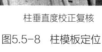

柱模板固定安装　　　　柱垂直度校正复核　　　　模板安装完成图

图5.5-8　柱模板定位　　　　　　　　　　图5.5-9　柱模外侧辅助振动

3）为保证浇筑质量，每根柱子混凝土采用分段分层浇筑，每根柱按3.5m、3.5m、2.0m分段浇筑，浇筑时采用8m和4m长溜管配合浇筑，控制浇筑高度减少离析。

4）现场五根柱子轮流循环浇筑，第一段浇筑与第二段浇筑时间控制在1h左右。每段浇筑分层厚度控制在500mm左右振捣一次，振捣时采用快插慢拔，插入式振捣棒插入下层混凝土表面的深度不少于50mm。振捣时间控制在15s。

6. 拆模及养护

1）清水混凝土模板的拆除与普通混凝土相比，适当延长拆模时间，控制在不少于5～7d，以提高混凝土的拆模强度，减轻拆模时对清水混凝土表面和棱角的损伤。

2）模板拆除时要特别小心，在拆除模板时要轻拆轻放，不得损坏混凝土表面和边缘。

3）模板拆除后及时清理。并立即采用薄膜对柱体进行包裹保水保湿养护，定时喷水养护，确保湿度大于70%，同时下面2m范围内采用木板硬隔离保护，防止破坏等。清水混凝土柱拆模后保护见图5.5-10。

4）混凝土养护达到正常强度后及时涂刷防水防污染透明保护涂料。

拆模后薄膜保湿养护　　　　　　清水柱成品保护

图5.5-10　清水混凝土柱拆模后保护

图5.5-11　清水混凝土柱

5.5.3　小结

通过落实设计、技术、管理等各项措施，确保混凝土成型质量控制参数达到一次浇筑合格率的效果。建成后的清水混凝土柱见图5.5-11。虽然施工措施费用有所增加，但避免了后期质量修复，确保一次成型成优，省去柱面装饰成本。根据实际测算清水混凝土柱造价分析见表5.5-2，总体费用节约40%左右。

清水混凝土柱造价分析　　　　　　　　表5.5-2

项目	工程量	普通混凝土	清水混凝土
钢筋	14t	5000元/t	5800元/t
模板	225m²	75元/m²	493元/m²
混凝土	64m³	975元/m³	1075元/ m³
石材装饰	225m²	1200元/m²	—
合计	—	419275元	260925元

5.6　总结

　　启迪设计大厦的建造自始至终贯彻"绿色、健康、智慧"可持续发展理念，结构设计在保障建筑结构安全、满足国家相关规范标准的前提下，使结构与材料、结构与建筑、结构与机电全面融合设计，发挥最大的综合效益；突破结构传统设计方法，创新结构设计理念，是国内首个在房屋建筑工程中全面系统地进行混凝土抗裂专项研究分析设计和实施及检测，首次对高层建筑中采用超大高宽比梁且梁上连续开设多个矩形孔的梁进行受力性能的相关试验研究及成果运用，成功设计了异形六折曲桥钢楼梯；因地制宜积极使用新材料，节约了大量的结构建造材料，据本项目施工决算的最终数据与某个知名开发房产企业在2012年统计的100m高办公楼结构用材指标相比，启迪设计大厦结构节省的混凝土和钢筋总量相当于少排放约3300t碳，取得了非常明显的节能减排效果，不但以结构技术成就建筑之美，而且以结构技术创新推进建设行业双碳目标的实现。

第六章 | 机电

6.1 电气

6.1.1 电气系统简介

启迪设计大厦（简称本项目）为一类高层办公建筑。本项目总体建设目标围绕"绿色、健康、智慧"，电气专业需要协同其他各专业，以实现这个总体目标作为所有工作的核心指导方针。

作为一座典型的高层办公楼宇，本项目的电气设计首先必须保证常规办公建筑的功能性。大楼电气系统涵盖的主要子系统如下：高低压变配电系统、照明及插座配电系统、应急照明配电系统、空调配电系统、动力配电系统、火灾报警及联动控制系统、防雷接地系统等。同时，本项目作为高品质示范标杆建筑，电气设计如何基于以上常规系统，又优于这些常规系统，做出特色、亮点和创新，是电气设计师必须完成的命题。

本项目实现了全面的智慧化建设，智慧化系统的核心是"基于BIM的全生命周期数字孪生智慧园区综合管理平台"，即启迪设计集团自主研发的"启元云智"数智综合管理平台，简称"启元云智"平台。本项目通过该系统实现智慧楼宇及智慧绿色运维的目标。智慧配电系统的设计应用和电气系统的绿色低碳设计等，与大楼的智慧化系统集成，实现了电气系统的数字化、智慧化和节能低碳应用。

6.1.2 智慧配电系统设计及应用

1. 引言

变配电系统是大楼电气系统的重要组成部分。传统的变配电系统可以实现配电保护、数据测量、故障报警等功能，但存在综合分析能力不足、电力能源共享有限等缺陷，不利于全方位地监管系统和设备，造成后期的运行管理、维修和系统维护面临不利的困境。同时，虽然收集了大量的数据，但这些数据并未得到科学有效的运用，更不用说进行信息的深入挖掘。

由此可见，未实现数字化的传统变电所自身的系统维护都很不便利，对助力大楼智慧运维更无从谈起。因此，本项目采用了基于物联网及物联网型电气设备的智慧配电系统，该系统的本质是配电系统数字化。在实现传统配电系统功能的同时，智慧配电系统自带后台通过智慧元器件及物联网系统获得配电系统的各项实时运行数据，并将这些数据传输给"启元云智"平台。借助"启元云智"平台，本项目实现了配电系统数据管理的统一化、可视化、交互化及大楼节能低碳应用场景的实现。

2. 需求分析

除了具备传统配电系统的功能外，启迪设计大厦智慧配电系统还需要根据需求策划，直接或间接实现其他多项"非传统"功能。

1）实现无人值守变电所

通过部署智慧配电系统，并依托"启元云智"平台、变电所环境监控系统及变电所安防监控系统，实现变电所无人值守。

2）搭建能耗监测系统

利用智能断路器替代传统的电子式多功能表，采集各级电能耗数据，并将数据发送至"启元云智"平台。平台负责构建能耗监测系统，并实现数据的统计分析和可视化展示。

3）为柔性负控预留条件

作为典型办公类建筑的启迪设计大厦，其用电负荷特征为：用电设备和用电时段都比较固定，没有配置大容量用电设备。本项目适合参与电网的负荷削峰需求响应方式，智慧配电系统需要为此预留远景条件。

4）实现场景控制

"启元云智"平台根据定制化的管理策略，可直接远程控制智慧配电系统中的智能断路器，实现照明、空调等系统的节能应用场景。

3. 配置原则

确保目标达成的关键是正确的实施路线。因此，智慧配电系统建设首要任务是制定配置原则。本项目智慧配电系统配置原则如下：

1）保证系统安全

与传统配电系统一样，智慧配电系统最基本的功能是保证供电系统的安全、稳定和电能质量。

2）匹配场景需求

智慧配电系统的硬件选型及配电系统后台提供的API功能要以能实现预设的场景需求为原则，系统后台与"启元云智"平台合作，一起实现智慧大楼的各项应用场景。

3）提升运维效益

部署智慧配电系统的目的之一是为大楼智慧运维提供抓手，提高运维水平、降低运维成本，向高管理水平要效益。因此，系统配置要充分匹配这个目的。

4）控制整体投资

智慧配电系统采用了智慧型物联网电气元件，比传统的配电系统造价肯定要高一些。在系统配置上一方面要采取"不盲目追求高大上、够用就好"的原则，另一方面也要考虑智慧大楼的多样性需求，实现"一个系统匹配多种功能"，从而降低大楼的整体机电系统造价。

4. 系统架构及应用

为了更好地匹配需求，启迪设计大厦智慧配电系统分为两个管理子系统：智慧配电主干系统（以下简称主干系统）和智慧配电终端系统（简称终端系统）。

1）主干系统

主干系统由启迪设计大厦"启元云智"平台、BA系统、智慧配电系统后台（变电所智慧显示屏）、物联网及设备层（新一代智能框架断路器、智能塑壳断路器、多功能数字电表等）组成。智慧配电主干系统架构图见图6.1-1。

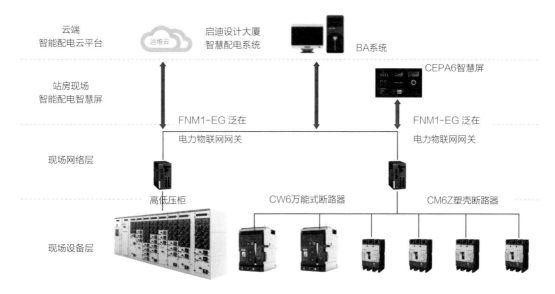

图6.1-1 智慧配电主干系统架构图

主干系统主要应用如下：

（1）实现无人值守变电所

为实现无人值守，需要将变电所内电气设备、环境和安防状态信息等上传至上级系统平台，以实现供配电设施的远程、集中和实时监控，减少对人工值守的依赖。同时，提供数据智能分析和运维支持，实现配电房的高度智能监控和管理功能，具备可视化、自动化和互动化功能。

智慧配电系统采集变电所设备层的实时状态数据，并将这些数据以合理的时间间隔主动推送给"启元云智"平台。平台接收以上数据后，经过必要分析和处理，提供（包括不限于）以下电气设备状态数据的可视化展示及报警功能：

①数据可视化展示及查询：

a. 高压配电设备运行状态数据：高压断路器合分闸状态、跳闸信号、PT断线信号等；

b. 低压断路器运行数据：断路器合分闸状态、报警、故障、三相电流、电压、功率、电能、频率、功率因数、电流电压不平衡度等信号或参数；

c．变压器运行状态数据：变压器温度、变压器超温告警、变压器柜门开闭状态等；

d．其他：在线设备数量、故障回路数量等。

②运行状态异常报警及报警信息推送：高压断路器跳闸、高压PT断线、变压器高温报警、超温报警、低压断路器分闸等。

③设备故障预测报警：根据设备寿命和运行数据等预判可能出现的故障，提醒维护人员提前对设备进行维修或更换。

变电所环境状态数据及安防信息则由本项目变电所内设置的智能环境控制系统负责收集并上传到平台及国家电网的上层平台。

借助以上手段，专职运维人员在中央控制室的"启元云智"平台实现了对变电所电气设备状态、环境状态及安防信息的远程集中监控，变电所内不需要24小时专职人员值守，实现了无人值守变电所。

利用"启元云智"平台的智慧化集中管理，实现了电气系统的全生命周期管理，这不仅减少了对专职维护人员的需求，而且显著提升了配电系统的维护效率和维护水平。

（2）搭建能耗监测系统

启迪设计大厦的业态及机电系统特点决定了其能耗监测系统需采集电能耗、水能耗、燃气能耗及光伏发电量等数据。其中电能耗数据是能耗监测系统中占比最大、分项和分级子项最复杂的组成部分。"启元云智"平台在其采集的大量电能耗数据中，选取公共建筑能耗监测系统必需的那部分电能耗数据，根据预设在平台内的能耗监测数据统计口径及算法，直接在平台上完成能耗监测系统的搭建。

除了搭建公共建筑能耗监测系统外，"启元云智"平台还可以根据大楼内企业内部的电能耗考核要求，提供各种统计维度、可灵活定制的电能耗统计报表及数据展示图。

此外，"启元云智"平台内置的数据统计及分析算法，还可以对配电系统的运维数据进行多维度分析，为本项目优化管理策略提供依据。

（3）柔性负荷调控

随着我国清洁能源的大规模推广及电网端接入能源类型的多样化，电力系统平衡的难度加大。负荷端用户自愿参与到电网调节（即需求侧响应）中对于促进电网供需平衡、保障系统稳定运行具有很重要的意义。

本项目配电系统设计时，根据用电负荷的重要性和使用时段，细分了用电设备的配电类别和回路，并在配电装置中加装了可以远程分合闸的电动操作机构。这些电动操作机构被接入智慧配电系统进行集中管控。智慧配电系统具备与电网侧直接通信的数据接口，为将来迎接需求侧响应的全自动化阶段做好软硬件准备。

2）终端系统

终端系统由"启元云智"平台、物联网、智慧配电管理平台及设备层（智能微型断路器、网关等）组成。智慧配电终端系统架构图见图6.1-2。

本项目智慧配电终端系统的主要功能是实现照明系统末端线路的配电保护和节能场景应用，具体阐述详见"6.1.3小节4基于智能微断的照明终端配电及控制系统"。

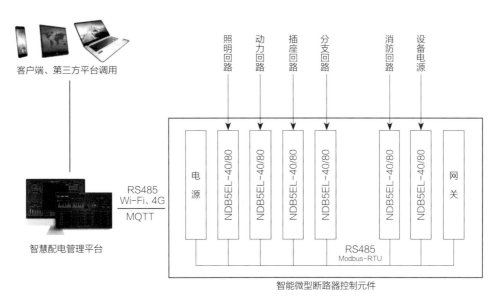

图6.1-2　智慧配电终端系统架构图

5. 结语

智慧配电是配电系统发展的趋势，但它不是简单地把系统硬件升级为智能型物联网产品，更不是配置一个标准化平台软件就行。智慧配电系统是一个系统工程，需要基于需求统筹配电系统架构、设备选型及平台功能的定制化开发等多方面因素。本项目是国内为数不多的同时部署智慧配电系统及数智综合管理平台的办公建筑。通过本项目智慧配电系统的设计、施工及运行，一定会为智慧配电系统的推广提供宝贵经验。随着运维数据的积累及后评估，必将为深度挖掘这些电气系统数据价值，实现更多智慧应用场景提供支撑。

6.1.3　电气专业的绿色低碳设计与研究

1. 引言

电气系统绿色低碳设计并非新课题，只是随着电气行业各项技术进步，可用于实现绿色低碳目标的技术手段在不断更新和涌现，如智能配电、光伏发电、分布式微电网、储能技术、直流配电技术等。

本项目电气系统的绿色低碳设计没有照本宣科，也未追求"大而全"，而是根据本项目实际情况，因地制宜地研究、采用了一些措施。这些措施既有传统手法，如控制变压器负载率在能耗较优范围、采用能效级别高的电气产品等；也有新兴技术，如智慧配电系统、基于智慧配电系统的精细化能耗监测系统、基于智能微断的照明终端配电及控制系统、V2G充电桩、光伏发电等。

2. 变压器选用研究

如何选用变压器数量和容量，如何进行变压器运行分组，是确定合理、经济、安全供配电方案的重点。变压器损耗在电力系统损耗中占有相当比例，严重时甚至超过系统损耗的1/2，导致大量电能浪费。变压器选用的合理性，也直接影响了其长期运行损耗的大小。

1）用电负荷分析

项目主要用电负荷分类如下：

（1）照明用电：包含室内普通照明、应急照明、景观照明、泛光照明、办公插座等；

（2）空调用电：包含冷冻机房、锅炉房、VRV空调外机、室内空调末端等；

（3）动力用电：包含电梯、水泵、风机等；

（4）特殊用电：包含全电厨房、信息中心、充电桩以及安防系统等。

根据设备的实际用电需求，用电负荷分类统计见表6.1-1。

用电负荷分类统计 表6.1-1

负荷分类	负荷名称	功率（kW）	需要系数	需要负荷（kW）	小计（kW）
照明用电	普通照明、插座	1800	0.4	720	918
	应急照明	185	0.4	74	
	景观照明	180	0.4	72	
	泛光照明	130	0.4	52	
空调用电	冷冻机房	1050	0.6	630	1138
	锅炉房	68	0	0	
	VRV空调	720	0.5	360	
	空调末端	296	0.5	148	
动力用电	电梯	300	0.3	90	595.5
	水泵	255	0.5	127.5	
	风机	630	0.6	378	
特殊用电	全电厨房	864	0.3	259.2	654.2
	信息中心	250	0.8	200	
	充电桩	450	0.3	135	
	安防系统	75	0.8	60	

注：1. 表6.1-1中冷冻机房和锅炉房功率取最大负荷场景计入（夏季）；
2. "启元云智"平台可控制各用电设备处于整体节能运行模式，因此用电负荷的需要系数考虑按照《工业与民用供配电设计手册》和《建筑电气常用数据》中推荐选择区间的最低值选取。

2）变压器分组选择

本项目变压器的分组选择，主要考虑了以下因素：

（1）一类高层办公建筑的消防、安防、信息机房、电梯、生活水泵、公共走道照明等负荷为一级负荷，需采用双重电源供电；

（2）空调系统用电负荷约占总用电负荷的35%，但属于季节性负荷；

（3）大功率电机（如冷水机组）启动时的冲击电流对其他用电设备的影响。

根据以上分析，启迪设计大厦的变压器分为两组：

（1）非空调负荷变压器：至少设置两台以满足一级负荷的供电可靠性要求，常年运行；

（2）空调负荷专用变压器：非空调季节退出运行，避免不必要的空载损耗，达到节能目的；减轻冷水机组启动时的冲击电流对其他用电负荷的影响，从而可以提高整个供电系统的稳定性和可靠性。

3）变压器负荷计算

（1）空调负荷总用电需求计算见表6.1-2。

空调负荷总用电需求计算　　　　　　　　　　　　　表6.1-2

负荷分类	负荷名称	功率（kW）	需要系数	需要负荷（kW）	同时系数	计算负荷（kW）
空调用电	冷冻机房	1050	0.6	630		
	锅炉房	68	0	0		
	VRV空调	720	0.5	360		
	空调末端	296	0.5	148		
合计				1138	0.9	1024.2
无功补偿后功率因素						0.95
总用电需求（kVA）						1078.1

（2）非空调负荷总用电需求计算见表6.1-3。

非空调负荷总用电需求计算　　　　　　　　　　　　表6.1-3

负荷分类	负荷名称	功率（kW）	需要系数	需要负荷（kW）	同时系数	计算负荷（kW）
照明、插座用电	普通照明、插座	1800	0.4	720		
	应急照明	185	0.4	74		
	景观照明	180	0.4	72		
	泛光照明	130	0.4	52		
动力用电	电梯	300	0.3	90		
	水泵	255	0.5	127.5		
	风机	630	0.6	378		
	全电厨房	864	0.3	259.2		
特殊用电	信息中心	250	0.8	200		
	充电桩	450	0.3	135		
	安防系统	75	0.8	60		
合计				2167.7	0.9	1950.9
无功补偿后功率因素						0.95
总用电需求（kVA）						2053.6

（3）一、二级负荷计算

由于启迪设计大厦有大量一、二级负荷，高压采用双重电源供电。根据表6.1-3计算结果，非空调负荷变压器拟采用两台。需保证其中任何一台变压器失电时，另一台变压器的容量应能满足所有一、二级负荷的用电。对大楼内一、二级负荷按照"消防场景""非消防场景"分别进行用电需求计算，一、二级负荷总用电需求统计见表6.1-4。

一、二级负荷总用电需求统计　　　　　　　　　　　　表6.1-4

场景	负荷名称	功率（kW）	需要系数	需要负荷（kW）	备注
消防	消防风机	1000	0.23	230	消防风机按照火灾救援时最大需量场景进行负荷计算
	消防水泵	430	1	430	
	应急照明	185	1	185	
	消防电梯	35	0.4	14	
	消防报警	25	1	25	
	变电所	20	1	20	
	安防系统	75	0.8	60	
合计（kW）				964	
非消防	客梯	195	0.6	117	应急照明仅考虑需持续点亮的应急灯具负荷
	信息中心	250	0.8	200	
	生活水泵	55	0.8	74	
	潜水泵	155	0.2	31	
	变电所	20	1	20	
	安防系统	75	0.8	60	
	应急照明	185	0.4	74	
	走道照明	200	0.8	160	
合计（kW）				736	

选配变压器时，单台变压器容量不应低于表6.1-4所列两种场景需要负荷的较大值。

4）变压器选用

本项目变压器选用了二级能效的节能环保型、低损耗、低噪声干式变压器，各变压器容量应不小于表6.1-2～表6.1-4所计算得出的用电需求，并需要充分考虑变压器负载率对一次投资、使用寿命和运行成本的影响。通常变压器的长期负载率不宜大于85%。适当降低负载率在一定程度上可以减缓设备老化程度，延长设备的使用寿命。工程中所选变压器实际负载率控制在50%～70%范围内属于较佳状态。

非空调负荷变压器常年运行，所以适当降低其负载率对延长使用寿命是有利的。同时，寿命期内还可以通过较低的变压器损耗所节约的电能回收前期增加的投入。

空调负荷专用变压器给季节性负荷供电，年运行时间较短，运行期间重点考虑变压器容量的利用率，因此按照负荷率85%左右进行选配。

根据以上配置原则，本项目变压器容量选配见表6.1-5。

变压器容量选配

表6.1-5

变压器选配	空调负荷	非空调负荷
用电需求	1078.1kVA	2053.6kVA
选配变压器	1×1250kVA	2×1600kVA
装机总容量	1250kVA	3200kVA
变压器负载率	86.2%	64.2%

5）变电所供配电主接线图

本项目共设有3台变压器，采用双重20kV高压电源供电。第一路电源给一台1250kVA空调负荷专用变压器和一台1600kVA非空调负荷变压器供电；第二路电源给另一台1600kVA非空调负荷变压器供电。变电所内变压器总的装机容量为4450kVA。

启迪设计大厦20/0.4kV变电所主接线图见图6.1-3。

3．电能计量系统

电能计量及收费是大楼运维非常重要的部分。本项目入驻企业较多、管理又各具特点，决定了电能计量需求的多样性。电能计量系统既要满足多样性需求，又要考虑使用和系统自身运维管理的便捷，还要控制造价，做好前期设计策划就显得尤为重要。

1）需求分析

对本项目电能计量系统的需求进行分析后，归类如下：

（1）租户用电的电能计量；

（2）大楼能耗监测系统的电能计量；

（3）各企业内部电能耗考核的计量。

2）系统整合优化研究

（1）设备选型及技术参数

根据以上电能计量需求分析，结合管理方要求及相应的国家规范，得出对电能计量系统不同需求下对应的设备选型要求。计量系统不同需求对应的设备选型见表6.1-6。

（2）系统优化整合

从表6.1-6可知，为满足不同计量需求所选用的产品类型及其技术参数差别较大。配电系统中存在不少"多种需求"并存的计量点，如果为了满足相应的每种需求，采用"一一对应"原则去配置计量装置，会导致以下现象：

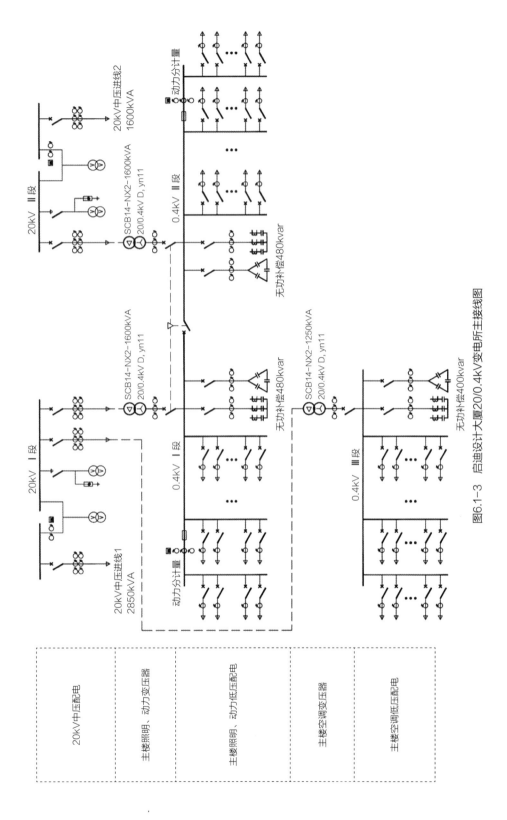

图6.1-3 启迪设计大厦20/0.4kV变电所主接线图

①硬件的种类、数量都很多，成本不可控；

②各类物联网型计量设备的能耗数据在格式、通信协议上的不一致，导致搭建统一电能计量系统的二次开发工作量变大；

③系统复杂，维护难度增加。

为了避免以上情况，在设计前期对电能计量系统搭建进行了优化整合研究。最终确定电能计量系统的设备选型原则如下：

①首先考虑利用智慧配电系统智能开关自带的电能耗计量功能；

②当智能开关不能完全满足需求时，可附加其他计量设备，参数的选择匹配需求即可；

③计量点无智能开关时，优先选用能同时满足多种需求的计量设备，对需要满足两种及以上需求的计量设备，按照表6.1-6中较高要求选择其技术参数。

根据以上原则搭建的电能计量系统数据采集架构图见图6.1-4。

计量系统不同需求对应的设备选型　　　　　　　　　　　　　　　表6.1-6

需求种类	计量装置类型		精度等级	计量认证标准	通信接口	通信协议
租户电能计量（电费收取依据）	复费率电子式普通电能表、CT		不应低于0.2S级	CMA计量认证	应具有数据远传功能，符合行业标准的物理接口	标准开放协议或符合《多功能电能表通信协议》DL/T 645—2007
能耗监测系统电能计量	变压器出线低压总开关	电子式多功能电表、智能框架断路器等	有功应不低于1.0级无功应不低于2.0级	须具备依据国家标准所做的计量功能及精度认证		
	变电低压出线回路及其他场所	电子式普通电能表、智能塑壳断路器等	有功应不低于1.0级			
企业内部电能耗考核	电子式普通电能表或智能塑壳断路器		有功应不低于1.0级			

4. 基于智能微断的照明终端配电及控制系统

1) 需求分析

综合考虑入驻企业的背景、诉求及功能空间特点等因素，从照明系统节能的角度分析可知：照明系统集中管控后可能产生较大节能效益的主要是使用频率较高的大空间办公区域及大空间公共区域（如地下汽车库、公共走道等）的照明。这些空间对照明场景的"氛围感"要求不高，但是对照明场景的"节能"要求较高。

2) 系统构架

本项目采用了由"启元云智"平台、智慧配电终端系统中的智能微断及壁装智能面板结合，实现照明系统末端配电、节能管控"二合一"的创新方案。该系统各"功能组件"的功能如下：

（1）"启元云智"平台：根据平台内置的照明控制策略，向智能微断发送"合闸/分闸"指令；

（2）智能微断：根据平台指令给相应回路供电或断电；

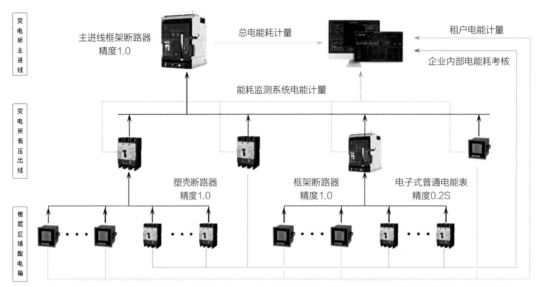

图6.1-4 电能计量系统数据采集架构图

（3）壁装智能面板：电源断开再接通之后，需要人为操作智能面板才能使受控设备再次接电。

对以上三个"功能组件"进行组合，就能够实现照明系统的两种不同集中控制模式：

（1）"平台+智能微断"组成的集控模式A：由平台控制智能微断点亮/熄灭相应回路灯具。主要适用于地下车库等在同一时段内不需要差异化照明控制场景的空间。

（2）"平台+智能微断+壁装智能面板"组成的集控模式B：由平台控制智能微断分闸，熄灭相应回路灯具；系统延时后再次控制智能微断合闸；通过壁装智能面板实现"手动"点亮灯具的控制方式。该模式主要适用于在同一时段内有可能出现差异化"局部照明"需求的空间区域（如大开间办公区）。

基于智能微断的照明终端配电及控制系统架构图见图6.1-5。

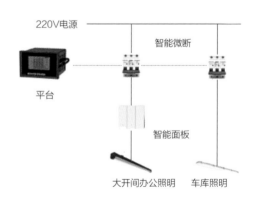

图6.1-5 基于智能微断的照明终端配电及控制系统架构图

3）方案优势

与传统的智能灯控方案相比，基于智能微断的照明终端配电控制系统具有以下优点：

（1）采用既有的"启元云智"平台及智慧配电系统的智能微断，减少了一次投资；

（2）减少了智能化子系统数量，减少了开发及维护界面；

（3）平台可实现照明设备分组编辑，实现由不同回路组合形成不同的场景控制，使用简单、系统开放性强；

（4）网页端平台及移动端APP（仅限具备相应管理权限的人员）均可实现对该系统的控制，运维简便、人性化。

5．充电桩

随着新能源汽车保有量的快速增长，设置电动车充电桩也成为本项目停车场必须要考虑的问题。经前期入驻电动车保有量调研，并考虑其他入驻企业及外来临停车辆的需求，本项目在室内外均配置了合理数量的电动车停车位。

在选择充电桩产品时，除了考虑其高效、便捷的充电服务性能外，还希望该产品在能源管理和利用方面具有创新潜力和优化空间。V2G充电桩具有双向能量流动的能力，不仅能为电动汽车充电，还能从电动汽车回收电能，允许电动汽车在电网负荷低时储存电能，在电网负荷高时释放电能。V2G充电桩的这一特性有助于缓解用电高峰时段的用电压力，助力供电网络实现削峰填谷，同时促进清洁能源的循环使用。

本项目设计中为V2G充电桩的部署预留了充分条件，以确保需求出现时能够快速部署。预留条件如下：

1）变电所内配置了双向电能表，能够实现充电桩与电动汽车之间双向充电容量的计量。

2）地下二层、三层和户外机动车停车位预留了充足的空间以及必要的通信和网络接口，为充电桩及其配套设施的安装提供了条件。

6．分布式光伏发电

本项目在塔楼屋顶全面安装了光伏发电板，为大楼提供绿色能源补充。光伏发电电能被就近并入塔楼24层的竖向照明干线母排。

在裙房屋面的篮球场和其北侧设备区设置了一片建筑集成光伏幕墙（BIPV）作为隔离墙体。该光伏幕墙的发电量足以覆盖篮球场夜间照明用电量需求。这部分光伏发电电能就近并入了4层配电总箱。

预计本项目安装的光伏板年发电量将达到11万kW·h，占大楼日常运营总用电量的4%，并实现了完全自消纳。预计大楼年碳排放量将减少80t。

7．结语

本项目电气系统的绿色低碳设计没有照本宣科，而是根据本项目实际情况，因地制宜地研究、采用了以上主要措施。同时，电气系统设计也具备足够的开放性和灵活性，为将来采用更多的绿色低碳场景（如需求侧响应、直流配电、V2G充电桩等）预留了条件。从运维效果来看，本项目电气系统绿色低碳设计的实施效果还是非常良好的。

6.1.4 电气专业实施总结

本项目智慧化系统投入使用后，对"启元云智"平台采集的配电系统数据进行了多维度分析，分析结果对指导今后电气设计、优化本项目运维策略有较大参考价值。

1．变压器负载分组及运行模式思考

本项目各区域空调系统形式主要为以下两类：

1）裙房各层、塔楼23～25层：采用VRV多联机；

2）塔楼其他层：空调制冷为水冷机组，制热为燃气锅炉。

原电气设计考虑以上空调负荷均采用空调专用变压器供电，实现非空调季节专用变压器退出运行，减少运维成本。

启迪设计大厦于2023年10月正式启用，10月、11月未使用空调，12月开始供暖，2024年3月20日结束供暖，5月23日开始空调制冷。2023年12月至2024年8月，这三台变压器的平均负载率数据见表6.1-7，峰值负载率数据见表6.1-8。

平均负载率数据（%） 表6.1-7

时间	变压器T1平均负载率	变压器T2平均负载率	变压器T3平均负载率
2023年12月	8.26	12.42	10.47
2024年1月	9.16	12.54	9.56
2024年2月	8.06	10.03	9.17
2024年3月	9.76	11.76	6.62
2024年4月	9.75	11.72	3.01
2024年5月	11.05	8.47	4.3
2024年6月	11.28	9.14	9.87
2024年7月	13.97	9.93	22.64
2024年8月	14.28	9.83	24.81

注：表中T1、T2为非空调负载变压器，T3为空调负载专用变压器，下同。

峰值负载率数据（%） 表6.1-8

时间	变压器T1峰值负载率（%）	变压器T2峰值负载率（%）	变压器T3峰值负载率（%）
2023年12月	19.23	38.46	37.07
2024年1月	26.07	40.08	37.22
2024年2月	26.36	38.74	34.40
2024年3月	26.24	38.13	23.02
2024年4月	23.31	36.69	5.20

时间	变压器T1峰值负载率（%）	变压器T2峰值负载率（%）	变压器T3峰值负载率（%）
2024年5月	42.95	43.50	58.35
2024年6月	28.05	31.96	57.87
2024年7月	30.96	31.06	86.25
2024年8月	30.93	29.02	79.05

根据以上变压器配置及负载运行数据，分析得出以下结论：

目前，裙房部分区域和塔楼的8个楼层仍然空置。根据T1和T2变压器的当前平均负载率数据可以预测，一旦满租，这两台变压器的平均负载率预计为25%左右，而峰值负载率预计将达到40%左右。这一预测值低于设计预期值较多。

针对T1和T2两台变压器平均负载率不平衡的问题，计划在所有空置区域投入使用后，通过分析运行数据来采取相应的措施。具体来说，可以通过调整双电源供电系统中非消防设备的"主"和"备"回路分配，来实现负载率的平衡。

T1和T2变压器的峰值负载率远低于设计预期，而T3空调变压器在夏季的峰值负载率达到了86.25%。为进一步减少不必要的能耗，可以考虑在冬季供暖期间，将燃气锅炉的辅助用电设备调整为由T1和T2变压器供电。这样，T3变压器在夏季制冷模式下运行，而在非空调季节及冬季供暖模式下则可以退出运行，从而最大程度减少其长时间的空载运行损耗。

2. 全过程设计管理思考

启迪设计大厦采用的EPC模式促使各专业都非常关注专业精细化设计，设计深度优良。但是随着运维数据分析，也发现了一些不足。

2024年3月下旬，大楼空调系统停止使用，但"启元云智"平台的"每日逐时用电量柱状图"依然显示T3空调专用变压器有全天稳定的极小负载，导致变压器无法退出运行。经过现场配电系统逐级排查，发现是冷冻机房BA系统的控制柜从机房配电箱接电。排查后将BA系统控制柜的电源接到了就近的非空调变压器供电的配电箱上。

以上情况表明电气设计在后端专业供电规划方面存在不足，同时设计和施工管理也需要进一步加强。

6.2 暖通

6.2.1 暖通系统简介

1. 系统划分

启迪设计大厦空调总建筑面积地上地下合计约52100m²，约占整个建筑面积的67%。根据使用时间和功能特点，本项目空调划分为三个系统：地上三层裙房及地下餐厅、健身房等采用变频多联机系统；地下一层报告厅、塔楼1～20层采用水系统中央空调；塔楼顶部三层采用变频多联机系统。

2．负荷分析

启迪设计大厦主要功能为高端办公及配套，主体采用混凝土框筒结构，外立面采用玻璃幕墙。本项目采用HDY-SMAD软件对空调冷热负荷进行动态模拟，得出建筑全年逐日负荷分布见图6.2-1，制冷季典型设计日逐时负荷见图6.2-2。

通过对制冷季典型设计日逐时冷负荷曲线分析可知，随着办公区空调陆续开启，建筑冷负荷从8:00开始逐步攀升，在8:45左右达到相对较高的一个稳态值；中午11:30至下午13:00之间，由于员工午休，冷负荷有所降低；随后负荷继续升高，到下午17:00左右达到最大值，此时总冷负荷为8061kW，冷负荷指标为154.7W/m²；晚上18:00，随着办公区空调陆续关闭，负荷逐渐降低，这与实际运行情况是一致的。

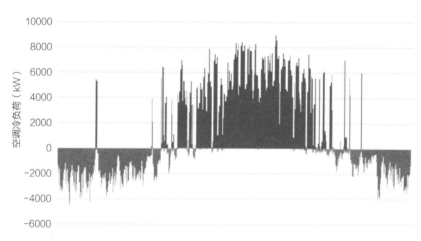

图6.2-1 建筑全年逐日负荷分布

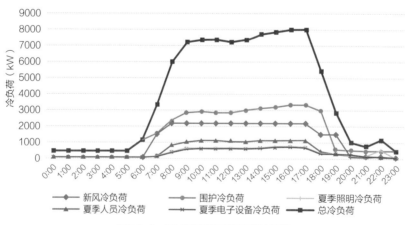

图6.2-2 制冷季典型设计日逐时负荷

空调总冷负荷主要由围护结构、新风、人员、灯光、设备等组成，根据项目经验数据，围护结构冷负荷和新风负荷所占比例较大，分别为43%和28%，各项冷负荷所占比例见图6.2-3。围护结构所产生的冷负荷与外墙窗体类型、遮阳系数、屋顶传热系数等有关，新风负荷与人员数量、工作强度、建筑气密性等因素相关，而设备散热、人员散湿等引起的冷负荷相对稳定，可以作为稳态值。因此，提高围护结构的热工性能和建筑的气密性对降低空调冷负荷有着重要的影响。

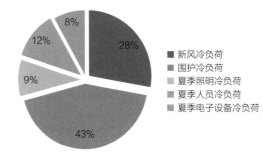

图6.2-3 各项冷负荷所占比例

3. 冷热源

冷热源是空调系统的心脏，也是建筑运营中能耗占比最高的部分，合理选择冷热源对保障空调实际效果和降低建筑能耗至关重要。本项目受场地面积限制且市政条件没有蒸汽热源供应，空调冷热源形式主要对变频多联机、风冷热泵及水冷冷水机组加燃气锅炉三种进行分析和选择。三种空调系统原理见表6.2-1。

三种空调系统原理　　　　　　　表6.2-1

系统名称	运行原理	系统示意
变频多联机	冷媒制冷剂空调系统，原理类似家用分体空调，一台室外机可以带多台室内机	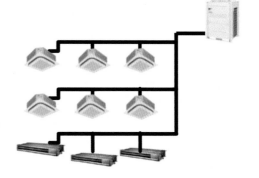
风冷热泵	热泵系统，夏季向大气中排放热量并产出冷水，作为空调冷源，冬季从大气中吸取热量并产出热水作为空调热源	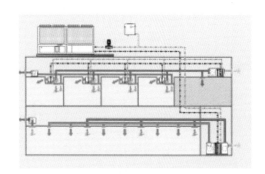

续表

系统名称	运行原理	系统示意
水冷冷水机组 加燃气锅炉	夏季通过冷却塔向大气排放热量并制取低 温水作为空调冷源 冬季通过燃气燃烧制取热水作为空调热源	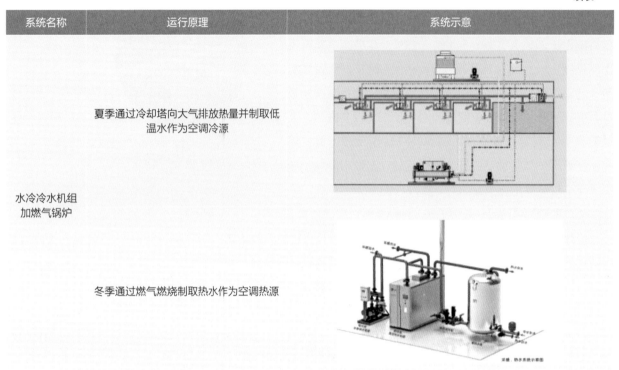

三种空调方案优缺点及初投资见表6.2-2。

三种空调方案优缺点及初投资　　　　　　　　　　　　表6.2-2

	优点	缺点	初投资（元/m²）
变频 多联机	1. 主机安装在户外，不占用室内机房空间； 2. 系统简单，无需专人管理； 3. 安装调试方便，施工周期短； 4. 控制灵活，便于各房间独立控制	1. 夏季出风温度低，舒适性稍差； 2. 空调效果受外界极端气候影响； 3. 室内外机之间有高差和管长的限制	430
风冷热泵	1. 主机安装在户外，不占用室内机房空间； 2. 末端形式多样，可适应各种室内空间形式	1. 系统整体效率不高； 2. 空调效果受外界极端气候影响； 3. 噪声振动较大	380
水冷冷水机组+ 燃气锅炉	1. 系统成熟，空调效果稳定； 2. 机组运行效率高； 3. 末端形式多样，可适应各种室内空间形式； 4. 空调舒适性好	1. 需设专用机房，占用室内建筑面积； 2. 系统复杂，需专人维护管理； 3. 运行时间相对固定，不够灵活	350

　　空调系统冷热源的选择需要结合建筑定位和使用需求来确定。启迪设计大厦裙房一层为商办，二、三层为办公。为了便于沟通，办公区除少数独立办公室、会议室和接待室外，其余均为开敞办公区，未采用隔墙、房间等进行物理分隔。多联机空调是由多个室内机和一个或多个室外机组成，室内机可以根据实际需要

进行增减和布局调整，具有很高的灵活性和可扩展性，每个室内机都可以独立控制，可根据各个分区的使用需求单独调节温度，无需对整个建筑或楼层统一调控，这样既保证了舒适性又实现了能源的精细化管理。从使用的便捷性和经济性出发，裙房空调采用变频多联机系统是比较合理的选择。

塔楼主要功能为办公和会议，对空间的品质和空调的舒适性要求较高，同时塔楼区域工作时段相对稳定，空调负荷也具有一定的确定性，因此塔楼采用了水冷冷水机+燃气锅炉的空调冷热源形式。空调冷源采用1台制冷量2110kW的水冷变频离心式冷水机组和2台制冷量1406kW的水冷磁悬浮变频离心式冷水机组，空调热源采用3台制热量为1280kW的直流式燃气热水锅炉。冬季燃气锅炉的热稳定性好，不受外界气温的影响，保证了冬季的空调效果。

塔楼顶部三层为使用功能灵活，该部分空调系统独立设置，采用变频多联机系统，满足使用功能的同时降低不必要的能耗。

4. 空调风系统

本项目空调风系统根据各区域的使用功能、空间尺度及房间布局来设置。

一层入口门厅是两层通高的高大空间，除了受空调出风口的气流射流速度和温度影响外，室内温湿度分布和气流组织还受到建筑空间的形状，围护结构表面温度，太阳辐射得热，回风口的布置，室内人员、灯光、设备的分布等因素的影响。一层门厅中还布置了一个景观水池，水面的蒸发散热也会在一定程度上影响整个门厅的温湿度分布。经详细负荷计算，门厅区域的空调总冷负荷为191.4kW，采用全空气系统结合幕墙内侧地盘管送风的方式，满足室内负荷需求。

空调末端选用一台总送风量为30000m³/h的组合式空调箱。气流组织为顶部送风和下部回风。顶部送风口为自动温控变流条形风口，送风口风速控制在5m/s，回风口采用低位设置的单层百叶风口，风速控制在2m/s，以控制回风噪声。门厅顶面风口设计图和门厅顶送风口实景见图6.2-4、图6.2-5。

地下一层报告厅建筑面积约370m²，采用全空气系统，空调末端选用1台16000m³/h的组合式空调箱，全空气运行，气流组织为顶送下回。空调箱设置在相邻的专用空调机房内，空调风管直接接入报告厅吊顶内，同时利用侧墙大面积镂空铝板作为回风和排风口，大幅缩短空调管道长度，节约了输配能耗。春秋过渡季节不开空调主机时可以全新风运行，将室外新鲜空气经过滤处理后直接送至室内，通风降温，保证室内空气品质，降低运行能耗。报告厅风口设计图与报告厅风口实景分别见图6.2-6、图6.2-7。

塔楼西北侧共享空间空调末端采用风机盘管侧送风及地板式空调器下送风，气流组织为侧送上回和下送下回，具体参见6.4节描述。变频多联机系统空调室内机结合内装吊顶形式采用四面出风型或风管机型，气流组织为顶送顶回。

5. 空调水系统

空调水系统采用一次泵变流量系统，冷冻机组、末端系统均变流量运行。冷冻水泵与冷冻机组、热水一次泵与锅炉均一一对应。冷冻水泵与热水泵均变频运行，且均设置了备用泵。空调水系统通过分、集水器分为两个支路，分别供给各个楼层的不同区域。分、集水器之间设置电动压差控制器，以保证最小一台冷水机

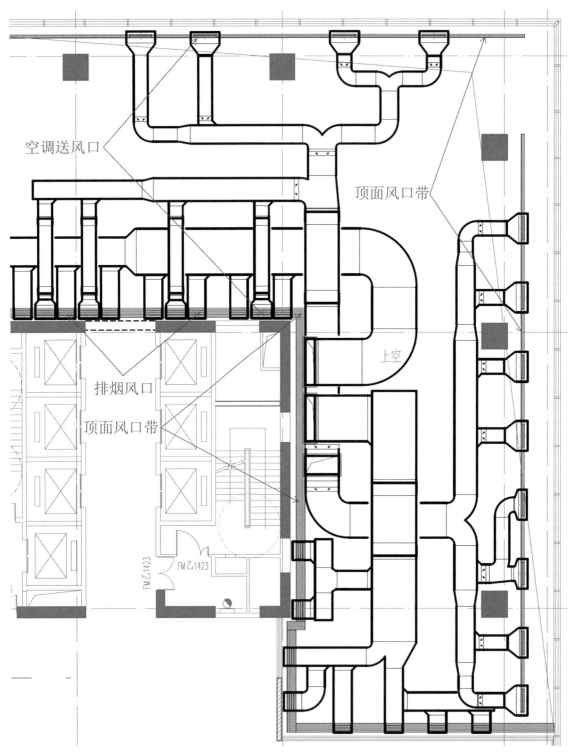

空调送风口

顶面风口带

排烟风口

顶面风口带

上空

FM乙1423

FM乙1423

图6.2-4 门厅顶面风口设计图

图6.2-5　门厅顶送风口实景

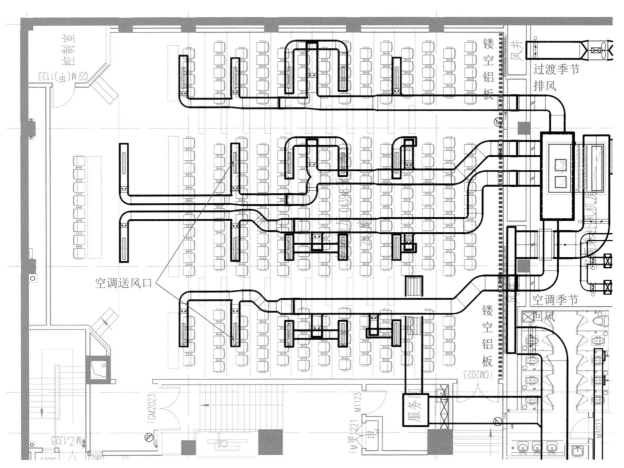

图6.2-6　报告厅风口设计图

图6.2-7 报告厅风口实景

组可在其最小流量下运行。空调水系统为两管制系统，垂直异程、水平异程布置。

采用了两管制的水系统有以下优点：

系统简单：两管制系统相对于四管制系统来说，结构简单，系统的安装和维护相对简便，降低了施工难度和维护成本。

投资成本低：两管制系统所需的设备和材料相对较少，初始投资成本较低，这对于整个项目来说也是一个重要的考虑因素。

能源消耗低：两管制系统在供冷和供热转换时，不需要对整个系统进行排水和充水，能源消耗较低。两管制系统的管道长度较短，水泵的能耗也相对较低。

稳定性好：两管制系统的结构简单，减少了设备和管道的数量，降低了系统发生故障的概率，系统的稳定性较好。

塔楼空调水系统划分为东、西两个区域，两个区域水平干管上均设置了手动蝶阀、静态平衡阀和电磁式能量计，可以各自单独控制和计量。空调供回水立管，西侧区域布置在新风机房内，东侧区域布置在核心筒管井内，楼层内空调水系统均为异程布置，其中共享空间地送风水环路可以独立控制。塔楼空调水系统环路见图6.2-8。

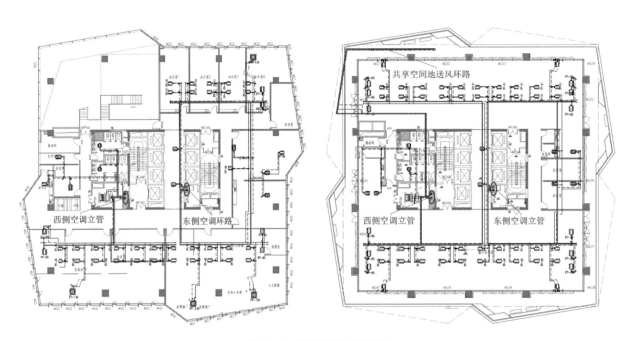

图6.2-8 塔楼空调水系统环路

6.2.2　高效制冷机房系统

高效制冷机房是指在满足末端冷负荷需求的前提下，综合考虑负荷匹配度、系统用能合理性等各方面因素，采用高能效设备，运用科学的控制方式与管理制度，合理地控制系统中各个设备，调节系统运行参数，以实现系统高能效运行的空调制冷机房，以制冷机房的全年综合能效比EER值来评价。根据美国供暖、制冷与空调工程师学会（ASHRAE）研究报告，高效制冷机房系统能效比应高于5.0，我国广东省2018年4月实施的《集中空调制冷机房系统能效监测及评价标准》DBJ/T 15—129—2017中规定制冷机房系统额定制冷量大于500RT时，一级能效EER需达到5.0。行业内一般将机房能效EER＞5.0的空调制冷机房称为高效制冷机房。制冷机房的全年综合能效比EER值计算公式如下：

$$EER=\sum Q/\sum N \tag{6.2-1}$$

式中：EER——制冷机房的全年综合能效比；

　　　$\sum Q$——制冷系统全年总制冷量（kW·h）；

　　　$\sum N$——制冷系统机房全年总耗电量（kW·h）。

（总耗电量=冷水机组耗电量+冷冻水泵耗电量+冷却水泵耗电量+冷却塔耗电量）

中央空调系统是公共建筑的耗电大户和节能重点，据不完全统计，在制冷季一般公共建筑中空调的用电量将占到整个建筑能耗的50%以上，其中制冷机房就占了38%。制冷季公共建筑中各类能耗占比见图6.2-9。因此，提高制冷机房能效对整个建筑的节能减排有着重要的意义。从本项目开始之初就确定了做高效制冷机房的目标。

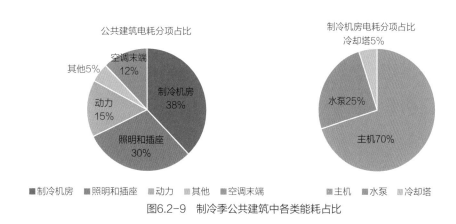

图6.2-9　制冷季公共建筑中各类能耗占比

实现高效制冷机房，主要从机房的设计、节能产品的选择、机房群控、机房建造、系统调试和高效运维几方面进行。

高效制冷机房的设计，首先需对建筑进行全年8760h的空调负荷模拟（见6.2.1暖通系统简介），以确定整个建筑比较准确的全年逐时负荷，并据此确定制冷主机的装机容量；其次需结合苏州当地的气候条件及本项目的功能特性，确定高效制冷机房的EER值目标。本项目主要功能为办公，空调具有单位面积负荷不大，日均使用时间不长，输送高度高、距离远的特点，结合苏州地区气候条件，选取冷却塔回水温度在32℃、28℃、24℃三个状态点，对系统进行模拟，确定EER值不小于5.2。该目标值达到了美国供暖、制冷与空调工程师学会研究报告和广东省《集中空调制冷机房系统能效检测及评价标准》的规定，在全国处于领先水平。

制冷机房一体化设计，充分利用了建筑角部空间，并与变电所贴邻，距离服务的塔楼区域较近，减少了空调和电气输送损耗。机房内部布置上，充分考虑制冷主机、管件和管路对系统运行阻力的影响，采取了匹配制冷主机的出水口与水泵入口高度、管道45°弯头连接、架高分集水器等措施，在有限的室内面积和净高的条件下最大限度降低机房内系统运行阻力。制冷机房平面布置见图6.2-10，制冷机房局部剖面见图6.2-11。

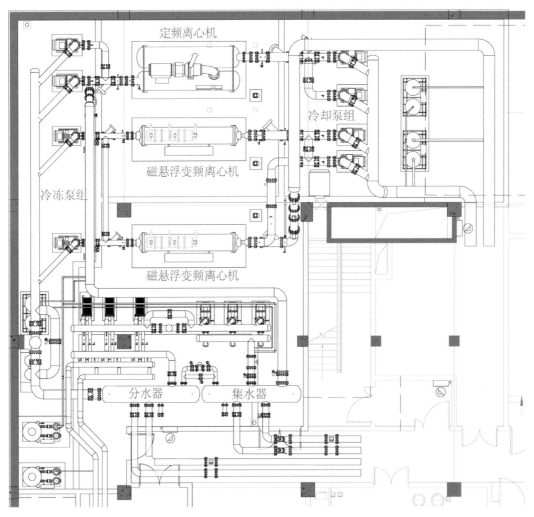

图6.2-10 制冷机房平面布置

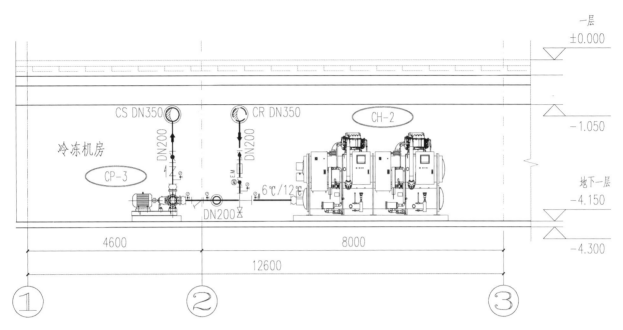

图6.2-11　制冷机房局部剖面

设计利用BIM技术对机房及整个大厦的空调水系统进行精细化建模，模型与二维图纸相对应，所见即所得，避免了施工过程中的管线碰撞及反复，提高了工程效率。高效制冷机房系统优化模型见图6.2-12。

制冷机房梁下净高3.0m，局部放置离心主机的区域净高为3.5m，比常规机房4.5m净高有较大的缩减，考虑日后的检修维护，在顶板区域预埋了多处吊钩。

在节能产品选择方面，制冷主机采用了磁悬浮变频冷水机组和普通变频离心式冷水机组的组合，兼顾投资成本和运行效率；冷塔采用高效开式横流冷却塔，循环系统采用变频冷冻泵、冷却泵，高效主机与冷却塔见图6.2-13。

本项目配置了中央空调智慧控制系统，该系统基于物理模型、负荷预测以及人工智能技术，以数据智能为核心驱动，全面监控系统各设备运行参数如末端的温湿度、风量、水流量等数据。数据采集后将进行清洗、存储，深度挖掘价值，为设备运行提供安全与能效的双重诊断，并通过自动寻优及数字孪生运营，实现制冷机房的高效运行与管理。

建造过程技术管控主要通过招采技术要求管控、主要设备性能参数管控、主要材料品质管控、建造过程质量管控四个方面来实施，以保证最终机房成品达到设计的预期目标。高效制冷机房实景见图6.2-14。

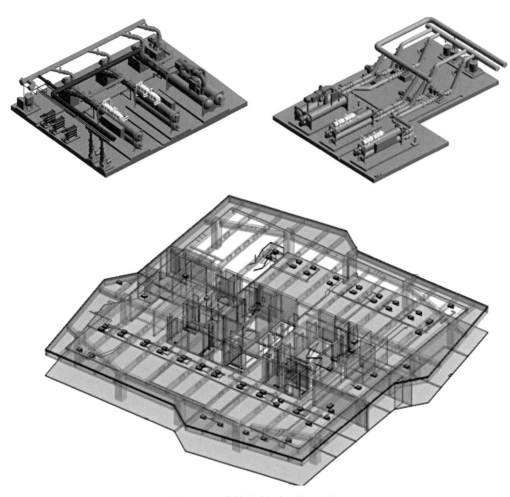

图6.2-12　高效制冷机房系统优化模型

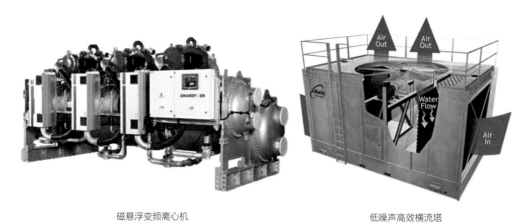

磁悬浮变频离心机　　　　　　　　　　　低噪声高效横流塔

图6.2-13　高效主机与冷却塔

图6.2-14　高效制冷机房实景

6.2.3　暖通专业的绿色低碳设计与研究

室内温湿度作为影响人体热感觉的主要因素，对身体健康有着很大影响。本项目的建设和运维充分考虑建筑室内热环境，根据室内不同区域匹配适宜的空调末端形式，结合便捷控制措施保证室内PMV（Predicted Mean Vote）指标控制在0～0.5之间，PPD（Predicted Percentage of Dissatisfaction）指标控制在≤10%，室内整体热湿环境评价等级达到最高级Ⅰ级的要求。室内整体热湿环境评价见图6.2-15。

制冷机房按高效制冷机房标准设计，全年综合能效比EER达到5.2以上。

餐厅、健身房、裙房办公等多联机空调区域设置新风全热交换器，热回收效率达到65%以上，降低主机、空调水泵、冷却塔及锅炉等设备能耗，达到节能目的。

新风系统全部配备平板静电过滤器，可以有效去除空气中的尘埃、烟雾、细菌、病毒等污染物。对于

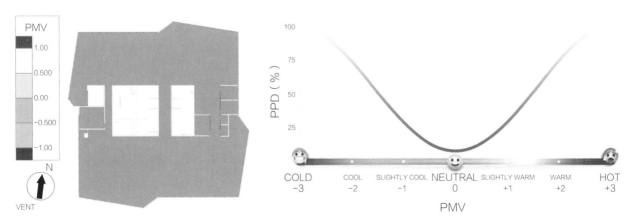

图6.2-15　室内整体热湿环境评价

0.3μm以上的颗粒物，其过滤效率可达99%以上。

室内各主要功能房间均设置室内空气质量综合监控探头（六合一），其具备温湿度、CO_2浓度、$PM_{2.5}$、PM_{10}浓度、甲醛及TVOC浓度监控功能。室内CO_2浓度控制在700~1000ppm之间，允许全年不保证18天条件下，$PM_{2.5}$日平均浓度不高于37.5μg/m³，PM_{10}日平均浓度不高于75μg/m³，$PM_{2.5}$年平均浓度不高于35μg/m³，PM_{10}年平均浓度不高于70μg/m³。综合监控探头具有报警和定期发布功能，并据此联动热交换器或新风机，相关监测数据能实时显示和记录，数据存储一年以上，达到绿色建筑三星要求。

大厦采用的AHU空调机组、新风处理机组、交换器新风入口设置G4初效过滤器和静电平板式电子净化一体式中效过滤装置，过滤效率达到F8标准（0.4μm粒子平均计数效率 90≤E<95，$PM_{2.5}$净化效率≥95%，微生物净化效率≥90%，臭氧浓度增加量≤0.16mg/m³），保证了送入室内的空气品质，AHU空调机组各功能段示意见图6.2-16。

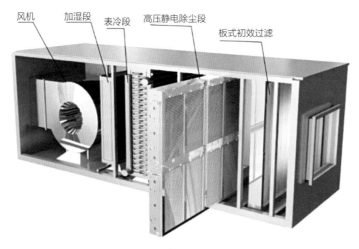

图6.2-16 AHU空调机组各功能段示意

地下一层图文中心设置新风和排风系统，新风机组与报告厅的空调机共用机房，排风系统独立设置，排风机设置在专用机房内。报告厅考虑过渡季全新风运行，排风和排烟管共用，在排烟机房分别接排烟机和排风机，排风机过渡季运行，火灾时电动阀关闭，切断排风机电源。

地下室停车区域设置CO气体浓度传感器，根据汽车库内CO气体浓度联动控制风机启停。CO浓度控制在10~30mg/m³之间，每500~700m²布置一个传感器，在结构柱壁装，安装高度离地2.0m，汽车库CO浓度联动控制原理见图6.2-17。

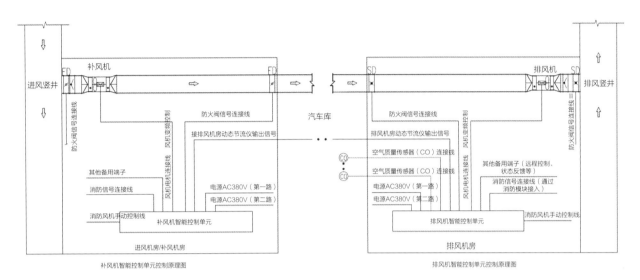

图6.2-17　汽车库CO浓度联动控制原理

6.2.4　暖通专业实施总结

在建筑事业未来发展中，为了提升暖通系统的稳定性，需要紧跟时代潮流，创新现有的设计方法。对于设计人员来讲，需要完成设计理念创新，对工作经验进行总结，提升建筑的运行质量。

1. 创新设计理念和设计方法

暖通专业在具体的设计方案制定中，需要了解社会发展需求，体现环境保护的特点，将静态分析转变成动态模拟，精细设计，节能运维。本项目在设计过程中全面考虑了市政资源及建筑功能，结合项目周边环境及所处地块的能源条件，选择了多联机与水冷中央空调的系统方案，满足使用功能的前提下运行也比较灵活高效。为了提升暖通设计的合理性，设计过程中团队利用计算流体力学等方法，解决了工程设计遇到的多重问题，为项目的顺利建设提供了技术支持和保障。

2. 能源效率优化设计方案

对于暖通设计工作来讲，需要正确应用中央空调冷暖系统，创造舒适的生活空间。在空调系统设计中，对现有的技术进行改革，完善设计体系的成熟度。设计人员也需重视日常学习，借鉴发达国家的成功经验，加强设备管理与应用，结合建筑运行现状，注意解决能源耗损问题，满足可持续发展要求，助力城市低碳发展。

3. 合理应用新型设计技术

在进入信息化时代后，信息技术的合理应用，改变了传统制造业发展格局。对于建筑行业发展来讲，也需关注信息技术的融入效果，将技术革新作为发展动力，解决新阶段遇到的挑战。本项目结合BIM技术，将三维模型分析作为重点，对设计方案存在的漏洞进行调整；CFD模拟技术可以为空调系统的气流组织量化比选提供辅助支持，对于提高室内空气品质以及减少建筑物能耗具有重要意义。项目组成员经过本项目的历练，深入了解各项技术的优势，全方位提升暖通设计质量。

6.3 给水排水

6.3.1 给水排水及水消防系统简介

本项目为一类高层办公楼建筑，给水排水专业采取相对成熟的系统方案，各系统简介如下：

1. 室外给水系统

本项目从旺茂街和旺墩路的两条市政管网上，分别引入一根DN200供水管，地块内管网成环布置，作为本项目的生活及消防用水水源，室外消防给水系统由市政直接供给。

2. 生活给水系统

采用市政直供加二次增压供水的方式，二层及以下采用市政直接供给的方式，二层以上采用变频调速泵组加压供水方式。

3. 热水系统

员工厨房和健身房淋浴热水用水，采用集中太阳能制热为主、商用燃气热水器辅热的方式。

4. 室内消火栓系统和自动喷水灭火系统

采用临时高压消防给水系统，消防增压设施（包括消防主泵、水池等）设置于地下二层，屋顶设重力稳压系统的高位消防水箱。

5. 排水系统

采用雨污分流、污废合流的重力排水系统，不具备重力排水条件的采取动力提升排水方式，地下室卫生间和厨房排水，采用成品一体化压力提升排水设备。

6. 冷却循环水系统

冷却塔与制冷机采用并联制的对应关系，冷却塔为开式低噪声横流塔，冷却塔设于裙房屋面西侧，冷却循环水泵及冷却循环水处理设施设于地下室冷冻机房内，冷却塔补水水源储存于消防水池。

7. 雨水回用系统

本项目设微生态滤池处理工艺的雨水回用系统，为下列场所提供杂用水，分别是地下车库以及室外广场地面冲洗、室外绿化浇洒、室内外景观水池补水等。

6.3.2 低能耗给水系统

给水排水专业日常能耗较大的系统是生活给水系统和热水供水系统，其系统形式选择也较多，不同的系统形式及其能耗计量与监控，均会影响能耗的实际结果。本项目在设计之初，对各系统进行调查、分析比较，其过程和最终方案如下：

1. 低能耗生活给水系统

办公楼的生活给水增压系统，是给水排水专业能耗较大的系统之一，目前常见的二次增压给水系统有：变频调速增压供水系统、气压给水增压供水系统、叠压（无负压）供水增压系统、高位水箱供水系统等。结合本项目建筑类型，以及大量类似项目系统做法，采用水箱加变频增压供水方式是目前阶段较合理的系统选择。其中的供水分区划分，对于一类高层办公类型的建筑，常规的做法是：二层及以下采用市政直接供给，二层以上采用变频增压给水泵组加水箱联合供给，该系统是非常成熟、合理的做法，但其中的增压给水分区的划分方式，会牵涉到初次投资和后期运行能耗等，经详细计算、比较、分析，最终将下面三种方案作为备选方案，生活增压给水系统示意见图6.3-1。

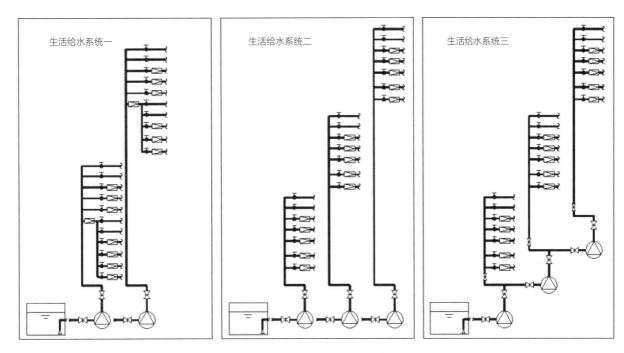

图6.3-1　生活增压给水系统示意

1）生活给水系统一，增压区采用两套增压泵组，每组供水干管上设置总减压阀进行分区供给，增压设备相对较少。针对设计流量较小的本项目来说，变频水泵能在相对高效区运行是比较节能、可靠和经济的供水方案；缺点是减压阀设置相对较多，对阀门、管材以及管网系统安装的质量要求较高，且对后期的维保提出了比较高的要求。

2）生活给水系统二，每个区相对独立，互相干扰较少，但增压泵组相对较多，总系统造价相对较高，且经计算每个供水分区设计秒流量不到4L/s时，泵组的运行效率相对较低，后期运行总能耗相对较高。

3）生活给水系统三，系统相对节能，每个泵组均能在各自的高效区运行，但该系统暂未见有运用实例，对其稳定、可靠的供水性能，有一定的担忧，且该系统互相关联较多，如增压一区泵组出现故障，整栋塔楼供水系统将出现瘫痪状态，且增压二区、三区的泵组间歇式运行吸水，对前面分区供水水压的稳定性能会造成多大影响，还有待进一步考证。

综上所述，经详细的全生命周期能耗测算，并考虑节能与投资之间的平衡，最终确定采用生活给水系统一的形式，增压设备泵组中的每台水泵均配置有数字集成变频器，通过智能集中控制柜等量同步、效率均衡、全变频控制运行。该方案相对于用水量较少的单栋高层办公建筑来说，是比较节能和经济的供水方案。

2. 低能耗生活热水供水系统

根据有关资料显示，建筑能耗占我国能源消耗总量的比例已近30%。在建筑能耗中，热水供应系统是建筑给水排水专业中的主要能耗系统之一。因此，合理选择集中热水供应系统的热源，对节能降耗有重要意义。本项目员工厨房和员工健身房淋浴有相对较大的热水用水量需求，在热水方案的选择时，参考本地习惯做法，进行多方案分析、比较，并结合江苏省《绿色建筑设计标准》DB 32/3962—2020的相关要求，确定与本项目比较匹配的热水系统方案有如下几种：

1）集中太阳能制热加空气源热泵辅助加热的单水箱供热系统，该系统造价相对较低，但相对集热效率较低，提高利用太阳能系统的利用率控制较为复杂，且保证冷热水压力平衡比较困难，热水温度会随着冷水补水而变化较大，用水体验感较差。单水箱太阳能制热供水系统见图6.3-2。

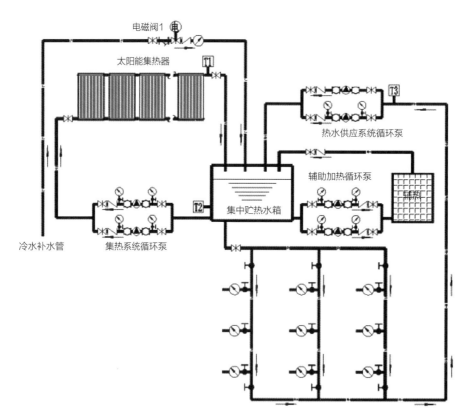

图6.3-2 单水箱太阳能制热供水系统

2）集中太阳能制热加空气源热泵辅助加热的双水箱供热系统，集热效率相对较高，但与单水箱供热系统一样，存在冷热水压力平衡和二次污染风险等问题，需要根据项目具体用水情况慎重匹配选用。双水箱太阳能制热供水系统见图6.3-3。

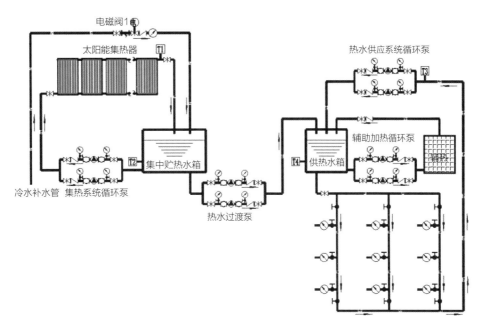

图6.3-3 双水箱太阳能制热供水系统

3）太阳能制热加商用燃气热水器辅热供热系统的方式，能充分发挥太阳能制热能力，热水供水水压和温度比较稳定，造价也相对适中，热水水质也相对有保证，通常用于设计小时耗热量相对较小的集中热水系统。太阳能制热加商用燃气热水器辅热供热系统见图6.3-4。

4）太阳能加空气源热泵进行集中制热串联水罐供应系统，简称"太空组合"，该系统目前市面上在逐步推广，其热水供水的水压和水温比较稳定，系统能耗较低，但是系统控制相对复杂，占用机房面积较大，且造价相对较高，需要根据项目具体情况综合考虑选用。太阳能加空气源热泵集中制热串联水罐供应系统见图6.3-5。

经过分析比较，结合本项目热水需求特点，最终选用匹配性较高的太阳能制热加商用燃气热水器辅热供热系统，太阳能制热板采用效率较高的平板型集热板，设置于裙房南屋面。

从本项目投入使用到目前为止，热水总用水量情况统计见表6.3-1。

从表6.3-1中9个月的统计数据可以看出，热水总用水量为1911m³，其中由太阳能总制热水量约为498m³，经换算减少的燃气耗量为6742m³，减少碳排放约20.12t，系统节能效果显著，且系统完全满足热水用水需求，与本项目的热水使用工况匹配。

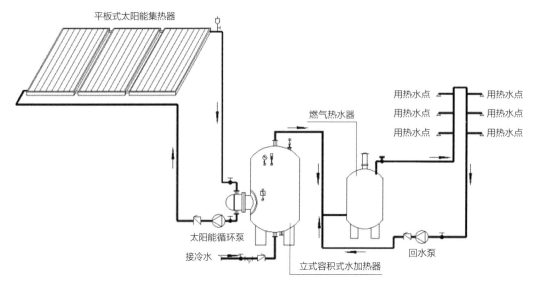

图6.3-4　太阳能制热加商用燃气热水器辅热供热系统

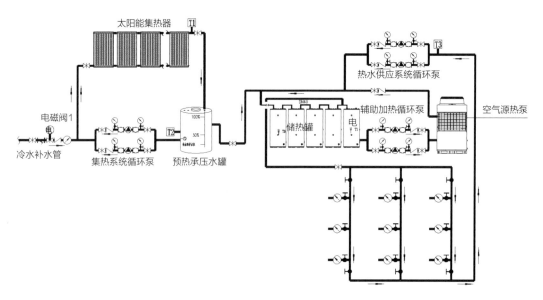

图6.3-5　太阳能加空气源热泵集中制热串联水罐供应系统

热水总用水量情况统计 表6.3-1

时间 热水用水	2023 年11月	2023 年12月	2024 年1月	2024 年2月	2024 年3月	2024 年4月	2024 年5月	2024 年6月	2024 年7月	2024 年8月
健身房热水量（m³）	—	—	—	—	25	41	50	55	45	60
食堂热水量（m³）	223	125	193	140	192	206	196	160	120	80
每个月合计热水量（m³）	223	125	193	140	217	247	246	215	165	140

另外，本项目集中生活热水系统采取实时高温循环的方式，进行抑菌、杀菌，保证热水水质；设置干管循环系统，管网配置保证配水点出水温度不低于45℃时间不大于10s；员工健身房淋浴热水和厨房热水供给系统采用相对独立系统。

3. 能耗的分级计量与监测系统

本项目按使用用途、付费或管理单元设置远传计量水表，分类、分级记录，定期统计、分析各种设备、设施用水情况，利用计量数据进行管网漏损自动检测、分析与整改，保证管网漏损可控，水表分级计量示意见图6.3-6。

其中，远传水表监测示意见图6.3-7，关联功能如下：

1）远程监视：可在BA系统端实时查询，读取用户数据，并具有异常报警功能；

2）远程抄表：当系统发出抄表指令后，可以直接采集、抄取、收发用户的用水信息；

3）预警提示功能：一旦发现有欠费、受干扰问题时，就会第一时间发出预警信号，提示用户及时处理；

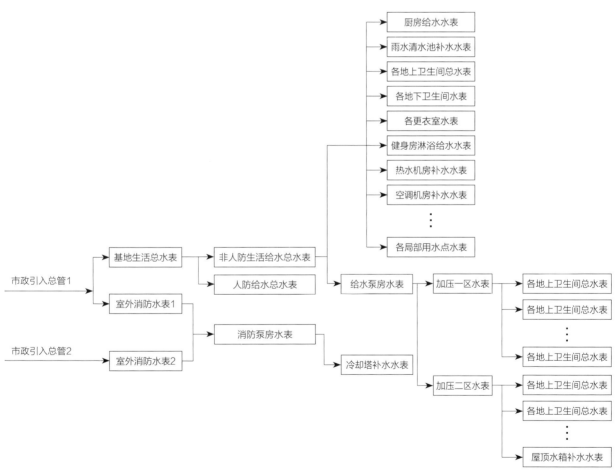

图6.3-6 水表分级计量示意

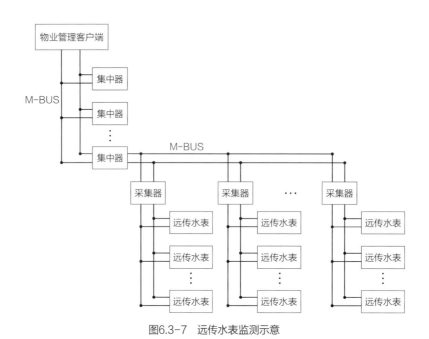

图6.3-7　远传水表监测示意

4）精准计量功能：能精细地对所有用水点进行计量，并通过系统管理，尽早发现管道跑、冒、滴、漏等用水异常现象，及时通知提醒维保人员修复，节约水资源。

6.3.3　给水排水专业绿色低碳设计与研究

给水排水专业的绿色低碳相关措施，是绿色建筑设计的重要内容之一，本项目根据建筑的布局和使用特征，采取了多种绿色和节水措施，如由微生态滤床处理系统的雨水回用系统、节水灌溉系统，以及节水冷却塔和一级节水洁具等。

1. 非传统水源处理利用系统

随着绿色建筑和低碳相关规定要求，雨水回用型非传统水源利用已越来越普及。目前，雨水净化多采用物化处理方式，然而该处理方式依旧存在不少问题，如设备的维保要求较高，维保操作人员的水平较低等，会导致设施一直处于闲置状态。本项目经方案比选，采用创新的微生态滤床处理系统，以更贴近自然、更简化流程的方式来进行雨水回用处理。该技术属于湿地技术的一种，具有可生化性强，氮、磷去除能力高，投资及日常运行费用低等特点。

本项目地库设置160m³雨水原水收集池，并设置40m³的水景补水清水池和48m³的杂用水清水池，分别用于地块内的水景补水及绿化和冲洗的杂用水。相应分设两套变频增压泵组增压供水，每套系统出水管上均设紫外线消毒器。雨水回用机房安装完成内景见图6.3-8。

本项目雨水收集池的原水，来自屋面雨水和经过海绵设施预处理过的室外场地雨水排水，通过原水池中

图6.3-8 雨水回用机房安装完成内景

潜水泵取水提升至微生态滤床，处理后的清水自流至清水池储蓄待用。处理系统自动控制，间歇式循环工作，当清水池水位超高时，会溢流回原水池再循环处理，避免了常规工艺中清水池贮水多天后其内水质变质产生异味等情况，此工艺维护简单易行，水处理成本低，微生态滤床处理系统剖面图见图6.3-9。

处理达标的清水采用变频泵加压，并经紫外线消毒器消毒后，供给各非传统水源用水点，微生态滤床处理系统流程图见图6.3-10。

微生态滤床是一个复杂的生态单元，雨水原水在流经该滤床时，水流经过水生植物和生态基质层，植物根部复杂多变的微生态系统及基质层内丰富的微生物群体，对水中BOD、N、P都有良好的去除效果，各种污染物在微生物转化、细菌分解、氧化、还原、吸收和沉淀等多重作用下发生分离或转化。

室内外景观水定期排放，回流至雨水原水收集池，从而使得景观水池的水定期更新，保证景观水池水质，原水通过生态滤床循环处理再利用。

根据水表数据统计，2023年10月至2024年8月，回用雨水收集量为6396m³，模拟推算出一年的雨水总回用水量约为11400m³，雨水回用水表统计数据见表6.3-2，回收期测算数据见表6.3-3。

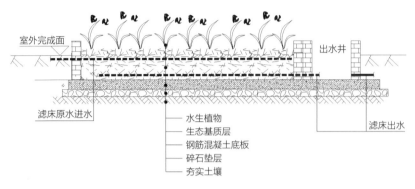

图6.3-9 微生态滤床处理系统剖面图

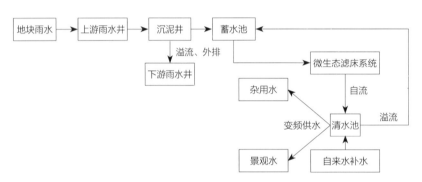

图6.3-10 微生态滤床处理系统流程图

雨水回用水表统计数据

表6.3-2

雨水回用水池的自来水补水表读数（m³）	绿化浇灌、地面冲洗增压总表读数（m³）	景观水池的增压管网总表读数（m³）	实际回用雨水量（m³）
8289	10218	4467	6396

回收期测算数据

表6.3-3

雨水处理设备+土建总投资（万元）	雨水管网、检查井增量成本（万元）	雨水回用总计增量成本（万元）	年雨水回用运行成本（万元/年）	年节约自来水（万元/年）	回收期（年）
15.0	9.0	24.00	1.0	5.56	5.26

通过上述统计测算，本专项的投资回收期约为6年，投资性价比较高，值得类似项目推广运用。

2. 节水系统

1）节水灌溉系统

本项目采用节水喷灌的绿化浇灌形式，结合建筑实际景观绿化情况，节水灌溉形式采用滴灌和微喷灌的方式，同时在灌溉区域设置小型气象站及土壤湿度感应器等装置，通过智能化设备，实现景观喷灌的自动感应控制，保证景观灌溉效果的同时，节约物业管理时间和成本，微喷灌安装接管示意见图6.3-11。

2）冷却塔节水设计

本项目采用开式横流低噪声钢制节水型冷却塔，单位功耗和单位占地面积处理水量大，飘水率低，且该冷却塔71%的材料可以回收利用，冷却塔补水储存于消防水池（冷却塔补水泵吸水管设有虹吸破坏孔，保证消防用水不被动用），提高消防水池内的储水更新频率，避免水质长期不动变质而直接排放，节约自来水用水，冷却塔运行实景见图6.3-12。

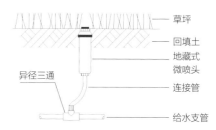

图6.3-11　微喷灌安装接管示意

图6.3-12　冷却塔运行实景

本项目供回水管同程布置，并设置平衡管（平衡管径大于一组冷却塔回水母管管径），确保每组冷却塔进出水均衡，避免局部冷却塔溢流排水的现象发生。除了冷却水管网系统设计节水优化外，本项目根据冷冻机、冷却塔等设备对水质的要求，适当提高冷却水浓缩倍数，制定相应的恒定排污方案，根据在既不伤害机器、管道和配件寿命，也不增加维护保养频率以及换热等前提下，水质可以达到的最低标准，制定最低的换水排水频率，以节约用水水源。例如本项目的冷却循环水量约为1100m³/h，浓缩倍率按5倍考虑，经过计算，冷却水系统恒定的排污流量约为1.98m³/h，以在保证运行水质和节约用水之间，寻求最佳平衡排污流量值。

3）节水器具应用

本项目生活用水设备、器具及构配件选用节水、节能型生活用水器具，其用水效率等级均达到规范要求的Ⅰ级，相比常规用水器具节水30%左右。其中，洗手盆水嘴采用非接触式感应水嘴，实际采购按一级节水器具要求，控制水嘴出流量小于0.1L/s，水嘴的动压在0.1±0.01MPa左右；便器全部采用非接触感应冲洗阀，小便器一次用水量不大于0.5L，非接触式感应蹲便器一次用水量不大于4.0L。很多节水蹲便器冲洗阀冲洗不干净，给使用者带来困扰，经调查，问题应该是由冲洗阀的最大瞬时流量不足造成的，所以本项目在洁具采购时，明确产品需满足规范要求，即冲洗阀在动态压力为0.1±0.01MPa水压下，冲洗阀最大瞬时流量要≥1.2L/s，本项目洁具实际投入使用效果良好。

6.3.4　管材和设备的设计选择与应用

本项目从方案到施工图，再到配合招标投标以及后来的配合施工、运营管理、使用等，相关设计人员对给水排水系统在本项目的全生命周期影响和作用，具有更加全面、深刻的体会。在选择给水排水专业管材和设备时，会根据大楼系统需求，结合相关规范和市场最前沿的优质产品进行比选确定；配合现场实施时，一直本着"细节决定成败"的理念，对各种管材和设备的采购、安装、维护等过程进行现场把控和指导安装实施，以下分系统介绍本项目各种管材和设备的设计选择与应用过程。

1．生活给水系统主要管材和设备的比选及实施应用

1）随着材料科学的快速发展，国内涌现出各种给水管材新产品，如薄壁不锈钢管、薄壁铜管、塑料管、纤维增强塑料管、衬（涂）塑钢管、铝合金衬塑管、钢塑复合管等。而据相关调查报道，新型管材出问题的案例不计其数，且欧美发达国家的生活给水管还是采用铜管较多，说明新型管材的推广使用，还需要一定检验周期，须慎重使用。本项目未采用造价较贵的铜管，而是采用了市面上广泛使用的管材，并兼顾经济性及可靠性因素，生活给水干管最终选择了内外涂覆钢塑复合管，该管材目前使用普及率较高，具备钢管的高强度和塑料管的耐腐蚀性、耐磨损性等特点；生活给水支管采用常用的S5级PPR塑料管；雨水回用管材采用PE给水管；热水干管采用薄壁不锈钢管；热水支管采用热水型PPR管，以上管材均是经过市场多年考验的成熟产品。

2）给水系统的变频增压泵组设备是给水系统的重要组成设备，其性能直接影响员工用水体验和项目能耗，所以，经过众多既有案例调研并结合相关规范规定，本项目采用数字集成全变频恒压供水设备，泵组中

的每台水泵均独立配置有数字集成变频器，并通过智能集中控制来实现泵组全变频控制、等量同步、效率均衡地运行。

依据规范要求，生活饮用水箱应设置消毒装置，常见的消毒设备有紫外线消毒器、臭氧消毒器、氯消毒器等。其中紫外线消毒器利用紫外线的杀菌作用，对水箱内的水进行消毒，这种消毒方式具有速度快、效果好、无残留物等优点，但紫外线消毒器需要定期更换灯管，维护成本相对较高；臭氧消毒器通过产生臭氧气体，利用臭氧的强氧化作用杀灭水中的细菌、病毒等微生物，臭氧消毒器具有消毒效果好、无二次污染等优点，但臭氧消毒器需要消耗较多的电能，且对于水质的要求较高，如果水质较差，可能会影响消毒效果；氯消毒器通过向水中加入氯或其化合物，利用氯的杀菌作用对水箱内的水进行消毒，这种消毒方式具有成本低、操作简单等优点，但氯消毒器对余氯控制相对不稳定，对人体健康会造成一定的影响。本项目综合安全性、维护便利性、消毒效果等要求，最终选择紫外线消毒器作为生活水箱的消毒措施。

本项目按照安全、可靠、经济、适用的原则，在每处吧台设置商用直饮水机，直饮水机的型号根据各部门使用人数灵活配备。

3）在配合施工实施方面，除了要关注系统主要设备、管材的选购和安装等，还要配合施工交付的最终细节问题，需要全方位复核、排查。比如检查给水阀门需要全部开启到位；给水系统上各减压阀的检查、清理、调试；进水浮球阀的进水和溢流口标高需要与图纸要求完全一致；所有过滤器需要在使用前清理一次；冷却塔每个进水口进水均衡调节等，以上各细节均会影响各系统设备的使用。另外，以往其他项目上遇到的一些细节问题，也要避免在本项目中出现，例如液控浮球阀经常损坏；给水管出现共振；水表计量不准；热水系统的热媒损耗量异常等，均可以通过精细化设计和严格把控现场施工解决。其中，液控浮球阀时常发生故障，是由于水箱频繁补水而导致水位不断浮动变化，导致浮球频繁摆动而影响角阀寿命，时常损坏，所以，本项目在安装浮球阀的水箱内，增设镂空水池隔板，避免补水时水位晃动而导致浮球频繁摆动，最终完成效果较好，值得类似项目推广使用，水箱进水浮球阀防止波动安装图示见图6.3-13。

2. 冷却水系统管材和设备的比选及配合实施应用

1）冷却循环水管材常规采用无缝钢管或者焊接钢管（化学镀膜），目前还有采用涂塑钢管、PE钢骨架管道、不锈钢管、内衬玻璃钢的不锈钢管等新型管材，本项目冷却水流量相对较小，且系统承压不大，经协商选用常规的焊接钢管。在系统管道除锈及清洗完毕后，采用高分子化学镀膜剂进行化学镀膜，提高管道的防锈、防腐蚀能力，并且在后期的维护保养中，提醒物业要定期重新进行化学镀膜，以保证管道始终处于良好的状态。

本项目供回水管尽量同程布置，并设置平衡管（平衡管径大于一组冷却塔回水母管管径），确保每组冷却塔进出水均衡，避免局部冷却塔溢流持续排水的现象发生。本项目冷却塔相对较少，进水平衡调节相对容易，未采用额外措施来保证其进水平衡。对于冷却塔较多的系统，进水平衡调节将变得非常困难，建议设置水量分布器以保证各进水口水量平衡，水量分布器设置简图见图6.3-14。

2）本项目采用开式横流低噪声钢制冷却塔，设置于裙房屋面，冷却塔补水用水储存于消防水池，提高

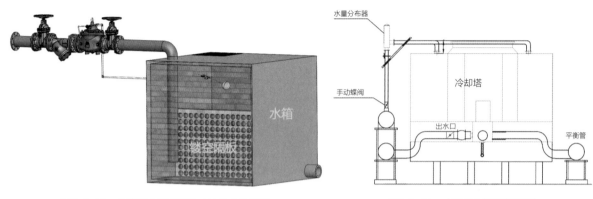

图6.3-13　水箱进水浮球阀防止波动安装图示　　　　　图6.3-14　水量分布器设置简图

消防水池内的储水更新频率，避免池水经常不用而导致水质变质直接排放，节约自来水用水。

在采购冷却塔时，除了关注冷却塔的冷却能力、热交换效率、节水性能等参数外，还兼顾考虑初始投资成本及长期运行和维护的费用，售后服务便利性等。本工程选择低噪声横流式冷却塔，塔身采用镀锌材质，坚固耐用。冷却塔填料根据使用环境、经济性、耐腐蚀性、方便安装更换的特性，采用的是PVC填料，薄膜式结构。冷却塔风机根据噪声、节能、环境适应性等综合考虑，选择低噪声风机，并配置变频器达到高效运行的效果。

本项目采用综合物化水处理器，对循环冷却水采取过滤、缓蚀、阻垢、杀菌、灭藻等方式进行水处理，该设备后期运维相对简单易行。

3）冷却水管在机房内施工时，根据高效机房设计要求，并结合BIM设计软件，将冷却水管做到最简洁明了，以降低冷却水水泵扬程需求和能耗。

冷却塔配合安装时，仔细研究中标生产厂家提供的冷却塔资料，确保塔的参数、性能满足设计要求。另外，复核原设计图纸中冷却塔的基础尺寸、间距、荷载以及预留风机电量等，确保了与现场施工土建预留条件吻合。例如本项目在冷却塔到达现场后，及时发现冷却塔出水管的接口标高过低，无法达到出水管与回水干管管顶平接，结合现场实际情况以及与厂家的技术人员沟通后，决定调整设备配件抬高出水管的接口标高，确保了出水管与回水干管管顶平接，避免了今后管道内集气导致冷却水管过水断面减小的情况。

3. 排水系统主要管材和设备的比选及配合实施应用

1）排水系统中的管材选择，是给水排水设计的重要环节，本项目的室内污废水管、通气管的横干管和立管采用HDPE双壁中空超静音排水管，多层裙房区域的重力雨水管采用HDPE双壁中空超静音排水管，高层塔楼屋面则选用内外壁涂环氧树脂钢塑复合管。其中HDPE双壁中空超静音排水管除了排水性能优异、性价比较高外，其沟槽式连接方式对拆改安装十分方便，管道沟槽式柔性密封连接示意图见图6.3-15。在实际应用中，由于沟槽式连接采用机械组装方式，当需要拆改或维修管道时，只需松开卡箍即可，大大降低了拆改的难度，缩短了工期，并且管材及配件损耗极低。

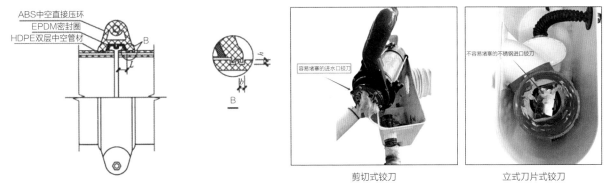

图6.3-15 管道沟槽式柔性密封连接示意图　　　图6.3-16 一体污水提升设备两种进水口铰刀形式

2）排水设备主要涉及厨房隔油设备、污水提升设备及各类集水坑排水泵。其中，排水设备特别需要注意实际使用场景与排水设备的匹配选择，比如小型公共卫生间选装洁具后置式一体化污水提升设备时，因为污水中难免会有纸巾等杂物，所以提升设备推荐采用大通道排水设备，进水口的铰刀需要有相应的处理能力，避免进水口被堵塞不能使用。一体污水提升设备两种进水口铰刀形式见图6.3-16，左侧为剪切式，右侧为立式刀片式。对于公共建筑卫生间的排水，建议选用右侧立式刀片式，切割能力更强，排水设备的可接纳性更好，设备的容错率更高，当然，还需要内装配合预留检修门，方便设备日常检修操作，避免完全装饰包裹处理。

3）在配合施工的过程中，本项目制定了详细的施工方案和标准，包括管道材质、连接方式、坡度设置等方面都作出了明确规定，确保施工过程中的每一步都符合规范要求，同时加强施工现场管理，设立专门的施工现场管理人员，负责监督施工过程的规范性，定期检查施工现场，及时发现问题并进行整改。在排水系统中，底层排水支管与横干管或立管的正确接入至关重要，严禁底层排水支管乱接的现象发生，否则不仅影响排水效果，还可能造成排水安全隐患。本项目明确底层排水支管接入横干管或立管的具体位置要求，安装前明确技术要求交底至实际施工操作人员，并现场监督、指导安装，最终完成效果良好，且在实际使用过程中，未出现洁具反冒水的现象。

4. 水消防系统主要管材和设备的比选及配合施工应用

1）以往消防给水系统中，常见的选用管材有热浸镀锌钢管、热浸镀锌加厚钢管及无缝钢管等，现行规范推荐的管材还有CPVC塑料管、碳钢管等。启迪设计集团作为新时代科技建筑与智能建筑的推进者，在管材使用时也积极地采用新材料、新技术。其中喷淋系统对管径小于等于DN50的部分，本项目采用了内外覆塑碳钢管，卡压连接，此管材施工快速、便捷、美观，大大缩短了施工周期。

2）本项目除了满足常规规范的要求，还遵循科技建筑及智慧建筑的主旨，积极响应公安部对智慧消防的实施倡导，其中，喷淋系统采用智能末端试水装置；消火栓环状管网上，设置远程压力开关，即可通过远程监控末端管网压力。通过以上设备的投入使用，提升了本项目的智慧消防远程管理能力，减轻了消防维保难度。

3）在配合施工过程中，新型喷淋低碳钢管的施工，需重点关注如下几个方面：

（1）插入管插不到位，导致卡压位置卡不到内管，从而出现隐患漏点，所以插管需划线，插入前应仔细检查橡胶圈是否安装在管件正确的位置，并检查表面是否有异物。

（2）管道有较多毛刺，导致无法贴合卡压，且会导致橡胶圈处卡压变形、损坏等，所以在管材切割后，去除管材口的内外毛刺，方可进行卡压连接，避免刺伤密封橡胶圈。

（3）管道卡压完成后，发现管道不够垂直或水平时，直接硬性转动调整，所以管道卡压完成后，不得直接转动调整，如有转动，需再次卡压。

（4）现场要避免管道先插到位，后续统一再卡压的施工方式，会存在漏卡或脱落移位现象，应每插一个就卡压一个，确保每个连接点都卡压到位。

（5）未严格按厂家操作说明施工，在更换与管件匹配的钳口时，需准确放入钳口座内，打开钳口，将管件的环状凸槽放入钳口的环状凹槽内，然后按下压接枪开关，压接枪将自动运行，直到钳口闭合，并自动泄压完成压接作业。

（6）管道安装完成后，注意在其他管线、设备安装时，严禁磕碰喷淋管道。

6.3.5　给水排水专业实施总结

1. 给水排水及消防系统运行分析

结合本项目的全过程配合经验，笔者建议：目前对于类似的办公建筑项目，不需要刻意强行增加相关高大上的节能、绿色措施，选择与具体项目匹配的合理系统，考虑其后续实际运营的便捷性，并把控好每个施工细节，就是绿色、节能、低碳建筑的最好响应和体现。本项目在如下几个方面，值得类似工程借鉴和探讨：

1）给水系统方案的选择，即类似办公这种用水量较低的建筑，宜减少分区，减少增压泵组的设置，是相对合适的做法。

2）有关雨水回用处理方式，目前做法较多，但需要考虑系统可实施性和运营的可持续性。本项目选用后期可自动运行的微生态滤床处理系统，成本较少，人工维护要求较低，值得推广借鉴。

3）办公建筑日常机电运行耗能最大的是空调系统，冷却水系统是其重要的组成部分，其中，冷却塔、冷却循环泵及配件的选择与布置，冷却水管网的合理设计与施工等全过程把控，均需要重点关注，尽量减少系统的任何"短板"，提高系统在复杂工况下的"韧性"，稳定、可靠地提供较低冷却水循环温度，大大提高冷冻机运行效率，从而降低能耗，减少碳排放。

4）本项目在一层门厅处设有一座景观水池，池内放养观赏鱼，为保证水池水质，采取了一系列保障措施。首先让池水定期循环，水池底部的排水阀门设定为定时打开，排出的水进入地下室雨水原水收集池，再经过室外生态滤床过滤后回到清水池，清水池中的净水通过水泵增压补水进入景观水池，每日可以更换全部池水一次，达到净化水质的目的。

5）作为办公建筑，对噪声的控制要求相对较高，本项目在为冷却塔选择位置时，与建筑专业充分协商确定，并提前做噪声模拟，把冷却塔的位置摆放在影响最小的区域。另外，冷却塔在风机高频运行时，产生的振动不容忽视，即便做了橡胶隔振措施，设备区的下一层依然可能感受到较为明显的振动，因此在冷却塔基础不增加特殊减振措施时，适当放大冷却塔的参数，避免冷却塔一直在高频运行，从而减弱风机的振动幅度，减小冷却塔的振动影响，是一个不错的选择方案。

6）水消防系统运行方面，目前国内部分在运行项目无法良好地实现规范要求的正常出水灭火，比如最典型的杭州保姆纵火案，据有关媒体报道的消防灭火处置过程显示：消防队员赶到失火楼层后，无水可用，消防水泵也不能正常启动，即便启动后也不能正常供水，最后由消防队员在楼梯间内一层一层人工铺设、接续水龙带，从1楼一直铺设到着火层18楼，严重影响灭火救援时间，造成了惨痛后果。另据相关期刊资料：从国内380份火灾处置案例过程分析，其消防水系统灭火成功率统计见图6.3-17。

从数据统计来看，国内水消防系统应用成功率相对较低，分析其缘由，主要有如下几个方面：

（1）设计问题：消防系统的设计不符合规范要求，如泵的选型、流量、扬程等参数不符合实际需求，导致系统无法正常工作，比如水泵大流量时过载，配套电机功率不足，导致消防泵出水无法与灭火工况匹配。

（2）安装问题：消防系统的安装质量不合格，如管道安装不规范、阀门安装错误等，导致管网渗水、漏水现象时常发生，稳压系统无法长期运行，后续系统被迫手动关闭，影响了系统的正常运行。

（3）系统控制问题：消防系统的控制存在故障，如电气元件损坏、线路故障等，未及时检修、更换，导致系统无法实现自动启泵功能。

（4）消防泵本身问题：消防泵本身存在故障，如叶轮磨

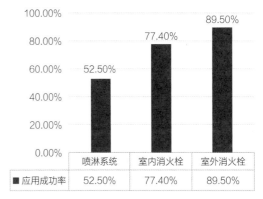

图6.3-17 消防水系统灭火成功率统计

损、密封件损坏等，未及时检修、更换，导致在需要启动灭火时，无法正常工作。

（5）后期维保问题：后期维保人员水平较低，未按规范要求进行定期维护和检查，导致消防系统一直处于"带病"状态，到了实战灭火的时候，无法正常运转工作。

本项目水消防系统在设计之初就特别重视上述问题，从方案到施工图以及后续的施工安装等，全部按规范进行严格把控，并超规范地结合智慧消防相关指导要求，在水系统重要的部位设置多处压力传感器，将参数传送至消控室，以便消防值班和维保人员查核系统的"健康"状态。最终的实际交付和使用情况较好，系统满足规范的各项指标和要求，稳压系统、自动启泵、系统管网的防泄漏等都满足规范和设计要求，消防水泵房内景见图6.3-18。

图6.3-18 消防水泵房内景

2．改进与反思

本项目在投入使用后也还是发现了些问题，分别如下：

1）本项目雨水管采用塑料雨水管，相应位置的办公区噪声相对明显，此问题在通过包裹静音材料处理后，噪声明显减弱。

2）一体化隔油设备提升装置后期运维需要根据项目排水情况匹配操作，例如本项目在前期运行时，由于厨房工人清理过于频繁，外运排出的油非常少，大部分为废水，设备隔油运行效果较差，后经过厂家的沟通指导调整，适当延长清掏时间后，设备逐步恢复到正常运行状态。

3）污水提升设备除了排水流量和扬程满足运行要求外，与建筑的使用场景吻合也非常重要。例如污水提升器中的铰刀性能，前期试装的小型污水提升设备，虽然做工精良、性能优秀，但其铰刀切割处理适应性较差，对纸片类材料无法进行有效切割，导致故障率较高，后来更换了与运用场景更加匹配的切割刀片，设备的运行状况良好，再未出现进口堵塞停机的状况。

4）本项目刚投入使用时，个别公共卫生间时常出现难以消除的臭味，经过调查发现，主要原因之一是地漏水封补水不足而导致水封被破坏，导致管网臭气反冒至室内。目前，利用洗手盆排水对地漏水封进行补水的做法，是常见行之有效的做法，国内外高级酒店客房地漏以及公共卫生间的地漏均强制要求采用该做法进行存水弯补水，该做法简单易行，效果较好。本项目大部分卫生间内的地漏均采用该补水方案，未出现地漏水封破坏产生臭气反冒的现象，但个别卫生间由于其面积较大，找坡地漏设置位置远离洗手盆，仅采用了自身存水弯的排水方式，其水封长期得不到补充而破坏，出现臭味反冒的现象，后来只能提醒物业要定期为地漏补水，以避免该现象发生。在施工落实时，注意水封后排水支管的坡度需要确保按规范要求安装（排水管敷设坡度不小于0.026），确保排水管排水能力，以防洗手盆排水通过地漏反冒。洗手盆排水给地漏存水弯补水做法示意图见图6.3-19。

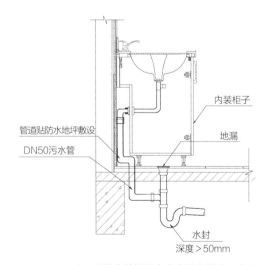

图6.3-19　洗手盆排水给地漏存水弯补水做法示意图

综上所述，细节决定成败，系统的设计、施工、维护管理等每个细节均需要重视，严格按图纸和规范要求实施，才能确保各系统健康运行。

6.4 机电与建筑效果的匹配性

6.4.1 建筑空间特点

本项目的机电设计和安装以"舒适、便捷、美观"为理念和目标，并贯彻于全专业的配合工作中。建筑空间对机电系统而言具备以下几大特点：

1）机电设备用房的布局及机电干线路由的空间都很紧凑：

（1）B1层设备区：变电所紧邻冷冻机房、锅炉房和通信接入机房，在机房区南侧宽2.1m、梁下净高3.2m的走道内需要容纳大量变电所引出的电缆桥架和母线、冷冻机房和锅炉房的冷热水管线、通信系统主干桥架，空间压力巨大。

（2）电气竖向井道：考虑建筑功能布局的合理性，无法各层上下贯通，需要在某些楼层比较局限的走道内进行电气干线的水平转换。

2）办公区域以开敞空间为主，可根据使用需要对区域划分和工位进行调整，以适应不同规模和类型的企业办公需求。这种布局对合理选择机电管线路由和敷设方式以保证建筑效果的实现带来了挑战。

3）塔楼每4层设有一个景观外廊，导致本项目雨水排水点较多，相应产生较多的雨水排水横管和立管布置，需结合建筑、结构平面相对隐蔽处理，避免影响层高和顶面的美观。

4）大楼屋面需留出足够空间以满足景观创意、光伏、篮球健身等场地，对户外设备的布置和美化提出了更高的要求。

6.4.2 匹配性设计的目标及策略

针对本项目建筑空间特点，通过合理的机电干线路由及末端线路设计，实现以下主要目标：

1）舒适性：确保机电系统的高效运行，为大楼提供舒适、健康的环境；

2）便捷性：减少维护和检修难度，提高设施设备的可靠性，延长其使用寿命；

3）美观性：提升建筑环境的整体美观性。

为实现以上目标，本项目机电管线全部采用了BIM正向综合设计，BIM成果从设计沿用到了施工指导。BIM正向综合设计遵守以下策略：

1）机电管线综合布置，尽可能减少线路弯曲和交叉，降低空间占用；

2）避免不同类别管线之间的干扰，确保系统稳定运行；

3）加强空间利用，实现地上部分机电管线全部穿梁敷设；

4）确保线路的安全距离和防护措施，预防电气火灾等安全事故的发生。

6.4.3 机房和设备区选择

空调冷热源机房通常设置在空调负荷中心，但中心区域通常是利用率较高或具备较高经济价值的区域。此外，在中心区域设置有噪声、振动的冷热源机房，对周边房间的使用也会带来不利的影响。本项目在冷热源机房选址时，充分考虑了上述因素，将机房布置在空调负荷中心区域的边缘，并通过厨房、设备通道将制冷机房与餐厅、报告厅等主要使用空间进行分隔，形成必要的缓冲，在兼顾运行经济性的前提下有效减少对周围环境的影响。

空调制冷机房对面积和净高都有较高的要求，比如：公建的制冷机房面积一般按空调建筑面积的1%设置；制冷机房梁下净高要求不低于4.5m等。本项目采用装配式机房的理念，综合考虑机房设计、设备选型、现场安装、运维便捷等多方面因素进行整体优化分析后，制冷机房面积降到了空调建筑面积的6‰，减少了约40%的面积占用。对于制冷机房层高不足的问题，暖通专业与建筑、结构专业沟通协作，在主机区域结构采用大板设计，保证了该区域板下净高3.5m、边梁下净高3.0m。结合多机头磁悬浮机组的特点，在板上预埋检修吊钩，满足了运行和检修的要求，制冷机房净高控制措施见图6.4-1。

冷却塔布置位置的选择，除了规范相关要求外，还要兼顾立面、平面布置的合理性，如避开主要人流的视线范围，以及与冷冻机房的距离和上下位置关系等。本项目在布置冷却塔时，结合建筑平面布局，分别将冷却塔布置于室外地面、塔楼屋顶、裙房等位置的方案进行比较分析，权衡利弊，最终选择布置在裙房屋顶。选择该方案衍生的问题和解决方案如下：

1）本项目将冷却塔设置在裙房的西北侧。由于裙房高度较低，冷却塔对立面的影响较明显，故在其周边采用通透铝格栅进行包裹遮挡，避免冷却塔直接暴露在人员的视线范围内。在围护结构顶部，在冷却塔塔

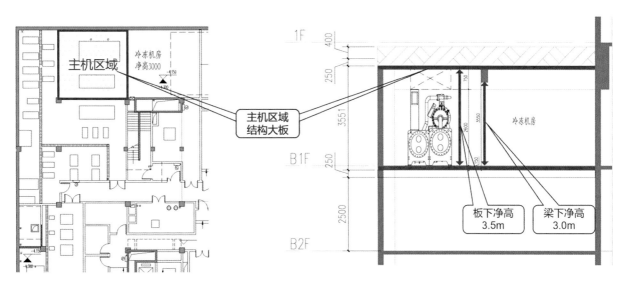

图6.4-1 制冷机房净高控制措施

图6.4-2 塔顶格栅对应风机精确预留通风洞口

顶排风机正上方的位置留出洞口，避免影响设备的通风效率。塔顶格栅对应风机精确预留通风洞口见图6.4-2。

2）冷却塔与办公塔楼净距小于25m，难免对其产生噪声影响，经调研市场主流产品的噪声数据后得知：靠近冷却塔的最不利塔楼墙边叠加噪声约60dB（A）左右。为避免冷却塔噪声影响，本项目选择进口高品质低噪声冷却塔，并采用通透铝格栅加绿篱对其进行隔离。经投用后现场测试，冷却塔全负荷运行时，塔楼相邻各层办公室噪声均不大于50dB（A），效果良好。

3）冷却塔振动对下层办公区有直接影响，消除或减弱冷却塔振动通常有两种做法：采用橡胶减振垫片或阻尼弹簧减振器。本项目采购的冷却塔不支持直接设置阻尼弹簧减振器，需要配套减振钢平台基础，该做法相对复杂、造价较高。经调查分析得知，冷却塔振动的主要原因是塔身结构变形或者不平衡，导致风机运行产生较大晃动而产生振动。本项目采购的冷却塔钢结构塔身质量较为优质，厂商建议直接采用优质加厚橡胶减振垫片，就可以基本满足振动控制要求，对相邻办公场所产生的振动及噪声影响减至最小。冷却塔投用后对其振动进行了现场测试，效果较好，满足设计和使用需求。冷却塔整体位置示意见图6.4-3。

冷却塔位于裙房的西北角

图6.4-3 冷却塔整体位置示意

大楼空调系统的多样性也给空调外机布置带来了不同要求。苏州地区季风更替明显，春夏季节以东南风为主，秋冬季节以西北风为主，空调外机布置结合风向及与周边建筑的关系，综合考虑有效配管长度、运行效率及对户外活动场地影响等因素，将多联机室外机设置在裙房西南角和塔楼核心筒顶部，将冷却塔设置在裙房西北侧。这些位置位于东南风和西北风的路径上，没有高大建筑遮挡，通风效果非常好，保证了空调的运行效果和效率。

裙房多联机室外机位置和屋面的山水景观、篮球场和健身场地相邻，外机集中区域的四周采用银色张拉网围合，外圈用竹子遮蔽，竹子之间的间隙和张拉网的孔洞保证了通风效果。同时，竹子自然长成后枝繁叶茂，也起到了很好的阻隔噪声的作用。裙房西南角多联机外机区域布置见图6.4-4。

塔楼部分空调外机结合屋面水箱、消防风管等设施布置在核心筒顶部设备区的最外侧，布局紧凑又有利于通风散热，塔楼核心筒顶部空调外机布置见图6.4-5。

本项目将外墙风口按进风、排风、排烟等功能进行分类，相近区域的风口集中在一个外墙面布置，外侧用通长防雨百叶进行装饰。如裙房一层西侧的风口带包含了地下汽车库的排风口、排烟口、补风口及地上一层设备房排风口，排风排烟口与补风口的水平间距达到10m以上，既满足了各类通风口所要求的安全距离又使建筑外立面简洁美观。外立面风口通长防雨百叶效果见图6.4-6。

图6.4-4　裙房西南角多联机外机区域布置

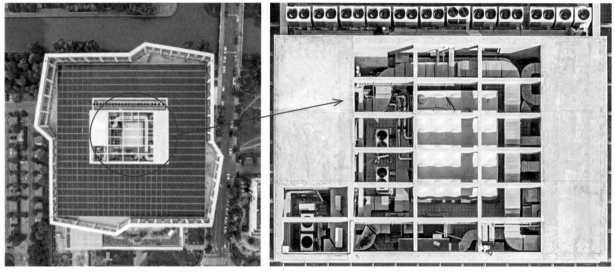

图6.4-5　塔楼核心筒顶部空调外机布置

图6.4-6 外立面风口通长防雨百叶效果

塔楼区域的进、排风口结合建筑造型来设置。塔楼每四层为一个体块，每个体块的最上面一层是缩进的环廊层。各体块之间有个相对旋转角度，使环廊层与上一个体块之间形成了一个交错的小屋面。各体块内的进风、排风通过管井汇集到环廊层，环廊层的进风总管接至北侧外廊，排风总管接至西侧外廊，进、排风形成一个90°的夹角，避免了空气交叉污染。利用外廊吊顶的穿孔铝板作为进、排风口，风口朝下，避免了雨水的进入，同时外观上与建筑融为一体，协调美观。塔楼环廊层穿孔铝板风口实景见图6.4-7。

图6.4-7　塔楼环廊层穿孔铝板风口实景

6.4.4 机电干线路由研究

基于对建筑效果匹配性设计的目标及策略分析，在一些重要节点对本项目的机电干线路由做了特殊的研究和处理。

1. 变电所

本项目变电所位于B1层。为了满足低压出线电缆的敷设需求，变电所内部一般会实施1m深的结构降板用以浇筑电缆沟。受B2层净高要求限制，本项目变电所内仅允许结构降板0.8m。

变电所设备布置平面见图6.4-8，变电所设备布置剖面A-A见图6.4-9。由这两张图可见：变电所内顶板下净高为3.3m，其投影正下方的B2层区域顶板下净高只有2.45m，不适合采用电缆从变电所区域直接下出线到B2层进行水平转换敷设的方案。由于电气专业需要与给水排水、暖通、智能化等其他专业共用空间，加之作为设备区主要通道的变电所南侧走道空间本身也十分有限，这些因素共同增加了变电所出线路径选择的难度。

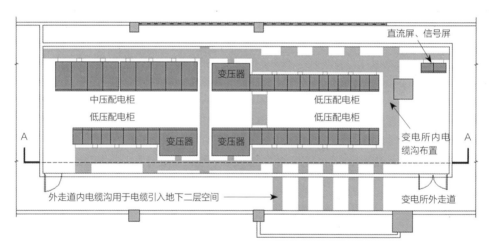

图6.4-8 变电所设备布置平面

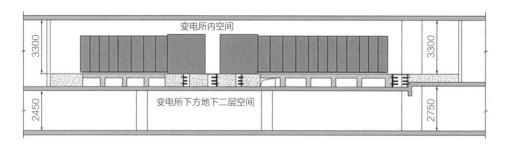

图6.4-9 变电所设备布置剖面A-A

　　本项目变电所低压电缆出线回路计68个，还有两条载流量为1250A的低压封闭式母线槽出线回路。由于B1层空间的限制，难以容纳如此多的线路敷设，需要在B2层实施"分流"策略。为创造"分流"条件，将变电所的降板范围外延至其南侧走道区域，并在走道南侧的功能用房内再做局部抬板，变电所降板区外延及桥架路由示意图见图6.4-10。这种处理为电缆从B1层引入B2层创造了条件，变电所区域的出线布局也变得宽敞与灵活，极大地缓解了变电所出线压力。变电所降板外延区桥架进入地下二层地库实景照片见图6.4-11。

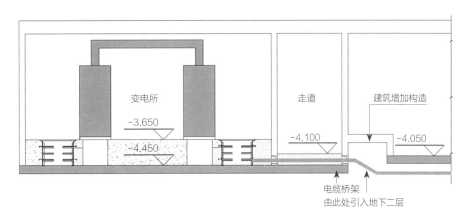

图6.4-10　变电所降板区外延及桥架路由示意图

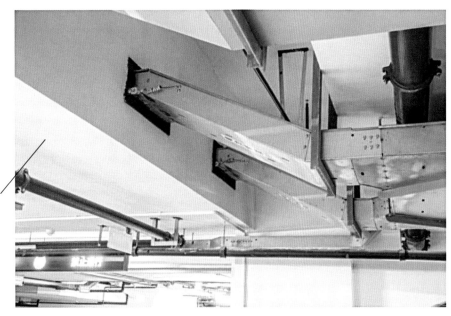

图6.4-11　变电所降板外延区桥架进入地下二层地库实景照片

2．核心筒配电间

本项目塔楼核心筒二层的楼梯间前室在垂直投影方向上介于一层与三层的配电间兼强电竖井之间，直接阻断了电气竖向通道，由一层引上的桥架需要在二层水平转换后再向上引入三层的配电间。

根据《建筑设计防火规范》GB 50016—2014（2018年版），除了防火门门洞外，在楼梯间前室内不允许有其他洞口，目的是防止火势通过其他洞口蔓延，确保楼梯间的防火安全。

如果在二层前室内设置吊顶，虽然能隔离桥架，但由于吊顶材料不满足至少1.5h的耐火极限要求，电气桥架穿墙进入吊顶空间的洞口仍然要视为在前室内，不满足规范要求。在二层楼梯间前室设电缆转换夹层虽然满足规范防火安全性要求，但由于空间狭小，无法满足线缆敷设的施工要求。

经过多专业深入沟通及协同设计，最终对三层强电间楼板进行了降板处理，电气干线能够便捷地通过降板区域的侧墙引入三层电气井，二层电气干线路由转换方案剖面示意图见图6.4-12。该方案不仅严格遵循了《建筑设计防火规范》GB 50016—2014（2018年版）的要求，而且在线缆敷设施工过程中，相较于狭窄的夹层，降板区域提供了更为宽松的作业环境。施工完成后，通过在三层电气井内铺设架空地板，确保了空间的整体性，也为电气系统长期维护提供了便利条件。

3．开敞办公区域

为了在有限的层高条件下尽量保证有效净高，使不设吊顶的开敞办公区有整洁开阔的空间感受，本项目要求梁下不敷设任何机电管线。经多专业研讨后，最终采用了在梁上预留洞的方式，由结构设计给机电系统预留足够的管线通道。

考虑到项目进度的要求，机电各专业需要在初

图6.4-12　二层电气干线路由转换方案剖面示意图

设阶段就要给结构专业精准提资，并在设计、施工中全专业协同跟踪。在这种前提下，"机电管线路由设计前置""全专业BIM正向设计"及"BIM全过程服务"成为保证这个方案实施效果的三大抓手。

在初步设计阶段，由机电各专业提出本专业所需管线的种类、尺寸及数量，并进行分类合并，得到总的管线敷设空间需求，作为结构专业梁上开洞的依据。结构专业根据需求提资进行计算复核，在1.1m高的梁上开设了4个矩形洞口，尺寸分别为1000mm×400mm、900mm×400mm，机电专业在结构梁开洞的位置进行管线穿梁敷设。以标准层核心筒南侧一段梁为例，机电管线穿梁初步布置方案见图6.4-13。

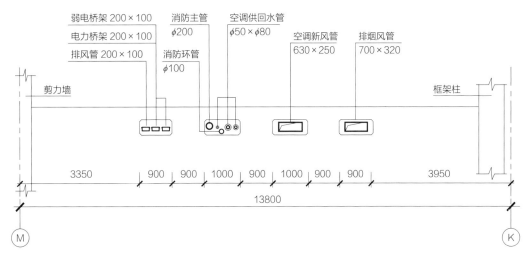

图6.4-13 机电管线穿梁初步布置方案

本方案旨在最大化满足需求，考虑在核心筒剪力墙侧依次预留的4个矩形孔洞内分别布置电气桥架、水管、空调新风管和排烟风管，将4个预留洞全部利用，满足了使用要求。然而，该方案存在一些不足之处，主要弊端如下：

1）预留洞全部被占用，后期基本没有增加管线的余地；

2）空调水管和消防水管都敷设在第二个预留洞内，导致这些管道不能安装在同一个水平面上，不仅影响美观，管道支吊架也不好施工；

3）按照现有预留洞尺寸，排烟管道尺寸不能大于700mm×320mm，所负担的排烟量仅能达到规范要求的最小值（15000m³/h），这对防烟分区划分有很大限制，也不利于平面重新分隔后的改造。

为避免以上问题，在确定排烟方案过程中各专业共同协商在开敞办公区采用自然排烟方案的可能性。塔楼外立面是玻璃幕墙与铝板相结合的造型，玻璃幕墙与铝板的面积比例大约是2:1，其中玻璃幕墙不可开启，铝板可开启。由于自然排烟对可开启外窗的面积、高度、方向都有明确要求，为满足标准层大开间的自然排烟条件，暖通与建筑专业对防烟分区的划分、可开启铝板窗的形式、面积及设置部位都进行了充分研究。经过计算分析，最终确定了在外立面的每个柱跨都设置可开启推拉铝板窗的方式，这样既可以开窗自然通风，也满足了大空间自然排烟要求，标准层自然排烟开窗示意见图6.4-14。初步方案中开敞办公区的排烟管道被取消，其占用的洞口被作为备用洞口，为各层平面分隔后使用可能需要设置机械排烟预留了通道条件，同时第二个预留洞中管线拥挤的问题也随之解决。

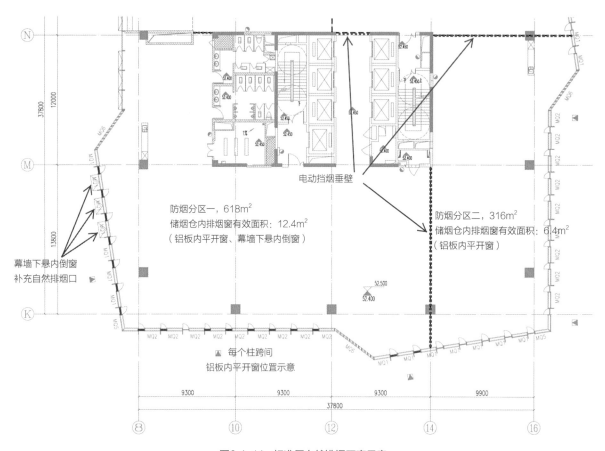

图6.4-14 标准层自然排烟开窗示意

"管线穿梁"方案巧妙地解决了机电管线与建筑效果的匹配性问题，既满足了功能需求，又不影响环境的美观。事先规划好的机电管线整齐划一，为开敞办公区域带来一种后工业时代装修风格的力量感。机电管线穿梁最终布置方案见图6.4-15，机电管线穿梁实景见图6.4-16。

4．地下室无梁楼盖区域

本项目地下二层和三层采用无梁楼盖的结构形式，板与板之间的净距仅为2.7m。为保证地下室的净高要求和效果，机电各专业在方案设计时，就结合建筑布局，对机房和管综布置进行了精细化设计。到了施工设计阶段，在BIM正向设计的辅助配合下，机电管线总体占用的高度达到最小，保证了地下室内的净高。地下室综合管线完成后实景照片见图6.4-17。

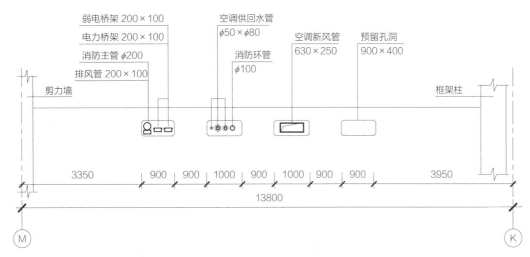

图6.4-15　机电管线穿梁最终布置方案

图6.4-16　机电管线穿梁实景

5. 机电末端与建筑效果的匹配性研究

1）电气终端布线系统研究

本项目大部分办公区为开敞式空间，目的是实现办公区域划分及工位布置的灵活可变。为匹配工位布置可变性的需求，开敞办公区域的末端配电系统采用了"管线分离"方案：将电气管线独立于建筑结构主体之外，在架空地板内、吊顶内敷设或沿柱体明敷。当需要调整工位布局或进行管线维修时，施工不影响建筑结构主体，大大节省了时间和成本。"管线分离"方案在保证工位变化灵活性的同时，也兼顾了建筑空间效果、提高了空间使用率，电气管线的日常维护也更为便捷。

2）末端风口匹配性设计

末端风口的设置与其所服务空间的功能、形态、体积、高度等因素有关，从美观性考虑又需要与室内设

图6.4-17 地下室综合管线完成后实景照片

计相融合，让大家在享受到舒适的同时又感觉不到风口的存在。

一层入口门厅是两层通高的高大空间，空调采用全空气系统，AHU空调机组设置在门厅正上方的空调机房内，室内空气经空调机组冷热处理后通过风管、风口送至室内。门厅东、北两侧是通高落地的玻璃幕墙，空调负荷大，风口数量多，顶面又有排烟风口、灯具、喷淋、烟感等设备。本项目空调采用了吊顶送风与幕墙下部送风相结合的方式，并将回风口设置在了前台侧面的下部，使门厅的空调气流形成上下同时送风，回流至内区下部的组织形式，在满足人员活动区域温湿度要求的同时，也减少了幕墙辐射带来的能耗损失。

吊顶送风口采用了自动温控变流条形风口，布置在幕墙内侧和核心筒侧。幕墙内侧为纯空调送风功能，外侧采用200mm宽通长型百叶；贴近核心筒侧送风口与排烟风口需整合到一条风口带内布置，为兼顾排烟风口的尺寸，风口采用了400mm宽通长型百叶，不同类型的风口安装到等宽的风口带内，呈现出统一简洁的观感，与室内效果相呼应。门厅顶部送风口布置见图6.4-18。

门厅回风口外侧采用了金属花格装饰，与大理石墙面相互辉映，古朴素雅。门厅回风口实景见图6.4-19。

（a）幕墙内侧通长百叶

（c）门厅送风口整体布局

（b）核心筒侧通长百叶

图6.4-18 门厅顶部送风口布置

图6.4-19 门厅回风口实景

　　塔楼每四层为一个体块，每个体块的西北角都有一处三层挑高的共享空间，是员工休闲、交流和活动的区域。该空间北侧是园区中央景观河，为保证共享空间通透明亮的效果，西、北两面均采用了大面积落地幕墙，室内吊顶高度达到了10m，这给空调系统设置带来了挑战。

　　经过多次讨论和分析模拟，最终确定该空间采用分层空调的方案：对高大空间的下部人员活动区域进行空气处理，保持适宜的温湿度；上部空气利用高侧窗进行自然通风，排除多余热量，冬季则关闭侧窗。具体做法如下：沿西侧和北侧的幕墙内边设置地送风盘管进行下送风，内部靠近核心筒区域设置风机盘管进行侧送风。通过幕墙侧地送风来处理幕墙的辐射负荷，通过内部侧送风来处理室内负荷，两者结合很好地满足了人员活动区的舒适性需求。与全室空调相比，该系统夏季可降低制冷量30%左右，大大节约空调运行能耗。这样的空调设置方式进一步弱化了风口设备的存在感，站在这里透过幕墙向外望去，室外景观与室内完全融合，仿佛置身于大自然中，给员工创造了一个舒适美好的工作环境。共享空间空调风口布置见图6.4-20。

图6.4-20　共享空间空调风口布置

3）地下车库消火栓布置

地下车库的消火栓布置不合理，会直接影响用户的停车体验，这是很多项目的通病。有时候受地库布局和防火分区划分的限制，车库内无处布置消火栓，只能布置在狭窄的柱子上（通常会遇到柱子面宽只有500mm或600mm），这是导致消火栓布置不合理的主要原因之一，典型地下车库防火分区车位布置图见图6.4-21。

当地下室结构柱子截面尺寸不大于600mm时，由于国标图集内常用的室内消火栓最小净宽为650mm，所以目前常见的几种做法如下：

做法一：消火栓垂直于柱面后方布置见图6.4-22，这种布置方式下消火栓通常无法满足开启120°的要求，还会影响乘车人员停车开门。

做法二：消火栓挂在柱面前方、立管设置在后方的布置方式见图6.4-23，这种布置方式下消火栓还是有可能凸出柱子，影响停车和人员顺畅通行。

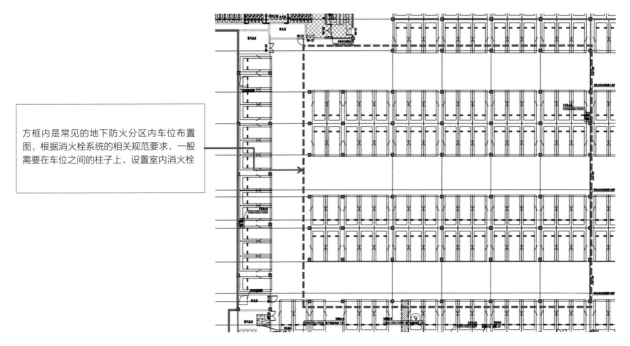

方框内是常见的地下防火分区内车位布置
图，根据消火栓系统的相关规范要求，一般
需要在车位之间的柱子上，设置室内消火栓

图6.4-21　典型地下车库防火分区车位布置图

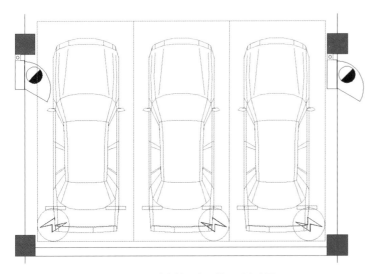

图6.4-22　消火栓垂直于柱面后方布置

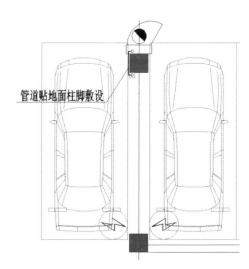

管道贴地面柱脚敷设

图6.4-23　消火栓挂在柱面前方、立管设置在后
方的布置方式

以上两种常见的消火栓布置方式在实际使用过程中都会或多或少地影响停车体验。为解决这个问题，本项目在设计之前，经多个项目调研并参考国内各地方标准做法，结合本项目实际建筑布局，在局部区域采用了异形消火栓，且将DN65支管安装在其内，地下车库窄柱异形消火栓布置示意图见图6.4-24，窄柱异形消火栓实际完成效果见图6.4-25。

现场完成效果较好，消防演练时使用感受很顺畅，且消火栓布置不影响停车体验。建议类似布局的地下车库在消火栓布置时可参照以上方案。

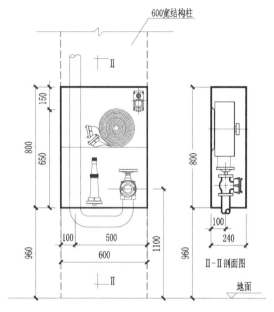

图6.4-24　地下车库窄柱异形消火栓布置示意图

图6.4-25　窄柱异形消火栓实际完成效果

4）给水排水立管管道布置

由于建筑外部造型需求，本项目比常规办公楼多了不少各层连廊的雨水排水立管。初步设计时，为尽量扩大功能性空间的面积，本着尽量减少管井面积的原则，充分利用建筑布局的角落或不影响美观的区域布置立管，初步设计给水排水立管布置方案见图6.4-26。

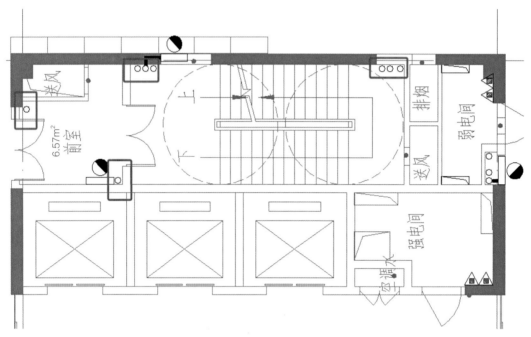

图6.4-26 初步设计给水排水立管布置方案

随着设计深入，发现立管布置在楼梯间虽然不影响消防疏散，但是会让楼梯间显得空间凌乱。楼梯作为大楼重要的竖向交通，提升楼梯间的整洁度和美观度是非常必要的。经与建筑、结构专业协商，将立管改为相对集中的布置方式，调改后楼梯间立管集中布置方案见图6.4-27。

实际完成后楼梯间效果非常良好，不仅被誉为"最美楼梯间"，还举办了垂直马拉松比赛。所以，设备专业在配套设计时，需要兼顾使用效果与美观，在非管井区域布置管道、设备时，应时刻保持与建筑专业的充分沟通和协商，以获取更好的处理方式。垂直马拉松比赛现场实景照片见图6.4-28。

5）地下室下沉庭院雨水排水

本项目地下室有两处下沉庭院，中间位置下沉庭院较大且该庭院的北侧是100多米高的塔楼，总汇水面积较大。为保障下层庭院的雨水排水绝对安全，本项目采取多级备用形式来提升雨水排水系统的安全，即在地下二层的雨水提升设备发生故障无法正常排水时，雨水收集坑里面的雨水通过溢流排至地下三层的车库排水沟，通过地下三层车库的排水设施继续进行外排水。下沉庭院排水系统安全后备措施示意图见图6.4-29。

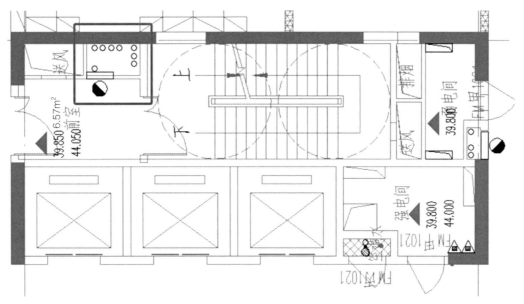

图6.4-27 调改后楼梯间立管集中布置方案

图6.4-28 垂直马拉松比赛现场实景照片

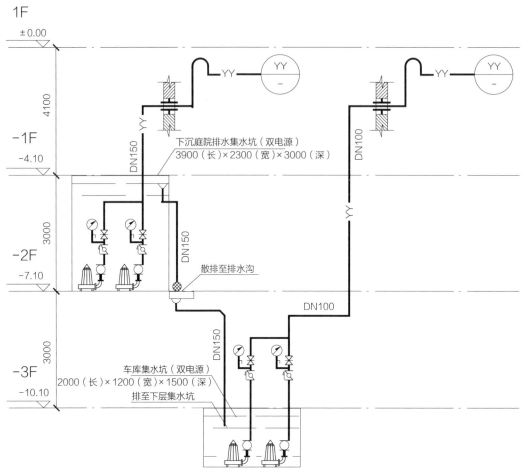

图6.4-29　下沉庭院排水系统安全后备措施示意图

第七章 | 幕墙

7.1 建设目标

启迪设计大厦作为高品质绿色建筑项目，在建造之初就秉承公司一贯的高质量可持续发展核心理念。幕墙设计不仅要满足建筑外立面效果，还要符合绿建三星的安全节能要求。幕墙外立面面板材料主要采用3mm、4mm、8mm氟碳喷涂铝单板、25mm预滚涂铝蜂窝板、全超白中空玻璃、全超白夹胶玻璃等。幕墙设计遵循以下原则：

1. 幕墙设计安全可靠、结构稳定

幕墙设计保证结构的安全性和稳定性，能够承受自重荷载、风荷载、地震作用以及室内外温差等各种外部力的作用，同时保证在正常使用和合理维护的情况下，不会出现结构性的损坏和失效。

2. 幕墙系统造型美观

幕墙应与建筑物整体及周围环境相协调，遵循对称、对缝、美观大方的原则，系统设计充分考虑立面造型及立面分格，简洁精美又独具特色。

3. 幕墙设计先进性及实用性

1）幕墙设计采用先进的暖边技术提高幕墙的热工性能，采用超白玻璃降低自爆率，提高幕墙安全质量。

2）幕墙设计考虑实用性，确保能够满足实际使用的需求，包括合理的布局和尺寸、方便的操作和维护、良好的隔声和隔热性能等。

4. 维护方便

1）幕墙设计时，应考虑可拆卸的结构和连接方式，确保部件的安装和拆卸方便快捷，同时还需考虑部件的标准化和通用性，以便于采购和储存备件，缩短维修时间。

2）在幕墙外立面预设清洗挂点和防风销，便于幕墙清洗。

5. 节能环保

1）隔热性能：使用隔热性能良好的穿条式隔热型材、Low-E玻璃、氩气、玻璃暖边间隔条，有效地降低幕墙热传导率。

2）光照管理：室外竖向装饰线条作为遮阳构件，减少夏季过度的太阳辐射。

3）自然通风设计：设置可开启窗扇，允许建筑进行自然通风，减少对机械通风和空调的依赖。

4）高效节能玻璃：选择高效节能的低辐射双银Low-E膜，以提高建筑的能源利用效率。

5）幕墙系统热工性能比国家现行建筑节能设计标准要求提升15%以上，充分达到节能降耗的目的。

7.2 幕墙系统分布

本项目外立面玻璃幕墙系统采用双银Low-E超白玻璃+暖边间隔条+充氩气，裙楼玻璃的K值为1.40W/（m^2·K），塔楼玻璃的K值为1.39W/（m^2·K）；东立面幕墙整体K值≤1.95W/（m^2·K），太阳得热系数SHGC≤0.31；南立面幕墙整体K值≤1.84W/（m^2·K），太阳得热系数SHGC≤0.29；西立面幕墙整体K值≤1.84W/（m^2·K），太阳得热系数SHGC≤0.30；北立面幕墙整体K值≤1.84W/（m^2·K），太阳得热系数SHGC≤0.31，满足绿建三星安全节能要求。

本项目按照建筑体块分为裙楼和塔楼两大部分（图7.2-1），裙楼部分采用了进口JANSEN钢框架玻璃幕墙系统、钢框架蜂窝铝板幕墙系统、超高精制钢框架玻璃幕墙系统、铝合金框架玻璃幕墙系统、钢框架铝单板幕墙系统。塔楼部分采用了钢框架铝单板幕墙系统、超高精制钢框架玻璃幕墙系统、铝合金框架玻璃幕墙系统、钢框架蜂窝铝板吊顶幕墙系统。

玻璃幕墙形式主要分为竖明横隐玻璃幕墙（竖向大装饰线条）、竖明横隐玻璃幕墙（竖向小装饰线条）、打胶铝板幕墙、开缝铝板幕墙、开缝蜂窝铝板幕墙。裙楼塔楼建筑体块分布图见图7.2-1，外立面幕墙系统分布见表7.2-1，裙楼幕墙系统分布平面图见图7.2-2，塔楼幕墙系统分布平面图见图7.2-3，外立面幕墙系统分布见表7.2-2。

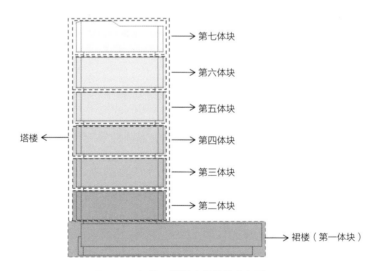

图7.2-1 裙楼、塔楼建筑体块分布图

外立面幕墙系统分布 表7.2-1

序号	幕墙系统	分布区域	裙楼 东面	裙楼 南面	裙楼 西面	裙楼 北面	塔楼 东面	塔楼 南面	塔楼 西面	塔楼 北面
1	进口JANSEN钢框架玻璃幕墙系统	竖明横隐玻璃幕墙（竖向小装饰线条）	√			√				
2	钢框架蜂窝铝板幕墙系统	开缝蜂窝铝板幕墙	√				√	√	√	√
3	超高精制钢框架玻璃幕墙系统	竖明横隐玻璃幕墙（竖向小装饰线条）	√			√			√	√
4	铝合金框架玻璃幕墙系统	竖明横隐玻璃幕墙（竖向大装饰线条）	√	√	√	√	√	√	√	√
5	钢框架铝单板幕墙系统	打胶铝板幕墙	√	√	√	√	√	√	√	√
		开缝铝板幕墙	√							

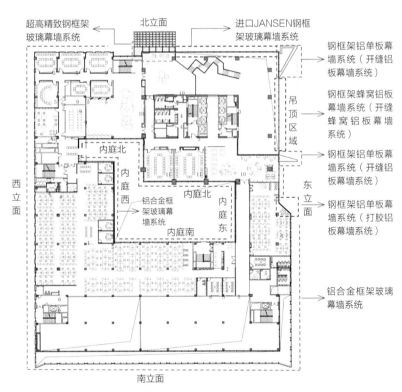

图7.2-2　裙楼幕墙系统分布平面图

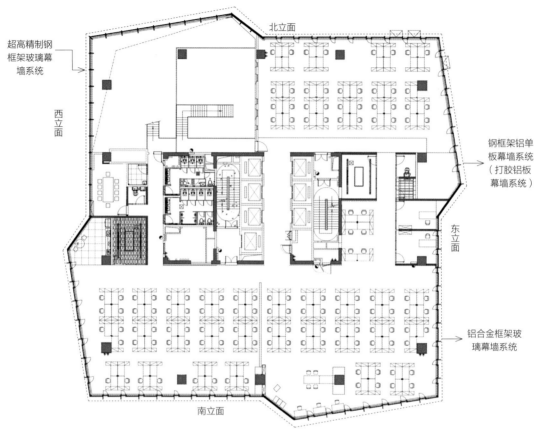

超高精制钢框架玻璃幕墙系统

西立面

北立面

钢框架铝单板幕墙系统（打胶铝板幕墙系统）

东立面

铝合金框架玻璃幕墙系统

南立面

图7.2-3　塔楼幕墙系统分布平面图

外立面幕墙系统分布　　　　　　　　　　　　　　　　　　表7.2-2

序号	幕墙系统名称		横梁规格（mm）	材质	竖龙骨规格（mm）	材质	面板配置
1	进口JANSEN钢框架玻璃幕墙系统		60（宽）×150（长）×3（厚）矩形钢管	Q235B（热浸镀锌）	60（宽）×220（长）×3（厚）矩形钢管	Q235B（热浸镀锌）	12mm+2.28SGP+12mmLow-E+19Ar（暖边间隔条）+19mm双银中空钢化超白玻璃
2	钢框架蜂窝铝板幕墙系统		80（宽）×120（长）×4（厚）矩形钢管	Q235B（热浸镀锌）	100（宽）×150（长）×8（厚）矩形钢管	Q235B（热浸镀锌）	25mm蜂窝板，预滚涂
3	钢框架铝单板幕墙系统	裙楼	80（宽）×120（长）×5（厚）矩形钢管	Q235B（热浸镀锌）	150（宽）×250（长）×8（厚）矩形钢管	Q235B（热浸镀锌）	3mm氟碳铝板
		塔楼	60（宽）×80（长）×5（厚）矩形钢管	Q235B（热浸镀锌）	80（宽）×120（长）×6（厚）矩形钢管	Q235B（热浸镀锌）	4mm氟碳铝板

序号	幕墙系统名称		横梁规格（mm）	材质	竖龙骨规格（mm）	材质	面板配置
4	超高精致钢框架玻璃幕墙系统	裙楼	70（宽）×112（长）×6（厚）矩形精致钢	Q235B（热浸镀锌）	70（宽）×370（长）×14（厚）矩形精致钢	Q235B（热浸镀锌）	12mm+2.28SGP+12mmLow-E+19Ar（暖边间隔条）+19mm双银中空钢化超白玻璃
		塔楼	70（宽）×300（长）×14（厚）矩形精致钢	Q235B（热浸镀锌）	70（宽）×420（长）×16（厚）矩形精致钢	Q235B（热浸镀锌）	12mmLow-E+12Ar（暖边间隔条）+12mm双银中空钢化超白玻璃
5	铝合金框架玻璃幕墙系统	裙楼	70（宽）×215（长）×3（厚）铝型材	6063-T6（粉末喷涂）	70（宽）×105（长）×3（厚）铝型材	6063-T6（粉末喷涂）	12mmLow-E+12Ar（暖边间隔条）+12mm双银中空钢化超白玻璃
		塔楼	70（宽）×268（长）×3（厚）铝型材	6063-T6（粉末喷涂）	70（宽）×150（长）×3（厚）铝型材	6063-T6（粉末喷涂）	6mmLow-E+12Ar（暖边间隔条）+6mm双银中空钢化超白玻璃

以上各系统中，进口JANSEN钢框架玻璃幕墙系统、钢框架铝单板幕墙系统（裙楼）、超高精致钢框架玻璃幕墙系统（塔楼）作为本章重点难点对其进行逐一介绍、分析。

7.3　幕墙分格划分原则及玻璃配置选择

7.3.1　裙楼典型幕墙分格划分原则及玻璃配置选择

1）以裙楼东立面二层铝合金框架玻璃幕墙系统为例，二层层高为4.5m，高度上玻璃幕墙分格划分为：1.2m阴影盒区域+3.3m采光区域，高度方向不设置横梁或室内护窗栏杆；水平分格划分为：0.85m铝板幕墙+1.88m玻璃幕墙，控制采光区域玻璃的净面积为5.96m²，根据玻璃面板的综合受力计算，确定玻璃的配置为12mmLow-E+12Ar（暖边间隔条）+12mm双银中空钢化超白玻璃，双银、暖边间隔条是按绿建三星节能要求配置。东立面局部幕墙大样见图7.3-1。

2）裙楼门厅是一个L形二层通高空间，位于裙楼东、北立面区域，平面图见图7.3-2。该空间层高为9.9m，为了实现外立面幕墙通透效果，东立面区域幕墙采用宽度约为2.1m、高度约为8.2m的整面落地玻璃，单块玻璃面积为17.22m²，采用进口JANSEN钢框架玻璃幕墙系统、超高精制钢框架玻璃幕墙系统。通过对玻璃面板的受力计算，取荷载最大要求的玻璃配置为12mm+2.28SGP+12mm+19Ar（暖边间隔条）+19mm双银中空钢化超白玻璃，双银、暖边间隔条是按绿建三星节能要求配置。此处使用SGP离子型胶片，具有撕裂强度高、硬度高、刚性粘结力强等特点。为了降低玻璃的自爆率及后期维护成本，三片玻璃均经过超白处理，超白玻璃的自爆率约为1片/416.20t。门厅东立面幕墙大样图见图7.3-3，门厅北立面幕墙大样图见图7.3-4。

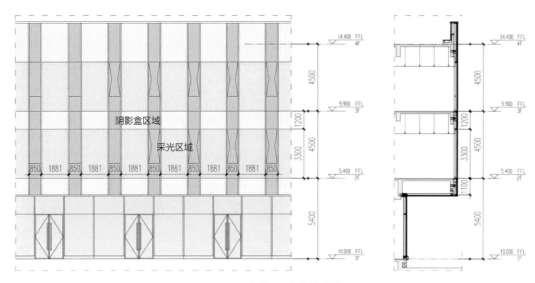

图7.3-1　东立面局部幕墙大样

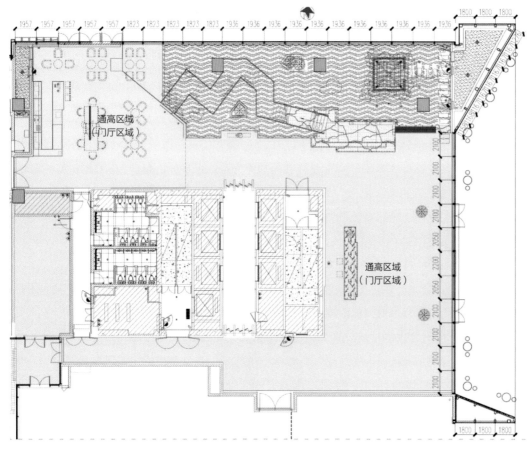

图7.3-2　裙楼东立面、北立面门厅区域平面图

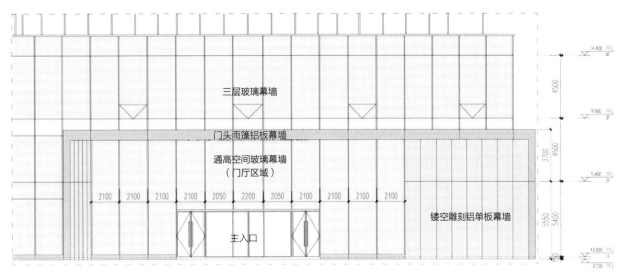

图7.3-3 门厅东立面幕墙大样图

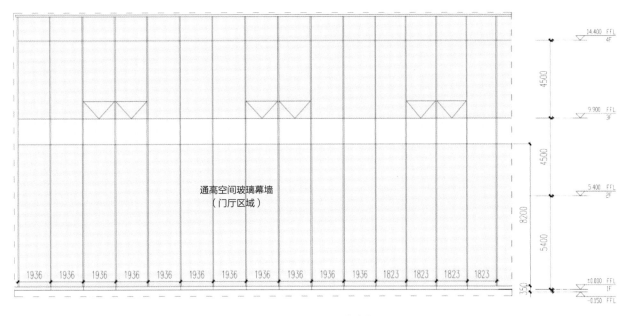

图7.3-4 门厅北立面幕墙大样图

7.3.2 塔楼典型幕墙分格划分原则及玻璃配置选择

选取的塔楼典型幕墙位于9～11层，每层层高为4.2m，高度上玻璃幕墙分格划分为：1.2m阴影盒区域+1.0m采光区域+2.0m采光区域，水平向采用模数化分格，分格划分为：0.6m竖向铝板墙+1.5m竖向玻璃幕墙，控制最大玻璃面积为3m²，玻璃配置确定为6mmLow-E+12Ar（暖边间隔条）+6mm双银中空钢化超白玻璃，采用竖明横隐玻璃幕墙（竖向大装饰线条），塔楼典型幕墙大样图见图7.3-5。

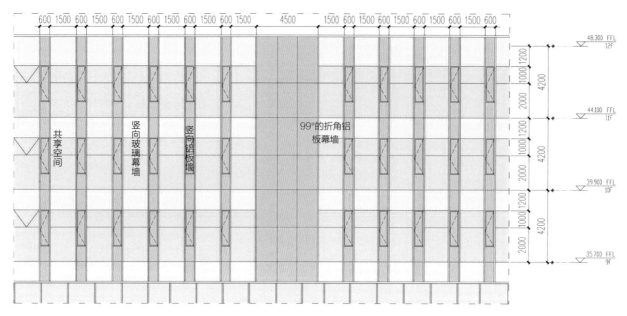

图7.3-5　塔楼典型幕墙大样图

7.4　幕墙系统难点分析

7.4.1　裙楼主入口幕墙系统难点分析

1. 通高空间玻璃幕墙系统难点分析

1）玻璃面板选型及受力难点

选取东立面通高空间的幕墙玻璃分格宽为2.1m，高为8.2m，单片玻璃的面积为17.22m²，属于超大幕墙玻璃。

幕墙玻璃计算应考虑以下三点：①承受风荷载；②满足高跨度面板的抗冲击性能；③考虑在任意一片玻璃破碎后仍可满足承载能力极限状态。通过有限元分析对玻璃进行了验算，室外侧玻璃面板采用12mm+2.28SGP+12mm夹胶玻璃，室内侧考虑到整片幕墙的经济性采用19mm单片。SGP为离子型胶片，室外侧玻璃等效厚度约为24mm，相对于室内侧19mm玻璃力学性能更好，则以内侧19mm单片玻璃进行受力校核。

①玻璃模型尺寸图见图7.4-1；②风荷载及水平线荷载冲击力下面板应力云图见图7.4-2；③风荷载及水平线荷载冲击力下面板挠度云图见图7.4-3；④风荷载及水平集中力冲击荷载下面板应力云图见图7.4-4；⑤风荷载及水平集中力冲击荷载下面板挠度云图见图7.4-5。

从计算结果可知，玻璃面板最大强度应力为36.1MPa＜72MPa（许用值），最大挠度为11.2mm＜2100/60=35mm（许用值），选取12mm+2.28SGP+12mm+19Ar+19mm中空钢化超白玻璃能满足幕墙受力要求。

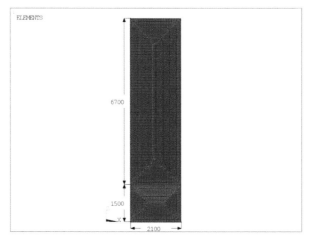

图7.4-1　玻璃模型尺寸图

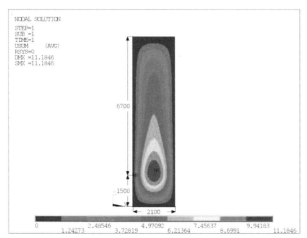

图7.4-2　面板应力云图

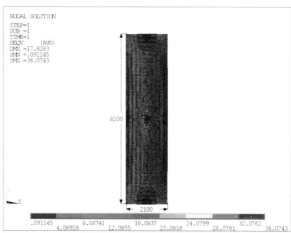

图7.4-3　面板挠度云图

图7.4-4　面板应力云图

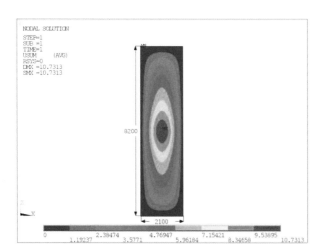

图7.4-5　面板挠度云图

2）龙骨选型及受力难点

建筑专业对于主入口的要求是"建筑的气候边界几乎消隐在室内与室外的景观环境中，使门厅内的景观与户外的竹林、河道融为一体"，这使得幕墙系统不仅要具有"通透性"，还要具备"采光好""视野开阔（消隐边界）"的特点。幕墙玻璃的选用已具备"通透性""采光好"的特点，但需要达到"视野开阔（消隐边界）"则应选择较小截面的幕墙横竖龙骨。

门厅位置幕墙竖龙骨的跨度为8.5m，上部预留安装空间为300mm，竖向剖面图见图7.4-6；下部预留安装空间为100mm，竖向剖面图见图7.4-7。

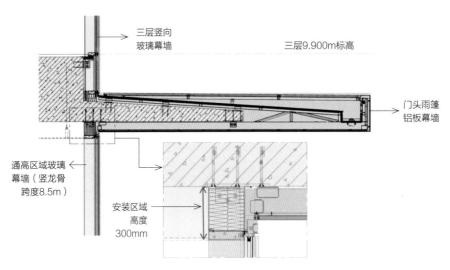

图7.4-6　主入口幕墙上部空间剖面图

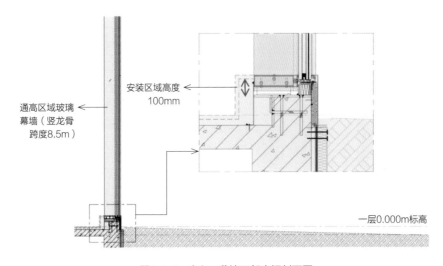

图7.4-7　主入口幕墙下部空间剖面图

由于跨度高、安装空间小，采用常规铝合金型材的截面尺寸为100mm（宽）×300mm（长），不能满足主入口外观要求。经过对幕墙材料的调研及筛选，截面为60mm宽的瑞士进口JANSEN钢框架系统满足效果要求，截面占一个分格幕墙的面积比仅为0.028。JANSEN钢框架系统具有钢框架占用面积小、增加建筑物的有效使用面积等特点。钢框架系统采用独特的弹性玻璃支撑系统（EPDM橡胶条），不但能够保证在玻璃的使用过程中不会因框架变形而使玻璃破碎，而且在承受大荷载（如意外暴力或自然灾害等）作用时，即使玻璃破裂也不会脱离框架。采用了系统设计的理念，幕墙各个部件的加工和安装均采用了标准工具，施工简单且便于检查。系统采用干装的设计，适宜在各种气候环境下施工，避免手工打胶造成打胶不均、密封不到位的情况，更不会因密封胶本身导致幕墙系统失效。JANSEN钢框架系统节点见图7.4-8。

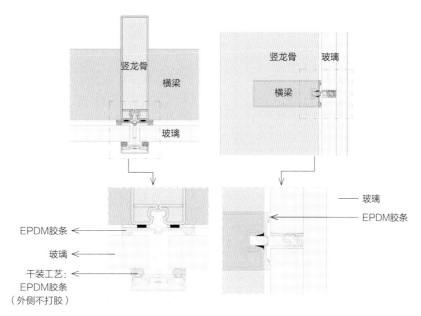

图7.4-8 JANSEN钢框架系统节点

3）门厅幕墙构造难点

门厅主入口可开启部分包括：两樘2.1m（宽）铝合金地弹门、一樘6.3m（宽）电动移动门，总宽尺寸为10.5m，即门的顶端钢横梁水平跨度为10.5m，门厅主入口立面图见图7.4-9。

针对上述钢龙骨高度8.5m、钢横梁水平跨度10.5m的情况，幕墙设计时根据现有的结构条件，考虑简支梁受力模型，提供两种方案，分别进行建模结构计算，从受力合理性、外立面效果上展开对比。

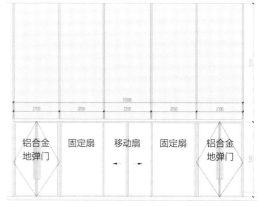

图7.4-9 门厅主入口立面图

方案一：所有的钢框架系统竖龙骨宽度均为60mm，所有竖向龙骨均能通高跨度8.5m。以理论幕墙玻璃完成面为基准线，地弹门玻璃面后退基准线135mm，固定扇后退基准线240mm，电动移动门扇后退基准线315mm，竖向龙骨2（5）相对于竖向龙骨1（6）差值为105mm，竖向龙骨3（4）相对于竖向龙骨2（5）差值为75mm，这使得竖向龙骨3（4）完全暴露在室外侧，门厅幕墙龙骨立面图见图7.4-10、门厅平面控制尺寸见图7.4-11。此方案优点为受力体系和施工都简单，型材截面大小可保持统一；缺点为人靠近时会感觉空间稍显局促，易与竖龙骨发生碰撞。人视角投影见图7.4-12。

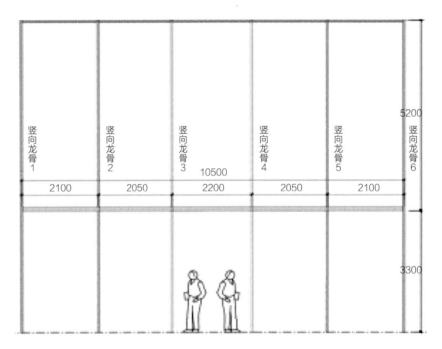

图7.4-10　门厅幕墙龙骨立面图

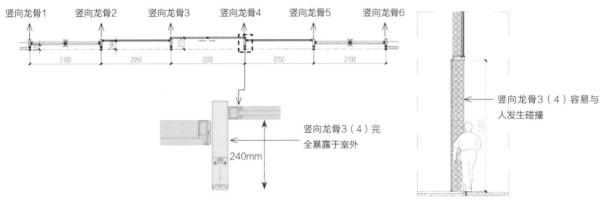

图7.4-11　门厅平面控制尺寸

图7.4-12　人视角投影

方案二：为修正方案一的缺陷，确保移动扇两侧的竖向钢龙骨不落地，提升门厅外立面效果，避免钢龙骨暴露在室外影响人员通行，所有的钢框架系统竖龙骨宽度均为60mm，部分竖向龙骨通高跨度为8.5m。以理论幕墙玻璃完成面为基准线，地弹门玻璃面、固定扇后退基准线205mm，电动移动门扇后退基准线310mm，竖向龙骨2（5）相对于竖向龙骨1（6）差值为205mm，竖向龙骨3（4）相对于竖向龙骨2（5）差值为0mm，这使得竖向龙骨3（4）完后退到了室内，并与地弹门玻璃面、固定扇平齐。入口门厅系统整体宽度达到了10.5m，对于门厅上口的横梁抗风受力、吊挂移门后的挠度控制以及两侧竖向钢龙骨的抗风受力均有较大难度。在设计时，充分利用竖向钢龙骨自身强度大的优势，将竖向龙骨与横梁通过螺钉群连接，在重力荷载作用下，竖向钢龙骨可以给横梁提供竖向支撑，将作用在横梁上部的5.2m高的玻璃及下部吊挂的3.3m高的移门玻璃的自重均匀传递至三层的土建梁上，有效降低了横梁在自重方向上的挠度，避免挠度过大挤压门玻璃导致平移门无法正常运行。在风载作用下，将平移门固定扇两侧的竖向钢龙骨2和5单独加大，在3.3m门高度范围，两处竖向钢龙骨截面设计成变截面，避免了平移门两侧突兀的竖向钢龙骨效果，将完成面进出尺寸的差异放在了地弹门两侧，门厅在整个10.5m范围内更为宽敞明亮，简约大气。门厅平面控制尺寸见图7.4-13，人视角投影见图7.4-14。

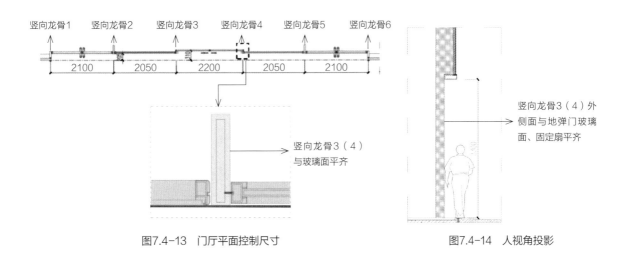

图7.4-13　门厅平面控制尺寸　　　　　　　　　　图7.4-14　人视角投影

为验证方案二钢架的可行性与安全性，整体采用有限元软件建模计算，计算模型杆件编号见图7.4-15。

整片钢架采用JANSEN钢框架系统受力，为了满足强度和挠度要求，均在内部做了衬钢处理（竖向龙骨3和4），采用JANSEN的标准规格为60mm（宽）×220mm（长）×3mm（厚）竖向钢龙骨，内衬48mm（宽）×190mm（长）×8mm（厚）矩形钢管。平移门固定扇两侧竖向钢龙骨采用JANSEN非标截面（模型竖向龙骨2和5），上部分的规格为60mm（宽）×425mm（长）×16mm（厚），竖向龙骨2和5下部分规格为60mm（宽）×290mm（长）×16mm（厚）。门上口横梁采用矩形钢管外包不锈钢饰面（模型中横梁1和2），其中平移门移动扇及固定扇上口采用90mm（宽）×300mm（长）×12mm（厚）矩形钢管（模型横梁2），地弹门上口采用90mm（宽）×300mm（长）×8mm（厚）矩形钢管（模型中横梁1）。在自重荷载、风荷载及地震作用等组合荷载下，各竖向龙骨、横梁应力比计算结果见图7.4-16，横梁重力荷载下挠度计算结果见图7.4-17，各竖向龙骨、横梁水平荷载下挠度计算结果见图7.4-18。

从计算结果可知，方案二中杆件最大应力比为0.74＜1.0（许用值），杆件水平方向最大挠度为27.4mm＜min（8600/250=34.4mm，30mm）=30mm（许用值），杆件强度、挠度均满足受力要求。

两个方案结果对比如下：

方案一与方案二的结构受力均能满足要求。

方案一与方案二的最大区别在于竖向龙骨3（4）相对于地弹门玻璃面、固定扇的位置不一致，方案一完全处于室外，对行人造成安全隐患，外立面效果显得错乱；方案二则与地弹门玻璃面、固定扇平齐，规避了安全隐患，外立面效果明显提升。

通过以上对比，幕墙设计采用方案二，竖龙骨采用60mm（宽）×425mm（长）×16mm（厚）钢框架，材质为Q235B；横梁采用90mm（宽）×300mm（长）×12mm（厚）矩形钢管，材质为Q235B；玻璃配置为12mm+2.28SGP+12mmLow-E+19Ar（暖边间隔条）+19mm双银中空钢化超白玻璃。两个方案外观形状对比见图7.4-19。

2. 钢框架铝单板幕墙系统难点分析

本系统位于东立面主入口两侧，平面见图7.2-2，立面见图7.3-3。方案将苏州花窗元素融入幕墙设计中。雕刻花纹铝板是指借鉴古代精湛的雕刻艺术，利用现代技术，通过计算机数控机床在铝板上雕刻各种图案。内层面板采用2mm铝板安装在竖向钢龙骨两侧，作为背板防水层，外层面板与内层面板之间的等压腔体距离为125mm，底部预留安装泛光照明灯具的空间。实现了夜晚可见光、白天不见灯的效果，细部节点见图7.4-20。建筑造型采用了主入口两侧不对称设计，左侧（4号面，图7.4-21）铝板总宽度为5.61m，右侧（5

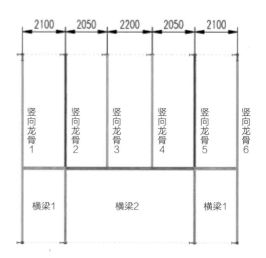

图7.4-15 计算模型杆件编号

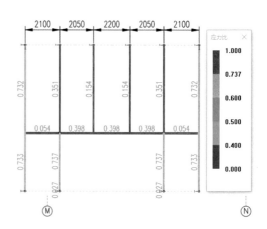

图7.4-16 各竖向龙骨、横梁应力比计算结果

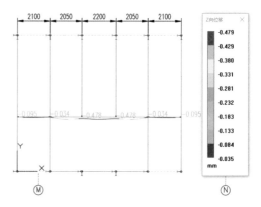

图7.4-17 横梁重力荷载下挠度计算结果

号面）铝板总宽度为10.6m。

本处幕墙存在以下难点：

1）面层分格划分难

需要将门头雨篷铝板分格、门头雨篷吊顶铝板分
格、通高空间玻璃幕墙分格、雕刻铝单板幕墙（左右
各一处）综合考虑，5个面层不共面，是一个三维立
体空间，需将5个面的分格缝都对齐，难度较大，见
图7.4-21。

由建筑平面图可知，门厅通高区域的玻璃幕墙总
尺寸为23.1m，减去中间移动门的尺寸10.5m，还余
12.6m，按照每个分格2.1m进行4等分，最大分格满足
上述计算要求。2号面的分格以1号面为基准，将1号
面的每一个分格的一半作为2号面的分格尺寸，最大
分格为1.1m，进出方向确定长度为5.4m，中间不留胶
缝，见图7.4-21中绿色区域；2号面与5号面的夹角为
30.5°，棕色区域的总宽尺寸为9.148m，分成8个1.006
和1个1.1m的分格，考虑到1.1m分格靠近端部三角形
区域，不影响整体分格尺度，将上述9个分格延伸至5
号面相交确定其分格；4号面则按照5等分的原则确定
分格，分格尺寸为1.122m，分格见图7.4-22；2号面
与5号面的夹角为74.2°，蓝色区域的总宽度为1.51m，
分格见图7.4-22。

以1号面为分格划分依据，其余四个面的分格均
能贯通，没有产生错缝现象。4号面、5号面幕墙面层

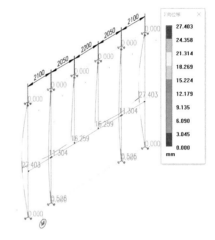

图7.4-18　各竖向龙骨、横梁水平荷载下挠度计算结果

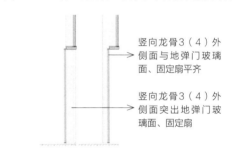

图7.4-19　两个方案外观形状对比

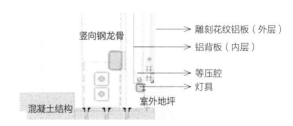

图7.4-20　双层铝板底部灯具安装节点

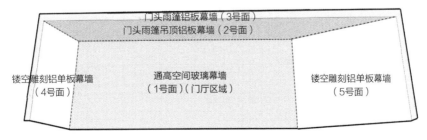

图7.4-21　门厅三维立体图

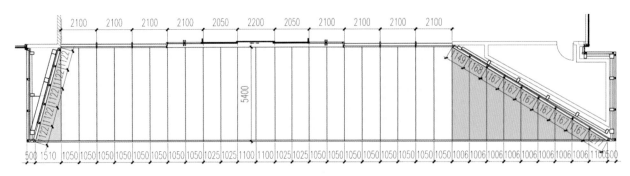

图7.4-22 门厅吊顶分格图

为雕刻铝单板，最大的板块净面积为6.44m²，采用开缝式系统安装工艺。此安装工艺是指在铝板板块的接缝处不打胶，通过开缝让铝板背后的空气能够顺畅地流通，可以起到良好的绝热及吸声效果，且在空气流通的过程中可以将冷凝水挥发掉。由于接缝处不打胶，减少了铝板的表面污染，使铝板表面保持长期清洁。同时由于铝板背后的空气与室外的空气是相通等压，从而防止雨水由于压力差进入室内，冷凝水和少量的渗漏水可以通过内侧设置的排水板（兼作隔气板）分层排出，细部构造节点见图7.4-23。

2）雕刻花纹铝板计算难度大

幕墙设计初期就对裙楼一层主入口的铝板高度分格进行了多轮的讨论，并咨询铝板材料供应商最大尺寸铝板的规格，最后确定的雕刻花纹铝板的高度为5.550m。鉴于铝板板幅为1.2m左右（宽）×5.550m左右（长），立面穿孔较多，采用开缝式系统安装工艺，两侧用结构胶固定通长铝合金附框受力，与钢结构挂接，不使用铝板加强筋，以保证铝板的通透性，获得了很好的视觉效果和艺术效果。雕刻花纹铝板样式见图7.4-24，细部构造节点见图7.4-25。

为了验证雕刻花纹铝板真实的受力状况，将铝板采用有限元软件建模（模型尺寸见图7.4-26），计算得到风荷载下面板应力云图见图7.4-27，风荷载下面板挠度

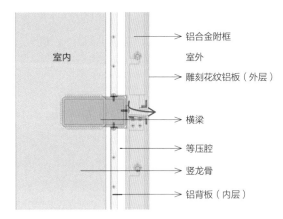

图7.4-23 雕刻花纹铝板细部构造节点

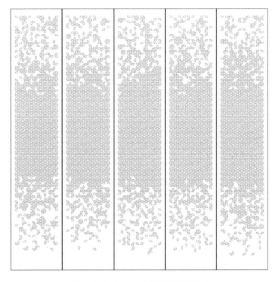

图7.4-24 雕刻花纹铝板样式

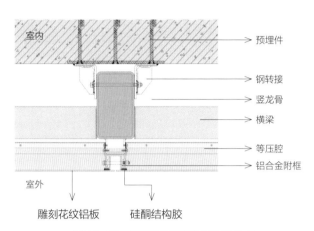

图7.4-25 雕刻花纹铝板细部构造节点

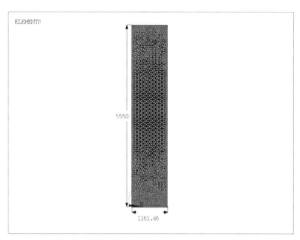

图7.4-26 铝板模型尺寸

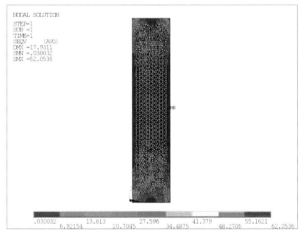

图7.4-27 风荷载下面板应力云图

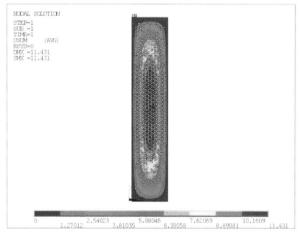

图7.4-28 风荷载下面板挠度云图

云图见图7.4-28。

从计算结果可知，雕刻花纹铝板面板最大强度应力为62.05MPa＜87MPa（许用值），最大挠度为11.43mm＜1161.5/90=12.90mm（许用值），选取8mm铝板能满足设计要求。

7.4.2 塔楼共享空间幕墙系统难点分析

建筑从下而上由七个体块单元堆叠组成，宛如七进院落，每个单元里包含一圈外环廊和一个三层共享的中庭花园。具体建筑体块标高、跨层等信息见表7.4-1，立面具体分布区域见图7.2-1。

建筑体块标高、跨层等信息　　　　　　　　　　　　　　　　　　　　表7.4-1

序号	名称	层数跨度（层）	标高跨度（m）	幕墙高度（m）
1	第一体块	1～4	0.0～15.9	15.9
2	第二体块	5～8	17.65～32.1	14.45
3	第三体块	9～12	34.45～48.9	14.45
4	第四体块	13～16	51.25～65.7	14.45
5	第五体块	17～20	68.05～82.5	14.45
6	第六体块	21～ROOF	84.85～100.2	15.35
7	第七体块	ROOF～118.65	102.85～118.65	15.8

1. 面板选型及受力难点分析

塔楼西北角处于园区的中央河景观带，室内对室外的视角很重要，幕墙分格的划分原则也经过长期的研究。以第二体块幕墙为例，5～8层层高为4.2m，综合考量建筑排烟及通风需求，根据塔楼典型幕墙确定的分格（7.3.2节），在高度上将2.0m采光区域+1.2m高阴影盒区域合并成1个3.2m分格，保留1.0m采光区域分格作为排烟及通风使用，确定最高幕墙分格为3.2m，见典型幕墙区域与第五体块共享区域交接立面图7.4-29。

共享空间区域的总长为17.0m，结合内装专业室内空间划分的需求，将此片幕墙划分为7个1.90m与2个1.85m的分格，见共享空间与办公区域交接布置平面图7.4-30。

由上述立面和平面分格可知，共享空间的最大玻璃面积为6.08m²，根据面板实际受力特点，计算模型采

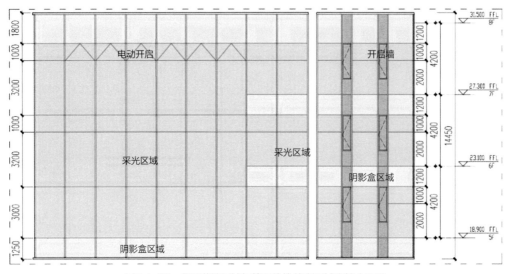

图7.4-29　典型幕墙区域与第五体块共享区域交接立面图

用四边简支支撑，根据玻璃面板荷载分配原理，计算时取外片12mm单片钢化玻璃进行校核。玻璃计算模型尺寸见图7.4-31，风荷载及集中力冲击荷载下面板应力云图见图7.4-32，风荷载及集中力冲击荷载下面板挠度云图见图7.4-33。

从计算结果可知，玻璃面板最大应力为51.08MPa＜84MPa（许用值），最大挠度为14.27mm＜1907/60=31.78mm（许用值），取12mm+12Ar+12TP中空双银Low-E钢化玻璃可满足幕墙各性能指标要求。

2. 龙骨选型及受力难点分析

选取第六体块共享空间的幕墙龙骨作为计算对象，此处的龙骨材料选用精制钢，外立面幕墙跨度为15.35m，竖向钢龙骨的跨度为15.215m，在标高90.450m、94.800m处位置无结构梁固定，属于超高幕墙系统，见图7.4-34。

跨度15.215m的幕墙竖向钢龙骨，会优先考虑采用双跨梁的受力模式，这样可以通过支座约束来改善竖向钢龙骨跨中内力大的问题，同

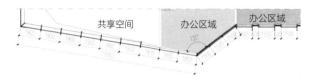

图7.4-30 共享空间与办公区域交接布置平面图

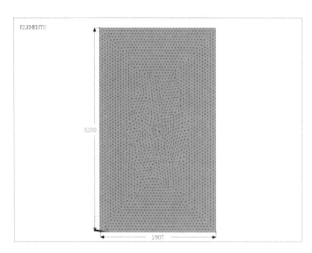

图7.4-31 玻璃计算模型尺寸

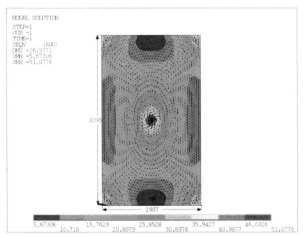

图7.4-32 风荷载及集中力冲击荷载下面板应力云图

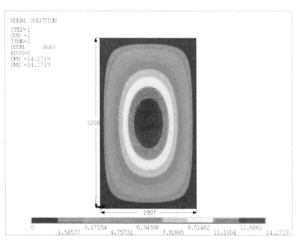

图7.4-33 风荷载及集中力冲击荷载下面板挠度云图

时挠度也会相应降低；用此种受力模式的弊端也很明显，对主体结构产生的反力较大，使得边梁受力较大，同时大反力下幕墙竖向钢龙骨本身的连接也会比较难处理。针对以上考虑，最终选择了外伸梁的受力模式，利用结构墙身，将连接点的跨距尽量做小，同时兼顾外伸梁部分的受力，竖向钢龙骨也由常规的一根通长钢管调整设计成结构连接处做变截面处理。竖向钢龙骨上支座连接节点见图7.4-35、下支座连接节点见图7.4-36。

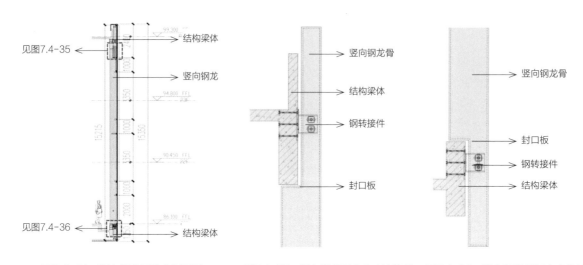

图7.4-34 竖向钢龙骨跨度剖面图　　图7.4-35 竖向钢龙骨上支座连接节点图　　图7.4-36 竖向钢龙骨下支座连接节点

竖向钢龙骨截面削弱位置增加了与竖向钢龙骨壁厚等厚的封口板，弥补截面突变带来的局部应力集中。支座连接处竖向钢龙骨截面的处理在以往项目中很少遇到，对此也通过有限元分析对竖向钢龙骨截面做了局部应力验算，上部截面削弱处杆件应力云图见图7.4-37，下部截面削弱处杆件应力云图见图7.4-38。

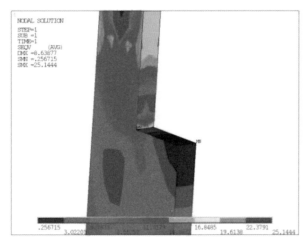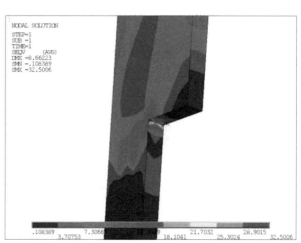

图7.4-37 上部截面削弱处杆件应力云图　　　　　图7.4-38 下部截面削弱处杆件应力云图

对于共享空间幕墙系统的龙骨受力，通过有限元软件建模计算，模型杆件编号见图7.4-39。

矩形精制钢的优点：

1）防火性能优于铝合金，其熔点是铝合金型材的两倍多。

2）同等截面的精制钢受力要大于铝合金型材，钢的延展性小于铝，其稳定性优于铝。

3）在跨度要求大、通透性要求高的幕墙系统中，相比于粗笨的铝包钢系统或是大截面的铝合金型材系统，精制钢幕墙系统更精美，视野更加通透。

4）精制钢型材外观媲美铝型材，对比普通钢材，角度近似90°，棱角分明，更美观。

跨层竖向钢龙骨采用420mm（长）×70mm（宽）×16mm（厚）的矩形精制钢（模型中杆件1），支座连接处为210mm（长）×70mm（宽）×16mm（厚）的矩形精制钢（模型中杆件2），同时为了增强整个系统的稳定性，在跨中玻璃分格位置增加了300mm（长）×70mm（宽）×14mm（厚）的矩形精制钢横梁（模型中杆件3）。在自重荷载、风荷载及地震作用等组合荷载下，各杆件强度应力比计算结果见图7.4-40，各杆件水平荷载下挠度计算结果见图7.4-41。

从计算结果可知，杆件最大应力比为0.577＜1.0（许用值），杆件水平方向最大挠度为27.451mm＜min（12600/250=50.4mm，30mm）=30mm（许用值），杆件强度、挠度均满足受力要求。共享空间具有视觉阻碍小、结构传力简洁、结构造型与幕墙匹配度高、结构用钢量少等优点。

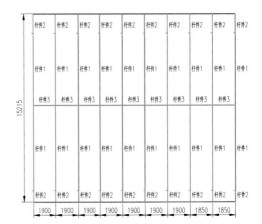

图7.4-39　模型杆件编号

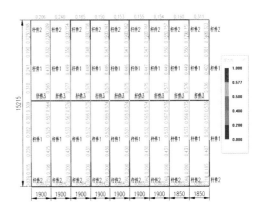

图7.4-40　各杆件强度应力比

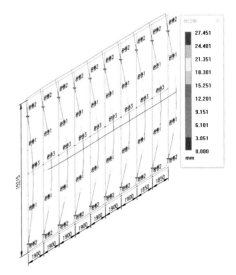

图7.4-41　各杆件水平荷载下挠度

7.5　幕墙系统中开启窗设计

本项目外立面的开启窗规格和种类相对较多，从开启的形式上可分为铝板外平推开启窗、玻璃内倒开启窗、玻璃外开上悬开启窗、铝板内平开开启窗（开启墙）、电动玻璃外开上悬开启窗等。不同的开启窗的性能差异比较大，幕墙的外开窗玻璃是通过结构胶粘结在开启框型材上的，下端有承担玻璃自重的托板。幕墙的开启窗是幕墙体系中重要的组成部分，幕墙体系的通风、排烟都通过开启窗实现。而且，幕墙开启窗是幕墙体系中可以活动的机构，对幕墙产品的加工、装配要求更高。由于开启窗体系的复杂性，在幕墙的空气渗透性能和雨水渗透性能指标值上，幕墙开启窗的指标会低于同等级别的固定幕墙，保证幕墙开启窗系统的性能是幕墙设计的重点。

7.5.1　外平推窗系统解析

平推窗主要位于裙楼东、南外立面，此二面紧邻城市道路，立面需重点设计。为了保证外立面的完整性，设置了铝板外平推窗，平推窗开启时跟立面平行，在立面投影上没有角度，东立面局部幕墙大样见图7.2-4。平推窗分格尺寸为0.85m（宽）×2.3m（高），主要材质为3mm氟碳喷涂铝板，整体重量约为15.8kg，全窗采用6点锁和6个剪力撑不锈钢铰链，上下各一个，左右各两个，开启行程为250mm，满足通风需求；铝板中间装填保温岩棉，满足窗系统的热工要求。平推窗水平节点见图7.5-1，平推窗竖向节点见图7.5-2。

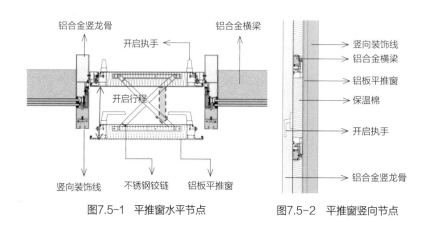

图7.5-1　平推窗水平节点　　　　图7.5-2　平推窗竖向节点

7.5.2　内倒窗系统解析

玻璃内倒开启窗即窗的旋转轴在窗的下侧。位于裙楼外立面，通过五金件的开启限位，在保证通风效果的同时，开启后不占用室内空间。内倒窗分格尺寸为1.45m（宽）×1.0m（高），整体重量约为59.4kg，玻璃配置为8mm（钢化）+12Ar（暖边间隔条）+8mm（钢化），与外立面幕墙配置一致，避免色差。全窗采用6点锁和2个不锈钢铰链，通过窗的两侧铰链五金件控制内开角度为10°，启闭较易，通风量满足要求。玻璃内倒开启窗水平节点见图7.5-3，玻璃内倒开启窗竖向节点见图7.5-4。

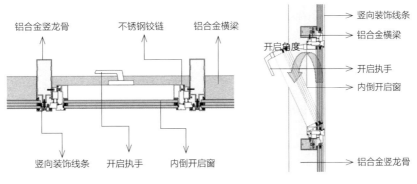

图7.5-3　内倒开启窗水平节点　　　　　图7.5-4　内倒开启窗竖向节点

7.5.3　外开上悬窗系统解析

　　玻璃外开上悬开启窗主要位于裙楼内院立面，属于常见窗型，悬窗分格尺寸为2m（宽）×2m（高），面积为4m²，玻璃配置为8mm（钢化）+12Ar（暖条边）+8mm（钢化），整体重量约为163.8kg，翻窗最大开启角度为15°，当翻窗开启到10°左右时，启闭较易，通风量满足要求。玻璃外开上悬开启窗水平节点见图7.5-5，玻璃外开上悬开启窗竖向节点见图7.5-6。

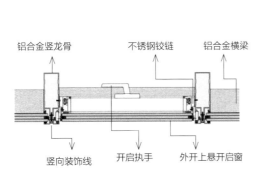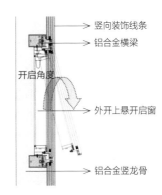

图7.5-5　外开上悬开启窗水平节点　　　　图7.5-6　外开上悬开启窗竖向节点

7.5.4　铝板内平开窗（开启墙）系统解析

　　铝板内平开开启窗（开启墙）系统主要位于塔楼典型幕墙处，分格尺寸为0.65m（宽）×2.0m（高），室内外面层均为3mm氟碳喷涂铝板，整体重量约为21.1kg。开启窗（开启墙）中间装填保温岩棉，幕墙热工计算时作为墙体部分，春秋季可以开窗通风，夏冬时关闭窗扇，减少室内能耗。铝板内平开窗（开启墙）的外侧采用全铝板包裹方式遮挡开启窗的边框，在启闭时看见的是铝板面，有效保证了外立面与固定铝板的统一性，避免了铝板与窗型材喷涂色差。铝板内平开窗（开启墙）水平节点见图7.5-7，铝板内平开窗（开启墙）竖向节点见图7.5-8。入驻前期，铝板内平开窗的角度可以设置为30°，满足室内通风净化要求；正式入驻后，保证平时通风需求，通过五金件限位，开启角度设置为10°，通过内开的方式有效地保证了开启安全性。

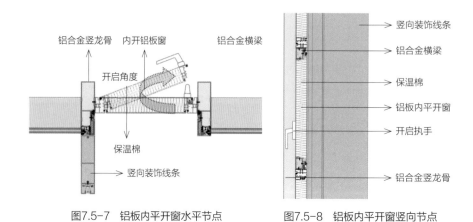

图7.5-7　铝板内平开窗水平节点　　　　图7.5-8　铝板内平开窗竖向节点

7.5.5　电动玻璃外开上悬开启窗系统解析

电动玻璃外开上悬开启窗位于外西立面共享区域，该区域的玻璃幕墙的跨度为14.450m。电动开启窗开启角度最大为70°。系统具有以下功能：通过共享区域的机械排风，室内形成烟囱效应，在寒冷的气候条件下，空气缓冲层可以起到阻挡热量流失的作用，空腔中被阳光加热的空气可以加热玻璃外的空间，从而减少室内对供暖系统的需求；在炎热的气候条件下，可将空腔中的气体排出建筑物外，以减少太阳辐射热，降低制冷负荷，多余的热量会通过烟囱效应排出，由于空气密度的不同会产生循环运动，导致较热的空气从上方排出，当空腔中的空气温度升高时，就会给周围环境带来微风，同时起到隔离作用，阻挡热量的吸收；春秋两季，开启窗可完全开启保证共享空间的室内通风。电动玻璃外开上悬开启窗水平节点见图7.5-9，竖向节点见图7.5-10。

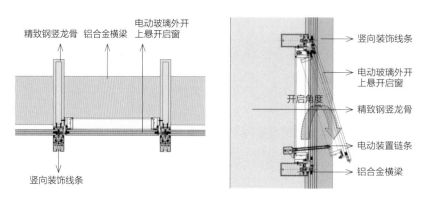

图7.5-9　电动外开上悬开启窗水平节点　图7.5-10　电动外开上悬开启窗竖向节点

以上五种窗型不论外开还是内开，都在细部构造上做了充分的推敲，以提升开启窗的空气渗透性能和雨水渗透性能指标值，具体措施：①增加一道"鸭嘴胶条"；②边框开"钥匙孔"排水孔，增加排水面积，避免雨水表面张力的产生，细部构造见图7.5-11；③开启窗重量较大，在使用过程中可能会出现窗扇掉角的情况，采用不锈钢提升块，在开启窗关闭时能主动拉起扇框，起到导向作用，消除扇框的变形，以便能顺利关闭窗扇，从而达到幕墙性能要求，保证了建筑物的能耗不损失，提升块安装节点构造见图7.5-12。

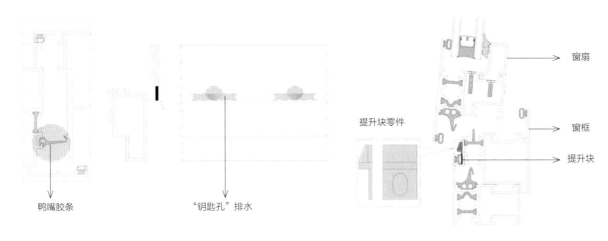

图7.5-11　窗系统细部构造　　　　　　　　图7.5-12　提升块安装节点构造

7.6　幕墙清洗、维护系统的运用

大型玻璃幕墙擦窗机是一种用于清洁和维护大型玻璃幕墙的机械设备，根据不同的分类标准，可以有多种分类方式：

按驱动方式分类：可以分为电动式、手动式和机械式。电动式擦窗机通常采用电动机驱动，具有更高的效率和稳定性；手动式擦窗机则需要人工操作，效率较低，但结构简单，成本较低。

按结构形式分类：可以分为直臂式、曲臂式、轨道式、蜘蛛式等。直臂式擦窗机的臂杆为直杆，适合清洁高度较低的玻璃幕墙；曲臂式擦窗机的臂杆可以进行弯曲，适合清洁高度较高的玻璃幕墙；轨道式擦窗机是在建筑物上安装轨道，擦窗机在轨道上运行，适合清洁大面积的玻璃幕墙；蜘蛛式擦窗机是一种小型的擦窗机，可以吸附在玻璃表面进行清洁。

按自动化程度分类：可以分为手动控制、自动控制和遥控控制等。手动控制擦窗机需要人工操作，自动控制擦窗机可以根据设定的程序自动进行清洁工作，遥控控制擦窗机可以通过遥控器进行远程控制。

不同类型的擦窗机适用于不同的玻璃幕墙清洁需求，在选择擦窗机时，需要根据实际情况选择合适的类型。

7.6.1　清洗方案及清洗挂点、防风销布置

本项目裙楼的建筑完成面顶标高为19.500m，此高度可以采用登高车进行清洗，本节不作介绍。塔楼在最顶端设置的清洗挂点无论是采取电动式还是曲臂式轨道式都无法覆盖到下面的所有楼层，无法满足清洗及维护要求，主要有以下几种原因：

建筑在平面设计上，将"人"字坡与平屋檐相连的平折曲线用在塔楼的外轮廓线上，将四个面的角部都作9°旋转形成99°的折角，使得原本四边形的平面转化为十二边形；高度方向上是将每四层形成一个单元，并且每个单元都会设置一个三层通高的共享空间以及一圈环通的走廊，这就构成了高层建筑中非常特别的"空中游廊"和"空中庭院"。第六体块与第七体块在平面投影上有错位，导致吊篮下降过程中被阻挡，行程不能覆盖整个塔楼的立面，两个体块的平面投影关系见图7.6-1。

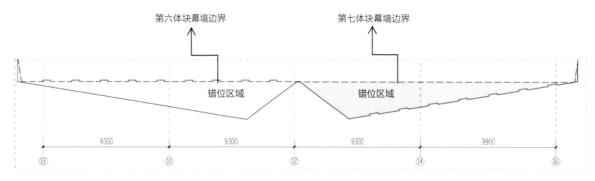

图7.6-1　两个体块的平面投影

由平面反映到剖面上分析，第六体块与第七体块在高度方向上进出不一致，若使用擦窗机，功效较低，见图7.6-2。

寻求一种适合的擦窗机方案势在必行。经过对建筑图纸的仔细研究发现，第二体块（5层到8层）与第四体块（13层到16层）平面投影关系一致、第六体块（21层到ROOF层）平面投影关系一致；第三体块平面（9层到12层）与第五体块（17层到20层）平面投影关系一致、第七体块（ROOF层104.10m到118.65m）平面投影关系一致，只需解决第六体块与第七体块幕墙清洗及维护问题，其余体块相同处理。

以南立面第六体块与第七体块为例，每个体块设置独立的清洗挂点、防风销为本体块服务，不与上下体块产生关系，采用人工清洗幕墙、吊篮维护幕墙的方式相结合。清洗挂点、防风销立面布置见图7.6-3，21层防风销平面布置见图7.6-4，塔楼顶部清洗挂点平面布置见图7.6-5。

清洗挂点的作用是固定工作绳、生命保护绳和擦窗支撑钢架；防风销是防止吊篮或人员在高空作业时受风力影响而造成危险事故的保护装置。

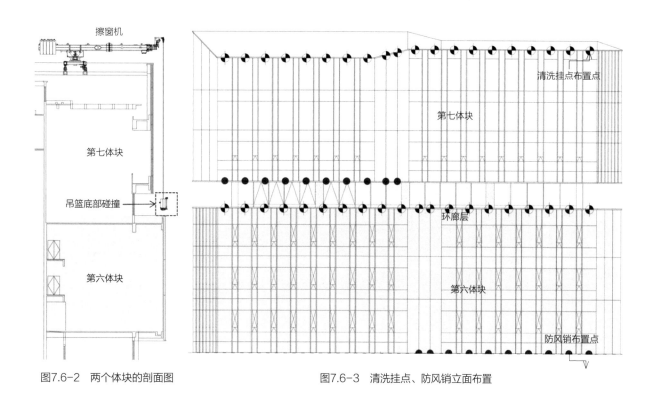

图7.6-2 两个体块的剖面图

图7.6-3 清洗挂点、防风销立面布置

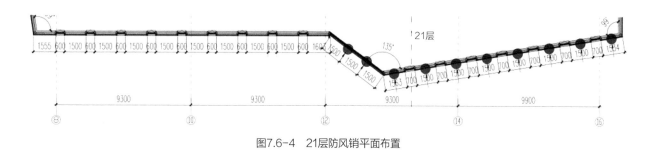

图7.6-4 21层防风销平面布置

7.6.2 清洗挂点基座设计

清洗挂点的基座分布于每个体块的顶端，见图7.6-5，高度间距为14.35m，水平向按2.1m分布。采用可拆卸隐藏式设计，铝板上预留清洗支撑基座和防坠安全绳基座，平时采用与铝板同色的工艺防水盖板封住，确保每个面的颜色与铝板一致。在需要清洗时，拆下盖板，拧入清洗钢架的第一连杆和生命保护绳支撑底座，同时采用4根M20不锈钢对穿螺栓进行固定，再安装上清洗钢架和生命保护绳，即可进行幕墙清洗，安装细部节点见图7.6-6、图7.6-7。

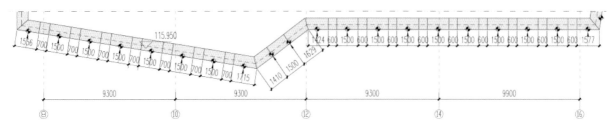

图7.6-5　塔楼顶部清洗挂点平面布置

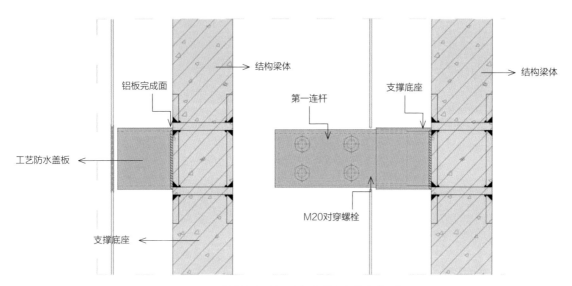

图7.6-6　支撑底座、第一连杆安装细部节点（一）

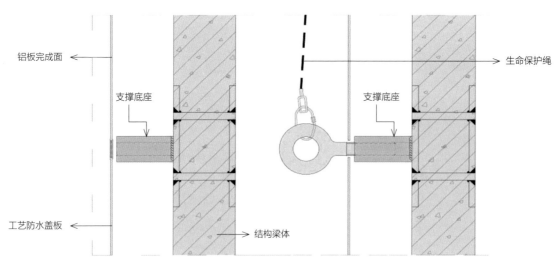

图7.6-7　支撑底座、第一连杆安装细部节点（二）

7.6.3　清洗防风销设计

清洗防风销分布于每个体块的顶端或下端，见图7.6-4，高度间距为14.35m，水平向按2.1m均布。主要起到保障安全的作用，通过不锈钢防风销基座固定在幕墙龙骨上，有卡口的一面朝向幕墙面，使用时通过生命保护绳连接"蜘蛛人"、吊篮。防风销安装细部节点见图7.6-8。

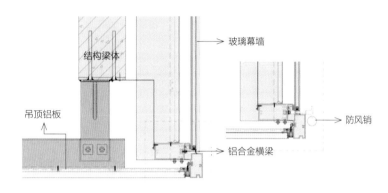

图7.6-8　防风销安装细部节点

7.6.4　清洗挂点钢架设计

清洗挂点钢架设计的是一种可拆卸的隐藏式幕墙清洗钢架，包括支撑底座和支撑钢架，第一连接杆固定安装在女儿墙内侧，支撑底座可拆卸或安装至第一连接杆，支撑钢架的下端可拆卸或连接至支撑底座，上端向外延伸至幕墙外侧并设有吊绳耳板，结合女儿墙原有的泛水铝板设计，将预留的第一连接杆隐藏在泛水铝板和女儿墙之间，需要进行幕墙清洗时再安装支撑底座和支撑钢架，平时可将支撑底座和支撑钢架拆下，保证建筑的外观效果和安全性。此钢架一般用于人员直接清洗使用，承受人员重量，清洗钢架构造见图7.6-9。

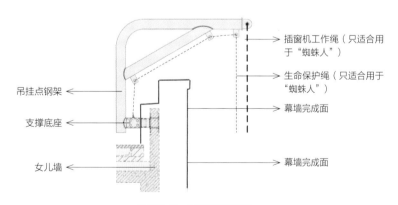

图7.6-9　清洗钢架构造

外立面玻璃的占比较高，即便采用了均质、超白处理，玻璃也会有一定的自爆率，第一种钢架是解决平时幕墙的清洗，幕墙的维护还需一种可承受玻璃、吊篮、人员重量装置，使用原理与第一种基本一致，在需要时使用，不需要时拆卸。维护钢架构造见图7.6-10。

以上两套装置是为了解决幕墙平时的清洗及幕墙玻璃更换维护，第一种钢架整体较轻，搬运方便快捷，适用于"蜘蛛人"作业，能在一个面上、同一体块上同时展开，使用频率较高。

第二种钢架整体较重，搬运困难，使用频率不高，虽然能取代第一种使用，但功效较低。以第六体块与第七体块的幕墙清洗、幕墙维护为例，模拟幕墙清洗原理，两种装置作业工况见图7.6-11。

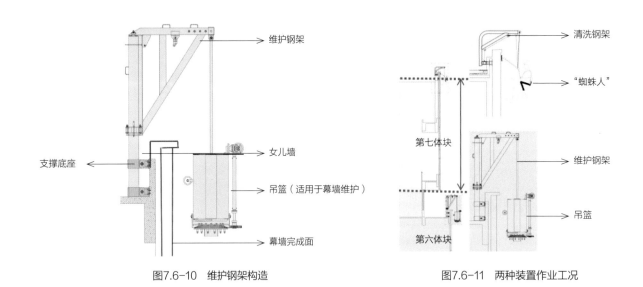

图7.6-10 维护钢架构造   图7.6-11 两种装置作业工况

7.7 总结

幕墙从前期策划到建成落地共经历了三年时间，幕墙的设计风格与周围建筑和环境相协调，整体效果美观大气，幕墙的材质和颜色选择恰当，能够彰显建筑的品质与特色；幕墙的安装质量高，牢固可靠，没有发现明显的瑕疵和缺陷，各项性能指标均符合绿建设计要求和国家标准，具有出色的抗风、防水、隔声等性能；幕墙的设计考虑了采光、通风、节能等多种因素，能够提高室内环境的舒适度和品质，同时，幕墙的建成也为建筑提供了良好的防护和隔离效果，提高了建筑的安全性和稳定性；综合来看，幕墙的落地实现了预期效果，外观美观、质量可靠、功能实用，为苏州工业园区增添了一道亮丽的风景线。

第三篇

数智应用

第八章 | 数字化建设及应用

8.1 应用综述

8.1.1 应用背景

随着信息技术的飞速进步，建筑信息模型（BIM）、参数化设计、3D扫描、3D引擎、物联网（IoT）、5G通信及虚拟现实（VR）、增强现实（AR）等交互技术已成为驱动建筑设计行业创新的关键力量。这些技术不仅为建筑设计领域引入了新颖的视角，还深刻地重塑了设计流程、施工管理以及后期运维的范式，同时为跨行业创新应用开辟了广阔前景。

本项目不仅是一次涵盖设计、建设与运维全过程的工程实践，更是一次对前沿技术应用与数字化转型路径的深入探索与大胆实践。旨在通过这一真实建筑项目的全生命周期数字化建筑及应用，构建一个技术试验场，全面测试并验证各类新技术的可行性与有效性，为行业内乃至跨行业的创新应用提供可复制、可推广的经验模式与理论框架。

在项目初期，采用多元化的数字化技术手段辅助设计方案的精准确立。随后，通过BIM大协同机制，深入推动建筑、结构、给水排水、暖通、电气、幕墙、智能化、景观、内装及绿色建筑等多个专业的整合设计，实现BIM正向设计的全面覆盖。施工阶段则无缝对接设计阶段的数字化成果，并进一步深化应用，部署智能建造与管理相关的数字技术平台，促进施工过程管理的智能化与高效化。

项目竣工后，引入了自主研发的"启元云智"数智综合管理平台，该平台基于BIM技术构建，实现了建筑全生命周期的数字孪生，为启迪设计大厦的全面管理提供了强大支撑。整个项目的数字化建设与应用过程，涉及了多种软件工具与技术路线，包括但不限于BIM技术、参数化设计、3D扫描与建模、3D引擎驱动的实时交互、IoT与5G通信融合下的设备与系统联动，以及VR/AR技术带来的沉浸式体验与评估。这些技术的交互融合，共同构成了本项目数字化转型的坚实基础。

1. BIM技术

BIM（建筑信息模型）技术作为建筑行业数字化转型的基石，通过构建三维数字化模型，实现了建筑项目从设计、施工到运维全生命周期的集成化、可视化管理与优化。该技术不仅提升了项目执行效率、有效减少了资源消耗，还促进了信息在项目各阶段的无缝流通与共享，是新世纪建筑项目管理的核心工具。

2．参数化设计技术

参数化设计方法将设计要素抽象为数学函数中的变量，通过预设的算法和运算规则，实现参数之间的动态联动。此方法将设计过程转化为逻辑推理过程，使得设计模型能够随参数变化自动调整，增强了设计的灵活性和可预测性，为复杂建筑形式与功能的创新提供了强大支撑。

3．3D扫描技术

作为获取现实世界三维数据的关键技术，3D扫描通过高精度激光扫描或摄影测量手段，能够迅速、准确地捕捉建筑与环境的三维形态信息，为设计提供了贴近现实的模型基础。该技术广泛应用于文物保护、旧建筑改造及复杂结构重建等领域，极大地提升了设计的精确性与效率。

4．3D引擎技术

3D引擎以其卓越的渲染能力和实时交互特性，为建筑可视化与虚实交互提供了高性能平台。该技术不仅能创建出高度逼真的视觉效果，还能实现虚拟场景与现实物理设备或系统的无缝对接，促进数据与控制信号的双向流通，为智慧建筑与智慧城市的建设提供了关键技术支撑。

5．物联网和5G通信技术

物联网（IoT）与5G通信技术的融合，为建筑的智能化管理与运维注入了新的活力。

数字模型和物联网技术实现了楼宇设备与系统的虚实联动，而5G通信技术则以其高速、低延迟的特性，确保了大规模数据的实时传输与处理，为智能建筑的高效协同与快速响应提供了坚实保障。

6．VR/AR技术

虚拟现实（VR）与增强现实（AR）技术的快速发展，为用户提供了前所未有的沉浸式体验。在建筑领域，这些技术使得设计方案的展示与评估更加直观、生动，极大地提升了设计沟通与决策的效率。同时，VR/AR技术还为"元宇宙"的构建提供了初步框架，为建筑设计与城市规划的未来创新开辟了广阔空间。

7．软件及平台开发技术

软件及平台开发是支撑上述所有技术应用的基石。在特定的开发环境中，利用编程语言和技术栈，开发团队能够创建出功能完善、性能稳定、满足用户需求的应用软件。这些软件不仅提供了稳定可靠的基础架构，还为上层应用提供了强大的支持与扩展能力，是推动建筑行业数字化转型不可或缺的技术力量。

8.1.2　项目组织

数字技术的应用贯穿了本项目设计到运维的全过程，其组织模式体现了高度的协同性与参与性。具体而言，并非由单一的数字化团队独立承担所有数字化任务，而是构建了一个多角色、多层次的组织框架，确保所有项目实施团队及成员均能积极参与并贡献于数字化进程。

数字化团队：该团队负责总体策划和评估数字化应用，包括应用方案的选择、协同平台的搭建与管理、实施规划的编制与应用手册的编写。同时，数字化团队还承担了对设计、施工等团队的BIM技术培训与指导，以及对设计、施工模型的审核与整合优化工作。此外，该团队还负责点云扫描、AR现场复核等先进技术的应用，以及竣工数字资产的整理与运维模型信息的注入。在软件与平台层面，数字化团队负责测试和二次开发，特别专注于本项目智慧楼宇的"启元云智"平台的开发，该平台采用了自主知识产权技术，成功实现了BIM轻量化以及与BIM运维模型的数据连接，为启迪设计大厦的智慧运维提供了一个强大的可视化工具。此外，该团队还负责大楼运维平台的日常技术维保和对大楼运维管理人员的专业培训，确保平台的稳定运行和运维团队的专业能力。

项目管理团队：该团队负责确保本项目数字化建设目标的落地，明确各参与方在数字化实施中的具体范围与职责，界定各阶段、各团队技术应用的边界与内容，并对实施情况进行审核与监督，以保障项目数字化进程的顺利推进。

设计团队：专注于设计阶段的数字化应用，如参数化设计与BIM正向设计，通过运用数字化工具完善施工图所需的BIM模型，涵盖建筑、结构、给水排水、暖通、电气、室内装饰、幕墙、景观等多个专业领域，实现设计信息的全面集成与优化。

施工团队：负责智能建造领域的数字化应用，包括BIM施工模型的深化、施工模拟与工艺模拟、工程量统计等，以提升施工效率与质量。同时，施工团队还负责智慧工地的组织与实施，将数字化技术融入施工管理的各个环节。

运维团队：在项目运维阶段，运维团队负责接收设计、建造阶段累积的数字化成果，并将其应用于大厦的日常维护与维修改造中。通过"启元云智"平台，运维团队能够实现对本项目的智慧运维管理，并通过对运维数据的深度分析为大楼持续优化运维管理策略提供决策支持。

总体而言，本项目的组织原则遵循数字化团队牵头、各专业团队协同合作的模式。数字化团队提供全面的技术支撑与进度、成果管控，同时确保设计、施工、运维各实施团队未覆盖的数字化应用内容得到有效衔接与补充，共同推动本项目数字化建设及应用的深入实施。

8.2 方案设计应用

在设计阶段的方案构思与深化过程中，本项目深度集成了多种数字化技术，以加强三维可视化分析、性能模拟及设计创新的实现。方案初期常用的3D模型设计软件SketchUp凭借其简单易用、快速建模、插件资源丰富、跨平台兼容、卓越的可视化效果以及强大的环境模拟与空间分析能力，成为帮助建筑师显著提升设计效率不可或缺的辅助工具。此外，绿建斯维尔、PKPM绿建节能系列软件、PHOENICS、DesignBuilder、CadnaA及ENVI-met等软件也被应用于本项目建筑性能化分析的各个方面。

8.2.1 3D扫描技术的研究与应用

3D扫描技术的本质在于精准采集目标物体的三维点云数据，该数据集成了空间坐标、激光反射强度及色彩信息等，通过算法处理这些数据，可以构建出物体的三维模型。该技术通过进一步融合拍摄所得照片，进行纹理映射，以实现模型的真实感增强，精度可达厘米级，为现实空间与虚拟场景之间的几何信息精准映射（即空间几何信息孪生）提供了强有力的技术支持。

研究团队综合运用了多样化的数据采集技术，包括无人机倾斜摄影测量、固定站式激光扫描、手持式激光扫描以及近距离摄影等高精度方法，本项目中用到的3D场景信息采集手段见图8.2-1，对启迪设计集团原办公地点——星海街9号建筑及其室内外空间、周边环境进行了全面而细致的数据采集与三维建模工作，重建完成后的高精度星海街9号建筑及环境模型见图8.2-2。此过程确保了模型数据的丰富性与准确性，为后续对其进行分析与应用奠定了坚实基础。

倾斜摄影技术依托摄影测量原理，高效生成建筑物的三维几何模型与详尽纹理信息，显著加速了设计前期的直观理解与分析过程。同时，激光扫描技术凭借其高精度激光测距能力，捕获详尽的点云数据，为复杂建筑结构的精确三维重建提供了坚实基础。通过这两种技术的互补融合，所构建的建筑模型不仅精确还原了实际建筑的几何形态，还细致呈现了其纹理细节，试验结果验证了这种结合方法的有效性，并取得了显著成果。

本项目建设前期，团队基于上述3D扫描经验，对本项目场地及周边既有环境进行了无人机航拍扫描，将现实世界中的建筑和环境以数字化的形式再现，为设计提供了更加直观和精确的空间底座。在设计中利用该底座进行了大量视线分析、光照模拟分析、风环境分析等，为大楼设计决策提供了空间基础。本项目场地及周边既有环境扫描建模见图8.2-3。

图8.2-1　项目中用到的3D场景信息采集手段（此图片来自网络）

图8.2-2 重建完成后的高精度星海街9号建筑及环境模型

图8.2-3 本项目场地及周边既有环境扫描建模

8.2.2 参数化建模设计

在建筑设计方案的深化阶段，参数化设计作为一种高效且灵活的工具，被广泛应用于本项目中，特别是在建筑形体优化、幕墙与钢结构深化等方面发挥了关键作用。针对一楼大厅的四角攒尖亭设计，本项目创新性地将参数化设计与BIM技术相结合，实现了对古建筑元素的数字化重构与应用。

在攒尖亭的设计过程中，Grasshopper作为参数化建模平台，被选定为核心工具。其设计思路基于精确的规则和尺寸要求，通过定义各构件的点位，构建出定位点模型，进而利用这些点位生成线、面或体块，形成建筑的基本形态。设计伊始，即明确了控制模型的基本参数，并建立了这些参数与其他构件之间的函数关系，实现了模型各部分的联动与动态调整。

攒尖亭为中心对称结构，本次选取亭子中心为建模原点，边长为基本尺寸，生成亭子平面的基本放线。基于此，可生成各种不同边数和尺寸的攒尖亭的基本平面，其中平面生成程序见图8.2-4。

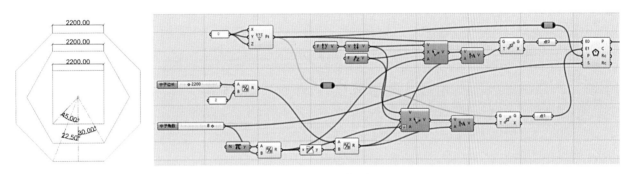

图8.2-4 平面生成程序

对于攒尖亭的屋面基础构架设计见图8.2-5，该设计遵循了传统的建造逻辑，从主要的结构构件老戗出发，逐层向上叠加各细部构件，直至完成屋面瓦的铺设。传统方法中的地面放样与尺寸度量虽能获取所需数据，但操作繁琐且易产生误差。本项目则利用参数化的优势，首先通过平面放样控制整体比例，随后在三维环境中直接生成各细部构件，既保留了传统建造的精髓，又提高了设计效率与精度。

在屋面细部构件的生成过程中，本项目对出檐椽、捺网椽、立角飞椽等关键元素进行了详细的参数化建模，屋面细部构件生成见图8.2-6。通过分析传统做法中的构造逻辑与尺寸关系，在Grasshopper中建立了相应的数学模型与算法，实现了对这些构件的精确生成与定位。同时，对于屋面瓦的铺设，本项目也采用了参数化的方法，通过均分曲面与分组处理，生成了符合传统铺设规则的底瓦与盖瓦，确保了屋面瓦作的完整性与美观性。

最终，攒尖亭的整体模型在Grasshopper中得到了完整呈现，攒尖亭完整模型见图8.2-7。该模型不仅保留了传统古建筑的美学特征与文化内涵，还通过参数化设计实现了对不同形状、不同尺寸攒尖亭的快速生成

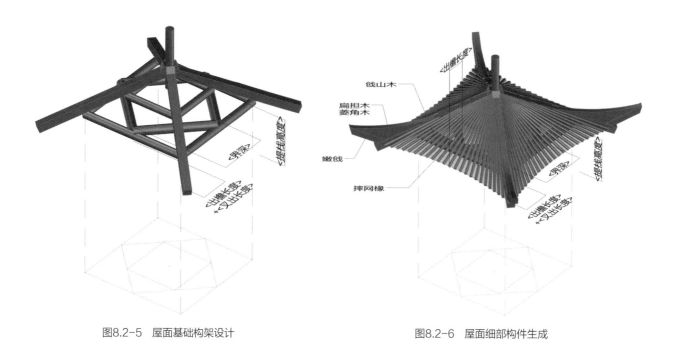

图8.2-5　屋面基础构架设计

图8.2-6　屋面细部构件生成

与调整。在方案选型阶段，本项目通过调节参数生成了多个不同方案的模型，并将其置于项目大厅整体模型环境中进行比较与评估。经过多轮比选与优化，最终确定了攒尖方亭的方案与总体尺寸，为后续的工匠交流、构件加工及现场装配工作奠定了坚实基础，实际建成效果很好地匹配了本项目的空间场景。建成后的攒尖亭实景照片见图8.2-8。

图8.2-7　攒尖亭完整模型

图8.2-8　建成后的攒尖亭实景照片

8.2.3 3D引擎技术的研究与应用

3D引擎技术以其卓越的渲染能力、实时交互性及丰富的API接口，正深刻变革着建筑设计的可视化表达与交互方式。在本项目的设计实践中，利用虚幻引擎5（UE5）作为可视化与交互平台，通过其集成的实时光线追踪、全局光照及物理基础渲染等先进技术，实现了高度逼真的视觉效果，显著增强了设计方案的表现力与说服力。这一技术的应用促使设计团队能够以高效且高质量的方式将设计构想转化为可视化模型，为决策过程提供了直观且有力的支持。

此外，研究团队成功实现了BIM模型与UE5的无缝对接，利用UE5对设计方案进行可视化表现后的具体效果见图8.2-9，确保了模型几何信息的无损传输，并创新性地构建了设计方案模型修改实时同步至引擎场景的工作流程，实现了设计修改与视觉反馈之间的即时联动。这一突破不仅准确地体现了设计师的设计思想，使设计决策过程更加直观、高效，还提升了设计效率，促进了设计优化与迭代。

利用UE5的渲染功能，设计师能够轻松创作出高质量的静态渲染图、动画及虚拟现实（VR）体验，为用户提供了多维度、沉浸式的交互体验。这种体验不仅使用了视觉层面的应用，还融合了声音、触觉等感官反馈，极大地增强了用户的参与感与满意度。综上所述，3D引擎技术不仅推动了设计表现与交互方式的革新，还为数字资产在建设、运维阶段的延续性管理提供了强有力的平台支持。

图8.2-9 利用虚幻引擎5（UE5）对设计方案进行可视化表现

8.3　设计协同优化

在建筑设计方案的深化阶段，结构、机电等多个专业团队的全面参与，标志着项目进入了基于Revit平台的BIM正向设计多专业协同的关键阶段。这一策略的核心在于通过BIM技术的集成应用，有效地减少设计变更，提高设计精确度，并增强设计的经济合理性与实用性。BIM的空间模拟与信息整合能力给设计师提供了强大的工具，有助于优化设计方案，进而提升建筑的整体性能与空间品质。

回顾协同设计的发展历程，启迪设计集团在2006年即已奠定协同设计标准的基石，随后于2012年成功上线了基于CAD技术的协同设计平台，成为该领域内的先行者。2013年，公司成立了BIM设计研究中心，标志着其正式步入独立运作的数字设计研发前沿。至2015年，ERP系统的全面部署实现了财务、业务运营与人力资源管理数据的无缝对接，成为公司数字化转型的新里程碑。2018年，公司完全实现了设计成果的无纸化输出，这标志着全专业、全流程的数字化设计产品交付体系的成熟与完善。

为顺应设计成果电子签章的管理需求，BIM正向设计策略自始至终被深度整合至既有的协同设计框架之中。在这一框架下，建筑信息模型通过精细化的线样式预设、图例视图的多层次应用、注释的精准区以及轴测图的补充，确保了二维视图绘制的质量达到或超越传统CAD制图的标准。设计、成图、签章直至出版的全过程均在统一的协同设计平台上高效运作，具体流程包括BIM直接生成图纸文件，随后导出为CAD格式并导入协同设计系统进行零件图的整合与图框配置，最终通过电子出版流程完成签章并输出打印图纸。

在多专业紧密协同的设计环境中，BIM技术展现出了其在空间优化方面的显著优势。针对本项目这类公共建筑，如何在有限的空间资源内实现合理的规划布局，既避免空间浪费，又满足日益提升的环境与空间品质要求，考验着设计师对项目全局的把控能力、专业知识深度以及跨专业的协作能力。本项目中，BIM正向设计与自主二次开发的Revit工具成为精细化设计的坚实支撑，为项目实现空间优化与功能提升奠定了坚实基础。

8.3.1　土建净高提资

建筑的室内净高是影响建筑功能的关键因素之一，直接关系到使用舒适度与使用效率。在传统的CAD协同设计体系中，建筑专业通常通过平面图及剖面图等形式来表达对各功能区域的净高要求。结构专业的梁、板及其他构件都需要一定的结构高度。在机电专业的设计阶段，如果未充分考虑整体土建条件，很可能会导致管线布置不合理，进而影响各空间的完成净高。此外，施工过程中，如果缺乏对净高的有效控制措施，也可能导致最终的完成净高不满足设计预期。

为避免上述情况，本项目团队在BIM正向设计框架下，通过各专业间模型的相互参照与引用，实现了设计数据的即时共享和高度信息的直观测量。尽管如此，手动测量和计算每个区域的净高仍不够高效。本项目中利用Revit的API接口，自主开发了一套梁下净高工具集。该工具集集成了数据写入、梁下净高填色标注以及降抬板填充三大功能，可以快速、准确地计算并表达梁下及板下的空间高度信息。

　　具体而言，梁数据写入命令能够自动捕捉当前视图范围内的梁构件，并对其进行详尽的梁下净高分析。梁下净高填色标注功能则根据梁构件的净高值，在平面视图内进行色彩编码与数值标注，实现净高信息的直观可视化。梁下净高填色标注操作界面及标注示意见图8.3-1。降抬板填充功能允许用户指定建筑面层的特定区域，并参照设定的楼层标高，对降板或抬板区域进行自动填充。这一功能进一步丰富了净高表达的维度。降抬板填充操作界面及填充示意见图8.3-2。

　　在设计实践中，这套二次开发工具集不仅极大地提升了土建净高情况的表达效率与清晰度，还为各专业对设计方案进行合理性评估提供了便利。此外，工具集生成的土建梁底净高图可作为提资文件，有效促进机电、内装、幕墙等相关专业对土建条件的深入理解，在各专业设计初期即实现净高控制的协同优化，确保最终设计成果满足预期的净高要求。

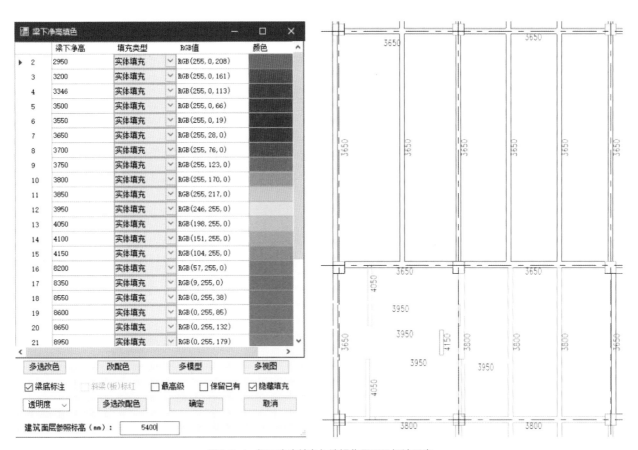

图8.3-1　梁下净高填色标注操作界面及标注示意

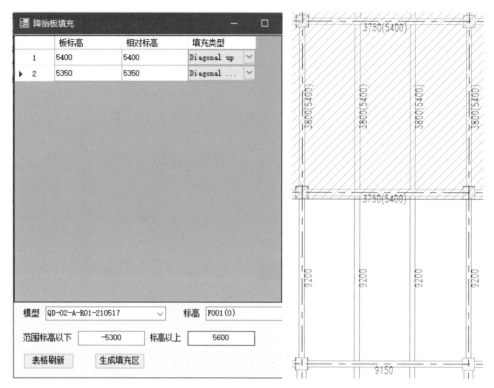

图8.3-2　降抬板填充操作界面及填充示意

8.3.2　机电净高控制及优化

在初步设计阶段，针对本项目独特的建筑特征，设计团队深入探讨了机电管线的优化布置方案，特别聚焦于地下室层高受限、无梁楼盖区域机电管线竖向空间紧张、柱子柱帽对管线横向敷设空间的挤压等挑战性问题。通过多次跨专业研讨及BIM空间模拟，团队制定了一套综合性的管线布置策略。

该策略的核心在于遵循空间优先级原则。比如在地下车库区域，首先规划暖通专业的大风管，确保其在车位上方紧贴楼板底部高位敷设，同时避免与柱帽或梁边缘的直接接触，为其他管线预留足够的竖向翻越空间。在此基础上，给水排水的主干管路与风管水平走向一致，减少垂直交叉。当交叉无法避免时，采用小管径支管从风管底部穿越的方案。电气桥架的走向也尽可能与风管、水管平行布置，并严格控制管线占用的空间高度，确保整体布局的紧凑性、规整性和合理性。地下车库机电管线布置方案见图8.3-3。

进入设计实施阶段，团队依托BIM正向协同设计模式，严格遵循初期制定的管线布置策略推进各专业管线的布置工作，形成了高效有序的设计流程。面对设计过程中的难题，团队通过跨专业协调会议及时解决，有效避免了传统设计中常见的专业冲突与错误，显著提升了设计效率与准确性。

此外，BIM软件的高精度特性使得设计团队能够精确模拟不同材质的管道、阀门及连接方式的安装空间需求，为设计初期确定管道材质与连接方式提供了科学依据。通过与项目建造团队的深度沟通，设计方案得

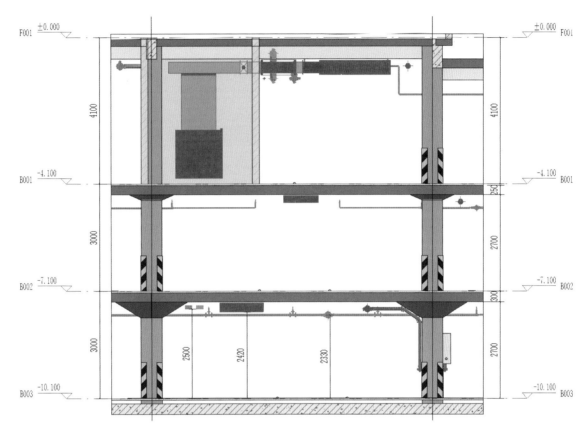

图8.3-3 地下车库机电管线布置方案

以进一步优化，确保设计与现场实施的紧密衔接。地下二层无梁板区域复杂管线布置见图8.3-4。

此项设计流程也广泛应用于本项目的其他区域，例如塔楼区域在梁上开洞，所有机电管线穿梁敷设的策略，也是在BIM正向设计的支撑下得到了很好的实施。塔楼区域管线穿梁模型见图8.3-5。

图8.3-4 地下二层无梁板区域复杂管线布置　　　　　　图8.3-5 塔楼区域管线穿梁模型

　　为了直观展示多专业协调后的净高情况，团队在BIM设计过程中使用了二次开发的净高分析平面图生成工具。该工具基于BIM模型，通过颜色编码技术对不同高度区域进行区分，为参与项目的各专业提供了清晰直观的空间信息视图，地下一层多专业协调后的净高分析平面图见图8.3-6。多专业协调后的净高分析图作为内装设计的前置条件，促进了后续设计与施工的顺畅衔接。

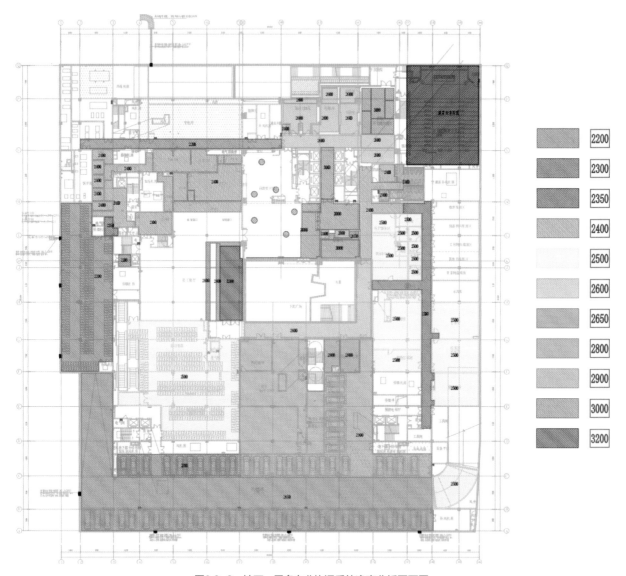

图8.3-6　地下一层多专业协调后的净高分析平面图

8.3.3　机电管综深化及出图

　　BIM技术的成功应用不应仅限于理论模型和图纸的精确构建，还需要通过实际项目的实施效果来验证其有效性。在机电安装过程中，施工深化设计是至关重要的环节，其管线综合模型和深化图纸对于指导现场施工具有不可替代的作用。尽管现代技术如云平台、移动设备（如手机、PAD）及AR/VR设备，为现场模型的查看提供了便利，但施工人员通常更倾向于使用传统的图纸进行施工。

　　本项目中，BIM设计阶段对机电系统的全面规划与优化非常重要，包括机电路由的精心调整和梁上开洞等措施，这些措施有效保障了施工空间，从而确保了管线综合施工深化工作的顺利推进。遵循"一模到底"的原则，深化设计团队在初步调整的机电管线综合模型的基础上，结合施工组织计划和设备采购信息，进一步细化了空间布局，完善支架、附件、保温等细节设计，确保设计意图在现场的准确实现。机电施工深化模型见图8.3-7。

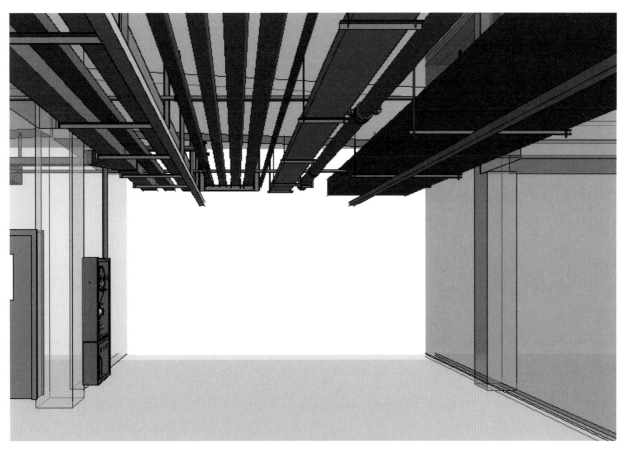

图8.3-7　机电施工深化模型

研究团队针对施工深化设计过程中管线综合调整的高重复性和人力需求，开发了一套管线综图工具集。该工具集集成了自动标注翻弯与坡度方向，以及智能标注管综平面与剖面等功能，显著提升了设计效率，并增强了图纸的整洁与美观。此外，该工具集还使现场工程师在遇到施工复杂区域时，能迅速从BIM模型中提取剖面或三维节点，进行标注并打印，为施工人员提供直观参照，有效支持了BIM深化设计在现场的应用。管综剖面智能标注操作界面及标注示意见图8.3-8。

本项目利用BIM技术及其二次开发工具，不仅优化了机电安装施工深化设计流程，还提高了工作效率与设计质量，为BIM技术在复杂施工环境中的成功落地应用提供了宝贵经验和实践案例。

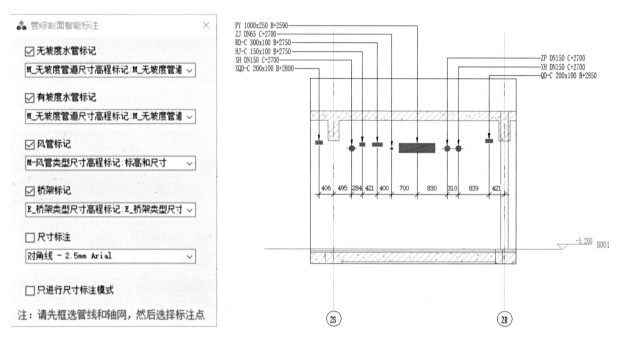

图8.3-8 管综剖面智能标注操作界面及标注示意

8.4 数字建造与管理

数字建造与管理是当前建筑领域的核心趋势，重点在于整合设计阶段的数字化成果，包括模型、图纸和数据表格等，以全面支持施工阶段的精细化管理与实施。在本项目中，施工总包单位与机电安装单位负责牵头施工各参与方，基于设计数字化成果深化BIM应用，确保满足施工阶段专项需求并适应现场条件，同时整合工程实体的详尽信息。模型融合了施工规范和先进工艺，以满足实际施工作业的多元化应用需求。

在BIM施工深化应用的实践中，专注于多个关键领域，如土建模型和装配式机房深化，旨在优化施工流程并推动创新。

8.4.1 BIM施工深化应用

1. 土建模型深化

基于设计阶段BIM成果，施工总包单位针对具体施工需求，如混凝土浇筑方案（涉及后浇带划分、混凝土强度等级设定、施工区域编码等）和细化至类型名称的计量体系，对模型进行深度细化。这一过程不仅提升了项目施工管理的精准度，还将设计BIM转换为成本模型，实现了工程量计划的精细化编制与造价的有效测算，为工程造价分析与成本控制提供了坚实的数据基础。施工模型深化见图8.4-1。

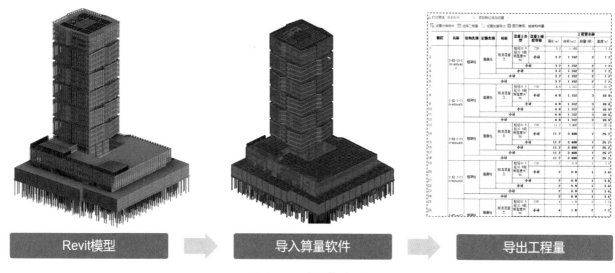

图8.4-1 施工模型深化

2. 装配式机房深化

利用BIM技术在模拟和分析方面的强大能力，对装配式机房进行了深化和优化设计。面对机房空间有限和设备密集的挑战，BIM技术综合评估了施工空间利用、流程衔接性和最终效果，有效减少了设计阶段的错误和遗漏。装配式机房深化模型见图8.4-2。BIM技术还实时统计了构件用量，为成本控制和精确下料提供了有力支持。在预制构件的现场安装阶段，BIM模型指导了安装工序的模拟、设备布置及通道规划，提升了安装效率与安全性。此外，BIM技术对材料使用的实时监控确保了施工的顺畅进行。本项目中，装配式机房技术的应用显著降低了机房占地面积与高度需求，降低了现场作业量和施工事故风险，提高了施工的安全性和效率。

8.4.2 智慧工地建设

智慧工地是信息技术与建筑工程全生命周期融合的产物，旨在构建集成现场管理、互联协同、智能决策和数据共享的信息化系统。随着互联网、物联网和数字技术的快速发展，智慧工地建设已成为江苏省建筑业

图8.4-2　装配式机房深化模型

转型升级的关键，对促进建筑业高质量发展、实现施工安全生产治理体系与能力的现代化具有重大意义。

江苏省智慧工地建设近年来取得了积极进展，但仍面临系统集成度低、信息孤岛问题突出、用户端与监管层数据融合不畅、软硬件集成难度大等技术瓶颈。针对这些问题，本项目对智慧工地进行了全面的应用探索及实践。启迪设计大厦智慧工地云平台见图8.4-3。

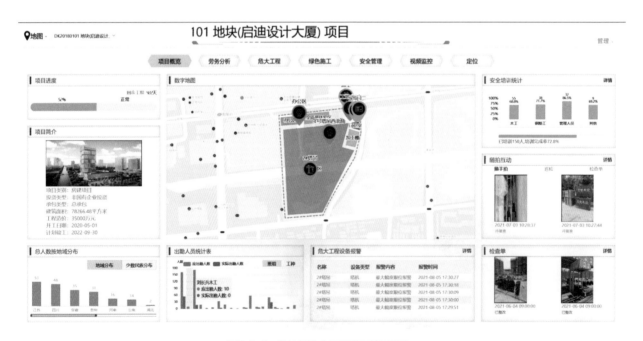

图8.4-3　启迪设计大厦智慧工地云平台

1）智能化劳务管理。通过引入实名制管理系统，结合APP和门禁闸机设备，实现对建筑工人信息的全面采集与动态管理。平台人员实名制管理页面见图8.4-4。

这个系统不仅记录工人的进出场信息，还实时传输考勤数据至智慧工地云平台，为劳务资源的优化配置与精准管理提供了数据支撑，体现了信息技术在人力资源管理中的深度应用。平台劳务分析页面见图8.4-5。

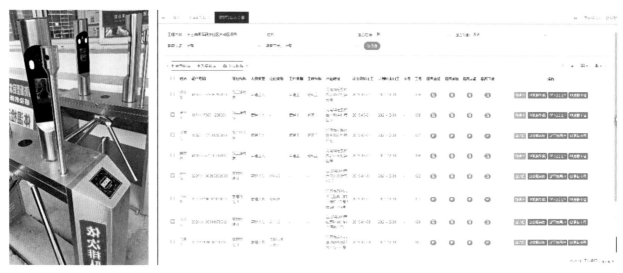

图8.4-4 平台人员实名制管理页面

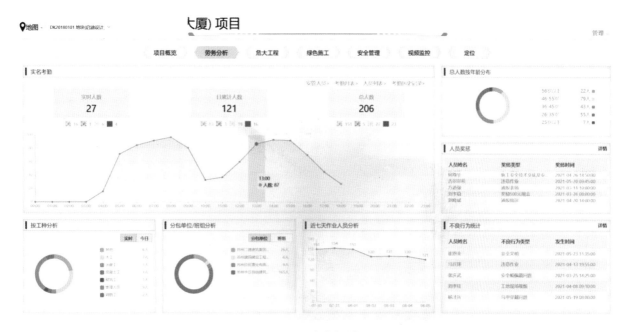

图8.4-5 平台劳务分析页面

2）环境监测与智能降尘。在施工现场部署监测设备，实现对$PM_{2.5}$、PM_{10}和噪声等关键环境指标的实时监测与数据传输。扬尘监测显示屏见图8.4-6。当监测到数据超标时，系统自动启动降尘设备，如雾炮机和围挡喷淋，执行雾化喷淋降尘。自动降尘设备见图8.4-7。此外，通过APP远程控制，提高了环境管理的灵活性和效率。该技术不仅提高了施工现场的环境质量，还展示了物联网技术在环境监控与治理中的创新应用。平台扬尘监测页面见图8.4-8。

3）危大工程的安全监控与预警。针对塔机和施工升降机等重大危险源设备，应用先进的传感器与物联网平台，实现对设备运行状态的全面监控和数据记录。施工升降机监控见图8.4-9。通过实时监测重量、幅度、起重力矩等关键参数，并设置多重预警机制，如超载和群塔作业报警，有效预防事故的发生。同时，使用可视化技术，如自动对焦摄像头，通过远程监控平台，直观展示现场作业情况并实现远程监管，为工程安全管理提供了强有力的技术支撑。

4）高支模结构健康监测。高支模是复杂且风险较高的临时结构，其稳定性直接影响工程安全。通过集成高精度传感器与实时数据分析，该系统能够连续监测高支模局部构件与基座的应力、位移等关键参数，实现即时反馈与危险预警。相较于传统人工监测，该系统具备响应迅速、无监测盲区、多维度同步监测等优势，显著提高了事故预防能力，确保了施工过程的连续性与安全性，高支模平台数据见图8.4-10。

5）深基坑施工综合监控。深基坑工程由于复杂的地质条件和周边环境，具有较高的施工风险。综合监控系统集成了多种监测技术（包括水平位移、竖向位移、深层水平位移、倾斜、裂缝、支护结构内力、土压

图8.4-6　扬尘监测显示屏

图8.4-7　自动降尘设备

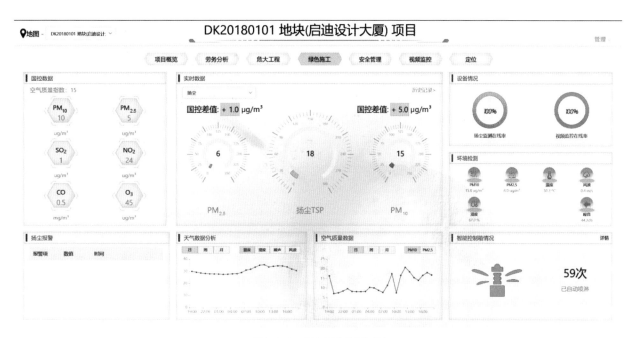

图8.4-8 平台扬尘监测页面

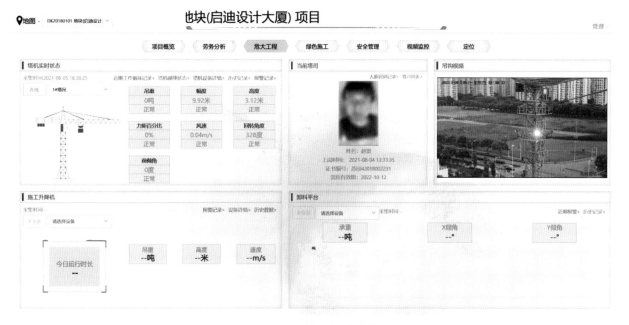

图8.4-9 施工升降机监控

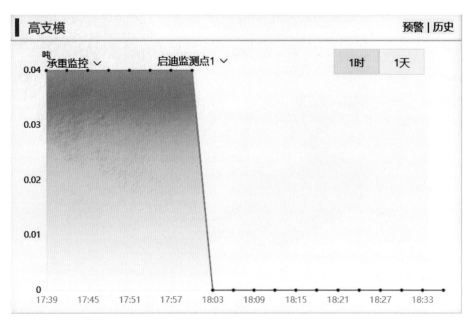

图8.4-10　高支模平台数据

力、孔隙水压力、地下水位及锚杆拉力等），全面捕捉基坑施工中的动态变化，利用数据分析模型来预测变形趋势和稳定性，为设计和施工提供科学依据。该系统不仅提高了施工过程的可控性，还有效减少了对周边环境的影响，推动了绿色施工。深基坑监测数据见图8.4-11。

深基坑历史记录

开始日期	至	结束日期	搜索								

上传时间	表面压力	孔隙水压力	钢筋力	土压力	混凝土压力	未启用	水位值	外部温度	倾角X	倾角Y	X方向位移	Y方向位移	报警信息
2021-01-08 12:49:59	0.04	3.162	0.113	3.09	0.004	0	0	22.4	0	0	0	0	正常
2021-01-08 12:46:59	0.031	3.285	0.113	3.05	0.003	0	0	21.8	0	0	0	0	正常
2021-01-08 12:43:59	0.022	2.914	0.113	3.09	0.004	0	0	20.5	0	0	0	0	正常
2021-01-08 12:40:59	0.032	3.162	0.113	3.05	0.004	0	0	21.9	0	0	0	0	正常
2021-01-08 12:37:59	0.034	3.1	0.113	3.09	0.004	0	0	20.4	0	0	0	0	正常
2021-01-08 12:34:59	0.034	3.1	0.113	3.05	0.004	0	0	22.2	0	0	0	0	正常
2021-01-08 12:31:59	0.034	3.1	0.113	3.05	0.004	0	0	22.8	0	0	0	0	正常
2021-01-08 12:28:59	0.034	3.224	0.113	3.169	0.004	0	0	21.6	0	0	0	0	正常
2021-01-08 12:25:59	0.032	3.162	0.113	3.05	0.004	0	0	23.9	0	0	0	0	正常
2021-01-08 12:22:59	0.032	3.162	0.113	2.971	0.004	0	0	24.2	0	0	0	0	正常

第1页/总4234页 总共42334条数据　　　　　　　　　1　2　3　4　5　6　…　4234

图8.4-11　深基坑监测数据

6）AI的视频监控预警。应用智能视频分析技术与深度学习算法，自动识别并即时响应施工现场的不安全行为。该系统捕捉作业现场视频，分析异常行为或事件，并自动触发语音提醒和抓拍功能，实现了从被动监控到主动识别的转变。AI抓拍设备见图8.4-12。其广泛的监控布局与无盲区设计，确保了施工现场的全面覆盖和高效管理，为项目安全提供了有力保障。平台视频监控页面见图8.4-13。

7）人员定位与轨迹追踪。通过在施工现场布置基站，并在安全帽中嵌入定位芯片，实现了对施工人员位置的实时追踪与记录。安全帽芯片见图8.4-14。该系统能够自动记录人员的运动轨迹，管理者可通过智慧工地云平台随时查询人员轨迹数据，进行人员调度、安全监控及历史事件分析。此外，轨迹数据分析可重现现场情况，为行为分析和安全管理提供直观且可视化的信息支持，进一步提升了施工现场的精细化管理水平。人员定位路径平台窗口见图8.4-15。

图8.4-12　AI抓拍设备

图8.4-13　平台视频监控页面

图8.4-14　安全帽芯片

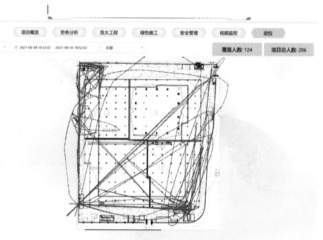

图8.4-15　人员定位路径平台页面

8.4.3　样板展示及现场追踪

在追求建筑项目精细化设计的背景下，实施阶段的高效工具与方法显得尤为关键。BIM作为核心载体，其可视化与增强现实（AR）功能被广泛应用于将设计意图精准传达至施工现场。利用BIM的可视化特点，施工团队能够直观、清晰地理解设计细节，而AR技术则进一步增强了这种体验，使设计意图的传递更为生动、准确。

此外，BIM支持的4D施工过程模拟为施工人员提供了深入理解施工工艺与流程的途径，这有助于提前识别潜在危险源，有效预防施工质量与安全问题的发生。此过程不仅提升了施工效率，还显著增强了施工安全性。

施工安全设施配置模型需随着现场施工状况的动态变化而实时更新，以适应新的安全管理需求。利用BIM平台的集成能力，结合现场图像、视频、音频等多源数据，能够精准定位并记录质量与安全问题所在的具体部位或工序。这个方法不仅便于追溯与分析问题，还有利于快速识别问题根源并有针对性地制定解决方案。

1）在3D引擎的平台支持下，设计阶段的高精度模型的应用场景可进一步向建设端延伸。除虚拟现实（VR）外，还包括增强现实（AR）的应用，利用移动端平板、手机等移动设备将设计场景或节点与现实场景进行互动，提升了沟通效率和生动性，利用AR技术进行构造节点的展示与沟通见图8.4-16。

2）土建误差复核。混凝土现浇施工中，人防口部及柱帽等关键区域经常出现施工误差。采用三维激光扫描技术来获取现场的点云数据模型，并与土建设计模型进行比对，以精准识别这些施工误差。进一步结合机电模型进行综合分析，以评估土建误差对机电管线安装可能产生的影响。根据分析结果，提前调整机电安装路由或工艺要求，确保施工的顺利进行及高品质的完成效果。地下室土建激光点云数据模型见图8.4-17。

3）AR安装指导及复核。在设备安装阶段，结合BIM与AR技术，实现了机电管线模型与土建施工现场之间厘米级精度的空间定位。这项创新应用将机电管线的虚拟模型直接叠加到实体施工环境中，实现直观的可视化展示。此技术不仅显著提高了设计交底的清晰度和效率，还增强了施工过程中的现场管控能力，包括精准定位、冲突检测和调整等。塔楼机电安装AR复核现场照片见图8.4-18。

在竣工验收阶段，应用BIM+AR技术促进了验收流程的透明度和效率，确保了对工程质量的全面把控和准确评估。利用BIM+AR技术进行管线模型与土建现场的场景叠加见图8.4-19。

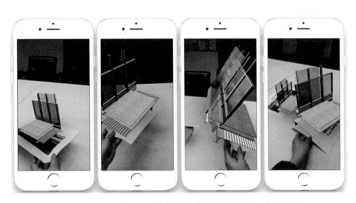

图8.4-16　利用AR技术进行构造节点的展示与沟通

图8.4-17　地下室土建激光点云数据模型

图8.4-18　塔楼机电安装AR复核现场照片

图8.4-19　利用BIM+AR技术进行管线模型与土建现场的场景叠加

8.4.4　竣工数字资产留存

在本项目竣工阶段，为确保竣工模型与工程实际数据的精准对应，将竣工验收的详细信息和现场实况整合到施工作业模型中，创建了数据高度一致的竣工模型，以满足本项目交付与后续运营管理的需求。该模型不仅精确捕捉并表达了建筑构件的几何形状和特征信息，还根据本项目的特定需求，整合了材质、属性、设备参数、供应商信息等多维度数据。

鉴于实际建造过程中的模型精度限制、现场操作误差和施工灵活性等因素，施工深化模型通常难以完全映射所有现场细节，特别是在墙体隐蔽、吊顶内部等难以直接观测的区域。为解决这一难题，本项目致力于探索并实践保存高质量数字资产的技术方法。具体来说，在土建与机电安装完成后、室内装修开始前，创新性地应用了3D扫描技术，使用手持式三维激光扫描仪（如GeoSLAM ZEB-HORIZON，具有3cm扫描精度）对本项目从地下一层到地上23层的所有楼层进行了全面的三维扫描，捕获了包括土建结构和机电管线在内的全部隐蔽工程细节。手持式三维扫描仪现场作业见图8.4-20。

使用GeoSLAM HUB及Trimble Realworks等先进软件对采集的点云数据进行精细处理，实现了对目标区域厘米级精度的数据重建。这一过程仿佛为建筑物进行了一次深入的"数字核磁共振"，揭示了其内部结构的真实情况。所得数据成果以RWP工程文件及TIFF格式的正射影像文件呈现，全面覆盖了从地下一层到地上23层的所有关键区域，为BIM竣工模型的精确校验和运维管理模型的顺利交付奠定了坚实的基础。此技术路径的成功实施，不仅提升高了竣工模型的数据质量和应用价值，也为建筑行业的数字化转型提供了宝贵的实践经验和技术支撑。地下一层顶部管线高程色阶正射影像见图8.4-21。

 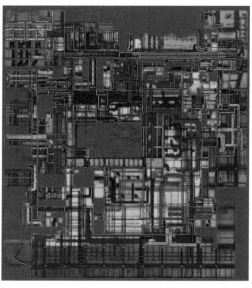

图8.4-20　手持式三维扫描仪现场作业　　　　图8.4-21　地下一层顶部管线高程色阶正射影像

　　NeRF（神经网络辐射场技术）是一种深度学习方法，能够从一组稀疏的二维图像中重建三维场景。NeRF通过训练神经网络学习场景的体积密度和颜色信息，生成高质量的三维场景。

　　大楼竣工后，利用NeRF技术结合无人机航拍，从多角度对大楼进行全景数据采集，利用LUMA AI平台生成高仿真的NeRF模型。该技术能够从有限视角的照片重建出可供多角度观察的完整高仿真三维视觉模型，为大楼提供另一种数据格式的空间信息存档。基于LUMA AI平台生成的高仿真NeRF模型见图8.4-22。

图8.4-22　基于LUMA AI平台生成的高仿真NeRF模型

8.5　数据整合与关联

　　建筑行业的运行成本结构分析显示，约70%的成本直接受建筑全生命周期中数据管理效率的影响，这凸显了数据管理在建筑运维中的关键作用。进一步分析发现，运维人员在日常工作中约60%的时间用于数据查询，而其中20%～30%的时间被无效或过时数据所占用，这严重制约了运维管理的效率。因此，探索和优化数据管理策略，确保数据的精确性和时效性，对于提高建筑运维管理效率至关重要。

　　BIM作为新型的数据整合与关联平台，具有显著优势。BIM通过创建三维数字化建筑模型，实现了建筑全生命周期内信息和数据的统一集成，为设计、施工、运维等阶段提供了直观的信息展示。这一特性促进了跨专业团队间的无缝协作，减少了信息传递和沟通中的误解及冲突，显著提升了项目管理效率。从运维阶段对数据的需求出发，在设计、施工阶段按需求持续补充完善数据信息，是一种更为高效的数据管理策略。同时，针对后期可能出现的新数据需求，在竣工模型的基础上进行结构性数据的梳理和添加，也是一种可行的解决方案。

本项目的BIM构件命名体系遵循了一套严格的编码规则，该规则整合了工程代码、单位工程代码、专业代码、分部代码、分项代码及子分项代码等多种信息，通过下划线"_"进行分隔，形成了具有高辨识度的构件标识。

如：QDDS_1#_M_NTS_BO_1/B01/MA01

QDDS：工程代码，此处是"启迪大厦"的简称；

1#：单位工程代码，代表"1号楼"；

M：专业代码，代表"暖通专业"；

NTS：分部代码，代表"暖通水系统"；

BO：分项代码，代表"热水锅炉"；

01/B01/MA01：子分项代码，代表"01号/地下一层/01设备机房/"。

8.5.1　数据关联框架

在建筑信息模型的背景下，构建一个高效的数据关联框架是实现数据整合、动态更新及模型应用优化的关键。此框架不仅对提升项目管理效率、优化设计策略和确保施工质量具有重要意义，同时也是推动建筑行业数字化转型的重要基石。

1. 数据与模型元素的精准映射

BIM的核心优势在于能够建立模型元素与数据之间的精确映射关系。在本项目中，每个空间模型元素，如墙体、门窗、管线，均被赋予了详尽且唯一的属性数据集。这些属性数据，包括门的编号、尺寸和材质类型，作为结构化信息存储于模型中，并与相应的模型元素建立了一一对应的关联。此机制确保了数据的完整性和准确性，为有效整合数据奠定了坚实基础。本项目土建模型中所有的门族信息都能被提取以制作门窗明细表，包括门的编号、尺寸和材质等参数。本项目中门族所包含的信息见图8.5-1。

此映射机制使BIM模型能够集成来自设计、施工、运维等不同阶段的多源异构数据，构建起覆盖建筑全生命周期的数据链。这一整合过程不仅提升了模型的全面性与丰富度，还促进了数据的无缝流通和共享，为后续的关联查询、数据分析和性能模拟等高级应用提供了强有力的支持。

2. 数据动态更新与模型同步

鉴于建筑项目环境的复杂和动态特性，BIM数据需实时更新以反映项目的最新状态。因此，构建一套高效的数据管理机制，以实现数据的动态采集、存储、处理，并与模型实时同步，是BIM数据关联框架的关键组成部分。

此策略要求项目团队定期收集最新的项目数据，包括但不限于设计变更、材料采购、施工进度和运维日志等，并通过专门的数据接口或工具实现与BIM的无缝集成。确保模型的实时更新与准确性，以便为项目决

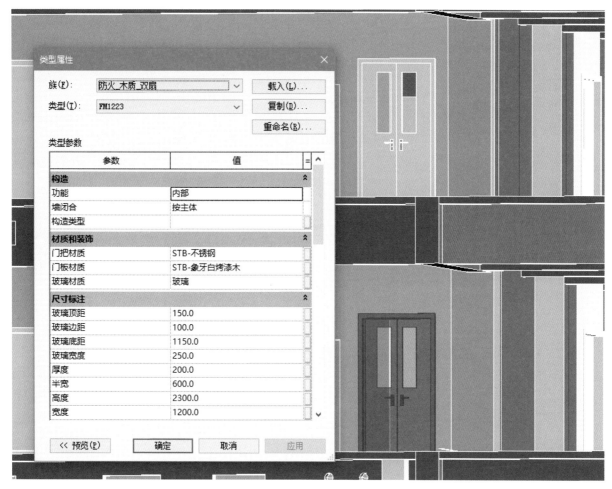

图8.5-1 本项目中门族所包含的信息

策者提供最新的数据支持，从而有效应对项目风险、优化资源配置，并提高决策效率。

8.5.2 全过程数据关联实施

以本项目中冷冻机房锅炉房设备为例，这些设备采用装配式机房的设计理念，实现了标准化、模块化设计与工厂生产的有机结合。机房的所有组件和模块都是在工厂内预制完成的，然后运输到项目现场进行装配和安装。机房集成了锅炉、分集水器、水泵、冷冻机等核心设备，这些设备对于大楼的暖通系统正常运行至关重要。在设计深化、施工及运维的各个阶段，参数的录入成为关键环节，这不仅对于设备的采购、安装和运行至关重要，而且对于提升机房的整体性能也具有重要意义。

1. 设计编号及参数预留

参数录入环节主要涵盖了设备选型、配置以及性能预测等方面。此过程首先需明确机房的负载需求和环境条件等基本信息，然后根据这些信息来选定合适的锅炉、分集水器、水泵和冷冻机等设备的型号和规格。在选型阶段需录入设备的性能参数，例如额定功率、流量、扬程等关键指标，这将有助于进行系统的整体性能预测与优化。

以热水锅炉为例，可在Revit中创建相应的设备族。在放置设备时，Revit能够自动记录设备的楼层标高属性，同时为每个设备自动分配一个唯一的ID号，以便于后续的管理与查询。设备的楼层标高属性记录页面见图8.5-2，自动分配设备ID号页面见图8.5-3。

图8.5-2 设备的楼层标高属性记录页面

除了位置和ID号外，设备的功率等性能参数也在设计阶段录入，这些参数与设备材料表中所示一致，通过设备族的属性进行设定，并在项目的整体性能分析中使用。在锅炉模型中将设备信息录入，包括设备编号、设备功率，设计阶段的模型及参数见图8.5-4。

附带于模型内的参数信息，通过注释标注于图纸平面上，形成交付文件用于采购及施工。机房深化模型出图界面见图8.5-5。

对于其他的一般机电设备，设计阶段录入的数据相对简洁，通常仅包括设备名称、尺寸、所属系统等信息。机电模型平面中所示设备见图8.5-6。

2. 施工阶段真实设备数据补充

随着本项目从设计阶段逐步过渡到施工阶段，并最终进入竣工

图8.5-3 自动分配设备ID号页面

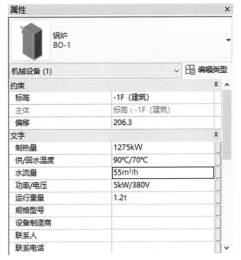

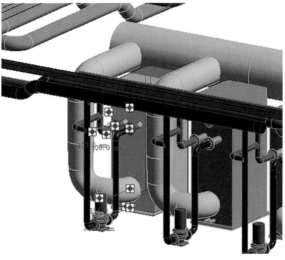

图8.5-4 设计阶段的模型及参数

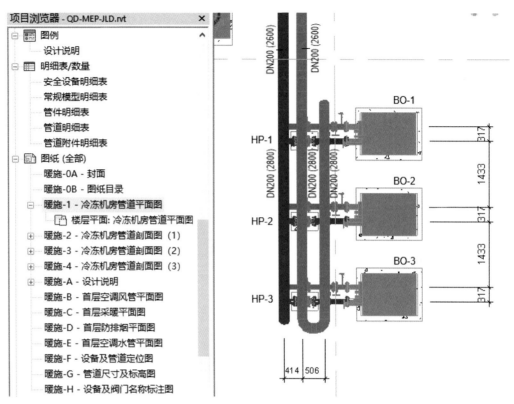

图8.5-5　机房深化模型出图界面

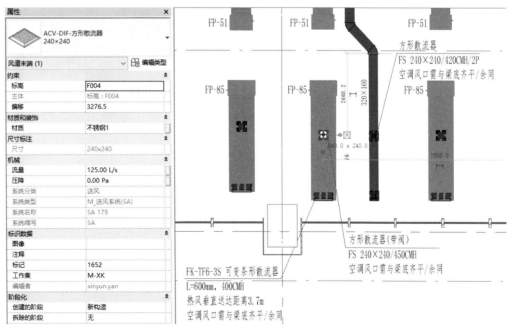

图8.5-6　机电模型平面中所示设备

阶段，设备信息经历了持续的完善和丰富。在竣工模型中，所录入的设备信息必须达到全面性和高度准确性的标准，以精确反映设备最终的实际状态及其关键参数。设备运行所需的固有参数同样不可或缺，包括供/回水温度、水流量等关键指标。此外，为确保设备信息的完整性，还应包括品牌信息、维护责任人的联系方式、产品官方网站等其他维度的信息。这些资料不仅有助于追溯设备的采购来源，还为后续的维修保养工作提供了便捷的查询途径，进一步增强了设备管理的全面性与可追溯性。例如，冷冻机房锅炉BO-1采购后的设备参数录入界面见图8.5-7。

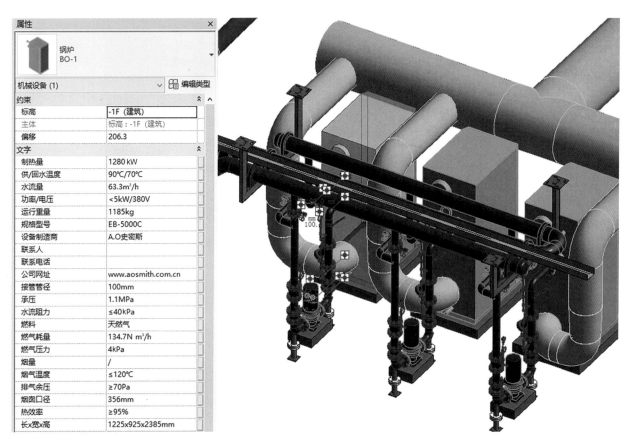

图8.5-7　冷冻机房锅炉BO-1采购后的设备参数录入界面

8.6　运维模型建构及驱动

从施工阶段进入运维阶段，BIM模型经历了质的飞跃。设计、施工阶段的模型好比从种子成长为大树，经历了从无到有、不断充实和完善的过程。项目竣工时，形成了一个与实际项目相映射的虚拟建筑。然而，运维阶段所需的模型则更像是一盆经过精心修剪的盆景，它需要简洁的枝干、优雅的外形以及最少的营养和维护。为了实现这一转变，需要使用方、运维管理者、平台开发者以及BIM团队等多方的协调与合作，在承接竣工模型的基础上，根据运维管理的策略和需求，对模型进行更新、整合和优化。

8.6.1　竣工模型承接

首先，必须汇总施工阶段的总包和各分包的施工深化模型。接下来，需要对这些模型的完整性、准确性和一致性进行细致的检查。除了通过与竣工图纸的对比和现场巡查之外，还可以利用前期获取的三维扫描点云数据和360全景视频作为对照核查资料。这些措施有助于确保施工阶段的BIM模型满足既定的质量标准。

在承接的施工模型中通常存在大量冗余数据和信息。为了有效处理这些问题，可以通过自主开发的二次插件进行批量清理，模型清理插件界面见图8.6-1。清理的主要对象包括无用视图、链接图纸、链接模型以及施工BIM人员对模型填色和显示状态的设置等。该插件能够将软件中分散的功能整合到统一的界面上，实现彻底清理，避免误删和漏删的问题。此外，插件还能自动处理模型，将其生成为一个新的模型，从而显著提高工作效率。

图8.6-1　模型清理插件界面

8.6.2　运维模型数据梳理

在设计、施工阶段，构件的定位通常使用轴网标高系统，而到运维阶段，构件及设备的定位则需要按照楼层和房间对其进行定位。本项目所使用的编码体系中，工程代码、专业代码、分部代码等在设计、施工阶段的命名相对完整，分项代码及子分项代码则需要根据运维需求进一步补充完善。在补充完善分项代码及房间编号后，通过明细表导出各字段，组合完善后再反写到模型中，由此形成能被"启元云智"平台定位识别的设备或构件。这一过程确保了运维模型的数据准确性和完整性，为后续的运维管理工作提供了坚实的基础。典型房间模型及数据见图8.6-2。

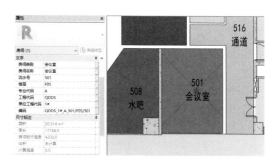

图8.6-2　典型房间模型及数据

8.6.3　图形引擎在运维中的驱动

利用竣工BIM模型与虚幻引擎5（UE5）这一高性能3D引擎，创新性地实现虚拟场景与楼宇智能化系统的深度联动，旨在为楼宇智能管理领域带来前所未有的可视化管理体验。虚实联动机制的核心在于构建虚拟世界与现实物理设备或系统之间的数据与控制信号双向流通桥梁，实现两者的无缝对接。

3D引擎丰富的API接口与可扩展插件体系为集成各类设备、设施系统提供了坚实的技术基础。通过UE5，研究团队成功模拟并测试了楼宇门禁、梯控、照明、固定资产管理及隐蔽工程可视化等关键系统，实现了从虚拟空间到现实系统的直接操作与控制，如在虚拟环境中操控照明开关能够实时映射至对实际照明灯具的启停控制，显著提升了运维管理的直观性与效率。基于UE5的可视化运维场景尝试见图8.6-3。

图8.6-3　基于UE5的可视化运维场景尝试

此研究不仅展现了BIM与3D引擎技术在楼宇智慧运维方面的应用价值，还为构建数实融合的智能楼宇运维管理新模式提供了实践案例与理论支撑，预示着未来智慧建筑管理向更高层次智慧化、可视化方向发展的广阔前景。

虚实联动研究中主要应用到以下技术：

在探索智慧建筑管理中的虚实联动策略时，确保虚拟场景模型与现实世界物理对象的高度一致性是基础。本项目采用高精度3D扫描技术与BIM模型融合方法，在UE5引擎中构建出精确映射现实世界的虚拟环境，进一步通过集成传感器数据，该虚拟场景能够实时反映建筑内部的温度、湿度、光照等关键环境参数，实现了环境信息的精准数字化。

为实现数据的实时交互与控制，本项目利用3D引擎与物联网（IoT）技术的深度融合，特别是借助5G通信技术的高速低延迟特性，构建了与楼宇智慧化系统的高效数据传输通道。这一设计不仅支持了对建筑环境和设备的实时监控，还确保了管理决策的即时性与准确性。

本项目还实现了控制信号的双向交互机制。在虚拟场景中，管理者不仅能够直观监控建筑的运行状态，还能通过虚拟界面直接发送控制指令至现实世界的系统，实现远程操作与自动化管理。这一创新不仅显著提升了建筑管理的智能化水平，还极大提高了运维效率，为智能建筑管理领域开辟了新的技术路径与应用前景。

8.7　探索创新

8.7.1　虚拟场景应用

本项目利用3D引擎构建了高精度、资产级别的空间场景，该场景不仅覆盖了从宏观空间布局到微观家具陈设的全方位细节，还进一步引入了"人"的要素，初步构建了大厦的微型"元宇宙"框架。在此基础上，团队深入探索了"数字人"的生成与驱动技术，旨在实现虚拟与现实人物的深度融合。

数字人技术的核心在于通过数字化扫描技术精确捕捉真实人物的外形特征与细节，生成高保真度的三维模型。这一过程不仅提升了人物建模的精度与真实性，还为后续的数字人应用奠定了坚实基础。随后，研究利用虚幻引擎（如MetaHuman平台）的先进功能，完成了数字人的完整生成与骨骼绑定，确保了数字人在虚拟环境中的自然动作与交互能力。

为进一步提升数字人的表现力，团队还集成了ARkit等面部与动作捕捉工具，实现了真人驱动的、具备丰富表情与动作的数字人物。这一技术的突破，不仅增强了虚拟环境中人物的真实感与互动性，也为本项目"元宇宙"的构建增添了生动的人文元素，推动了智能建筑管理向更加人性化、智能化的方向发展，虚拟人物的扫描建模和驱动过程见图8.7-1。

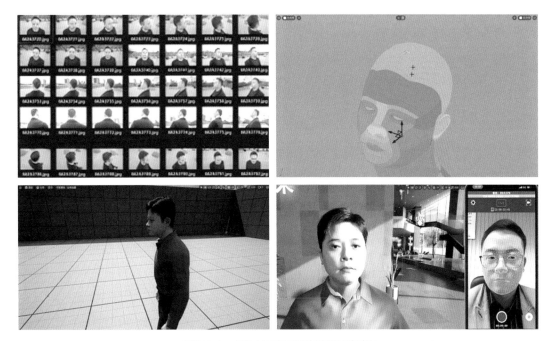

图8.7-1　虚拟人物的扫描建模和驱动过程

基于对高精度建模、传感器集成及数字人技术的深入探索与积累，启迪设计集团于2023年初，携手网易瑶台，成功举办了"2023启迪设计集团元宇宙年会"。此次活动以本项目为蓝本，在3D引擎中构建了高度还原的虚拟场景，实现了集团超千名设计师跨平台（移动端与PC端）同场在线参与。2023启迪设计集团元宇宙年会见图8.7-2。

该元宇宙年会活动作为沉浸体验技术应用的典型案例，展现了高精度虚拟大厦模型在促进远程社交与活动体验方面的巨大潜力。参与者不仅能够自由探索虚拟大楼的各类空间，享受与现实世界相仿的交互体验，还通过丰富的活动形式，深刻体会到了沉浸式技术带来的全新社交与参与感。这一实践不仅验证了相关技术在智能建筑管理领域的广泛应用前景，也为未来大型活动的线上化、虚拟化转型提供了宝贵经验与启示。

图8.7-2　2023启迪设计集团元宇宙年会

8.7.2　国产自主BIM软件

为增强国家信息安全壁垒和提升核心技术的自主创新能力，发展本土化的建筑信息模型（BIM）软件体系成为排除建筑行业信息安全隐患、走出核心技术依赖困境的关键路径。鉴于此，本项目聚焦于国产BIM软件及其配套审图平台的综合测试评估，旨在通过实践检验其性能与效能，并通过对比分析其与国际主流软件的差异，提出功能优化与战略建议。

启迪设计集团作为中国建筑科学研究院北京构力科技有限公司的合作单位，长期协助支持北京构力科技有限公司深耕国产BIM软件的自主研发领域，致力于构建具备自主知识产权的核心技术体系。国产自主BIM

软件研发初期，软件开发团队同启迪BIM团队展开了广泛而深入的市场调研与学术研讨，系统剖析了现有BIM软件的技术优势与局限性，精准把握国内工程设计行业的实际需求，并评估了国际软件在满足这些需求方面的适用性与局限性，推动国产自主BIM软件BIMBase的初步成型，即内测版本的诞生。

在此过程中，启迪设计集团的BIM团队还参与了BIMBase软件的实地测试工作，本项目为所选用的测试案例。此举措不仅加速了国产BIM软件的技术迭代与功能完善，也为后续的功能优化与市场推广奠定了坚实基础。通过本次测试形成一套科学、全面的评价体系，为国产BIM软件的持续进步与广泛应用提供了有力支撑。启迪设计大厦 BIMBase模型见图8.7-3。

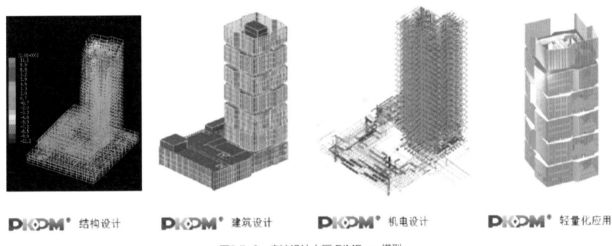

PKPM® 结构设计　　**PKPM® 建筑设计**　　**PKPM® 机电设计**　　**PKPM® 轻量化应用**

图8.7-3　启迪设计大厦 BIMBase模型

8.7.3　自主二次开发BIM工具

在多年深入应用BIM技术的过程中，启迪设计集团BIM团队对软件的认知和需求层次逐步提升。团队历经了从基础学习应用、与BIM软件二次开发企业合作，到最终实现BIM软件自主二次开发的转变。在此过程中，团队将BIM软件二次开发细化为快速建模、信息管理、数据交互三大核心方向，并强调了BIM软件二次开发在提升工作效率、拓展应用广度与深度等方面的探索与研究。

启迪设计集团BIM技术中心自2018年起，就积极投身于BIM软件的二次开发领域，至今已累计开发出涵盖通用、建筑、结构、机电等多个专业领域的40余个工具集，内含超过100个定制化的工具命令。这些工具集不仅支持对重复性设计任务的批量处理，还能根据不同项目的具体需求进行功能拓展，从而促进了设计参数与数据的高效交互。在本项目中，诸如梁下净高分析、净高分析平面、楼梯净高复核、车位净高分析、管道综合标注、Excel与模型数据交互、异形空间结构建模等工具集得到了广泛应用，这些应用显著提升了设计管理、深化设计、运维数据处理等方面的工作效率与成果质量。

第九章 | 智慧化建设及应用

9.1 智慧化建设目标及实施路线

9.1.1 智慧化建设目标

智能建筑的起源可追溯至20世纪60年代末期，当时电子控制技术首次被引入建筑自动化领域，用以管理照明、空调和安全系统等。进入70年代，智能建筑的概念开始扩散，建筑内部的设备逐步实现互联，发展出各自独立的控制系统。到了90年代，得益于计算机技术的飞速进步，这些控制系统变得更加普及。

历经数十年的发展，我国已经成功打造了众多智能化建筑。尽管这些建筑在智能化方面取得了显著成就，但在实际应用中仍面临一些挑战：各智能化子系统往往独立运作，缺乏有效的数据交流与共享机制。虽然每个子系统在特定功能上表现卓越，但要实现它们之间的集成却存在不小的难度。这种分割的状态限制了对建筑进行更高层次、更精细的运营管理。

为了实现建筑的高水平和精细化运营管理，需要将传统的"楼宇智能化"提升至"楼宇智慧化"。这需要实现多系统的集成和数据的交互，以支持复杂的智慧应用场景。本项目通过建设智慧化系统，将传统的"智能楼宇"升级为"智慧楼宇"，以满足高水平和精细化的管理需求，并引领建筑运维向智慧、绿色、低碳的方向发展。

本项目通过智慧化建设，旨在实现以下建设目标：

1）安全、舒适、健康的环境：系统能够实时监测大楼内的空气质量、温湿度、光照、水质等环境参数，利用系统内置的AI自寻优算法对监测数据进行快速分析，得出最优控制策略去自动调节机电系统的运行状态来确保大楼内环境的舒适与健康。

2）便捷、高效的使用体验：系统集成了安全管控、设备管控、能源管控、空间管控等多种功能，用户可以通过统一的中心化应用平台进行操作，提高使用便捷性和管理效率。

3）绿色、低碳、高效智慧运营：系统通过能效监测、新能源综合利用和能源管控策略优化，在保证用户高品质体验的前提下最大化降低能源消耗，实现绿色低碳运营的同时提高了大楼的运行效率，从而降低运营成本、减少管理人员工作量。

9.1.2　智慧化建设实施路线

本项目智慧化建设采用了全过程一体化解决方案，该方案覆盖了启迪设计大厦从需求分析到智慧运营的整个生命周期。工作始于需求调研，以建设、使用和运维管理目标为导向，制定智慧化方案，并指导推进项目后续各阶段的工作。智慧化建设实施流程图见图9.1-1。

以上智慧化建设的全过程一体化解决方案在成本和建设周期均可控的同时，很好地保证了预设目标的实现。

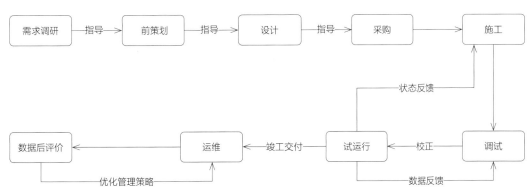

图9.1-1　智慧化建设实施流程图

9.2　智慧化系统架构及核心平台

9.2.1　智慧化系统架构

为了实现大楼内智能化系统与机电系统状态数据的互联互通及综合利用，必须将这些系统的状态数据通过物联网（IoT）、局域网（LAN）及广域网（WAN）上传至一个集成的中心应用平台。该平台应具备集中管理、分析和运用这些运维数据的能力。通过综合分析这些状态数据，平台能够向大楼内的智能化系统下发具体"场景"级别的控制指令。具体架构如下：

1）数据上传与集成：智能化系统和机电系统的状态数据通过物联网（IoT）、局域网（LAN）及广域网（WAN）被传输至中心应用平台。该平台负责数据的收集、存储和初步处理工作。

2）数据分析与决策：中心应用平台综合分析所收集到的数据，评估各系统当前的状态，并识别潜在问题和优化空间。利用大数据分析和人工智能算法，平台能够为不同场景制定最优解决方案。

3）场景控制指令下达：基于分析结果，中心应用平台制定并下达"场景"级别的控制指令。这些指令全面覆盖大楼的综合运维需求，确保智能化系统与机电系统之间的协同运作。

4）设备指令的执行：智能化系统在接收到平台的"场景"控制指令后，随即向智能化系统和机电系统的前端设备发送相应的动作指令。前端设备依据这些指令进行协同操作，以实现预设的智慧场景功能。

启迪设计大厦智慧化系统架构图见图9.2-1。

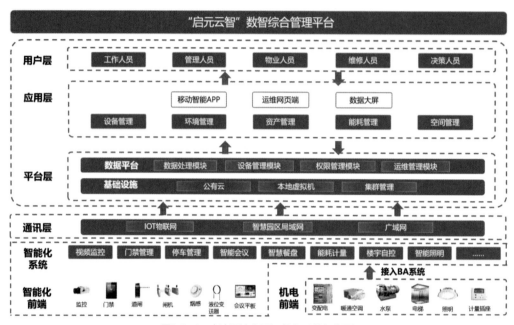

图9.2-1 启迪设计大厦智慧化系统架构图

9.2.2 自主研发的"启元云智"数智综合管理平台

本项目智慧化系统的核心是启迪设计集团自主研发的创新数字平台软件产品："启元云智"数智综合管理平台（简称"启元云智"平台）。"启元云智"数智综合管理平台部分数据展示页面见图9.2-2。这是一个基于BIM（建筑信息模型）的全生命周期数字孪生智慧园区综合管理平台。

利用5G网络、物联网（IoT）、大数据、人工智能（AI）、云计算等先进技术，结合数字孪生技术和BIM轻量化方法，"启元云智"平台成功实现了其作为本项目智慧运维管理支撑工具的目标。

1."启元云智"平台的架构

"启元云智"平台由中心化的数据中台和应用层构成。本项目通过该统一中心应用平台，集中管理和分析运维数据，以实现数据的可视化、共享化，并优化管理策略。

2."启元云智"平台的应用功能

"启元云智"平台的应用主要分为两类：

1）面向管理人员设计的应用。通过平台自动化管理大楼的各个系统，减少和避免人工干预管理。通过可视化展示运维状态数据，提高管理的效率和便捷性。该应用旨在降低运维管理的工作量，并提升管理水平与效率。该应用的具体功能包括：

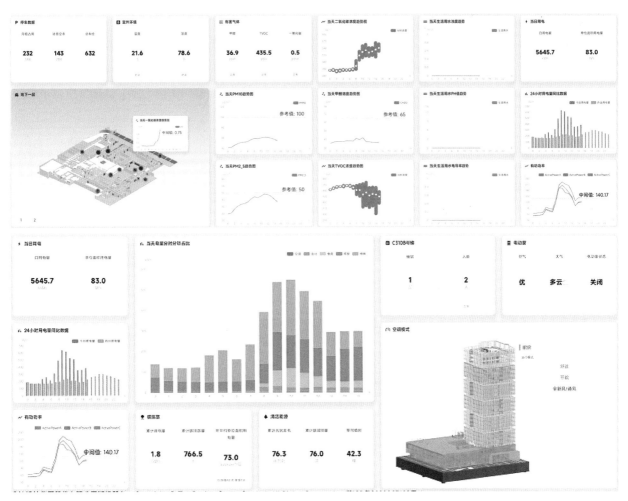

图9.2-2　"启元云智"数智综合管理平台部分数据展示页面

（1）楼宇设备的系统自动管控：平台内置的综合智能算法分析各机电系统提供的实时运行数据，并据此自动调整机电系统的运行状态，确保大楼实现绿色、健康且低碳的运行环境。

（2）智慧场景的系统自动实现：系统自动实现了包括智慧会议、智慧照明、智慧餐饮、智慧通行、智慧能源、智慧支付在内的各类智慧场景。

（3）无人值守机房的系统支撑：平台自动采集变电所和冷热源机房的所有实时运行数据，在中央控制室内通过网页端平台对这些关键数据进行可视化展示，管理人员可以方便地在线监测。这种系统支撑方式使得变电所和冷热源机房能够实现无人值守的自动管控。

（4）智慧设备维保：通过智慧化系统辅助运维设备的维护和保养工作。如：事件发现、事件报警、信息自动推送；工单的生成、跟踪、评价、报表等闭环管理。

图9.2-3 "玖旺通"APP首页及登录页面

2）面向入驻企业员工设计的应用。

利用启迪设计集团自主研发的移动端应用工具"玖旺通"APP，满足大楼内入驻企业员工日常生活、工作的便捷性需求。一部手机、一个APP即可实现日常通行、消费、会议、访客、停车、餐饮、考勤等所有需求。"玖旺通"APP首页及登录页面见图9.2-3。

3. "启元云智"平台的特色

1）基于自主知识产权的BIM运维模型管理技术：

（1）实现空间数据分析及可视化展示：支持从功能、楼层、使用主体、关键能耗设备等多维度进行统计分析，并通过可视化手段展示数据结果；

（2）实现设备运行管理：通过将建筑设备自控系统与其他智能化系统集成到建筑运维模型中，实现设备运行的高效与精细管理；

（3）实现能耗监控系统：该系统通过利用建筑模型、设施设备系统模型以及分级计量的能耗数据，构建了一个BIM的能耗监控和管理平台。

2）系统整合与数据通道打通：该平台能方便地与第三方应用系统实现整合，打通不同系统间的数据通道，从而提供一个统一的运营管理界面。

3）全平台操作能力：提供全平台操作能力，支持包括HTML5和智能手机在内的常用交互平台。

4）数据分析设计：提供一套灵活的数据分析设计工具，使用户能够快速定制并创建多样化的数据展示平台。

通过"启元云智"平台的应用，本项目成功实现了大楼的智慧运维管理，并利用其多维度的数据分析和管理功能，显著提升了运维效率和用户满意度。平台的灵活性和强大的集成能力，确保了其能够满足多样化的应用场景和个性化需求，为大楼的智慧化管理提供了坚实的技术基础和保障措施。

4. "启元云智"平台的自主知识产权

迄今为止，"启元云智"平台已获得发明专利1项，软件著作权10项，见表9.2-1。

"启元云智"平台已获得的软件著作权 表9.2-1

序号	专利名称	申请日	专利号	授权日期	类别
1	一种基于场景定制的BIM模型轻量化方法	2022.03.31	ZL202210337522.5	2024.11.15	发明专利
2	启迪设计智能建筑BIM测点标准软件V4.2.3	2021.11.19	2022SR1357018	2022.09.15	软件著作权
3	启迪设计智能建筑能耗数据监控分析展示平台V1.0	2022.06.01	2022SR1363286	2022.09.20	软件著作权
4	启迪设计智能建筑数据图表自主设计平台V4.2.4	2022.05.31	2022SR1363287	2022.09.20	软件著作权
5	启迪设计智能建筑BIM模型场景自主设计平台V1.0	2021.12.11	2022SR1365205	2022.09.21	软件著作权
6	启迪设计智能建筑会议管理系统	2022.06.01	2022SR1365209	2022.09.21	软件著作权
7	启迪设计智能建筑基于BIM的停车场车辆跟踪展示平台	2022.03.01	2022SR1365207	2022.09.21	软件著作权
8	启迪设计智能建筑智能化数据模拟测试平台	2022.05.11	2022SR1365208	2022.09.21	软件著作权
9	启迪设计智能建筑办公移动应用软件V1.0	2022.06.12	2022SR1388187	2022.10.08	软件著作权
10	启迪设计空调延时申请平台V1.0	2022.08.25	2022SR1443146	2022.11.01	软件著作权
11	启迪设计智能建筑智能化平台插件系统V4.5.1	2022.09.11	2022SR1489903	2022.11.10	软件著作权

9.3 场景需求分析及系统策划

依据9.1.2节所述的智慧化建设实施路线，本项目针对智慧楼宇、绿色低碳、智慧办公、运维管理四大应用场景进行了深入的需求分析。基于这些需求，本项目归纳并设计了智慧化建设所需的智能化子系统，并详细规定了各子系统的硬件配置和API接口标准，从而为机电及智能化系统的设计、采购、施工、调试各环节，以及"启元云智"平台的开发提供了明确的指导。

9.3.1 智慧楼宇场景

1. 统一数字化基础平台

本项目依托"启元云智"平台这一核心，实施智慧化建设，以实现空间、设备和人员的全面数字化管理，为大楼的智慧化运营打下坚实基础。因此，构建一个统一的数字化基础平台至关重要，它将确保各项智慧化功能的整合与协同。

1）空间数字化

利用BIM和数字孪生技术，实现大楼物理空间的全面数字化建模与综合管理。本项目中每个空间均通过BIM技术进行精细化建模，整合建筑、结构、机电系统、资产设施等详细信息。该模型不仅应用于建筑设计和施工阶段，还将延伸至大楼的整个生命周期管理中。空间数字化进一步实现了区域的划分与管理以及实时监控与展示的功能。

2）设备数字化

设备数字化利用物联网（IoT）技术，将大楼内各种设备接入统一的数字平台，以实现对设备状态的实时监测和动态管理。在本项目中，供暖及制冷空调系统、通风系统、电力系统、给水排水系统、电梯以及智能化系统的关键设备均已接入物联网，以实现设备联网监控和运维管理的自动化。

3）人员数字化

利用智慧化系统和应用，实现大楼内人员行为和需求的数字化管理，旨在提升用户体验和管理效率。本项目通过应用人脸识别、二维码、IC卡等技术进行人员身份识别和访问控制，以实现行为数据的采集与分析，并提供智慧化服务。

4）数据集成与应用

通过全面数字化空间、设备和人员，构建统一的数据平台。集中管理并综合应用各类数据，建立数据集成平台，实现综合分析、决策支持和场景应用的自动化。

2. 基于高效管理的数据分析和逻辑设置

高效管理的数据分析和逻辑设置是实现智慧运营的关键，数据分析提供智能决策支持，逻辑设置实现自动化控制。本项目通过"启元云智"平台的高效数据分析和精细逻辑设置，实现全面的智慧化管理综合应用，使大楼的运营更加高效、低碳、绿色，并提升用户体验。

3. 基于IoT设备的互联和应用

在智慧建筑管理中，物联网（IoT）设备的互联和应用是实现高效管理和智慧化运营的核心。本项目通过广泛应用IoT设备，构建了一个智能、互联的基础设施网络，实现了各项基于需求的智慧化应用场景（详见9.3.2～9.3.4节），为大楼的智慧化运营提供了基础支持。

4. 基于BIM的数据和场景展示

BIM技术实现了对建筑物的详细数字化建模，为数据集成、场景展示和智慧管理提供了数字支撑。通过集成和可视化BIM数据，平台需实现对建筑物的全面监控和高效管理，提升建筑物的运行效率和用户体验。

1）BIM在平台中的角色

（1）数字孪生：作为智慧楼宇的数字孪生底座，BIM提供了建筑物的实时数字化映射，使运维人员能够全面且直观地掌握大楼的运行状态。

（2）数据集成：BIM融合了涵盖建筑、结构、机电、内装、资产和设施等多个方面的建筑物信息。通过"启元云智"平台，这些信息得以集成和管理，确保了不同系统间的高效协同。

（3）可视化展示：BIM的三维可视化功能赋予了"启元云智"平台以直观的方式展示建筑物的内外部空间、详细信息和设备运行状态的能力，从而显著提升了用户的操作体验和管理效率。

2）基于BIM的数据在平台中的应用

（1）实时监控与管理

"启元云智"平台通过传感器和物联网（IoT）设备，实时获取建筑物的运行数据。这些数据与BIM紧密结合，在三维模型中实现动态可视化展示。例如，它能够实时监控建筑物的温度、湿度、能耗及设备运行状态，从而协助运维人员迅速识别并处理异常情况。

（2）设施管理

BIM数据为设备管理提供了详尽的信息支持。利用"启元云智"平台，运维人员能够查看设备的安装位置、型号、维护历史和运行状态。例如，当需要对某个设备进行维护或更换时，运维人员能通过BIM模型迅速定位该设备，查阅其相关信息，并据此制定维护计划。

（3）安全管理

BIM集成了包括门禁、监控、停车在内的建筑物安防系统数据。利用"启元云智"平台，可实现报警与故障的联动显示。例如，当门禁读卡器遭受暴力破坏、门禁控制器发出报警或停车道闸出现故障报警时，系统能基于BIM模型迅速定位至相关设备，并自动将该区域的监控画面显示在显示器上，从而提升应急响应的效率。

（4）能耗管理

能耗管理是实现绿色建筑和节能减排的重要措施。通过BIM，"启元云智"平台可以对建筑物能耗数据的分析及优化进行管理。例如，通过实时监控和数据分析，识别高能耗区域和设备，并提出优化措施。

3）BIM及3D可视化与平台融合的技术实现

（1）数据集成与互操作

要在"启元云智"平台中应用BIM数据，首先必须解决数据集成和互操作性问题。BIM数据通常采用如IFC这类标准化格式，确保不同系统间能够实现数据互通。利用API接口和中间件，BIM数据能够与智能楼宇平台中的各类系统，例如传感器和控制系统，实现无缝集成。

（2）可视化技术

利用三维渲染、虚拟现实（VR）和增强现实（AR）技术，用户能够在"启元云智"平台的三维环境中直观地浏览和查看建筑物的详细信息。例如，使用VR设备，管理人员能够执行虚拟巡视；而应用AR技术，用户在现场能够直观识别建筑物的隐蔽结构和管线布局，从而提升维护工作的效率。

（3）数据分析与预测

"启元云智"平台不仅提供数据展示功能，更具备数据分析和预测的能力。结合大数据和人工智能技术，平台能够深度分析建筑物的运行数据，预测可能的隐患并提出相应的优化建议。例如，平台能预测设备故障并安排预防性维护，以减少潜在的停机时间。

9.3.2 绿色低碳场景

1. 能耗监测及分析

"启元云智"平台自动采集大楼水电和热量消耗数据，利用这些数据进行趋势分析、周期性分析、时段性分析以及探究能耗的规律性和影响因素。借助这些分析，平台优化能源使用策略，确保大楼的实时总能耗、分项能耗、碳排放指标，以及年能耗和碳排放指标均能达到其至超越既定目标。

2．环境监测

"启元云智"平台采集大楼室内外空气质量数据，根据数据分析结果联动调节室内空调、新风系统运行状态，保证室内空气温度、湿度、CO_2浓度、$PM_{2.5}$等环境参数在人体健康指标之内。

"启元云智"平台实时监控大楼饮用水、雨水回用水、冷却塔回收水等水质数据，确保大楼的生活饮用水、冷却水、雨水回用水水质指数在健康安全范围。

3．照明节能

"启元云智"平台对本项目车库、公区、办公等区域执行不同的照明管控策略，在满足各区域照明需求的前提下，通过精细化控制达到节约照明系统电能的目的。

1）车库：上下班高峰时段、高峰期外的工作时段及夜间时段分别采用高、中、低三种照度的照明场景模式。

2）公共区域：大堂、电梯厅、走道、卫生间等区域在工作时段及非工作时段采用高、低两种照度的照明场景模式。

3）办公区域：在工作时段自动接通照明电源，并允许手动开启照明灯具；在非工作时段自动关闭照明电源并执行复位操作（确保强制关闭所有不必要的照明），同时允许在需要时手动开启工位的局部照明。"全照明模式"及"局部照明模式"的智能照明场景示意见图9.3-1。

4．空调节能

1）基于负荷预测的最优控制

多台冷热源机组的开启策略对大楼能源管理至关重要，楼宇自控系统根据当天的室外温湿度、室内温湿度、室内空调末端开启的数量，计算出冷源主机最优开启策略，从能源供应端就开始考虑节能。

（a）全照明模式　　　　　　　　　　　　（b）局部照明模式

图9.3-1 智能照明场景示意

2）延时使用预约

大楼内部分区域会有下班后延时使用空调的情况，延时时段空调节能管理需要相应智能的管理策略。考虑制冷/热源机组的启停时间较长，"启元云智"平台提前收集各部门的延时工作申请，通过计算得出延时工作期间所需总能源，平台通过负荷预测得出最优开机策略，发送指令至冷热源主机，实现最优开机运行。

5. 电梯节能

1）电梯群控策略

平台通过识别电梯乘客交通模式和流量分布情况来制定优化的调度策略，实现对多台电梯的集成控制，最大限度地提高电梯的运输效率和服务质量。

2）单双层停泊设置

平台通过单双层电梯停泊策略有效解决高峰期电梯满员不停靠的问题，提高电梯使用效率，减少乘客等待时间，改善电梯乘客体验感。

6. 无人值守变电所及高效机房

1）无人值守变电所：在高、低压配电柜，变压器，配电柜（箱）采用智能物联网元器件的基础上，通过物联网及移动互联网接入"启元云智"平台，建设本项目用户侧智慧配电系统。通过智慧配电系统实现电能数据的监测、统计及再利用，实现柔性负荷控制。借助手机APP及网页端平台管理界面，实现对供配电系统的智慧化安全监控与运维管理。投运后的无人值守变电所实景照片见图9.3-2。

2）无人值守高效冷冻机房：基于人工智能技术与建筑物理模型的深度融合，通过系统行为动态辨识及自寻优算法，自动感知建筑环境参数、自动判断并决策优化系统的控制参数，实现无人值守高效冷冻机房。投运后的无人值守高效冷冻机房实景照片见图9.3-3。

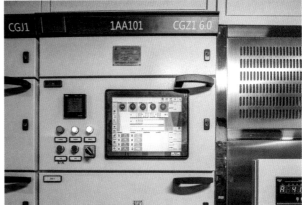

图9.3-2　无人值守变电所实景照片

图9.3-3　无人值守高效冷冻机房实景照片

9.3.3　智慧办公场景

员工日常工作及生活流程图见图9.3-4。

员工日常工作及生活流程中主要涉及门禁、会议、用餐、访客、停车、公共设施查询等功能。

1. 门禁

"玖旺通"APP一码通模块中实现动态二维码,利用动态二维码获取通行大楼的门禁权限。

2. 会议

"玖旺通"APP会议模块实现会议室预订、会议室门禁授权等功能。

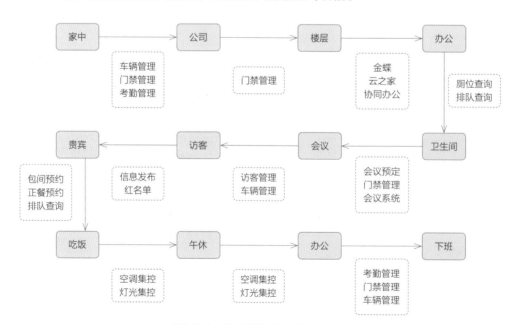

图9.3-4　员工日常工作及生活流程图

3．用餐

"玖旺通"APP餐饮模块实现二维码刷码消费、个人钱包账号线上充值、账号余额查询、包间预订、一周餐谱查询、订单记录查询及订单评价等功能。

4．访客

"玖旺通"APP访客预约模块实现访客临时门禁二维码生成、访客车牌录入、访客停车费代缴等功能。

5．停车

"玖旺通"APP停车模块实现月租缴费、月租车位转让、访客停车代缴等功能。

6．公共设施查询

"玖旺通"APP公共设施模块提供实时楼层卫生间空余厕位查询，引导员工及时获取最近空余资源。

9.3.4 运维管理场景

本项目日常运维工作流程图见图9.3-5。

大楼日常运维工作主要涉及消防管理、安防管理、车辆管理、机电设备管理、维修维保、卫生保洁、食堂餐饮、租户资料维护等内容。该项工作涉及的智能化子系统主要如下：

1．智慧安防

1）视频监控：视频监控系统控制单元在安防中心，可以实现对任意摄像机的视频调阅查询，也可以对相关摄像头历史录像记录进行查询，夜间可以实现监控轮巡功能。

2）门禁管理：人力资源中心对大楼所有门禁以及通道闸机进行分类授权，物业安保人员管理出入口设备的正常运行及未做访客预约的临时访客的引导、准入工作。

3）无线巡更管理：物业安保人员对大楼重点区域进行安防布点，定时巡逻，并对所有巡更时间、路线进行信息采集和存档。

4）无线对讲管理：安保人员、保洁人员、设备维护人员配备对讲机，分配不同的频道，可随时接收指

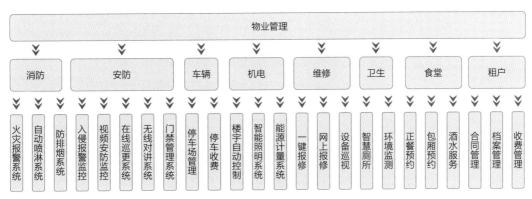

图9.3-5 日常运维工作流程图

411

令，处理不同的事件。

5）停车系统管理：系统记录车辆车牌信息及进出记录，有需要时，可配合安保部门反向调阅信息，解决突发事件。

2. 建筑设备管理

1）智能照明管理

通过"启元云智"平台内的照明模块对智能微端进行远程操控，实现大楼整体照明管控。平台提供可编辑设备管控日历，通过日历实现日常照明场景的自动控制。为了让维护人员工作更为便捷，在APP的"公共设施"模块下一级也分别设置"设备"及"设备组"功能模块。用户利用"设备"模块可以对大楼内的照明及其他受控设备实现任意回路的单独控制。"设备组"模块可以对大楼内的照明及其他受控设备实现设备的成组控制。上线后的"玖旺通"APP"设备"及"设备组"管理模块界面见图9.3-6。

2）能源计量管理

利用"启元云智"平台可查看能耗报表，管理人员可查看异常报警数据，从而检查设备损坏或者用电、用水异常情况。也可通过能耗计费报表，对租户进行收费。

3）建筑设备自动化管理（BA系统）

本项目通过BA系统实现了冷热源机房群控及对空调末端、新风、水泵等设备及环境数据的监测和自动管控。运维人员可以在BA系统自带的控制后台进行设备运行参数设定，由BA系统自动实现机电设备的日常控制。建筑设备自动化控制界面见图9.3-7。

4）运维场景一键控制

依赖人工操作BA系统后台以切换复杂的运维场景，这不仅考验运维人员的专业技能和工作强度，而且实现效果可能并不理想。为简化运维流程并便利管理人员的日常操作，"启元云智"平台提供了针对本项目机电系统的定制化复杂场景"一键控制"功能。平台能够预设多

图9.3-6　"玖旺通"APP"设备"及"设备组"
管理模块界面

图9.3-7　建筑设备自动化控制界面

种运行模式，包括夏季模式、冬季模式、工作日模式、节假日模式以及小长假模式等。运维人员可通过平台实现大楼照明、空调末端、新风、排风及冷热源等系统的自动调节，以适应不同预设场景模式的需求。平台上线后的裙房VRV空调系统场景模式的一键控制界面见图9.3-8，塔楼水系统空调场景模式的一键控制界面见图9.3-9。

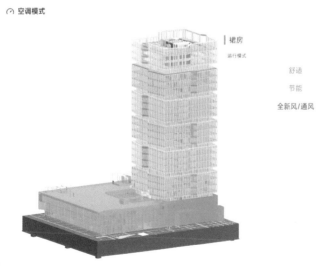

图9.3-8　裙房VRV空调系统场景模式的一键控制界面

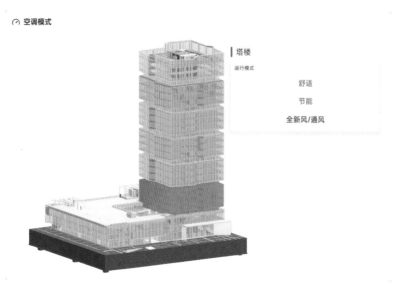

图9.3-9 塔楼水系统空调场景模式的一键控制界面

3. 智慧会务

"启元云智"平台及"玖旺通"APP共同实现会议室资源可视化管理、会议预订及审批、会议信息发布、与会人员门禁授权、会议室设备管理、会议室空调联动管理、会议室灯光联动管理、会务服务需求通知、会议室使用情况统计等功能。会务系统管理界面见图9.3-10。

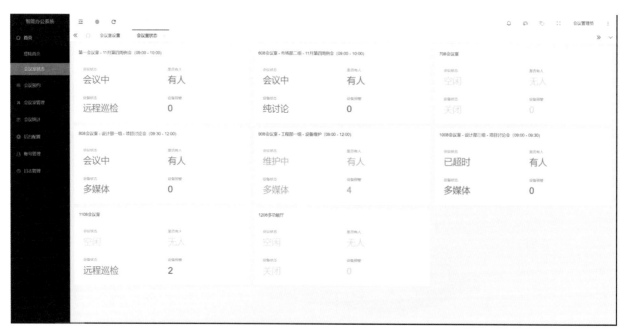

图9.3-10 会务系统管理界面

4. 智慧食堂

第三方餐饮运营单位可通过"启元云智"平台实现每日菜品、菜价更新与发布；查询到包间预订信息，提前准备食材；平台可自动统计消费信息和汇总，周期性形成报表，供餐饮运营单位查询和结算，餐饮管理界面见图9.3-11。

图9.3-11　餐饮管理界面

9.3.5　子系统策划

根据以上智慧楼宇场景、绿色低碳场景、智慧办公场景、运维管理场景功能需求分析的结论，本项目智能化子系统规划图见图9.3-12。

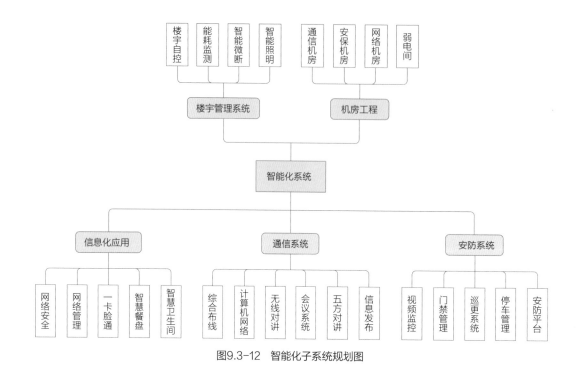

图9.3-12　智能化子系统规划图

9.4　建筑智慧化建设的全过程一体化实施

建筑智慧化建设的全过程一体化实施：根据运维方管理需求确定智慧化建设方案；智慧化建设方案指导智能化、机电等专业的施工图设计；设计过程中智能化专业协调其他专业对专业间的复杂界面进行闭合；招标采购过程中，智能化专业参与制定与智慧化建设相关的所有专业的设备产品参数、协议；软件调试过程中需联合项目相关产品软件工程师进行API协议协调开发、设备命名规则统一、设备联动逻辑确认、员工名单导入、平台审批逻辑等工作。

传统智能化集成商项目管理过程中，设计段、招标采购段往往缺失以上步骤，所有问题均留到施工和调试阶段，导致项目多专业之间的界面出现重合或空白、机电专业设备选型与自控要求不匹配、部分软件协议无法匹配等情况。

建筑智慧化建设的全过程一体化实施可以避免上述弊端。本项目的建筑智慧化建设的全过程一体化实施工作贯穿于项目立项直至项目竣工全过程，智能化设计与其他专业的协调界面见表9.4-1，智慧化招标采购与其他专业的协调界面见表9.4-2，"启元云智"平台与其他子系统的二次开发对接界面见图9.4-1。

智能化设计与其他专业的协调界面　　　　　　　　　　　表9.4-1

建筑	1. 建筑平面规划初期，智能化专业提资运营商接入机房、网络数据机房、消控安保机房、弱电间位置、尺寸、承重，建筑、暖通、给水排水专业复核机房位置合理性后定位，如位置不合理，则需重复提资，直至各专业复核通过为止； 2. 建筑平面布局确认后，智能化专业提资地库进出户套管、人防套管、弱电间留洞、机房留洞
给水排水	1. 网络数据机房位置确认后，精密空调供回水提资给水排水，给水排水连通给水排水的管线； 2. 水质监测设备采集参数，供电形式确认，由楼宇自控系统提供电源与通信线缆； 3. 远传水表、能量表传输协议确认，由能耗监测系统提供电源与通信线缆； 4. 冷热源机房中压力传感器、温度传感器、压差传感器、流量传感器、电动阀门、水泵控制柜等设备传输信号形式确认，由楼宇自控系统提供电源与通信线缆；机房群控形式确认，楼宇自控系统通过网关控制群控系统或直接搭建机房群控系统； 5. 雨水回收控制箱、给水泵控制箱、潜水泵控制箱等控制形式确认；由楼宇自控系统提供通信及控制线缆
暖通	1. 地库CO与风机联动形式确认，楼宇自控系统通过网关或DDC连接设备实现远传监测及控制； 2. 屋顶气象站与电动窗、新风机控制箱联动逻辑确认后，由楼宇自控系统提供通信及控制线缆，编制联动控制逻辑； 3. 网络数据中心内部精密空调设计界面确认，由暖通或智能化专业设计内机、外机及冷媒管线
电气	1. 土建机电图纸施工图审查前，智能化专业提资运营商接入机房、网络数据机房、消控安保机房、弱电间电量； 2. 变电所电力监测系统传输协议确认，能耗监测系统通过协议网关连接电力监测系统； 3. 地库照明图纸完成后，智能化专业与电气专业协调灯控模块通信形式； 4. 远传电表、断路器、开关传输协议确认，由能耗监测系统提供电源与通信线缆； 5. 智能化专业初步设计完成后，提资门禁系统、道闸系统的消防联动模块给电气专业
内装	1. 智能化专业初步设计完成后，提供点位图给内装专业做地面、墙面、顶面点位综合，内装专业协调各专业之间点位交叉碰撞情况； 2. 智能化专业初步设计完成后，需留插座或电源点位提资内装专业配电； 3. 内装专业电气图纸设计完成后，智能化专业与电气专业协调灯控模块通信形式、智能灯控面板位置； 4. 智能化专业与内装专业协调安保消控机房、网络机房墙、顶、地设计界面范围
景观	1. 室外路灯布局确认后，室外视频监控参考路灯点位做多功能灯杆定位； 2. 室外智能化点位确认后，提资给风景园林专业复核智能化点位位置合理性； 3. 室外智能化图纸完成后，提资给风景园林专业做管线综合； 4. 室外出入口管控方式确认后，智能化专业提资室外出入口闸机、停车道闸等设备用电
泛光	1. 泛光专业施工图完成后，智能化专业协调泛光专业楼层设备及管线在弱电间及机柜内部位置； 2. 泛光专业有需要建筑内部照明和泛光配合显示效果时，智能化专业编制灯控模块控制逻辑
幕墙	智能化专业初步设计完成后，协调幕墙专业在玻璃门禁出入口处金属型材预留强智能化管线敷设空间，协调大空间高处电动窗至面板处管线敷设空间
BIM	1. 弱电桥架平面确认后，提资BIM做管线综合分析； 2. 经过BIM多专业分析协调后，调整碰撞桥架； 3. 将与运维相关联的设备信息、设备位置统一到BIM模型中，为数字孪生建设打下基础
三网接入	1. 三网接入合约签订后，运营商提资红线外接驳口位置；运营商提资接入机房电量、位置、层高、承重需求，建筑布置机房后，智能化专业复核机房条件是否满足三网接入需求； 2. 运营商提资其设备用电量以及室内管线路由，智能化专业统一规划桥架
软件开发	1. 涉及二次开发的子系统，对开发接口标准、协议标准、API类型的提资； 2. 涉及二次开发的子系统软件基础功能要求，二次开发功能要求提资

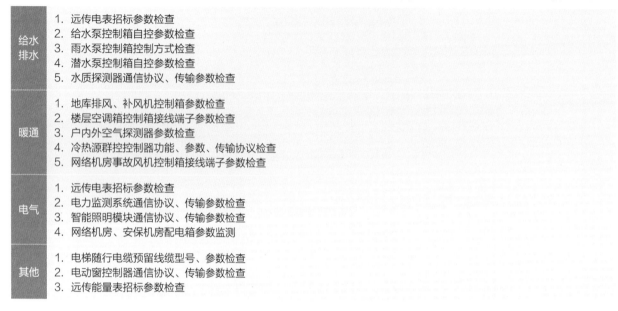

智慧化招标采购与其他专业的协调界面　　　　　　表9.4-2

给水排水	1. 远传电表招标参数检查 2. 给水泵控制箱自控参数检查 3. 雨水泵控制箱控制方式检查 4. 潜水泵控制箱自控参数检查 5. 水质探测器通信协议、传输参数检查
暖通	1. 地库排风、补风机控制箱参数检查 2. 楼层空调箱控制箱接线端子参数检查 3. 户内外空气探测器参数检查 4. 冷热源群控制器功能、参数、传输协议检查 5. 网络机房事故风机控制箱接线端子参数检查
电气	1. 远传电表招标参数检查 2. 电力监测系统通信协议、传输参数检查 3. 智能照明模块通信协议、传输参数检查 4. 网络机房、安保机房配电箱参数监测
其他	1. 电梯随行电缆预留线缆型号、参数检查 2. 电动窗控制器通信协议、传输参数检查 3. 远传能量表招标参数检查

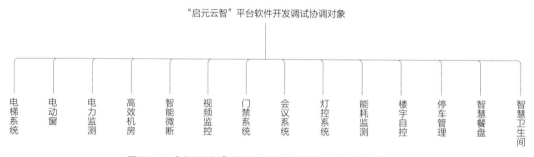

"启元云智"平台软件开发调试协调对象

电梯系统　电动窗　电力监测　高效机房　智能微断　视频监控　门禁系统　会议系统　灯控系统　能耗监测　楼宇自控　停车管理　智慧餐盘　智慧卫生间

图9.4-1 "启元云智"平台与其他子系统的二次开发对接界面

软件调试涉及多方协调，需按工序逐步完成子系统对接。具体调试细节详见9.5.6节。

9.5 "启元云智"数智综合管理平台的自主开发

9.5.1 数据模型与结构设计

"启元云智"平台通过整合多种第三方业务子系统，实现了对建筑物内部环境、能源使用、日常运营及安全的高效管理。数据库在平台架构中起着核心作用，它负责存储海量数据，并支持这些数据的实时处理与分析。智能楼宇数据库模型设计分为以下两个阶段：

1. 原始数据采集和存储的格式

本项目采集和存储数据时使用了时间序列数据库（TSDB）。这种数据库专门设计用于处理如温度、湿度、压力和流量等随时间变化的数据。

建立时间序列数据库（TSDB）的核心目标是为未来的数据分析工作提供精确的原始数据。设计数据模型时，应重点考虑以下方面：

（1）数据的聚合：在设计数据模型时，首先必须考虑物理设备的差异性，同时确保数据的逻辑整合与拆分，以保持与原始数据的一致性。目标是将数据按逻辑归类，为后续的数据清洗、转换和查询打下基础。

以本项目的电能数据为例，这些数据来自多种物理设备，如智能断路器和智能电表。不同设备采集的数据点和格式各异，可能包括：电量数据（作为能耗的基本参考）、电流和电压数据（用于用电安全的分析）、功率因数（反映供电质量）及智能断路器通断状态。若直接将这些不同来源和类型的数据混合存储，后续处理时将难以有效筛选和分析。因此，数据聚合设计至关重要，它将逻辑上相关的数据进行适当处理，即便它们在物理设备上并无直接联系。这样做可以简化后期数据处理流程，提高数据应用的效率。

（2）数据的标准化：由于硬件设备的差异，上传至平台的数据常存在格式不统一的问题，例如单位不同或小数点位数不一致。为此，数据标准化的关键在于为数据预先设定明确的数据类型和单位等元数据信息。在数据写入数据库之前，必须依照既定的数据类型和单位规范进行标准化处理。这样一来，在后续数据处理阶段，就可以依据统一的标准格式进行操作，从而显著提升数据处理的效率。

（3）元数据：设备数据需要结合元数据，如空间、位置和系统分类等，以提升数据在系统管理中的价值。元数据的设计应基于系统的整体应用需求。例如，设备的定位信息应根据管理的精确度来确定，细化到房间和楼层。过于细致的定义（如经纬度）会增加存储成本，而过于粗略的定义（如仅到建筑级别）可能无法满足管理需求。找到合适的平衡点是元数据设计的关键。本项目在数据库模型的初期设计中，进行了深入的分析和设计，与各专业团队进行了充分的沟通，并结合对硬件供应商的调研，针对后期管理需求对数据模型进行了优化。实际运行结果表明，该设计模型不仅满足了上述要求，还为数据分析提供了坚实的基础。

2. 分析数据模型设计

分析数据模型的设计是在原始数据基础上进行再加工，以形成模型定义。这些加工后的数据将成为未来数据分析、报表生成和人工智能处理的基石。在本项目中，分析数据模型的设计考虑了以下因素：

1）数据的降采样问题

原始数据由硬件以高频率（每秒）生成，导致数据量巨大，查询效率降低。而分析数据通常不需要这么高的数据密度。因此，分析数据模型需要考虑对原始数据进行降采样，例如将数据频率降低至每分钟或每小时，以减少数据量并提升分析效率。在此过程中，必须确保数据模型的完整性和一致性，避免分析结果出现偏差或错误。

2）非同源数据的整合问题

在实际应用中，逻辑上相关的数据可能来源于不同的物理设备。设计数据模型时，需要考虑如何有效整合这些来源不同的数据，以支持日常运维管理。例如，电梯数据中的楼层信息和人流量数据可能分别来自电梯控制系统和视频分析系统。为了统一分析并用于电梯的维护决策，需要将这些逻辑上相关的数据作为一个整体进行处理和分析。

3）数据的安全性

平台需与众多第三方系统整合数据，以创造具有实际应用价值的信息。例如，整合会议系统和停车系统的数据时，需根据个人、部门、公司等不同维度进行。确保数据安全是关键，需在维护数据维度的完整性和一致性的同时，防止个人和公司的隐私及机密信息泄露。挑战在于，如何在允许第三方系统识别人员和部门信息的同时，确保不向其透露各公司的人员信息和组织架构细节。

数据库模型设计初期，即确定了数据安全的基本规则：个人信息和公司组织架构等敏感数据必须与第三方系统隔离。最终的数据模型设计成功地平衡了数据一致性和安全性，既确保了第三方系统能够提供多维度的完整数据，又确保了隐私数据的安全。

9.5.2　"启元云智"平台构架

1. 设计原则

在设计"启元云智"平台的架构时，开发组深入考虑了其安全性、可靠性、可扩展性及开放性，以确保平台的全面性和稳健性。

2. 总体架构

平台架构主要分为以下几个模块：

1）数据采集模块：负责采集建筑内各种设备和系统的数据，包括传感器数据、设备运行状态数据、环境数据、空间数据、能耗数据等；

2）应用模块：负责提供各种应用服务，例如设备控制、环境监测、能源管理、安全管理等；

3）数据处理模块：负责对采集到的大量数据进行清洗、转换、存储和分析，以支持实时监控、管理决策和系统优化；

4）应用模块：负责实现日常运维的应用逻辑，包括日常的安全监控、环境管理、空间管理、设备管理、在线消费支付等各种应用；

5）展示模块：负责将处理后的数据以直观、易于理解的方式呈现给用户，通过图表、仪表盘、报告等形式帮助管理人员实时监控楼宇状态，进行数据分析和决策。

3. 数据采集模块

数据采集模块是平台的基础，负责采集建筑内各种设备和系统的数据。该模块的设计重点在于要能够便捷地和各种异构系统对接，保证系统接入的灵活性。数据采集模块的设备或系统包括：

1）传感器：用于采集温度、湿度、光照、压力、运动等环境数据；

2）设备：用于采集设备运行数据，例如开关状态、运行时间、故障信息等；

3）系统：用于采集建筑内其他系统的数据，例如安防系统、消防系统、能源管理系统等。

4. 数据处理模块

数据处理模块负责对采集的数据进行清洗、分析和处理，提取有价值的信息。在进行数据处理的同时还要保证运行的实时性和高吞吐量，保证数据处理准确高效。数据处理模块包括以下功能：

1）数据清洗：去除数据中的错误和异常值；

2）数据分析：对数据进行统计分析、机器学习等，提取有价值的信息；

3）数据处理：根据需要对数据进行格式转换、存储等处理；

4）边缘计算：实现实时的环境监测和设备状态监控，通过边缘计算，可以快速识别异常情况并及时做出响应，例如，对于温度异常或火灾预警，可以立即触发警报或自动启动灭火系统。

5. 应用模块

应用模块负责提供各种应用服务，例如设备控制、环境监测、能源管理、安全管理等。应用模块包括：

1）系统应用中间件：负责提供统一的界面来整合不同的底层系统和数据；

2）日历系统：负责平台的定时任务的调度和运行；

3）事件发布系统：负责系统的通知和告警功能；

4）设备管理系统：负责设备维护、设备监控、设备故障告警和资产管理等，确保设备高效、可靠、安全地运行。

6. 展示模块

展示模块负责将应用服务的结果以Web 界面及移动端应用程序等形式呈现给用户。

1）Web端开发：基于浏览器的Web 应用程序，提供数据分析、展示和设备管理跟踪等功能。同时将Web 应用与BIM 轻量化模型紧密结合，保证数据展示的直观和高效；

2）移动端开发：移动应用程序是本平台日常应用功能的主要入口。

9.5.3 BIM模型轻量化及平台融合

"启元云智"平台要基于BIM模型实现智慧运维，需要完成模型与平台的整合。在探索BIM轻量化与平台整合的过程中，开发组发现BIM模型与常见的用于应用展示的3D模型有较大区别：BIM模型侧重于保留建筑的相关信息，例如构件的属性，并且其细节可能细化至单个零件级别，例如机房中的螺栓。对于"启元云智"平台的展示需求，除了必须保留的BIM智慧运维建筑信息外，渲染的效率和效果更为重要。

开发组针对以上需求，自主研发了一项"模型轻量化"技术，旨在通过减少模型的复杂度来提升渲染性能。该技术已申请发明专利，目前处于实质性审查阶段。传统的模型轻量化方法通常集中于文件大小的优化，如采用高效的压缩技术和精简的文件结构。然而，对于大型建筑，即便经过处理，3D模型的面数和对象数量仍难以满足网页端的性能要求。为了解决这一问题，开发组研发了一种BIM模型构件精简算法，它可以根据展示需求选择性地展示BIM模型的特定区域。这种算法不仅显著提高了模型的渲染效率，还允许在BIM模型中添加构件、设备和设施等成品模型，从而增强了场景展示的精确度和细节丰富度。

实施结果显示，经过轻量化算法处理后的BIM模型，不仅满足了运维需求，同时也满足了应用展示对渲染效率和效果的高标准要求。本项目过滤后的"启元云智"平台基于BIM的大楼三层电梯状态实时监控运维页面见图9.5-1，"启元云智"平台基于BIM的大楼三层消防管网压力状态实时监控运维页面见图9.5-2。

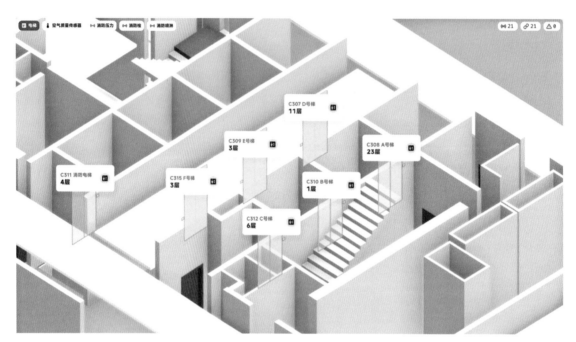

图9.5-1 "启元云智"平台基于BIM的大楼三层电梯状态实时监控运维页面

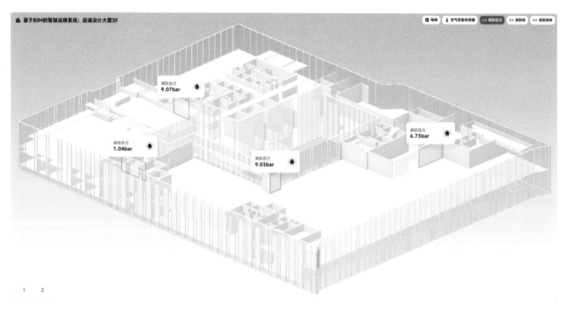

图9.5-2 "启元云智"平台基于BIM的大楼三层消防管网压力状态实时监控运维页面

9.5.4　数据分析及可视化展示

本项目投入运营后，数据可视化展示可直观显示能耗、环境舒适度、系统状态、空间管理等各项指标，为优化管理策略提供依据。在管理策略执行阶段，数据平台可通过对比的方式显示策略变化带来的效果，进而提供持续改进建议。结合时序数据库的特性，开发了数据分析平台和数据展示平台以实现上述目标。

数据分析平台通过参数化查询语句访问数据库，并生成便于展示的数据，比如每日用电量、逐时分项用电量、室内温湿度、污染物指数等。

在基于时下主流的数据展示平台框架基础上，开发了插件系统、适配器系统，结合数据分析平台的查询语句，实现了高效集成。插件系统涵盖了多种常见图表、BIM模型场景和交互控件等组件。通过定义适配器系统的接口，可以为指定组件快速实现适配器并将数据接入。同时，开发了网格系统，使得组件可以在展示终端上自由排布，并适应任意的长宽比和分辨率，实现了数据展示平台的快速定制。

9.5.5　智慧运维管理APP

为了让大楼内的员工能更直观地感受到智慧化系统带来的便捷性，自主开发了智能手机应用APP"玖旺通"，作为用户与平台的交互界面。APP通过简洁直观的用户界面（UI）和友好的用户体验（UX）设计，保证其尽可能覆盖更多用户群体的人性化使用需求。

1）在功能方面，APP遵循第一性原理来优化和简化高频操作。例如，对于用户每天会用到的门禁和一码通功能，APP提供了首页点按、下拉手势及悬浮球等多种调取方式，确保用户从冷启动到调取二维码只需一步。后续还计划引入"摇一摇"手势调取方式，确保用户在使用APP的其他功能时也能快速调取二维码。

除了上述"一码通"外，APP还集成了会议预约、访客预约、停车管理、餐饮管理、空调延时预约、实时数据展示和公共设施管控等功能，完整实现了运维管理方定制的应用需求。"玖旺通"APP部分功能模块界面见图9.5-3。

2）在人性化设计方面，APP参考工信部发布的《移动互联网应用（APP）适老化通用设计规范》，对文本内容进行适老化适配和验证。同时，考虑到大楼内企业员工有夜间工作的需要，APP设计了"夜间模式"。诸如此类的设计细节为用户提供了良好的情绪价值。

3）在安全性和隐私保护方面，也做了大量工作。首先，APP采用"点对点"加密协议，确保信息在传输过程中不会泄露。其次，对平台收集的用户个人信息进行了信息解耦及脱敏化处理。在与第三方系统的通信过程中使用处理后的数据，保护了用户的个人隐私。同时，参照《个人信息保护法》，在APP的《隐私条款》中对用户个人信息的使用范围和方式进行了全面的公示。

4）在APP正式上线前组织了多次不同规模的内部试用，收集了大量反馈意见并对其进行了评估，根据评估报告对APP做了相应的改进和完善。

图9.5-3 "玖旺通"APP部分功能模块界面

9.5.6 软件系统调试

本项目通过在平台上进行系统测试及有效的第三方系统集成调试，确保了集成后的系统正常运行且满足预期需求。根据实际效果，系统安装和调试周期显著缩短，在试运行期间未出现重大软件系统故障。

1. 第三方应用系统整合调试

"启元云智"平台构成了本项目智慧化系统的核心。作为智慧楼宇的关键组成部分，该平台需要实现与第三方系统的深度融合，涵盖智能支付、智慧餐饮、智慧会议、门禁安防、智慧停车等多个领域，以助力智慧运维，实现各业务场景的高效智慧管控。

集成开发的时间远早于系统实际部署的时间节点。开发组提前深入了解了本项目管理方的具体需求，并据此制定了一套详细的系统集成方案。主要工作包括：

1）系统集成计划

（1）确定集成的各个系统，并了解其功能和接口：作为数智综合管理应用平台，"启元云智"需要与多个第三方系统进行深度集成。在规划阶段，首先全面了解待集成的各系统，深入研究其功能特点和接口文档。

（2）制定系统集成计划：基于对第三方系统特点和业务逻辑的深刻理解，制定了详尽的集成计划，包括确定各系统集成的顺序、方法及时间安排等。

2）环境准备

在环境准备阶段，建立了完善的测试环境，包括必要的硬件设备和软件工具，确保各子系统能够在模拟的生产环境中顺利运行。例如，确保每个第三方系统都处于可用状态，并具有必要的访问权限。

3）接口确认

"启元云智"平台在系统集成中特别重视接口确认这一关键环节，只有深入理解接口，才能确保后续集成工作高效有序地进行。

（1）确认接口文档：开发组仔细研究每个第三方系统的接口文档，确保准确理解各个接口的功能特点和参数定义。这种深入理解为后续的集成测试奠定了坚实的基础，有效避免了因接口理解不足而可能引发的问题。

（2）接口验证：开发组对每个接口进行了严格的审查和验证，确保它们充分满足包括数据格式、传输协议以及其他各类细节在内的预期要求。在接口充分满足集成需求之后，才进入下一步的集成测试阶段。

4）数据传递测试

在数据传递测试环节，开发组引入了接口自动化测试技术，通过编写自动化脚本来模拟各种潜在场景，对数据传递过程进行详尽的测试和验证。该技术能够持续监控第三方系统的任何变动，确保开发组及时了解这些变动对"启元云智"平台的影响。主要测试工作分为以下几类：

（1）常规场景数据：全面测试了正常状态下的数据传输流程，确保各第三方系统能够以正确且高效的方式传递数据。根据需求精心设计了多种测试场景，并编写代码模拟真实数据交互，验证数据在系统间传递的准确性和可靠性。密切监控传输过程中的时延、吞吐量等关键性能指标，确保数据传递效率满足业务需求。

（2）异常场景数据：除了常规情况，还需考虑系统在各种异常情况下的运行状况，以评估其稳定性。例如，在网络中断或系统故障时测试数据传递，检查数据传输的自动恢复能力和容错性。同时，测试系统在高并发和大数据量下的传输性能，确保系统能够适应复杂环境。

（3）第三方系统变动：由于需求变动及其他因素，第三方系统在开发早期阶段频繁更新迭代。开发组制定了接口自动化测试策略，定期执行并监控测试结果。一旦第三方系统出现问题，便能迅速定位问题并采取措施，提高了测试效率。这些测试验证了系统在不同场景下的数据传递能力，确保其稳定、高效地运行。

5）功能测试

系统集成后的全面功能测试至关重要。自主研发的优势在于对系统功能的深刻理解，这有助于设计精准的测试场景，确保交付的系统满足项目需求。在功能测试中，检查每项功能是否符合预期，并设计了覆盖业务流程和异常处理的测试用例。评估系统时，同时考虑单项功能和整体协同。通过模拟业务场景，评估系统的完整性和稳定性，确保组件无缝衔接，提供流畅的用户体验。

6）问题跟踪和修复

鉴于"启元云智"平台集成了众多第三方系统，识别并准确定位问题至关重要。测试工作首先需判断问题是源自第三方系统还是平台本身，从而采取合理的应对措施。

（1）平台本身问题：建立了完善的缺陷管理流程，详细记录每个问题，包括缺陷详情、重现方法、严重性、处理优先级等。持续监控修复进度，及时发现并解决修复过程中的新问题，并迅速解决。这有助于内部质量控制，并促进与第三方系统的沟通协作。

（2）第三方系统问题：针对第三方系统的问题，根据优先级组织供应商进行修复，并跟踪修复进度。对严重问题优先处理，确保按时完成修复。

7）回归测试及冒烟测试

回归测试和冒烟测试利用接口自动化技术，对现有功能进行检测，确保代码变更不影响现有功能，对维护系统质量至关重要。

（1）回归测试：在系统大幅变更或结构调整后执行回归测试，覆盖核心业务与关键功能，以确保功能稳定性与可靠性。利用自动化脚本高效且全面地评估变更对功能的影响，及时发现并解决问题。

（2）冒烟测试：小版本发布或重要功能变更后执行冒烟测试，用于验证系统基本功能的运作情况。使用自动化脚本快速评估主要功能和关键流程，及时发现并解决影响用户体验的问题。

8）性能测试

性能测试是评估系统在负载情况下表现的关键环节。该测试允许全面分析性能指标，确保满足实际使用需求。主要测试内容如下：

（1）系统响应时间：评估系统处理请求的速度，包括用户操作和页面加载等环节。开发组模拟真实使用场景，设置不同用户并发和请求频率，评估高负载时的响应时间，以满足用户期望。

（2）系统吞吐量：检测系统在单位时间内的最大处理能力。通过模拟高并发请求，全面评估系统的承载能力。分析关键功能和流程的吞吐量，确保整体性能指标满足标准。

9）兼容性测试

鉴于平台需兼容Android和iOS两大主流操作系统，必须进行全面的兼容性测试，确保应用在各种设备和系统环境下均能正常运行。主要测试内容如下：

（1）设备覆盖度：选择代表性的Android和iOS设备进行测试，涵盖不同屏幕尺寸、处理器类型、系统版本等，确保"玖旺通"APP在不同设备上的兼容性和表现的一致性。

（2）版本兼容性：测试需覆盖Android和iOS最新系统的兼容性，并包括它们的历史版本，确保向下兼容。

10）安全测试

鉴于平台包含支付等敏感操作，安全性测试尤为关键。因此，开发组实施了全面的安全措施以保障系统的安全性和可靠性。

（1）安全扫描：使用专业工具进行全面系统扫描，识别包括注入攻击和跨站脚本在内的潜在漏洞。分析扫描结果，并制定相应的修复措施。

（2）代码级安全机制：在应用代码中嵌入安全机制，确保实施用户认证、授权和敏感信息加密等措施，防范恶意注入和越权访问等风险。

11）验收测试

在试运行阶段，组织用户执行验收测试，验证系统功能是否满足预期需求。验收测试通过后，系统方可正式运行。同时，制定严格的检测与维护计划，确保系统长期稳定高效运转。

2．BA系统数据和设备整合调试

1）数据和设备理解

（1）理解业务需求以及数据和设备之间的交互关系；

（2）确定需要整合的数据来源和设备类型，并了解其特性和限制；

（3）定义设备命名规则以及设备属性。

2）数据源配置

（1）配置数据源，确保数据能够正确地被读取和写入；

（2）确保数据源的连接参数设置正确，确保设备数据传输的可靠性。

3）设备配置

（1）配置设备参数，确保设备能够被系统正确识别，并为之后的设备运维和数据分析提供足够的信息；

（2）确认设备定义同步，保证在"启元云智"平台和BA系统之间有一致的设备参数定义，保证数据的有效性和准确性。

4）数据传输测试

（1）测试数据从源到目的地的传输过程，确保数据能够正确地在设备和系统之间传递；

（2）测试数据传输过程的稳定性，确保数据不会长时间大量丢失；

（3）验证数据的完整性和准确性。

5）设备功能测试

（1）测试设备的功能和性能，确保设备能够按照业务需求正常工作；

（2）测试设备控制功能在各种场景下的表现，包括正常情况和异常情况。

6）数据处理和转换

（1）确认系统能够正确地处理和转换从设备获取的数据；

（2）测试数据处理算法和逻辑，确保数据能够被正确地解析和分析；

（3）对上传数据执行基础校验，确保数据在合理范围内。对于异常数据，例如温度异常高、数据持续为零或不合理的负值，立即触发报警并迅速通知责任人员。

7）异常情况处理

（1）评估系统在设备或数据异常情况下的错误处理和故障恢复能力；

（2）确保系统能迅速识别并响应异常，提供恰当的反馈和指示。

8）性能测试

（1）执行性能测试，评估系统在大数据量和高并发下的表现；

（2）测试系统响应时间和吞吐量等性能指标，确保满足业务需求；

（3）分析测试结果并提出优化建议，以持续提升系统性能。

9）验收测试

在所有测试完成后，进行最终验收测试。验证系统的整体性能、功能性和可用性，确保系统整合后正常运行，满足业务需求。及时分析和修复测试中发现的问题，保证交付质量。验收通过后，制定持续监控和优化计划，确保系统长期稳定运行。

3.日历系统和智能微断控制调试

1）控制逻辑分析和设计

在设计日历系统前，通过与本项目运维管理方深入交流，掌握其需求，明确照明节电控制的目标。根据大楼在工作日不同时段和节假日的照明需求和节电策略，确定了日历系统的基本设计原则，包括设定和管理工作日、周末和节假日等。同时考虑周期性会议和特殊活动等事件，制定了相应的照明节能用电方案。

专门设计的日历管理界面确保了功能的易用性和全面性。"启元云智"平台照明管理日历编辑界面见图9.5-4。

图9.5-4　"启元云智"平台照明管理日历编辑界面

2）通信接口配置

设置日历系统与智能微断控制系统间的通信接口，涵盖网络配置和通信协议。确保接口参数配置正确，以建立正常连接。

3）日历事件配置

帮助运维管理方配置日历系统中的事件和任务，触发智能微断控制系统的操作，确保事件触发条件和执行动作设置正确。

4）控制命令测试

在日历系统中创建各类事件，验证其是否能触发智能微断控制系统执行相应的控制命令。测试包括定时远程分合闸和手动控制在内的不同类型控制命令。执行控制命令后，检查系统状态是否符合预期，并确认执行结果正确，同时处理出现的任何异常情况。

5）异常情况处理

测试日历系统和智能微断控制系统在异常情况下的表现，包括网络断联和设备故障等，确保系统能及时发现并响应异常，保障可靠性和稳定性。

4. 无人值守变电所数据整合调试

1）系统设计

与电气设计团队合作，确保电气计量系统架构满足大楼长期运营需求，并确认无人值守变电所监控系统所需数据类型和其他功能要求。

2）通信接口配置

和供应商合作，确定智能断路器、变电所监控系统与"启元云智"平台之间的通信接口和数据传输格式，确保接口参数正确设置并建立稳定连接。

3）数据采集

建立"启元云智"平台与变电所监控系统和智能断路器的数据连接，确保数据采集过程稳定可靠，并及时获取所需数据。

4）数据整合

将智慧配电系统数据整合到"启元云智"平台中。确定数据整合的格式和方法，使其符合平台要求和标准，并确认数据的合理性和及时性。

5）异常处理

测试系统对断网、设备故障等异常情况的响应，确保系统及时发现并响应异常，维护系统的稳定性和可靠性。

9.6 "启元云智"平台数据分析功能

"启元云智"平台上线启用后，每日会采集到大量的数据，涉及各专业各系统。海量的数据通过数据清洗、筛选，针对性地提取同类数据生成大数据统计表格，可以辅助大楼智慧运维优化管理策略。有目的性地对一些运维数据进行分析，其分析结论还可以验证或反向指导各专业设计逻辑。

"启元云智"平台的上线启用，标志着大楼智慧运维管理进入了一个新的阶段。通过每日采集的大量数据，平台已能够实现以下几个方面的功能：

1）生成统计表格：利用提取的数据生成大数据统计表格，这些表格可以直观地展示数据的分布和趋势，为管理决策提供依据。

2）辅助管理策略优化：通过分析统计表格中的数据，可以发现运维过程中的潜在问题和改进空间，进而优化管理策略，提高运维效率。

3）验证与指导设计逻辑：分析结论不仅可以用于验证现有的设计逻辑是否合理，还可以反向指导其他类似项目设计阶段的逻辑优化，以更好地适应实际运维需求。

4）精细化管理：通过对特定运维数据的分析，如电梯使用情况、会议室使用频率、卫生间使用时长等，可以实现对大楼设施的精细化管理，提升用户体验。

5）绿色运维支持：在绿色运维方面，平台通过收集环境监测和能源管控数据，如给水排水、电气、环境状态等，支持大楼实现节能减排的目标。

6）智能决策支持：平台的数据分析功能可以为物业管理团队提供智能决策支持，帮助他们做出更加科学、合理的管理决策。

通过这样的数据分析和应用，"启元云智"平台能够显著提升大楼的运维管理水平，实现资源的优化配置，提高能源使用效率，同时也为大楼的可持续发展提供了强有力的支持。

9.7 智慧化建设实施总结

经历了本项目智慧化方案、智能化设计、采购、施工、系统调试的全过程，系统上线后总结经验教训至关重要，有助于在未来的工程设计中提升效率和质量，避免重复错误。在本项目投运后，对智慧化系统的后评估得到了以下一些初步结论。

9.7.1 智慧餐盘系统

由于食堂运营单位介入项目较晚，前期餐盘结算台、自助点餐机等设备基于供应商经验布置。食堂运营进场后，优化调整了档口的排布，导致结算台和自助点餐机位置调整，部分管线进行了二次布置。

所以，智慧餐盘设备定位施工前，设备点位需与后勤管理和食堂经营团队确认，如果食堂运营单位介入较晚，设计时应考虑到未来可能的变动，采用灵活的布局和可扩展的系统设计，以适应运营需求的变化。

9.7.2 门禁系统

本项目裙楼和塔楼部分均设有出租楼层，导致临时人员进出频繁，增加了流线管理的复杂性。在初期规划门禁系统时，依照常规办公楼的做法，在电梯厅设置了门禁点。然而，这一规划未能预见到消防楼梯的互通性，从而忽略了对这些区域的门禁控制。物业在接管大楼安全管理后，迅速识别了这一安全漏洞，并采取了补救措施，对必要的出入口增装了门禁系统。

在门禁系统的设计阶段，至关重要的是与使用方充分沟通，明确出租区域与自用区域的界限、临时访客的流动路径以及外卖和快递员的通行路线。如果使用方在项目初期阶段无法确定这些细节，设计时应在可能成为管理界面的出入口预留管线设施。这样，一旦后期需要增设门禁点位，只需采购相应设备，避免了二次施工和破坏墙体。在项目竣工验收阶段，应与物业管理部门的安保团队密切合作，仔细复核人流动线，确保大楼的安防措施全面覆盖，无遗漏之处。

9.7.3 停车系统

本项目室外主入口闸机靠近城市干道，经常出现车辆在出入口掉头时道闸抬起但车辆未入场的情况。以上现象导致停车系统软件里统计的空余车位比实际空余车位少，即产生了"幽灵车位"。另外，当现场保安用无线遥控器控制出入口闸机起落杆时，也会导致停车系统软件里统计的空余车位计数出错。

可见，当主出入口靠近干道时，车道入口处应设置临时阻挡装置，避免社会车辆在主入口掉头；闸机需要临时手动抬杆时，由门口保安呼叫安防控制中心远程开闸，可以避免停车系统软件统计数据错误。

9.7.4 会议系统

本项目会议系统与门禁系统联动，即与会人员才有权限进入预约的会议室，为了避免非与会人员占用会议室，这个权限前期设置的是会议的全时段。在实际运营的过程中发现，会议过程中，经常会有参会人员进出、临时增加非预约人员参会等情况，导致会议过程中经常有人刷二维码进入或者需要有人帮忙开门，打扰会议的正常流程。

在门禁系统与会议系统联动的前提下，在会议开始后，确认会议室内有人（会议室安装人体感应探测器探测确认）时，门禁权限可以临时释放，在本场会议结束后，会议系统继续接管会议室门禁权限。

9.7.5 数据格式统一

智能化各子系统都会对其管理的设备进行编码，各系统的命名规则各不相同，在实际运行过程中发现以下两个问题：

1）运维人员收到平台推送的设备报警或待维修信息时，由于报警字段均由英文字母及数字组成，很难通过报警字段对被报警对象进行精准的定位，比如只能获取所在楼层及该楼层同类设备的编号信息，无法通过报警字段直接知晓该设备在该楼层的哪个具体位置。运维人员需要通过报警字段的信息，反向查询各系统设备表，再查找竣工图纸来进行设备定位，维护效率极低。

2）在"启元云智"平台和各子系统数据对接时，需要逐一重新转译每个系统的加密编码，由于名称的不统一，导致平台数据对接工作量剧增。

在完成智慧化建设需求调研之后，应立即与建设方、设计方、开发方以及管理方协作，共同制定一套统一的设备编码标准。这套标准应当具备全面性、简洁性和易理解性。例如，可以采用"区域—类型—编号"的格式，如"B1-LT-001"代表地下一层的照明设备编号001。一旦编码标准确定，应立即将其传达至设计、BIM、开发、采购以及施工团队，并为他们提供相应的培训，以确保每位团队成员都能准确理解并有效运用这一新的编码系统。

通过在项目各个阶段坚持使用统一的编码方式，可以确保从设计阶段开始，各阶段的设备编码保持一致性。这不仅为设备的全生命周期管理提供了一个统一的查询工具和参考标准，也显著降低了数据集成的工作量，提高了整个项目管理的效率和准确性。

第十章 | 智慧运维管理

智慧运维管理是一种利用先进的信息技术和数据分析手段，对设备设施或系统进行监测、分析和优化管理的运维方式。它通过实时监测数据、智能分析和预测，提供全面的设备运行状态和性能评估，以便及时发现问题、预防故障，并优化设备的运行效率和可靠性。

智慧运维系统是基于"数字孪生"的概念，为目标建筑创建数字镜像，通过传感器实时复制运维过程中的实际情况，将物联网、无线传输、云服务等技术与原有运维业务融合，提供从源头到云端的一整套智慧建筑运维解决方案。这解决了传统建筑管理时效性低，难以监控追踪、预警的问题，主要推动方向包括主动化、自动化、智能化三个方面。

10.1 运维管理概述

启迪设计大厦（简称大厦）的运维管理是指对整个建筑物的日常运营和维护工作进行有效的规划和管理，确保实现安全、高效、绿色、健康的运维目标。运维管理主要包括设施设备管理、安全管理、维护保养管理、环境监控管理、能源能耗管理、应急预案管理等方面。大厦作为高品质绿色建筑示范标杆项目，为楼内用户和访客提供优质的办公场所、共享空间和活动场地等，处处体现绿色、健康、智慧的核心理念。

10.1.1 运维管理特点

大厦采用开放式设计理念，为充分发挥其独特的地域优势，底层四周设置了多个出入口，方便周边不同交通方式出行人员通行。大厦内部拥有较多共享空间、开放活动场所及屋顶花园、健身中心、光伏展示区域等公共区域，为入驻企业和员工提供丰富多样的工作环境的同时，也给本项目运维管理带来了巨大的压力和挑战。

1. 传统运维管理特点

传统运维管理通常依据各独立系统执行日常运维工作，主要采用人工管理，重点关注设备设施的运行和维护，缺乏数据收集和分析，主要存在以下三个方面的问题：

1）运维成本高、效率低

传统运维管理主要依赖人工去完成各项运维工作，由于大厦整体面积较大，设备根据使用功能分布在地下室和楼层各处，运维工作量较大，且运维人员技术水平参差不齐，运维工作很难有效完成，导致运维效率偏低、运维成本较高。

2）数据无法互通、运维效果差

传统运维管理采用单独系统，功能单一独立，系统之间接口不同，运维数据无法对接和交互，造成各系统间信息不畅；同时设备底层数据采集不全，无法对运维数据进行收集和分析，从而发现问题并及时解决。各系统独立运行、各自为政，运维效果不佳。

3）依赖人工、被动运维

传统运维方式对设备设施的运营、维护和监测十分依赖运维人员的手工操作和定期巡检，整体运营质量主要依赖技术人员的素质、责任心和水平；设备运营存在隐患无法提前预警，需通过人工巡检及出现故障才能发现问题，存在安全风险。

2. 智慧运维管理特点

智慧运维管理主要通过智能传感器、物联网、大数据、远程监测和人工智能等技术，对所有设施设备进行全面监测、运营和维护，实时采集设备数据并分析，预测可能存在的安全隐患，提高运维效率、降低运维成本；可以为运维管理决策提供可靠的数据依据，实现智慧运维管理目标。

智慧运维还涉及多项关键技术的支持，包括建筑信息模型（BIM）技术、传感器技术、网络技术和云计算技术、大数据技术以及人工智能技术等。这些技术共同为智慧运维系统提供了数据传输和存储的支持，实现远程传输和存储，为数据的分析和处理提供基础。

1）统一管理、数据共享

大厦依托自主研发的"启元云智"数智综合管理平台（简称"启元云智"平台或平台），对所有设备和系统实施统一管理，进行全面监测、运营和维护。系统运行的实时数据通过物联网汇总至平台，平台对采集的数据进行处理和分析后，实现数据可视化共享；平台数据库对设备和运维数据自动记录并留存，形成管理日志。

2）实时监测、主动运维

通过实时监测设备运行状态及数据分析，平台可及时发现安全隐患，自动预警提示并通过推送信息等方式及时通知运维人员进行处理，降低系统故障率，维持系统运行的安全和稳定。平台通过对设备设施的性能评估，优化设备的运行效率和可靠性，实现主动运维。

3）闭环管理、高效运维

依托"启元云智"平台，通过实时数据监测和分析，自动完成日常巡检工作，出错率低、运维效率高；可以实现设备自动报修、巡检记录、保养计划制定、备件产品资源管理等，实现设备设施巡检服务全过程闭环管理，提升运维效率、降低运维成本。

10.1.2　智慧运维管理目标

根据大厦运维管理特点和设备设施情况，制定如下三个主要运维管理目标：

1．确保设施设备稳定、高效运行

确保大厦的设施设备能够持续、高效、稳定地运行，保证办公环境舒适、安全、节能，同时对公共空间、办公区域进行定期维护和保养，及时处理相关的诉求和维修工作，满足用户和访客的服务需求。针对大厦所有设施设备，安排专人负责，通过定期检查、例行清洁和季节性维护等措施，确保其日常能够持续、稳定地运行，提高工作效率，并延长相关设施设备的使用寿命。

2．提供绿色、健康、安全的环境

大厦日常的运维管理要保持环境整洁、绿色低碳、健康安全。通过采用绿色低碳的建筑材料，为大厦健康运营奠定基础；室内放置大量绿萝和炭包等，持续净化空气；通过地面绿化、屋顶花园和室内绿植的光合作用，以及日常保洁、定期清洗等，确保大厦内绿色、健康的生态环境；通过门禁系统、安保措施和日常管控，为大厦的安全管理保驾护航，为入驻企业和员工提供真正绿色、健康、安全的工作环境。

3．智慧化运维管理、降本增效

大厦采用"启元云智"平台，实现智慧化运维管理。平台包括能耗管理、环境管理、设备管理、停车管理等模块，方便物业管理人员随时监测、集中管控和资源配置，在提供高品质物业服务的前提下，优化运营流程、提高运维效率、降低人力成本，从而降本增效。通过对设备进行实时监测和运行数据分析，及时发现问题并采取相应的措施进行维护和保养，提升设备运行的可靠性；通过对设备设施的性能评估，不断优化设备的运行效率。

10.1.3　智慧运维管理工具

大厦智慧运维管理的核心工具是"启元云智"数智综合管理平台。通过这个统一化的中心应用平台，集中管理、分析所有系统数据，实现运维数据的可视化、共享化及管理策略最优化。智慧化系统在助力大厦提高运维管理效率、提升运维管理水平的同时，还显著减少了管理人员数量、大幅降低了管理人员工作压力。借助该系统，大厦实现了安全、高效、绿色、健康的智慧运维管理目标。

"启元云智"平台提供了网页端和移动端两种客户端。网页端主要供运维管理人员使用，实现了智慧场景的系统自动管控、无人值守设备房的自动化管理及可视化监控、楼宇设备的系统自动节能管控、大楼室内外环境状态及室内各项能耗的可视化监测、智慧设备设施维保等。移动端"玖旺通"APP是面向大楼内入驻企业及员工的应用，用户通过安装手机APP来实现大楼内通行、消费、会议、访客、停车、餐饮、考勤等所有日常需求，提供便捷、高效的服务体验。

1．网页端平台的主要功能模块

1）能耗系统模块：提供电力、燃气、新能源等能耗数据可视化页面。管理人员可通过该页面查看当日用电总量、当日单位面积用电量及累计用电节能量、碳减排量、当日用电量逐时柱状图及分项柱状图、年单位面积用电量、用电日历、累计燃气用量、年燃气用量、燃气日历、当日光伏功率趋势等数据。该模块可根据管理目标需要，自行定制用于数据分析的数据类别、数据时段、图表种类（趋势图、对比图、占比图等），为优化管理策略提供依据。

2）环境管理模块：提供室内外温湿度、CO_2浓度、甲醛、$PM_{2.5}$、PM_{10}、TVOC、CO等空气参数及污染物实时数据、评价及超标警告的可视化页面。当环境状态数据超出正常范围时，该模块根据综合分析结果，下指令给建筑设备自动化管理系统（简称BA系统）去调节相关设备运行状态，直至环境状态数据恢复到正常范围。

3）用水管理模块：提供各类当天生活用水及非传统水源水质数据（用水浊度趋势图、pH值趋势图、余氯趋势图、电导率趋势图）、当日用水量数据及累计用水量数据等可视化页面。当水质数据出现异常时，平台会分析数据异常性质，且推送相关信息给管理人员。

4）HVAC管理模块：提供基于BIM的无人值守冷热源机房设备实时状态数据、报警信号的可视化页面、机房监控实时视频画面等；提供整个大楼基于BIM的分区域空调运行模式（舒适、节能、通风/全新风）的显示及场景选择控制，管理人员可在此页面一键切换大楼"制冷/制热"空调模式以及一键控制大楼各区域空调运行模式等。

5）设备管理模块：提供大楼各区域各照明回路的状态显示、基于照明场景的设备分组及控制、智慧卫生间厕位实时显示及求助报警、其他重要设备的状态显示及控制可视化页面。

6）停车系统模块：提供地下室各层及地面机动车停车状态实时信息等。

"启元云智"数智综合管理平台运维管理功能页面（部分）见图10.1-1～图10.1-3。

2. "玖旺通"APP主要功能模块

1）一码通："玖旺通"首页显示动态二维码，实现大楼内门禁无感通行、消费结算；在APP页面形成出入记录并可随时查询。

2）访客模块：提供访客通行及部门代付停车费的预约、审批功能，审批通过即可获取临时动态二维码，发送访客实现门禁无感通行及停车智慧管理。

3）会议模块：提供会议室资源查询、会议预约及延时、会议需求描述、会议预约申请审批及审批后通知等功能；同时形成当日会议预约汇总表，方便客服会前准备和会议期间服务等。

4）停车模块：显示实时停车位占用/空闲信息，提供月租车位缴费、租赁记录查询、月租车位转让及转让记录查询、车辆出入记录查询、部门代付停车费二维码等功能。

5）餐厅模块：提供账户余额显示、个人账户充值、商务套餐预约、各档口一周菜品显示、消费订单记录查询、消费评价等功能。

6）公共设施模块："洗手间"子模块提供洗手间厕位空余/占用显示、一键电话求助功能；"设备组"子模块提供各照明回路的合闸/分闸远程控制及分组场景控制功能。

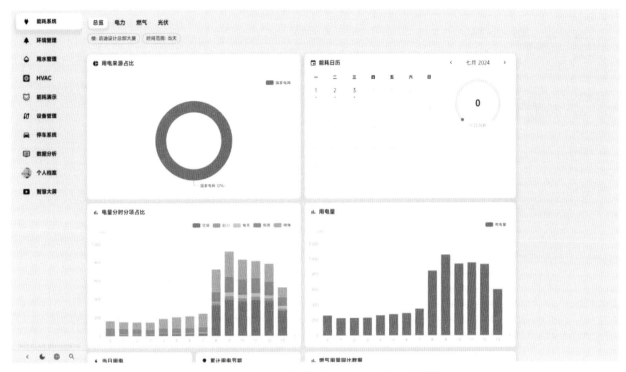

图10.1-1 "启元云智"数智综合管理平台能耗系统总览

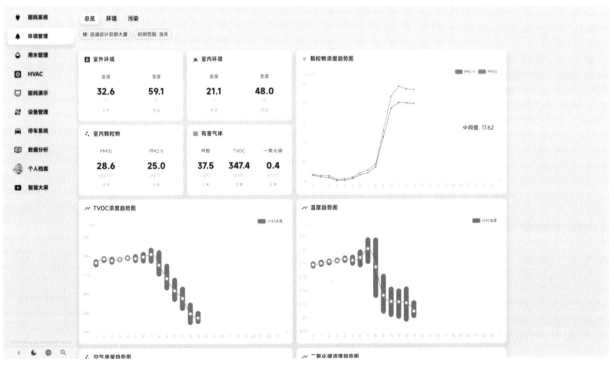

图10.1-2 "启元云智"数智综合管理平台环境管理总览

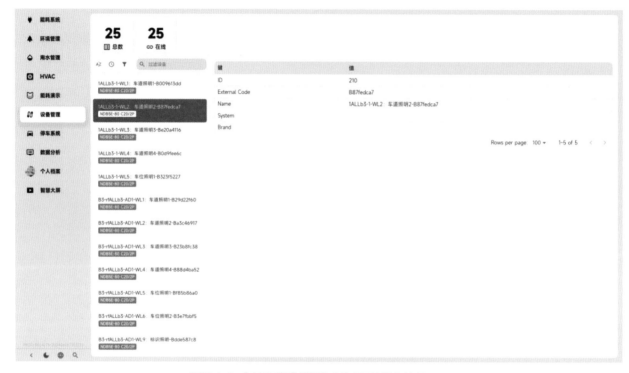

图10.1-3 "启元云智"数智综合管理平台设备管理页面

7）餐饮预订模块：显示部门公共账户余额，提供包间预订、预订审批及通知等功能。

8）空调延时申请模块：为部门权限人提供正常空调开启时段外的本部门空调延时使用申请、系统管理员审批及审批结果的通知、空调延时使用时间记录查询等功能。

10.2　智慧运维管理系统

智慧运维管理系统是一种功能强大、应用广泛的综合管理工具，通过实时监控、故障预警与排除、数据分析和系统维保优化等功能，促进设备的正常运行并增强其安全性，提高设备的运维管理效率和精确度，提升设备维护保养的科学性和有效性。建立适配启迪设计大厦的运维管理系统是做好智慧运维管理的前提，以下主要从运维管理团队组建、运维管理内容及流程、智慧运维绩效监测三方面进行阐述。

10.2.1　运维管理团队组建

启迪设计大厦作为高品质绿色建筑标杆项目，秉承着全生命周期管理理念，对设计、采购、建造和运营管理进行一体化考虑。大厦投入运营前的两年时间，"启元云智"平台开发团队协同行政后勤等部门认真复盘原办公楼的运维管理状况，详细梳理新大楼的运维管理需求，并根据运维管理目标定制开发。大厦在设计、平台开发及建造过程中始终贯彻以满足用户需求和实现运维目标为导向。

本项目竣工前组建了一个专业、高效的运维管理团队，确保大厦启用后运维管理的顺利实施。运维管理团队包括行政管理团队、物业服务团队以及技术支持团队。行政管理团队主要负责大厦日常运维管理、收集和落实用户及访客需求等工作。物业服务团队主要负责大厦日常运维的落实和反馈等。技术支持团队由大厦平台开发及设计人员组成，主要负责智慧运维流程管理、平台日常维护及功能迭代、运维过程中的技术支持等。

运维管理团队是实施智慧运维的主体，不仅要具备业务操作能力、问题解决能力及良好的服务意识，还需要具备较高的专业性。管理团队的专业性主要体现在以下几个方面：

1）掌握智慧化系统运行逻辑和架构：运维团队要用好平台这个核心工具，首先必须掌握其运行逻辑和架构，才能做到提高管理效率和水平、优化管理策略、向技术支持团队反馈优化建议等。

2）掌握运维方式：运维团队必须具备专业的知识和方法来快速解决日常运维中遇到的问题、消除管理系统中可能出现的隐患，提升运维服务水平和反馈速度。

3）运维服务的安全性：经过内训、规章制度和企业文化等方面的培养，加强运维团队对大楼运维安全性的认识。所有运维人员按照事先制定的安全保障措施预案开展工作。

4）应急预案制定和实施：大厦任一系统/设备出现异常，运维人员应根据事先制定的应急预案快速给出应急解决方案，保证大楼第一时间恢复正常运行，使用户体验保持稳定良好的状态。

5）预测预判能力：运维管理是一项长期工作，会面对诸多需求变化和突发事件。专业管理团队通过对设施设备系统的日常监测和数据分析，提前发现隐患并及时处理，确保系统稳定、高效地运行。

为确保运维团队具备专业的运维管理能力，需定期对其进行培训。为了激发团队成员的积极性和创造力，在明确岗位分工和职责的同时，还建立了有效的激励机制。同时，加强团队内部沟通，定期组织团队建设活动，提高团队凝聚力，持续提升运维管理水平。

10.2.2 运维管理内容及流程

1. 运维管理内容

运维管理是指为保证大厦内各系统稳定、高效、安全地运行，对系统的硬件、软件、网络、数据等各个方面进行维护、管理和优化的过程。运维管理的主要内容包括设施设备管理、安全管理、环境监控管理、能源能耗管理、维护保养管理及应急预案管理六个方面，具体如下：

1）设施设备管理

设施设备管理是运维管理体系的基础，主要包括对大厦内各种设施设备的日常巡检、维修和保养。建立完善的设施设备档案，记录设备的规格、型号、性能和使用状态等信息，并根据设备特性制定相应的维护计划；定期检查和评估制度的执行情况，收集和分析相关反馈信息，及时发现和解决问题，并提出改进措施和建议。确保设施设备的安全、稳定运行，提高设施设备的使用寿命和运行效率是运维管理的基本前提。

2）安全管理

安全管理是运维管理体系的重要环节，涉及消防安全、电气安全、机械安全和环境安全等多个方面。安全管理主要包括设立完备的门禁和监控系统、制定完善的安全管理制度和操作规程、加强安全宣传和培训以及提高员工的安全意识和操作技能等。定期进行安全检查和隐患排查，及时消除安全隐患，确保大厦内的环境安全及消防安全等。

3）环境监控管理

环境监控管理包括对大厦内环境参数的监测和控制，如温度、湿度、CO_2浓度、甲醛、TVOC、$PM_{2.5}$、PM_{10}及水质等指标。建立环境监控系统来实时监测各项环境参数，一旦发现局部区域或某项环境参数出现异常，及时联动控制机电系统调整运行状态，确保大厦内健康、舒适的环境状态。

4）能源能耗管理

能源能耗管理是降低大厦运营成本的重要措施。利用管理平台采集的能耗数据，对整个大厦各能耗系统中不同设备的用能情况进行分析，例如：工作日和周末的能耗数据、工作日白天和晚上的能耗对比；大型设备白天和晚上的能耗对比、大厦用电峰值分布时间数据等。通过对各项能耗指标进行多维度的分析，可以发现整个大厦的节能潜力，如按需求开启或关闭大型设备、严格控制设备运行时间、示范区域照明和高位灯部分采用LED节能灯、夜间及时关闭无人区域照明、按天气调整路灯开启或关闭时间等。大厦通过对设备、区域的精细化分组来管控能源，从而有效降低整体能耗。

5）维护保养管理

维护保养管理是确保设施设备正常运行的关键措施。基于设施设备的特性、使用频率和磨损状况等制定合理的维护保养计划，包括日常保养、定期保养和专项保养等。采用科学的方法和技术手段，对设备进行预防性维护和修复性维护，提升设备的运行效率、可靠性和长期稳定性。

6）应急预案管理

应急预案是应对突发事件的有效手段，能够最大程度地降低突发事件对大厦的影响。根据启迪设计大厦的特点及可能发生的突发事件类型制定了33套应急预案，包含高空坠物、供电突发、防台防汛等。建立应急指挥系统，明确各部门的职责和协同机制。加强应急演练和培训，提升用户应对突发事件的能力。同时，定期对应急预案进行评估和修订，以确保其持续的有效性和实用性。

2. 运维管理流程

运维管理流程是指在运维管理工作中，按照一定的步骤和规范进行管理和操作，以提高工作效率和保障各类系统正常运行。运维管理的流程步骤主要如下：

1）需求分析。在运维管理流程中，首先需要进行需求分析，了解系统运行的基本要求和用户需求，包括对系统功能、性能、安全性等方面的分析，以便为后续的运维工作提供指导。

2）资源规划。根据需求分析的结果，进行资源规划，包括硬件设备、人力资源、软件工具等方面的规划，确保有足够的资源支持系统的正常运行和维护。

3）环境部署。在资源规划的基础上进行环境部署工作，包括硬件设备的安装、网络环境的搭建、系统软件的安装配置等，确保系统的基础环境能够满足系统运行的要求。

4）环境监控。建立系统监控机制，监控系统运行状态、性能指标、安全事件等。通过监控系统，及时发现和解决潜在问题，保障系统的稳定性和安全性。

5）故障处理。当系统出现故障时，需要进行及时的故障处理，包括故障定位、问题分析、解决方案的制定和实施等，确保故障能够在最短的时间内得到解决，尽量减少对系统运行的影响。

6）性能优化。定期对系统进行性能优化工作，包括系统的调优、资源的优化、性能测试等，以提高系统的运行效率和性能表现。

7）安全管理。加强对各类系统的安全管理工作，包括安全策略的制定、安全漏洞的修复、安全事件的响应等，确保系统能够抵御各种安全威胁。

8）变更管理。对各类系统的变更进行管理，包括变更申请、变更评审、变更实施等，确保系统变更的合理性和安全性。

9）文档管理。对运维管理工作进行文档管理，包括运维手册、操作指南、故障处理记录等，以便为后续的运维工作提供参考和支持。

10）持续改进。对运维管理流程进行持续改进，包括对运维工作的总结、问题的分析、改进措施的制定和实施等，以提高运维管理的效率和质量。

运维管理流程是系统运行的保障和支撑，通过规范的流程和有效的管理，可以提高系统的稳定性和安全性，保障系统的正常运行。因此，运维管理流程的建立和执行对获得良好的运维管理效果至关重要。同时还需要对其进行持续优化和改进，以适应不断变化的业务需求和技术发展。

10.2.3 智慧运维绩效监测

1. 设备运行效率

设备运行效率是衡量大厦运维管理绩效的重要指标。通过监测各种设备的运行状态，如空调系统、电梯、照明等，确保设备运行稳定、高效，为大厦提供优质的服务。对设备运行效率的监测有助于及时发现并解决潜在问题，提高设备的使用寿命和运行效率。

2. 能源消耗监测

能源消耗是评价大厦运维管理效率的重要方面。通过监测大厦的能源使用情况，如水、电、燃气等，分析能源消耗数据，找出节能潜力，采取有效措施降低能源消耗。合理的能源消耗监测有助于提高运维管理的经济性和环保性。

3. 安全事故发生率

安全事故的发生率是评价大厦运维管理质量的重要指标。通过建立健全的安全管理制度和应急预案，加强安全培训和演练，提高用户的安全意识和应对能力。同时，定期对大厦进行安全检查和评估，及时发现和消除安全隐患，降低安全事故的发生率。

4．运维工作效率

运维工作效率直接影响到大厦运维管理的效果。通过科学制定人力资源管理制度并合理配置人员数量，提高运维人员的工作积极性和效率。加强对运维人员的培训，提升其专业技能和服务水平，从而降低运维人力成本、提高运维工作效率。

5．故障响应速度

故障响应速度是衡量运维管理效率的关键指标。一旦设备或系统发生故障，应立即响应并采取有效措施进行修复。建立健全的故障预警系统和应急处理机制，可以缩短故障响应时间，从而减少故障对大厦正常运行的影响。

6．维护保养计划执行率

维护保养计划的执行率是保障大厦设备正常运行的关键因素之一。通过建立健全的维护保养制度，定期对设备进行保养和维护，确保设备的正常运行，延长其使用寿命。此外，加强维护保养工作的监督和管理，可以有效提升计划的执行率和工作质量。

7．备件库存管理

备件库存管理是保障运维管理工作顺利进行的重要环节。根据设备运行情况和维护保养需求，合理储备备件库存，确保能及时供应和有效使用备件。建立科学的备件库存管理制度，提高备件库存周转率和利用率。同时，加强备件质量检验和使用跟踪，确保备件的安全性和可靠性。

10.3　智慧运维管理实施

大厦智慧运维管理主要通过"启元云智"平台来实施。运维人员需要理解智慧运维与传统运维的差异，充分了解平台这个工具并合理利用。根据运维体验促使管理平台功能不断更新迭代，达到运维及平台相辅相成的效果。平台稳定良好地运行，其管控效能得到最大限度发挥，减少对各系统的人为干预，就能实现提高运维水平、提升运维效率、降低人员工作量及节能降耗的管理目标。

要做到智慧运维，管理团队需要熟悉各智能化系统的特点，掌握平台功能，并了解智慧运维不同场景的特点，才能更有效地实施智慧运维策略。智能化系统通过以下两种主要场景，为智慧运维提供支持：

1）在复杂场景中，平台通过智能化系统收集多系统前端设备的运行数据，进行可视化展示和应用分析。然后，根据场景目标向各智能化系统发出指令，以控制前端设备的协同工作，实现智慧运维的高级应用场景。

2）在简单场景中，平台主要负责收集数据，而应用则由专项智能化业务系统自行实现。由于不存在多系统数据交互问题，因此平台无需发出控制指令。这使得管理逻辑更为简单，执行效率更高。

启迪设计大厦智慧运维管理主要体现在智慧安全管理、智慧环境管控、智慧能源管理、智慧会议管理、智慧餐盘管理和智慧维保管理六个方面。

10.3.1　智慧安全管理

安全管理是运维管理体系的重要环节，涉及消防安全、环境安全、人员通行及用电、车辆安全等多个方面。为了提高自身水平，管理团队制定了完善的安全管理制度和操作规程，同时加强安全宣传和培训，提升人员的安全意识和操作技能。此外，定期进行安全检查，及时排除安全隐患，确保大厦的安全环境。

启迪设计大厦的智慧安全管理涵盖了多个方面，主要包括安消一体化智慧管理、智慧通行及访客预约、智慧停车管理、供用电安全管理以及电子巡更智能管理等。

1. 安消一体化智慧管理

安消一体化是智慧消防和安防系统融合应用的方式，它通过将安防管理与消防工作相结合，实现楼宇安全与消防的协同管理和高效运行。其目标是提升楼宇的整体安全水平，降低火灾等安全事故的发生率，保障人员的生命财产安全。通过消防系统和安防系统的融合，实现了消防安全隐患预警的自动化、智能化，从而提高了预警的准确性和响应速度。大厦典型区域智能监控图像示意见图10.3-1。

图10.3-1　大厦典型区域智能监控图像示意

1）智能监控系统通过安装高清摄像头、烟雾探测器、温度传感器等设备，实现对楼宇内部的全面实时监控。这些设备能够实时监测到楼宇内的环境变化，一旦发现异常情况，如烟雾、高温等，立即触发报警机制。消控中心能够第一时间接收到现场传回的报警信号，值班人员随即迅速响应，采取措施预防或阻止火灾发生。

2）消控中心与智能监控系统紧密配合，能够迅速响应报警信号，并启动如自动喷水灭火系统、排烟系统、应急照明系统等消防设备，有效控制火势的蔓延及帮助人员疏散。消防报警系统以其高灵敏度、低误报率的特点确保报警的准确性，而监控系统则能够实时传输火场画面，为火灾扑救提供有力支持。此外，需定期对报警和监控系统进行测试，确保其始终处于最佳运行状态。

3）安防管理系统通过集成智能门禁、智能巡检、监控检测等管理系统，实现对楼宇内部全覆盖的安防管理。这些系统随时记录人员的出入情况，监控其异常行为，提高楼宇的安全防范能力。

4）智慧楼宇安消一体化，需要借助消控中心大数据、智慧管理平台等先进技术，实现数据的实时传输、处理和分析。通过对各类大数据的挖掘和分析，可以预测潜在的安全风险，提前采取预防措施，降低安全事故的发生概率。

依托智慧运维管理平台，可以实现以下两大功能：

安消联动和远程复核。在关键部位的烟感设备触发警报时，系统会联动安消摄像头对其周边的环境情况进行实时监控，以便对警报进行远程复核，降低误报发生率。通过远程监控火情，可以在火灾初期阶段迅速采取措施进行控制。传统上，确认火情需要人工现场检查，但现在通过与最近的摄像头联动，监控室内的工作人员可以通过视频弹窗得到即时提醒，从而更高效地响应。

智能监测和数据分析。通过在管理平台集成AI算法，系统能够自动识别消防安全违规行为，如监控消防通道的非法占用和企业内部消防安全控制室的人员缺岗情况，显著提高了管理效率。通过监测和数据分析，可以实时掌握大厦的安全运营情况，及时发现并纠正违规行为，迅速消除安全隐患，从而有效提升大厦的安全管理水平和响应效率。

2．智慧通行及访客预约

大厦智慧通行是智慧管理系统中的一个重要组成部分，主要利用先进的信息技术和物联网技术，实现对楼宇内部人行出入口的智能化和高效率控制。

1）智慧门禁系统可以对大楼内所有区域的门禁实施控制。它采用"一码通"、面部识别等技术，为人员出入提供便捷、安全的管理方式；还可以与安防监控系统联动，实现对进出人员的实时监控，提高安全管理的效率，构建高效、舒适且便捷的智慧楼宇环境。

2）访客预约功能方便用户通过"玖旺通"APP的预约模块输入必要的信息，包括被访人姓名、访客信息及预计到访时间，经系统审批通过后，访客便能通过链接获取一个临时二维码，该二维码在约定的时间内赋予他们大楼内的通行权限。访客车辆通过车牌识别系统完成缴费后自动抬杆放行。VIP客户的车辆可以通过访客系统申请，由相关部门代为支付费用，从而实现自由进出的无感体验。

3．智慧停车管理

智慧停车管理系统为大厦停车场提供了智能化管理解决方案。系统通过安装车位感应器、道闸等设备，实现了车位的自动分配、车辆的快速进出以及自动计费等功能。此外，智慧停车管理系统与安防监控系统集成，加强停车场的安全监控，提高车辆防盗能力。

大厦通过设置分类停车收费标准，鼓励用户更多地使用城市公共交通工具，倡导绿色出行，实现节能减排的目标。车辆管理系统与大厦门禁管理系统实现联动，确保所有从停车场进入大厦的人员都必须通过门禁系统的验证，进一步加强了大楼的安全管理。智能停车场管理系统有助于提升停车场的运行效率，降低运营成本，增强安全性，并显著提升用户的停车体验。

1）车辆进出管理

车辆识别：通过车牌识别技术，实现快速、准确的车辆进出管理。

数据记录：记录车辆的进出时间、车牌号码等信息，为后续的统计分析提供数据支持。

2）动线指引及区域划分

动线指引：停车场内部行车动线经过精心设计，车行通道预留了充足的行驶宽度，并设置明显的标识指引，用户遵循标识指引，能够迅速准确地找到车位。以上措施避免了大厦内不必要的车辆交会，最大限度降低碰撞和刮擦等场内事故的发生率。

区域划分：通过合理划分停车区域，将固定车位主要放置在B3层区域，供熟悉路线的内部用户使用；将行车动线更加直接快捷的B1层及B2层停车位，留给对环境相对陌生的临时用户和访客。这不仅能提高用户的停车寻车体验，又能节约时间、提高效率，避免造成不必要的延误。

3）停车位预约

在线预约：提供用户通过线上预约访客停车位的便利服务。通过"玖旺通"APP预约访客车辆信息以及停车时长，提前预留停车位。停车场B1层和B2层均有预留临停车位供访客停车，方便快捷。

4）电子支付与费用结算

无接触支付：停车场内部以及门岗收费处均张贴了微信、支付宝缴费二维码，方便用户快速完成电子支付。

费用结算：根据停车时间和车辆类型自动计算费用，并进行结算。

月租固定车辆：通过"玖旺通"APP推送缴费通知，并发送"点对点"订单，用户完成线上缴费即可实现无感进出停车场，方便高效。

日租临停车辆：享受优惠停车政策，提前扫码缴费，实现快速离场。

普通临停车辆：提前扫码缴费，同样可以实现快速高效离场。

预约访客车辆：用户通过APP提前为访客预约并登记车辆信息，预约时间内停车费用允许由部门代缴，访客车辆即可实现快速离场。

5）监控与安全保障

视频监控：视频监控系统全面覆盖，确保停车场内的安全。

异常检测：实时监控并识别异常行为或事件，包括车辆刮擦、人员闯入等。

安全保障：与大厦的门禁管理系统联动，人员从停车场进入大厦办公区域时，必须通过门禁刷卡或在大厅进行登记，方可获准进入。

6）数据统计与分析

数据收集与分析：收集并分析停车场的运行数据，了解车位使用情况和存在的问题，为管理优化提供依据。"玖旺通"APP显示月租车位在场数量、访客车位在场数量和区域实时数据；当访客车位在场数量显示有余时，意味着有空闲车位供外来车辆停放；若访客车位已满，则系统可自动阻止其他临停车辆进入停车场，避免造成不必要的拥堵。

报告生成：定期生成统计分析报告，帮助管理层了解停车场运行状况。

4. 供用电安全管理

大厦的供电侧安全管理主要依靠"启元云智"平台，该平台能够实现对配电线路负载端的漏电电流、温度、电流、电压、各项功率及用电量等关键参数的实时监控。通过深度分析与对比历史数据，平台能够精准预测和报警潜在的电气安全隐患。通过Web端和APP，平台能够即时向管理中心和用户推送预警和报警信息，实现了电气安全隐患的云端高效智慧管理。

用电端安全管理，则充分利用了电气火灾监控系统强大的预测和预警能力。当系统监测到电气线路中的漏电电流、温度等关键参数出现异常时，会迅速启动预测和预警机制。系统内部组件的协同工作确保了数据的快速采集和精准分析，一旦检测到的数值超过预设警戒值，系统会立即触发电气火灾预警，为管理人员及时提供信息，以便他们迅速采取措施检查和处理问题，从而有效预防电气火灾的发生。

5. 电子巡更智能管理

电子巡更智能系统包括巡更终端二维码、巡更棒、巡更软件，用于保安人员工作管理，在规定好每日固定巡更路线后，利用智能巡更系统来验证保安是否按照既定路线进行巡视。电子巡更智能管理系统的巡视示意见图10.3-2。

图10.3-2 电子巡更智能管理系统的巡视示意

10.3.2　智慧环境管控

大厦作为高品质绿色建筑，通过周边绿化覆盖、裙房屋顶花园、景观种植箱布置以及室内大量绿植的摆放等，初步建立了和谐、生态的内外微环境；同时通过对空气质量、水质等进行实时监测和调控，不断调整室内外环境的控制策略，实现楼宇环境的智慧管控。

1. 建立生态微环境

在立足本地气候条件下，大厦通过在办公场所摆放适合室内环境的较多绿植品种建立生态微环境，如幸福树、散尾葵、常春藤、虎皮兰、绿萝、天堂鸟等。这些植物对室内环境较为适应，能够耐受较低的光照和相对较小的空间。大厦典型区域室内绿植摆放示意见图10.3-3，通过合适的绿植摆放，可以实现以下主要功能：

1）调节办公室空气湿度。根据不同植物的需求，定期浇水并保持适当的湿度，特别是在空调环境下容易干燥的地方，使用喷雾器或加湿器给绿植增加水分的同时也可以增加室内的湿度，植物通过蒸腾作用释放水分到空气中，使空气中的湿度得到提高。湿度的增加可以减轻空气的干燥感，对皮肤和呼吸系统有益处。

2）提升办公环境的感观度。大楼内各层根据办公空间的布局和设计，统一合理布置绿植，将葱郁的绿萝摆放在办公桌不同的区域，同时也在各楼层公共空间的角落、走廊等位置设置组合盆摆，以增加绿色元素的存在感，并提升办公环境的美感与装饰。

3）提高局部空气质量。绿植通过光合作用吸收CO_2，释放O_2。食堂是用户每天放松心情的最好去处，考虑到食堂人群较为集中，在盆摆绿植时优先考虑能吸收室内甲醛、苯等有害物质的虎皮兰和平安树；平安树不仅能够净化空气，还能散发出清除异味的香味，这种香味有助于净化空气，能够有效地吸收室内空气中的灰尘和CO_2，同时释放O_2，提高室内空气质量为用户就餐时提供一个更加舒适和宁静的环境。

4）提高办公环境的舒适度。通过温湿度的调节，生态微环境设计可以提高人们的舒适感。在夏季，降低环境温度和增加湿度可以缓解炎热感，减少人体的不适。在冬季，合理的绿化和遮阳设计可以降低寒冷风的影响，保持室内温暖。舒适的室内环境对于人们的健康和生活质量至关重要。

因此，在大厦办公及公共区域摆放盆栽植物可以提供更好的室内空气质量，提高用户的舒适感，有助于降低视觉压力，此外，室内绿植也能起到一定的装饰作用，增加活力和美感。适宜的温湿度条件有助于创造一个更舒适、宜居的工作环境。

2. 环境监控管理

大厦的环境监控系统由"启元云智"平台、BA系统及大楼内设置的各类传感器构成。该系统能够对大楼内的环境质量进行实时监测和调控。大厦地库配备了CO传感器，能够24小时监测地库CO浓度；屋顶的气象站负责探测室外空气中的$PM_{2.5}$、PM_{10}及温度、湿度、照度、降雨量和风速等参数；室内安装了六合一空气探测器，用于探测室内空气中的甲醛浓度、CO_2浓度、TVOC、$PM_{2.5}$、PM_{10}以及温度和湿度等指标。生活饮用水、雨水回用和空调冷却水系统中均安装了水质在线监测仪，用以实时监测浊度、余氯、pH值和电导率（TDS）等关键参数。

（a）塔楼标准层区域　　　　　　　　　　　　　　　（b）塔楼共享空间

（c）门厅及办公空间

（d）底层门厅水池区域　　　　　　　　　　　　　　（e）四楼水吧区域

图10.3-3　大厦典型区域室内绿植摆放示意

以上环境数据由BA系统采集并传送给平台，运维管理人员可通过平台的可视化数据展示页面进行集中监测。BA系统也能在其自带的智慧建筑设备管理平台上实现远程实时监测。"启元云智"平台室内环境监测页面见图10.3-4，BA系统智慧建筑设备管理平台室内环境监测页面见图10.3-5。

当环境数据超出正常范围时，BIM运维页面上的可视化设备图标将显示为"橙色闪动"，同时平台会将异常信息主动推送，运维人员可及时发现并处理问题。

3. 智能通风系统

智能通风系统可以根据大楼室内外空气质量状况自动调节运行状态。当检测到地库CO浓度超标时，智能通风系统会自动启动地库排风机进行换气；BA系统根据从大楼环境监控系统获取的实时环境数据，联动控制空调、新风和电动窗等环境调节设备的运行状态，以提升室内环境品质。BA系统内置的电动窗自动开闭运行策略，以节能降碳、提高环境品质为目标，并结合室外温湿度、降雨量、空气品质、空调系统运行状态等参数进行综合决策，在适宜条件下自动开窗通风或关窗，实现室内环境品质优化和建筑总体能碳控制的双重目标。BA系统智慧建筑设备管理平台电动窗集控页面见图10.3-6。

运维管理人员可在"启元云智"平台监测到大楼各电动窗的开启与关闭状态，若出现天气突变或其他原因导致BA系统未能及时响应或出现控制失效等异常情况时，运维人员可按照应急预案进行必要的人为干预，以确保系统的稳定运行。

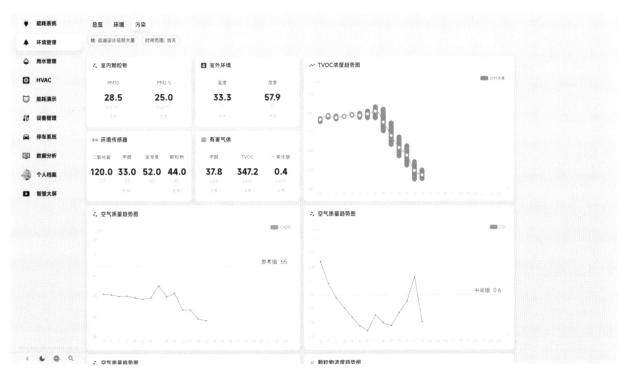

图10.3-4　"启元云智"平台室内环境监测页面

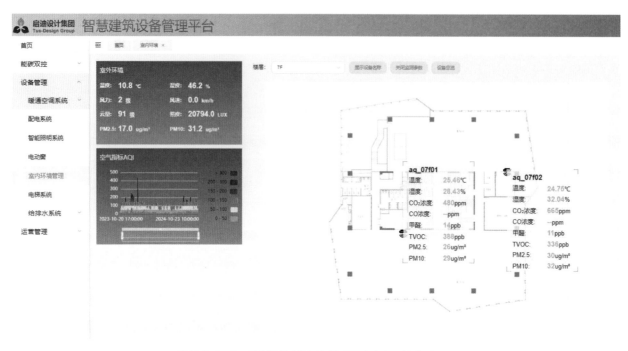

图10.3-5　BA系统智慧建筑设备管理平台室内环境监测页面

图10.3-6　BA系统智慧建筑设备管理平台电动窗集控页面

4. 高标准的环境管理

为各空间区域提供高标准的定制环境服务，结合"错时"调整与"集中"作业策略，保证清洁服务效果，避免对用户造成干扰。办公区域的垃圾收集和清运统一安排在正常办公时间外的早晨、中午和晚上进行，做到垃圾"日产日清"，全面消除污染物及气味对办公环境及办公人员的干扰。各类垃圾桶分类标注，既便于用户使用，又符合环保要求。垃圾清运使用专用运输电梯，最大限度地减少二次污染。物业服务岗位进行精细化管理，人工与设备合理搭配，利用智能推尘洗地机对硬质地面进行推尘和洗地，同时利用无线吸尘器高效便捷地作业，保证360°无死角的清洁。卫生间可视化清洁流程见图10.3-7。

图10.3-7 大厦卫生间可视化清洁流程

10.3.3 智慧能源管理

随着社会对能源需求的不断增长，楼宇能耗问题日益受到广泛关注。启迪设计大厦针对楼宇能耗管控，实施了包括智能控制、节能降耗、行为节能和能耗监测在内的多种能源管理措施。

1. 能源管理系统

采用能源管理系统对楼宇的能耗进行实时监测、分析和控制。通过安装智能断路器、电表、水表等设备，收集能耗数据并进行可视化展示，帮助运维管理人员及时发现能源浪费问题并采取相应措施进行节能降耗。

智能控制：采用智慧系统对楼宇内的设备进行远程控制和定时管理。根据环境参数和设备运行状态，自动调节空调、照明、电梯等设备的运行参数及工作时间，实现节能控制。

节能降耗：主要涉及建筑设计和设备运行两个方面。建筑设计上，优先采用自然采光和通风的设计，减少对人工照明和空调的依赖；建立雨水收集系统，将收集的雨水用于水景、绿化灌溉等用途，进一步提高节水效果。设备运行方面，采用高效节能型设备，如LED照明、节能型空调等，降低设备的能耗。同时，优化楼宇布局和建筑设计，提高建筑的保温和隔热性能，减少能源浪费。

行为节能：倡导用户通过改变日常行为习惯来减少能源消耗和环境污染。下班后及时关闭不必要的电源设备，如电脑、灯光等，避免无谓的电能消耗；合理使用空调，调整适宜的温度设置，同时加强自然通风，减少空调使用频率；空调使用期间，关闭门窗，尽量减少电能浪费；营造便捷安全的楼梯间交通环境，鼓励用户使用楼梯代替电梯，减少电梯能耗；对共享会议室及办公设备等，采取有效措施减少资源闲置时的能源消耗。

能耗监测：利用管理平台内置的能耗监测系统，实时监测楼宇内的能耗数据。通过数据分析，发现设备能耗异常，优化节能策略。定期发布能耗监测报告，公开能耗数据，通过这些措施增强用户的节能意识，实现更高效的能源管理。

2．智能照明系统

"启元云智"平台通过基于智能微断的照明控制系统，实现大厦照明的场景控制。平台根据实际需求和环境光照度自动调节灯光亮度，并关闭不必要的照明设备，以实现节能减排。智能照明系统的应用，显著提升了楼宇的节能效果，并极大增强了用户舒适度。

平台内置的可编辑灯控系统日历，根据大楼内各入驻企业的通勤时段，为大楼内用户提供定制化编辑。通过日历系统，平台自动控制各区域灯光的开启与关闭，包括数量和时段，营造一个既舒适又节能的办公照明环境。此外，定制的移动应用程序"玖旺通"APP授权人员远程控制照明系统。

1）日历灯控系统的实现原理

（1）所有公共区域及办公区域的配电箱内，智能微型断路器取代了传统微型断路器。智能微型断路器不仅保留了传统断路器的线路保护功能，还增加了网络通信功能，确保了日历灯控系统功能的顺利实施。

（2）平台的控制算法与各入驻企业的作息日历信息实现了关联。这些信息包括但不限于上班、午休、下班时间，以及法定节假日的安排等。

2）日历灯控系统的特点

（1）平台使用可编程的日历系统来自动调整照明系统运行状态。平台自动控制大楼内各区域灯光的开启与关闭，以适应不同时间段的照明需求。根据各区域照明时间的具体要求，运维管理人员构建了灯控日历，管理平台能够在该日历周期内实现对各区域灯光的自动控制。日历灯光控制系统界面示意见图10.3-8。

（2）平台能够根据预设时间自动控制灯光。在非工作时间段或节假日，平台通过编程仅开启必要的公共区域照明，如走廊、电梯厅和卫生间等，以实现最大程度的节能。除了自动考虑法定工作日和节假日，平台还能根据公司的特定工作需求，将特殊日期设置为工作日或节假日。这样，日历灯光控制系统可以根据公司的实际工作安排，自动调整灯光，满足个性化需求。

（3）根据需求设置设备组功能，实现一键切换迎宾模式和日常模式的灯光控制。日历灯光系统具备设备

图10.3-8 日历灯光控制系统界面示意

组功能，允许将特定灯具组合成设备组，并通过APP一键控制这些设备组内所有灯具的开启和关闭。例如，公司参观通道的部分灯具可以设置为迎宾灯光设备组。如接到临时参观需求时，可以通过手机APP一键开启这些灯具，而不受日历灯光程序的限制。参观结束后，同样可以通过APP一键切换回日常照明模式。

日历灯光控制系统根据用户的作息时间自动调整灯光状态，允许授权人员通过手机APP进行远程灯光控制，并集成了可编辑的日历控制策略等先进功能，在提升了办公楼的舒适度和节能效果的同时，也为运维人员打造了更为便捷的管理工具。

3. 空调系统智能管控

"启元云智"平台提供了对全楼空调系统的场景控制页面，运维管理人员使用该页面可实现对不同管理区域空调系统运行模式的"一键切换"控制，例如：制冷、制热、舒适、节能及新风模式等。当需要设置空调系统各类参数时，管理人员可在BA系统平台进行相关参数配置；系统调试运行稳定后，应采用自动运行方式，减少人工干预，以确保系统稳定运行。

BA系统采用人工智能调优控制、云边协同控制、无人值守控制技术，合理利用数据处理资源，实现运行数据驱动的控制策略和能效的持续优化，功能设计包括：

（1）基于系统、子系统、设备等的分级智能控制架构设计；

（2）基于室外参数的自动预测功能的优化控制设计；

（3）基于系统、主机的阶梯负荷调优功能的优化控制设计；

（4）运用智能优化及AI自学习方法来构建高效、实时、全局、可自我更新的控制策略。AI控制策略基于数字孪生的专家级节能优化控制架构，采用"监测—诊断—建议—优化—建模"的闭环管理，并不断提升训练模型的精准度。

1）中央空调（水系统）智能管理

塔楼采用水冷中央空调系统，冷源采用 1 台制冷量2110kW的水冷变频离心式冷水机组和2台制冷量1406kW的水冷磁悬浮变频离心式冷水机组，热源采用3台制热量为1280kW的直流式燃气热水锅炉。BA系统提供对塔楼中央空调（水系统）的远程自动、半自动、手动及分布式控制等多种控制方式，管理人员可根据大厦用户需求灵活选择，全方位满足实际运行要求。系统基于多种运行条件下的自动控制算法，可进行一键切换。提供正常制冷、制热，快速制冷、制热等运行模式，时序控制、效率优先、均衡运行等系统控制模式，时序控制和自动控制参数可配置。中央空调系统制冷机房控制界面见图10.3-9。

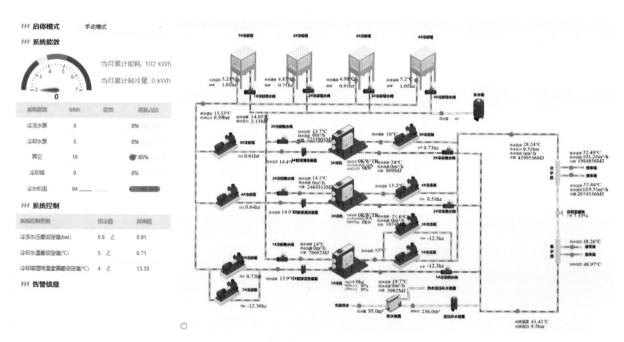

图10.3-9 中央空调系统制冷机房控制界面

大厦内锅炉房3台直流式燃气热水锅炉采用并联设置，经板式换热器热交换后提供60℃的热水，通过分集水器供应给各个楼层空调末端。锅炉房模块化组合运行效率对比见图10.3-10，由此可见，通过多台锅炉模块式组合并联使用，每台锅炉可根据实际需求在20%～100%之间自动调整其输出负荷，完全匹配建筑的负荷变化，有效节省运行成本。

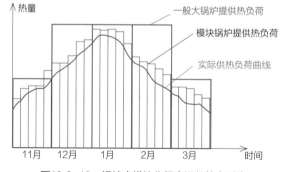

图10.3-10 锅炉房模块化组合运行效率对比

每台锅炉设置独立的小型炉前泵用于锅炉本体循环，与供暖管路系统通过平衡管结构对接，保证锅炉与供暖管路系统流动不相互影响。炉前泵受其对应的锅炉控制，与锅炉同步启动并延时关闭，可以保证锅炉待机时无水流经过，减少锅炉待机时的本体散热损失。

锅炉房采用智能群控系统，可以集中显示系统参数和锅炉状态，便于监控；可自动轮换锅炉运行，平衡每台锅炉累计运行时间，延长系统设备的整体寿命；可根据供暖系统水温的高低自动调节锅炉及锅炉泵的运行数量，保证锅炉输出热负荷精确匹配实际需热量，系统高效运行，同时节省运行费用；室外气候补偿功能可以根据室外温度自动调节系统水温目标值，保证供暖的终端效果，增加人体舒适感。

中央空调系统热源机房控制界面见图10.3-11。所有锅炉选型自带Modbus RS485接口，接入BA系统，便于对设备的集中监控管理，可实现全自动运行。BA系统运行时，一方面采集温度、压力、流量、循环泵、补水泵、水箱液位等参数状态；另一方面实时视频监控站内设备的实际情况；通过通信传输，将采集的视频信号和运行数据传输到锅炉房中央控制室，在控制室内记录各项数据，并自动分析计算后形成报表。同时在中控室能够控制气候补偿设备、循环泵、补水泵的启停和运行参数，控制方式可以选择手动或自动。通过锅炉热源的自控系统，提高供热系统供热效率，实现热源控制一体化、管网监控智能化和终端用户信息化。

塔楼各楼层设置两个独立的中央空调水系统环路，便于"启元云智"平台实现对所需区域空调延时使用的管控。地下一层报告厅、一层门厅AHU全空气系统设置可调新风比，在过渡季节期间全新风模式运行，利用室外适宜温度的空气带走室内热量，提升室内空气品质和舒适度。

2）VRV多联机系统的智能管控

大厦裙房二层、三层主要为自用开敞办公，VRV空调按生产部门所属区域配置多联机；根据各个分区的情况可单独管控温度和开关机，保证舒适性的同时实现了能源的精细化管理。在裙房二层、三层自用办公

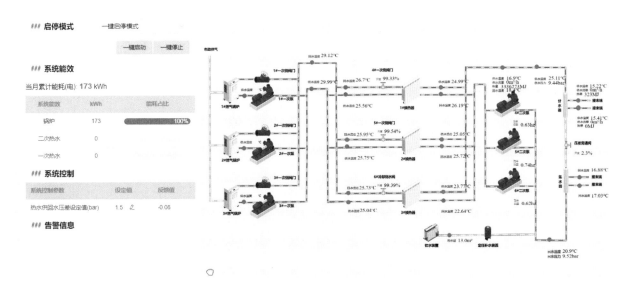

图10.3-11 中央空调系统热源机房控制界面

区的空调系统划分时，结合各部门所在的位置、面积与多联机的关系，每个部门工作区域的空调尽量集中在一台或多台外机容量覆盖范围内，便于集中运维和管理。大楼三层部门划分与多联机分区示意见图10.3-12，其中每个部门由若干台多联机负责，各部门间空调系统尽量不交叉。多联机系统外机分别布置于裙房西南角屋面和顶楼核心筒屋面。

通过VRV多联机系统的集控功能，可以实现空调系统所属区域的以下主要功能，从而实现智慧管控：

（1）自动关机功能：在非工作时间或不需要空调运行的时段，系统可以自动关闭空调。

（2）温度设定限制：集控系统可以设定空调的温度可调节范围，从而减少能源消耗。

（3）内机锁定：可以根据需要锁定空调内机的控制面板，防止私自改变设定，造成能源浪费。

（4）智能调度：根据室内外温度、湿度和人员活动情况，系统可以智能调度空调的工作模式。

（5）能源监控和报告：集控系统可以监测能源使用情况并生成报告，帮助管理人员了解能源消耗情况，从而采取措施进行优化。

（6）远程控制：通过远程控制功能，可以随时随地关闭空调，避免能源浪费。

图10.3-12　大厦三层部门划分与多联机分区示意

（7）分区控制：VRV系统可以对不同的区域进行分区控制，避免浪费能源。

（8）节能模式：集控系统可以设置为节能模式，系统会自动调整运行参数，以减少能源消耗。

4．电梯智能管控

采用大厦电梯系统机房群控软件，可以查看所有电梯运行状态、故障报警信号、电梯所在楼层及启停情况等，但是需要管理人员同时监控多个系统，通过机房群控软件实时观察电梯运行状态，但在实际操作中很难及时发现问题和异常情况。

"启元云智"管理平台采用基于人工智能算法的图像分析手段，结合BA系统采集的电梯"上行/下行"数据，实现了基于BIM的电梯运行可视化监控。管理人员通过平台可以监测各台电梯的楼层、搭载人数及上行/下行的实时状态。当电梯出现故障时，BIM运维页面的故障电梯会出现橙色闪动，同时平台还将故障信息主动推送，帮助运维管理人员及时发现并处理故障。

电梯轿厢内设有专用电梯摄像机，除了常规的轿厢监控功能外，电梯摄像机还有人数统计功能，根据不同时间段的人数统计，形成统计报表。后续可根据不同时间段的人数，调整在不同时段开启电梯的策略，从而达到低碳节能的运营目标。

10.3.4　智慧会议管理

会议室配置先进的智能会议系统，包括高清视频会议设备、会议音频设备、智能控制设备等，可实现远程会议、视频通话等功能。大型会议室配置有高清LED大屏、专业级音响设备等，满足各类会议和活动的需求。会议室全部实行线上预订，审批通过后方可使用。预定人员按需填写会议时间以及参会人员信息，会议系统会根据预定信息开放相应权限。会议系统可将会议预订信息导出汇总表格，推送给相关人员提供会议服务。智能会议系统管理流程见图10.3-13。

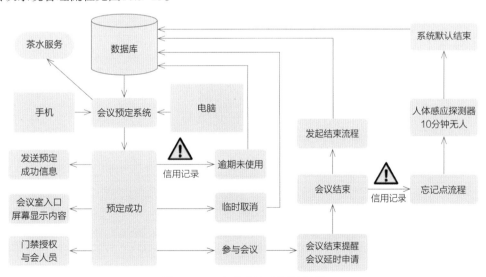

图10.3-13　智能会议系统管理流程

物业管理人员通过会议管理系统，会议开始前安排保洁打扫卫生、进行多媒体设备检查调试等。会议期间按需求提供茶水等服务，会议结束后进行保洁和整理。同时可以查看会议室日常使用情况，调整会议室启用数量以及卫生打扫的频率。按月统计会议室使用情况及收费单，根据部门、单位的统计表格收取相应费用。

会议系统与智慧门禁和BA系统联动，有参会权限的人员才能刷二维码进入相应会议室。会议系统提前自动开启会议室内的显示屏、空调；会议室内的人体感应装置会检测会议室内的人员活动情况，参会人员如中途全部离开会议室，则默认会议已经结束，系统将联动关闭灯光及空调等电源。智能会议系统既能保证会议的方便性，又能提升会议室的舒适性和高效使用。

10.3.5 智慧餐盘管理

大厦食堂使用智慧餐盘系统进行运营管理。餐饮服务管理人员在智慧餐盘系统后台进行信息录入与维护。"玖旺通"APP上可实现菜单预览、餐品预定，实现"一码通"及人脸识别支付等功能。大型活动及商务接待可以通过"玖旺通"APP提前预订相应的套餐服务，审批人根据预定需求审批流程，安排后续工作。

食堂结合定时控制的智能灯光系统和排队流线监控系统，智能调配灯光开闭，提供舒适、便捷、高效的用餐环境。此外，智慧餐盘系统可以设置用餐时段限制，合理调配各部门用餐时间，缓解高峰期用餐压力，减少排队等候时间等。

智慧餐盘系统可以对每天、每周、每月的就餐人流、营业额及菜品等进行统计分析，形成数据报表，智慧餐盘系统统计分析示意见图10.3-14。通过订单类型、用户类型、支付类型的占比分析，了解就餐人员菜品喜好数据，供经营者有针对性地改进运营方案，以提高服务质量和顾客满意度。

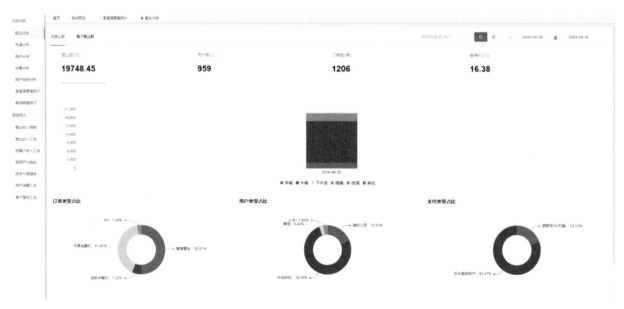

图10.3-14 智慧餐盘系统统计分析示意

餐盘回收采用回收通道和长龙式洗碗机相结合的系统，就餐者仅需将食用完毕的餐盘放入回收通道即可离去，既减少了就餐者分类清倒垃圾的繁琐，又减轻了食堂工作人员的工作量，通过智能手段实现降本增效。

智能查询排队时间：食堂就餐、取餐区域设置智能分析摄像机，摄像机可自动统计当前排队人数，就餐用户通过"玖旺通"APP端能够查询当前预估排队时间，方便用户根据排队时间调整就餐决策，可以避免长队和拥挤，减轻同时间段内的就餐座位压力，减轻食堂工作人员的工作强度，降低电梯使用频率，减少食堂管理难度和不必要的能源消耗。食堂智能查询预估排队时间示意见图10.3-15。

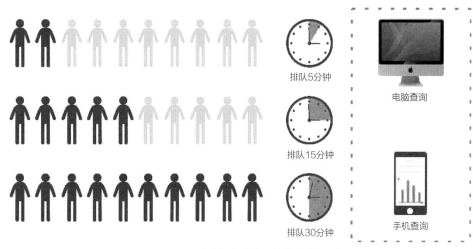

图10.3-15 食堂智能查询预估排队时间示意

10.3.6 智慧维保管理

1. 智能巡检系统

物业管理人员借助智能巡检系统进行高效的设备设施巡检工作。通过在关键设备设施或区域部署智能巡检设备，如红外线传感器、振动监测器等，实现对设备设施运行状态的实时监测和预警。同时，智能巡检系统还可以与移动应用进行集成，方便管理人员进行巡检任务的安排和执行。通过智能巡检系统的实施，可以及时发现设备设施故障或隐患，减少事故发生的可能性。

2. 智慧安消维保

为应对现代化城市发展带来的新挑战，充分利用云计算、大数据、物联网、移动互联网等新兴的信息技术，大厦智慧系统与消防业务工作深度融合，构建智能型、立体化、全覆盖的建筑火灾防控体系，提升火灾防控能力和消防灭火救援能力。智慧安消一体化预警系统是基于建筑物联网消防远程监控系统，建立起的火灾等异常情况监测预警报警平台，并结合智慧安防系统，具有对用电安全、水源监测、消防设备设施、人员管理等多个层面的监测预警报警功能。

启迪设计大厦智慧安消维保主要涉及以下方面：

喷淋末端压力检测：每个防火分区的喷淋回路末端的压力数据在"启元云智"平台可视化显示，数据异常时会出现报警，提醒运维人员检查管道压力情况并进行维护。

消火栓干管压力检测：消火栓干管压力数据在"启元云智"平台可视化显示，数据异常时会提醒运维人员检查管道压力情况并进行维护。

消防泵检测：系统会定期轮巡开启消防泵，检查其工作能力和状态，确保消防泵正常运行。不能启动或故障时，系统会及时通知物业维修，保证在任何时段消防泵处于待命状态。

火警与监控联动：当有火警警情时，所在区域的回路信息会联动相应区域的监控图像显示在保安监控大屏上，通知迅速复核并检查现场火情，及时处理火情。

门禁与监控联动：当门禁有拆卸报警情况时，相应的监控图像显示在保安监控大屏上，通知安保人员查看现场情况，判断是否有入侵。

停车与监控联动：停车系统报故障或者现场有人求助时，安保人员能够及时调阅现场监控图像，及时进行处理。

3. 智能监控管理

大厦实现了对变电所、给水排水系统、冷热源系统、空调及通风、照明及电梯等主要机电系统及设备设施的智能监控。管理人员可以在平台可视化页面上对大楼各系统及设备设施的运行状态进行实时监控，并及时提供异常报警，有效实现大厦的智能监控管理。

1）无人值守设备房

无人值守设备房核心功能是利用可视化综合监控平台，实现设备实时视频监测、告警推送、智能巡检、运行分析，减轻运维负担，提高管理效率。为了实现无人值守，需要将设备房内部各种设备状态量、环境状态量、安防信息等传送至上级系统平台，帮助运维人员对设备设施进行远程集中实时监控，减少人工值守操作，提供数据智能分析和运维支持，实现高度智能化、可视化、自动化和互动化的设备房监控和管理。

数字化智能巡检。实现设备机房巡检的智能化、规范化、标准化、高效化。在识别准确率和环境数据方面，弥补了传统人工检测中的标准缺失，减少运维人员在巡检频次和巡检内容上的工作量。各类设施设备巡检信息集中于一个平台管控，设施的关键指标实现了集约化和可视化的呈现与监管。

主动告警推送。告别传统的被动发现问题方式，综合监控平台实现主动告警推送，第一时间发现异常并及时处理。在线透明化监管告警响应及处理情况，实时记录处理结果，实现告警闭环管理。

设备运行分析。平台支持自动统计巡检数据和查询巡检记录。监控大屏实时展示现场巡检设备的数据，通过图表等形式直观地分析设备运行状态，保证设备运行安全。进行数据的综合管理和汇总统计，展示各类统计信息和工作任务，随时掌握机房运行状态。

无人值守管控。自动生成巡检记录表，极大减轻人工抄录巡检记录的压力。采用数字化巡检，降低现场抄表的高频度压力，缩短巡检时间，提高人工巡检效率，并优化人员配置。巡检数据自动记录和查询，确保数据的及时性和真实性，辅助设备运行的量化分析；24小时不间断监控设备运行，实现问题秒级告警，提高应急响应速度。

2）给水排水系统智能监控

排水系统：监视潜水泵的运行状态和故障状态；监视集水井的溢流水位，并在超限时发出报警。

给水系统：进行参数检测及报警，对生活水箱进行超高液位和超低液位的自动检测与报警；实时监视生活水泵的运行状态、故障状态、手自动切换状态以及频率反馈。监控市政供水压力，并根据不同区域（高、中、低区）的供水压力，记录数据曲线，为决策提供数据支持。

3）冷热源系统智能监控

系统内置智能诊断知识图谱，对参数传感器的精准度、水力和风侧平衡、冷站及各设备的能效，以及系统设备的报警数据进行综合诊断。根据诊断结果，自动调整运行策略。在必要时系统将主动向工作人员推送检查维修的告警信息。

冷水主机：主机内置控制操作系统，通过通信线和标准通信协议将相关参数传给BA系统。该系统提供冷水主机的运行状态、故障状态、手自动控制状态和关键运行参数，包括出水温度、回水温度、蒸发压力、冷凝压力和负荷比例等。

冷水机启动流程：依次开启冷却塔风机、冷却水蝶阀、冷却水泵、冷冻水蝶阀和冷冻水泵。在水流感测装置确认冷却水泵/冷冻水泵正常运行后，冷水机将启动并进行运行检查。冷水机停机时，应按照相反的顺序操作。停机后，为充分利用冷冻水蓄冷量，冷冻水泵将维持运行一段时间，之后关闭冷冻水蝶阀。

冷冻水泵：每台冷冻水泵由配电柜供电，配电柜与BA系统通过接口连接。该接口向BA系统提供冷冻水泵的运行状态、故障状态及就地/远程状态。配电柜接收来自BA系统的远程启动指令。冷冻水泵根据冷冻水的供回水压力进行变频调节以实现精确控制，并提供变频器的频率反馈信号给BA系统。

冷却水系统主要由冷却塔、供冷却塔使用的电动蝶阀和冷却水泵组成。当冷却供回水管的温差过低时，系统首先会降低冷却塔风机和冷却泵的运行频率。如果水温继续下降，则冷却塔风机将停止运行以节省能源，利用自然风进行冷却。所有设备与BA系统进行接口连接。每组冷却塔设液位浮球阀，由专用补水变频泵组增压供给。

天然气热水锅炉：空调热水泵根据空调热水供回水压力进行变频调节控制，以确保热水供应的稳定性和效率。同时，空调热水泵还提供变频器的频率反馈信号，该信号可用于监控和进一步优化系统性能。

4）空调及通风系统监控

空调及通风控制系统由风管温度传感器、压差开关、压力传感器、CO_2浓度传感器、风阀执行器和电动调节水阀等设备组成。系统实现的监控功能包括回风温度的自动控制，即根据风管温度传感器实测的回风温度值，自动对冷水阀开度进行PID运算控制。此外，空调机组的启停控制遵循事先设定的工作时间表和节假日休息时间表，实现定时启停。系统自动统计空调机组的运行时间，并提供维护保养的提示，确保设备的正常运行和延长其使用寿命。

5）送/排/补风机智能监控

各风机由对应的配电柜供电，配电柜与BA系统相连。配电柜通过接口向BA系统提供风机的运行、故障状态及就地/远程控制状态，并能够接收BA系统的远程启动指令。地下室车库内安装CO浓度传感器，根据检测到的CO浓度值自动控制相应送/排/补风机的启停。各类机电机房，包括水泵房、发电机房、配电房、网络机房及电梯机房等，均安装有室内温度传感器，用于实时监测机房温度，并根据需要及时控制风机的开启与关闭。

6）照明监控管理

公共区域照明、车道照明、车位照明均集成至平台和BA系统中。监控功能包括：根据预先设定的时间表启动/停止各个照明回路，并实时监视其运行状态。系统将累计记录各个照明回路的运行时间，记录回路的各种参数、状态信息和报警情况，以及累计运行时间和历史数据等，便于维护和优化照明系统的运行效率。

7）电梯系统监测

BA系统负责监视电梯运行状态，监视内容包括电梯的运行状态、故障状态、上行/下行状态以及电梯系统提供的其他监控参数。中央监控站通过彩色图形显示，记录电梯的各种参数、状态和报警情况，同时记录累计运行时间及历史数据等，便于维护和优化电梯的运行效率。

8）水泵房定期监测

定期对水泵房供水情况进行分析，确保供水系统正常运行。定期进行二次供水设备安全性检查，记录、检查减压阀工作状态，确保其正常运作。定期对水箱清洗消毒；使用自动水质在线监测仪对水质进行实时监测，确保供水安全。水质监测包括：浊度、pH值、余氯和电导率（TDS）等。将水质监测记录进行存档备案，以备查询和监管。

4. 生态滤池雨水回用系统维保管理

大厦在地下室设有一个160m³的雨水原水蓄水池、一个40m³的水景补水清水池和一个48m³的杂用水清水池，分别用于地块内的水景补水、绿化和冲洗等杂用水需求。通过室外雨水管网，收集部分屋面和地面的雨水至蓄水池。室外地面的雨水首先漫流至海绵设施中的下凹绿地和雨水花园，经海绵设施初步净化处理后，再排至雨水管网，从而提升雨水原水的水质。蓄水池中的潜水泵以间歇式方式提升取水至微生态滤床进行处理，处理后的清水自流至清水池，供大厦杂用水使用。当清水池的水位超过设定高度时，水将溢流回原水池。微生态滤床系统流程见图10.3-16。

本项目雨水回用系统为智慧无人值守运行系统。原水池的补水通过液位控制自动启闭进口阀门，通常情况下无需人工干预。如果进水电动阀门发生故障，水位达到溢流水位，BA系统将显示报警信息，提醒管理人员进行检修。生态滤池水处理系统也是一个无人值守的定时运行系统，每2小时运行10分钟。在雨水稀少的季节，如果原水收集池的水位降至最低水位，处理系统将自动关闭，BA系统会发出信号提醒维保人员，手动开启自来水向清水池补水，确保绿化、冲洗等杂用水的正常供应。

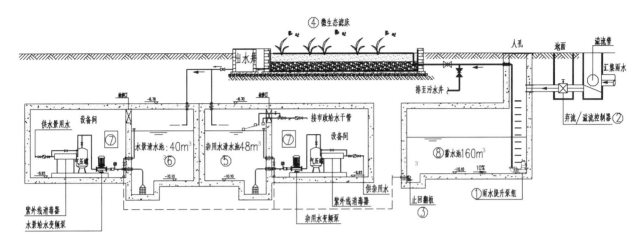

图10.3-16　微生态滤床系统流程

在大面积的绿化区域中，采用自动微喷灌系统进行绿化浇洒，该系统由土壤中湿度感应器控制供水电磁阀的开闭。绿化浇洒过程中部分水分下渗，通过雨水管网收集回流至雨水原水收集池，以便后续处理和再利用。一楼大厅及室外景观水池通过定时循环换水的方式保持水质。水池设有定时排放电磁阀，用于将水排至雨水原水池以待处理和再利用。同时，水池补水的液控浮球阀也会相应打开，确保水池水量的稳定。

10.4　智慧运维管理成效

10.4.1　绿色低碳运维

启迪设计大厦严格遵循绿色建筑三星级和健康建筑三星级的标准，从绿色物业管理制度、绿色技术的高效应用、绿色环境的维护管理等方面进行绿色运营和健康运营。

1. 完善的绿色物业管理制度

绿色物业管理体系规范。大厦聘请了在绿色低碳运维领域拥有丰富经验的物业管理公司。该公司不仅满足环境管理体系、质量管理体系以及能源管理体系要求，而且还获得了相应的管理体系认证。

制定实施绿色运维规程。物业管理公司建立了完善的涵盖各类设施机房、节能、节水、节材、绿化的管理制度，明确了各岗位操作规程和人员职责。

行为节能的宣传实践。大厦采用多种方式积极宣传并引导节约能源的意识和行为。例如，纠正开窗使用空调、无人时照明和空调开启等浪费能源的不良习惯。在二楼展厅入口设置的能耗展示屏实时展示大厦的能耗和环境等数据，旨在增强大厦内用户的节约意识。

2. 绿色技术的维护管理

绿色管理信息系统维护。通过信息化管理，大厦可以提升绿色建筑的运营效率并降低成本。同时，系统化的数据记录和存储便于定期分析和持续优化。大厦物业公司建立了完备的信息系统和完整的数据档案，确保了信息化系统的稳定性。

绿色低碳设施维护保养。定期检查、调试绿色低碳设施设备，包括光伏发电系统、太阳能热水系统、雨水回用系统、自动喷灌系统、排风热回收系统、高效制冷机房及智慧能源管理系统等，确保这些系统达到高效性能标准，以实现绿色低碳的运营效果。此外，根据运行监测数据，不断对设备系统进行运行优化。

3. 绿色运维环境管理

保障室内空气品质和水质。为确保室内空气质量，大厦在各主要功能房间设置了室内空气质量综合监控探头，这些探头能够实时显示和记录室内空气质量参数，如温湿度、CO_2浓度、$PM_{2.5}$、PM_{10}浓度、甲醛及TVOC浓度等。通过这些数据的综合分析联动新风系统，有效保障大楼内部空气品质。

大厦的供水管网上安装了水质在线监测系统，用于实时监测、记录和保存生活饮用水、雨水回用水源、空调冷却水的以下指标：浊度、余氯、pH值、电导率（TDS）等，保证大楼用户的用水安全。

垃圾分类收集有序处置。大厦采取了垃圾分类收集和有序处置的措施，并制定了定期冲洗、垃圾清运和处置的规程，确保垃圾分类的有效执行。对可回收垃圾、可生物降解垃圾与有害垃圾，进行了单独收集和处理。

吸烟管控区域合理引导。大厦室内全面禁止吸烟，以保障空气品质。在室外景观区域合理布置了若干吸烟区，并配备了垃圾桶和"吸烟有害健康"的警示标识。通过"堵疏结合"的方法，大厦成功实现了建筑室内禁烟，有效提升了室内空气品质。

4. 低碳节能措施

1）能耗管控

大厦利用光伏发电等清洁能源作为能源供应的补充，并定期清洁光伏发电设备，以确保其发电效率和使用功能。

利用大楼良好的自然采光条件，在采光天窗、采光外窗及光导管等周边照度充足的区域，采取减少照明灯具开启时间的措施，有效降低了照明系统的运行能耗。

在日常运营中，管理人员在空调开启时段会及时关闭门窗，从而减少能耗；同时充分利用大楼优越的自然通风性能，并在必要时借助电风扇辅助调风，进一步降低空调运行能耗。通过这些措施，能够减少夏季空调开启时间，并适当提高空调的设定温度，从而有效降低空调的运行能耗。

营造便捷安全的楼梯间交通环境，引导大厦内用户优先使用楼梯作为大楼的垂直交通工具，以此减少电梯的使用频率，进而有效降低电梯的运行能耗。

定期调试排风热回收系统，确保其高效运行。利用回收排风中的能量，进行新风预热，有效降低了新风系统的热负荷，进而减轻了空调主机以及其他辅助设备的能耗负担。

推行节能宣传教育，提升用户的节能意识和培养良好的节能行为习惯。例如，通过组织爬楼梯活动，在强身健体之余传播节能环保的理念。定期进行能耗评估和数据分析，为节能措施的优化提供依据。

2）水资源管理

安装并使用高效的节水设备，包括节水龙头、节水冲水阀等，以显著降低水资源消耗。

建立了雨水收集系统，将收集到的雨水用于水景营造和绿化灌溉等用途，有效提升了节水效率。

3）室内环境质量管理

选择绿色环保的建筑材料和装修材料，以减少有害物质的释放。

实时监测室内空气质量，一旦发现危害气体浓度超标，便自动开启新风系统，及时排除室内污染源，保障用户的健康和舒适。

制定并实施水质保障计划，定期对水池、水箱等储水设施进行清洗和消毒，特别是生活饮用水储水设施，每半年至少进行一次彻底的清洗和消毒。同时，通过水质在线监测系统持续监控用水品质，保障用水安全。

致力于打造绿色健康的办公环境，通过布置室内绿植及室外屋面绿化，不仅增加了环境美观度，还提升了空气质量。

10.4.2 运维场景展示

通过规范化的物业管理和智慧运维的实践，启迪设计大厦成功实现了安全、高效、绿色、健康的运维目标。大厦部分区域日常运维场景展示见图10.4-1。

（a）五层共享空间示意

（b）二十五层商务餐区

（c）二层某会议室

（d）负一层报告厅

图10.4-1 大厦部分区域日常运维场景展示

参考文献

[1] 段进. 空间基因传承——连接历史与未来的营城新法[J]. 世界建筑, 2023（10）: 5-10+4.

[2] 王向荣. 城中园, 园中城[J]. 中国园林, 2021, 37（7）: 2-3.

[3] 阮仪三. 江南古典私家园林[J]. 全国新书目, 2023（3）: 37-39.

[4] 查金荣, 蔡爽, 殷铭, 等. 潘祖荫故居修缮改造设计研究[J]. 建筑学报, 2014（12）: 56-60.

[5] 查金荣. 合一的建筑[M]. 北京: 中国建筑工业出版社, 2023.

[6] 启迪设计集团股份有限公司. 启迪设计集团作品集1953—2023[M]. 北京: 中国建筑工业出版社, 2023.

[7] 查金荣, 蔡爽, 吴树馨. 紫藤架下的创意工场苏州市建筑设计研究院绿色生态办公楼改造设计[J]. 时代建筑, 2010（6）: 88-93.

[8] 蔡爽, 韩冬青, 查金荣. 建筑边界区域立体绿化节能技术的实证研究（英文）[J]. Journal of Southeast University（English Edition）, 2023, 39（1）: 33-48.

[9] 庄维敏, 张维, 梁思思. 建筑策划与后评估[M]. 北京: 中国建筑工业出版社, 2019.

[10] 黄珂, 张吉, 张卓奋, 等. 基于天空辐射冷却系统的光伏组件降温研究[J]. 太阳能学报, 2023, 44（2）: 361-365.

[11] 计成. 园冶[M]. 南京: 江苏凤凰文艺出版社, 2015.

[12] 徐晨曦, 张曦文, 吴玲玲. 缓解城市热岛效应的通风廊道构建研究进展[J]. 中国城市林业, 2024, 22（2）: 42-48.

[13] 王隆威. 海绵城市韧性评价及提升策略研究[D]. 北京: 北京建筑大学, 2023.

[14] 王忙忙, 盛硕, 王云才. 多维协同的城市蓝绿空间降温效应情景模拟——以上海市中心城为例[J]. 南方建筑, 2024（5）: 95-105.

[15] 艾伦·巴伯, 谢军芳, 薛晓飞. 绿色基础设施在气候变化中的作用[J]. 中国园林, 2009, 25（2）: 9-14.

[16] Lehnert M, Brabec M, Jurek M, et al. The role of blue and green infrastructure in thermal sensation in public urban areas: A case study of summer days in four Czech cities[J]. Sustainable Cities and Society, 2020, 66: 102683.

[17] 赵家奇. 被动式技术影响下的夏热冬冷地区建筑形式研究[D]. 郑州: 郑州大学, 2020.

[18] 吴国栋. 自然通风导向的城市公共建筑形体与空间组织设计研究[D]. 南京: 东南大学, 2021.

[19] 黄茜, 曲大刚, 孙澄, 等. 基于深度学习的自然采光办公空间视觉舒适度预测模型建构[J]. 建筑学报, 2023（10）: 50-54.

[20] 谈其辉, 黄杰, 王德才, 等. 基于Ecotect的科研实验室采光模拟与优化研究——以合肥工业大学数字人居环境研究实验室为例[J]. 实验技术与管理, 2024, 41（5）: 243-249.

[21] 《大师系列》丛书编辑部. 托马斯·赫尔佐格的作品与思想[M]. 北京: 中国电力出版社, 2006.

[22] 吴向阳. 杨经文[M]. 北京: 中国建筑工业出版社, 2007.

[23] 汪芳. 查尔斯·柯里亚[M]. 北京: 中国建筑工业出版社, 2003.

[24] 武重义. 无限接近自然[M]. 唐诗, 王扬, 译. 长沙: 湖南美术出版社, 2019.

[25] 李钢. 建筑腔体生态策略[M]. 北京: 中国建筑工业出版社, 2007.

[26] 梅洪元, 王飞, 张玉良. 低能耗目标下的寒地建筑形态适寒设计研究[J]. 建筑学报, 2013（11）: 88-93.

[27] 李保峰. 适应夏热冬冷地区气候的建筑表皮之可变化设计策略研究[D]. 北京: 清华大学, 2004.

[28] 陈晓扬. 建筑设计与自然通风[M]. 北京: 中国电力出版社, 2012.

[29] 陈晓扬, 蔡苗苗. 基于热缓冲效应的建筑空间层级布局[J]. 建筑学报, 2023（S1）: 115-119.

[30] 蔡苗苗. 基于热缓冲调节的建筑空间层级类型研究[D]. 南京: 东南大学, 2021.

[31] 鲍家声. 支撑体住宅[M]. 南京: 江苏科学技术出版社, 1988.

[32] 彭一刚. 建筑空间组合论[M]. 北京: 中国建筑工业出版社, 2008.

[33] 陈诗源. 建筑空间层级解析及其建构表达[D]. 大连: 大连理工大学, 2017.

[34] 王丹. 探索研究苏州古典园林中的构成关系[J]. 河北画报, 2021（5）: 105-106.

[35] 孙迎庆. 拙政园: 一座园林半园亭[J]. 寻根, 2014（1）: 72-81.

[36] 陶瑞峰，白佳怡．现代办公空间设计的发展研究[J]．工业设计，2019（11）：95-96．

[37] 张强，杨思瑞，黄艳丽．关于开放式办公空间的设计与思考[J]．家具与室内装饰，2020（5）：78-79．

[38] 陈亚平．色彩心理学在室内设计中的应用探讨[J]．工业设计，2020（3）：90-91．

[39] 霍宇桐，高俊虹．室内空间环境中色彩、灯光、材质的设计情感研究[J]．家具与室内装饰，2021（1）：108-111．

[40] 张强，杨思瑞．办公空间与家具中的色彩应用研究[J]．家具与室内饰，2020（4）：83-85．

[41] 崔伊竹，赵雁．植物景观模块化在办公空间中的设计研究[J]．设计，2021，34（15）：142-144．

[42] 倪苏宁．论苏州园林空间的艺术特征[D]．苏州：苏州大学，2002．

[43] 杜新龙，刘佩贵，马宗，等．下凹式绿地对周边地下水动态影响的试验研究[J]．地下水，2023，45（6）：69-71．

[44] 赵晟业．城市公园中的疗愈景观设计探究[J]．现代园艺，2024，47（5）：168-172．

[45] 李雄．园林植物景观的空间意象与结构解析研究[D]．北京：北京林业大学，2006．

[46] 顾亚春．探析观赏药用植物在养老住宅景观中的运用——以桂林CCRC组团为例[J]．中国园艺文摘，2018（6）：142-146．

[47] 任思敏．居住区景观的实用性设计研究——以工程成本和后期维护为切入点[D]．西安：西安建筑科技大学，2015．

[48] 王英．基于环境心理学的室内光环境设计分析[J]．光源与照明，2022（3）：20-22．

[49] 张梦颖．环境心理学在室内设计中的应用：以华南师范大学研究生院为例[J]．长江论坛，2019（6）：93-98．

[50] 尚欣．环境心理学在室内设计中的应用：以乡村图书馆为例[J]．吉林省教育学院学报，2018，34（8）：13-18．

[51] 王泓．基于环境心理学的室内光环境需求与设计研究[D]．郑州：河南工业大学，2021．

[52] 闫静茹，岳东林．光环境视觉舒适度及光环境对人体健康影响研究综述[J]．光源与照明，2021（9）：47-49．

[53] 肖瑶，鲁子祺．室内光源设计对空间氛围的营造[J]．光源与照明，2021（12）：1-3．

[54] BPI照明设计有限公司．深圳金地威新中心照明设计[J]．照明工程学报，2023（4）：1-2．

[55] 马岸奇．古老的东方美学——中国园林[J]．砖瓦，2018（5）：5-6．

[56] 周红卫．从拙政园看苏州园林的色彩美[J]．苏州大学学报（工科版），2013（1）：63-65．

[57] 纪东坡．园林色彩景观影响因素研究[D]．泰安：山东农业大学，2013．

[58] 中华人民共和国国家质量监督检验检疫总局．室外照明干扰光限制规范：GB/T 35626—2017[S]．北京：中国标准出版社，2018．

[59] 中华人民共和国住房和城乡建设部．城市夜景照明设计规范：JGJ/T 163—2008[S]．北京：中国建筑工业出版社，2009．

[60] 中华人民共和国住房和城乡建设部．建筑节能与可再生能源利用通用规范：GB 55015—2021[S]．北京：中国建筑工业出版社，2022．

[61] 中华人民共和国住房和城乡建设部．建筑照明设计标准：GB/T 50034—2024[S]．北京：中国建筑工业出版社，2024．

[62] 李汶翰．京郊的艺术栖居——留云草堂[J]．建筑技艺，2017（4）：44-51．

[63] 吴刚，王景全．装配式混凝土建筑设计与应用[M]．南京：东南大学出版社，2018．

[64] 赵顺增，游宝坤．补偿收缩混凝土裂渗控制技术及其应用[M]．北京：中国建筑工业出版社，2010．

[65] 钱春香，王育江，黄蓓．水在混凝土裂缝中的渗流规律[J]．硅酸盐学报，2009，37（12）：2078-2082．

[66] 王铁梦．工程结构裂缝控制[M]．北京：中国建筑工业出版社，1997．

[67] 龚剑，房霆宸，夏巨伟．我国超高建筑工程施工关键技术发展[J]．施工技术，2018（6）：19-25．

[68] 中华人民共和国住房和城乡建设部．混凝土结构设计标准：GB/T 50010—2010（2024年版）[S]．北京：中国建筑工业出版社，2011．

[69] 中华人民共和国住房和城乡建设部．大体积混凝土施工标准：GB 50496—2018[S]．北京：中国计划出版社，2018．

[70] 邱意坤，盛平，慕晨曦，等．北京工人体育场超长混凝土结构温度效应和S形弯折钢筋诱导缝研究[J]．建筑结构学报，2023，44（4）：98-106．

[71] 范重，陈巍，李夏，等．超长框架结构温度作用研究[J]．建筑结构学报，2018，39（1）：136-145．

[72] 顾渭建，何小岗，冯丽，等．超长无缝高层建筑温度场分析研究[J]．建筑结构学报，2005，26（10）：30-39．

[73] 李丽娟，陆伟文，李盛勇，等．高层钢筋混凝土超长结构无缝设计与楼板应力测试分析[J]．建筑结构学报，2004，25（2）：114-120．

[74] 朱浩川，肖志斌，邵剑文，等．某现代物流配送中心超长钢筋混凝土结构的温度效应分析及裂缝控制措施[J]．建

筑结构，2023，53（17）：92-97.

[75] 胡延汉. 关于钢筋混凝土结构温度裂缝控制的若干见解[J]. 建筑结构，2023，53（16）：98-104.

[76] 徐言，张建刚，李志黎. 超长混凝土车站结构温度效应分析[J]. 建筑结构，2023，53（12）：214-220.

[77] 朱浩川，肖志斌，邵剑文，等. 超长混凝土结构温度效应有限元分析及裂缝控制措施[J]. 建筑结构，2023，53（6）：123-127.

[78] 中华人民共和国住房和城乡建设部. 建筑与市政工程防水通用规范：GB 55030—2022[S]. 北京：中国建筑工业出版社，2023.

[79] 刘加平，田倩. 现代混凝土早期变形与收缩裂缝控制[M]. 北京：科学出版社，2020.

[80] Liu J, Tian Q, Wang Y, et al. Evaluation method and mitigation strategies for shrinkage cracking of modern concrete[J]. 工程（英文），2021，7（3）：348-357.

[81] 田倩，王育江，张守治，等. 基于温度场和膨胀历程双重调控的侧墙结构防裂技术[J]. 混凝土与水泥制品，2014（5）：20-24.

[82] 徐培福，傅学怡，王翠坤，等. 复杂高层建筑结构设计[M]. 北京：中国建筑工业出版社，2005.

[83] 傅学怡. 实用高层建筑结构设计[M]. 2版. 北京：中国建筑工业出版社，2010.

[84] 周建龙. 超高层建筑结构设计与工程实践[M]. 上海：同济大学出版社，2017.

[85] 中华人民共和国住房和城乡建设部. 高层建筑混凝土结构技术规程：JGJ 3—2010[J]. 北京：中国建筑工业出版社，2011.

[86] Aykac B, Kalkan I, Aykac S, et al. Flexural behavior of RC beams with regular square or circular web openings[J]. Engineering Structures, 2013, 56: 2165-2174.

[87] 黄泰赟，蔡健. 腹部开有矩形孔的钢筋混凝土简支梁的试验研究[J]. 土木工程学报，2009，42（10）：36-45.

[88] 王晓刚，范文武，张墨平，等. 腹板开大洞口钢筋混凝土梁的受剪性能试验研究[J]. 烟台大学学报：自然科学与工程版，2016，29（3）：210-215.

[89] 吕西林. 复杂高层建筑结构抗震理论与应用[M]. 北京：科学出版社，2007.

[90] 杨成栋，黄永强，闫泽升，等. 第十届中国花卉博览会世纪馆大跨度旋转楼梯结构设计与分析[J]. 建筑结构，2023，53（21）：18-24.

[91] 陈德银，赖克，郑腾虎. 某工程钢螺旋楼梯结构重难点分析与设计[J]. 建筑结构，2023，53（7）：78-84+124.

[92] 何婧，邱剑，谭波，等. 某文展大楼钢螺旋楼梯的结构设计与有限元分析[J]. 建筑结构，2022，52（S2）：218-223.

[93] 彭凌云，李姣姣，康迎杰，等. 钢框架结构阻尼支座楼梯抗震性能研究[J]. 建筑结构学报，2021，42（1）：84-92.

[94] 杨必峰. 大跨钢结构楼梯的舒适度分析[J]. 建筑结构，2019，49（S2）：662-667.

[95] 启迪设计集团股份有限公司. 经典回眸——启迪设计集团股份有限公司篇[M]. 北京：中国建筑工业出版社，2023.

[96] 中华人民共和国住房和城乡建设部. 钢结构设计标准：GB 50017—2017[S]. 北京：中国建筑工业出版社，2018.

[97] 程文瀼. 楼梯·阳台和雨棚设计[M]. 南京：东南大学出版社，1993.

[98] 李楚舒. SAP2000中文版技术指南及工程应用[M]. 北京：人民交通出版社，2018.

[99] 罗尧治. 空间结构形态学[M]. 北京：科技出版社，2022.

[100] 中华人民共和国住房和城乡建设部. 建筑楼盖结构振动舒适度技术标准：JGJ/T 441—2019[S]. 北京：中国建筑工业出版社，2019.

[101] 徐若天，许放，薛正荣. 行人荷载下旋转钢楼梯三向振动响应计算与分析[J]. 建筑钢结构进展，2019（8）：93-98.

[102] 陈隽. 人致荷载研究综述[J]. 振动与冲击，2017，36（23）：1-9.

[103] 丁国，陈隽. 行人荷载随机性对楼盖振动响应的影响研究[J]. 振动工程学报，2016，29（1）：123-131.

[104] 北京市建筑设计研究院有限公司. 建筑结构专业技术措施（2019版）[M]. 北京：中国建筑工业出版社，2019.

[105] 中国有色工程有限公司. 混凝土结构构造手册[M]. 5版. 北京：中国建筑工业出版社，2016.

[106] 李俊民，裴元杰. 智能配电系统与运维管理[J]. 智能建筑电气技术，2021，15（4）：4-8.

[107] 杨光辉，唐颖. 智能配电系统在智慧建筑的应用探讨[J]. 现代建筑电气，2021，12（10）：37-40+55.

[108] 陈军波，石峰. 新型低压空气断路器的电能管理应用[C]//中国电工技术学会自动化及计算机应用专业委员会，中国电器工业协会设备网现场总线分会，全国电器设备网络通信接口标准化技术委员会. 2015年全国智能电网用户端能源管理学术年会论文集. ABB（中国）有限公司上海分公司，2015：6.

[109] 深圳市市场监督管理局. 用户智能配电站系统建设规范：DB4403/T 137—2021[S]. 2021.

[110] 邵颋. 绿色"双碳"背景下电气设计理念的一些思考[J]. 智能建筑电气技术，2022，16（3）：18-21.

[111] 罗松林，赖绍奇. 变压器经济运行方式的分析[J]. 水电与新能源，2014（8）：35-37.

[112] 中国航空规划设计研究总院有限公司. 工业与民用配电设计手册[M]. 4版. 北京：中国电力出版社，2016.

[113] 邵民杰，於红芳，沈冬冬. 世博三星级绿色建筑场馆设计中的绿色低碳和电气节能技术综述[J]. 现代建筑电气，2011，2（1）：1-5+16.

[114] 陆耀庆. 实用供热空调设计手册[M]. 2版. 北京：中国建筑工业出版社，2008.

[115] 中华人民共和国住房和城乡建设部. 民用建筑供暖通风与空气调节设计规范：GB 50736—2012[S]. 北京：中国建筑工业出版社，2012.

[116] 中国建筑设计研究院有限公司. 民用建筑暖通空调设计统一技术措施2022[M]. 北京：中国建筑工业出版社，2022.

[117] 刘冰韵，陈国恺，王颖. 高效制冷机房优化设计方法及计算分析工具研究[J]. 暖通空调，2022，52（11）：85-91.

[118] 姜少华，屈国伦，谭海阳，等. 建筑类型对高效制冷机房系统运行能效比影响的定量分析[J]. 暖通空调，2022，52（12）：8-12+58.

[119] 住房和城乡建设部科技与产业化发展中心. 中国建筑节能发展报告（2020年）[M]. 北京：中国建筑工业出版社，2020.

[120] 边争. 中庭大空间分层空调CFD模拟研究[J]. 上海节能，2019（5）：371-374.

[121] 吴卫平，顾宗梁，周秀腾，等. 启迪设计总部大厦绿色、健康、低碳给排水设计思考[J]. 给水排水，2023，59（6）：101-108+114.

[122] 张勤，宁海燕，傅斌. 高层建筑给水系统能耗构成和节能措施分析[J]. 中国给水排水，2007（10）：92-96.

[123] 陈苏，孙彬，刘仁猛. 消防给水系统消防泵自动启动方式选择的思考[J]. 给水排水，2023，59（6）：115-120.

[124] 中华人民共和国住房和城乡建设部. 消防给水及消火栓系统技术规范：GB 50974—2014[S]. 北京：中国计划出版社，2014.

[125] 中华人民共和国住房和城乡建设部. 建筑给水排水设计标准：GB 50015—2019[S]. 北京：中国计划出版社，2019.

[126] 上海市消防协会. 消防设施物联网施工和维护规程：T/SHXFXH 001—2020[S]. 2020.

[127] 夏厦，解清杰. 住宅小区初期雨水微生态滤床处理技术应用[J]. 天津建设科技，2023，33（1）：78-80.

[128] 赵德天，张超，李茂林，等. 典型办公建筑用水变化特性分析与探讨[J]. 给水排水，2021，57（12）：112-117.

[129] 刘祝. 办公建筑给排水及消防设计初探[J]. 给水排水，2016，52（S1）：199-201.

[130] 江苏省市场监督管理局. 绿色建筑设计标准：DB 32/3962—2020[S]. 2020.

[131] 赵德天，张超，李茂林，等. 典型办公建筑用水变化特性分析与探讨[J]. 给水排水，2021，57（12）：112-117.

[132] 唐致文. 居住区地下车库消火栓布置方式探讨[J]. 给水排水，2023，59（1）：96-101.

[133] 葛晓霞，魏东，王建英. 固定消防设施在灭火救援中的应用现状[J]. 消防科学与技术，2010，29（5）：429-432.

[134] 吴晓，虞刚. 关于数字技术在当代建筑设计中应用的再思考——读《当代建筑与数字化设计过程》一书有感[J]. 建筑学报，2007（5）：95-98.

[135] 杨路. 数字化技术在建筑设计中的应用研究[J]. 情报杂志，2005（1）：53-54.

[136] 俞传飞. 在形式之外——试论数字化时代建筑内涵的变化[J]. 新建筑，2003（4）：41-43.

[137] 周丽娜，周庆旭. BIM技术在中国应用现状与发展趋势研究[J]. 工程建设与设计，2024（1）：141-144.

[138] 何清华，钱丽丽，段运峰，等. BIM在国内外应用的现状及障碍研究[J]. 工程管理学报，2012，26（1）：12-16.

[139] 何关培，应宇垦，王轶群. BIM总论[M]. 北京：中国建筑工业出版社，2011.

[140] Eastman C M, Teicholz P, Sacks R, et al. BIM Handbook: A guide to Building Information Modeling for owners, managers, designers, engineers and contractors[J]. Australasian Journal of Construction Economics and Building, 2012, 12: 101-102.

[141] 侯洪德，侯肖琪. 图解《营造法原》做法[M]. 北京：中国建筑工业出版社，2022.

[142] 侯洪德，侯肖琪. 《苏州园林建筑做法与实例》[M]. 北京：中国建筑工业出版社，2016.

[143] 徐卫国. 参数化设计与算法生形[J]. 世界建筑，2011（6）：110-111.

[144] 王曦. 一类殿堂式大木作的算法生形研究[D]. 邯郸：河北工程大学，2017.

[145] 陈越. 中国古建筑参数化设计[D]. 重庆：重庆大学. 2002.

[146] 范冰辉，孙绮，陈铿，等. 基于BIM参数化的室内空间净高优化方法[J]. 水利与建筑工程学报，2022，20（5）：172-177.

[147] 陈石. 建筑室内空间净高控制分析与优化措施[J]. 建筑科技，2020，4（4）：24-27.

[148] 赵海英，薛俭，王海鹏. 智能建筑BIM技术在高层住宅施工中的应用[J]. 武汉理工大学学报（信息与管理工程版），2019，41（2）：49-52.

[149] 天源甘. BIM技术在建筑工程管理中的应用[J]. 工程管理，2024，5（3）：28-30.

[150] 陈诗园. 基于BIM的建设工程造价管理方法分析[J]. 现代工程项目管理，2024，3（6）：215-217.

[151] 杜娟，刘冰洋，宋朝祥，等. BIM技术在水厂项目建设中的应用[J]. 建材与装饰，2018（45）：79-80.

[152] 赵全斌，王昌辉，程浩. 建筑业Revit二次开发技术研究进展[J]. 山东建筑大学学报，2021，36（1）：83-89.

[153] 乔恩懋，丁琦. 基于Revit二次开发的空间网架结构BIM建模技术[J]. 结构工程师，2019，35（1）：230-236.

[154] 钟辉，李驰，孙红，等. 面向BIM模型二次开发数据提取与应用技术[J]. 沈阳建筑大学学报（自然科学版），2019，35（3）：560-566.

[155] 葛晶，周世光. 基于Revit平台BIM工作系统二次开发应用实例[J]. 建筑技术，2017，48（12）：1317-1319.

[156] 黄宁，王宇，窦强，等. 超高层建筑绿色智慧运维综合技术研究与实践——以青岛海天中心为例[J]. 绿色建造与智能建筑，2024（1）：69-74.

[157] 姚晶珊. 公立医院后勤智慧运维一体化平台的节能管理[J]. 上海节能，2024（3）：523-530.

[158] 佚名. 数智化时代的智慧停车解决方案[J]. 中国物业管理，2024（2）：96-99.

[159] 周一卿. 中节能物业：构建绿色低碳运营模式[J]. 城市开发，2023（1）：98-99.

[160] 何露莹. 大型智能停车场管理系统的设计与实现[D]. 桂林：桂林电子科技大学，2023.

[161] 张兰峰，于合宁，刘鑫宇. 智慧园区停车场管理系统设计[J]. 无线互联科技，2023，20（18）：16-18.

[162] 崔海涛. "双碳"目标下商业建筑的低碳转型——专访万物梁行CEO叶世源[J]. 中国物业管理，2023（6）：98-100.

[163] 张松. "双碳"目标下物业管理节能降碳路径分析[J]. 中国物业管理，2023（7）：110-112.

[164] 本刊编辑部. "智慧、低碳"赋能园区高质量发展——2023园区物业管理调研[J]. 城市开发，2023（9）：46-51.

[165] 王姗姗. 写字楼物业低碳管理实践探析——以BY大厦为例[J]. 城市开发，2023（1）：108-110.

[166] 李胜杰，马名东. 智慧建筑运维管理平台初探[J]. 智能建筑电气技术，2021，15（3）：16-19.

[167] 张林江. 互联网技术下的智慧运维管理平台建设应用[J]. 数字技术与应用，2020，38（10）：113-115.

[168] 姚继锋，张哲，贺建海. 基于大数据技术的建筑智慧运维思考及实践[J]. 智能建筑，2018（12）：69-73.

[169] 杨石，罗淑湘，杜明，等. 基于数据挖掘的公共建筑能耗监管平台数据处理方法[J]. 暖通空调，2015，45（2）：82-86.

[170] 轩阳. S园区智慧建筑运维管理平台构建研究[D]. 北京：北京交通大学，2023.

[171] 张桂青，刘晓倩. 绿色建筑大数据与智慧运维[J]. 中国建设信息化，2019（18）：40-42.

[172] 刘戈，付英杰. 碳中和背景下绿色建筑运营管理创新路径与策略研究[J]. 建筑经济，2022，43（4）：98-104.

[173] 李辉，孙云增，梁康元，等. 基于碳中和背景下节能示范园区智慧能源管理平台的设计与研究[J]. 能源与环保，2021，43（10）：154-160.

[174] 高享. 某办公建筑的建筑能耗管理系统设计及分析[J]. 电子技术与软件工程，2021（12）：148-149.

[175] 贺洪煜，房霆宸，朱赟，等. 大数据在建筑智慧运维系统中的应用[J]. 建筑施工，2021，43（12）：2600-2603.

[176] 李亚丽. 实现碳中和，绿色物业来助力[J]. 城市开发，2021（11）：14-15.

[177] 蔡志海. 基于智慧科技的绿色物业管理模式研究[D]. 北京：中国社会科学院研究生院，2021.

[178] 张懿明. 上海轨道交通基地园区综合物业管理平台[J]. 城市轨道交通研究，2021，24（S1）：154-158+162.

[179] 李运海，马达. 绿色物业管理发展模式及要素解析[J]. 城市开发，2021（24）：74-75.

[180] 艾亮东，陆建，周武云. 餐饮行业食品安全智慧管控研究[J]. 食品安全导刊，2021（25）：1-3+5.

[181] 项兴彬，余芳强，张铭. 建筑运维阶段的BIM应用综述[J]. 中国建设信息化，2020（9）：76-78.

[182] 中航物业管理有限公司. 物业服务企业数字化转型研究报告[C]//中国物业管理协会. 2019年中国物业管理协会课题研究成果. 2019：82.

[183] 余学军. "互联网+"时代食品安全智慧监管策略研究[J]. 食品工业，2018，39（8）：244-246.

[184] 张仕廉，邓小庆. 基于物业管理的商业建筑节能管理模式[J]. 深圳大学学报（理工版），2016，33（6）：627-638.

[185] 黄莉，王建廷. 绿色建筑运营管理研究进展述评[J]. 建筑经济，2015，36（11）：25-28.

[186] 孙翠敏，朱丹薇. 万科物业服务企业商业模式分析[J]. 现代商业，2013（6）：86-87.

[187] 庄志明. 关于信息技术下信息运维管理创新工作的研究[J]. 企业技术开发，2013，32（17）：57-58.

[188] 祝书丰，郭永聪，刘芳. 深圳市大型公共建筑能耗监测系统运行维护及检测数据案例分析[J]. 暖通空调，2010，40（8）：5-9+152.

图书在版编目（CIP）数据

一座立体园林：启迪设计大厦 = A Vertical
Garden Tus–Design Building / 启迪设计集团股份有限
公司编著；戴雅萍，蔡爽，查金荣主编. --北京：中
国建筑工业出版社，2025.3. --ISBN 978-7-112-30773-
9

Ⅰ. TU201.5

中国国家版本馆CIP数据核字第20256MT808号

责任编辑：刘瑞霞　刘颖超
文字编辑：王　磊
书籍设计：锋尚设计
责任校对：张惠雯

一座立体园林　启迪设计大厦
A VERTICAL GARDEN TUS-DESIGN BUILDING
启迪设计集团股份有限公司　编著
戴雅萍　蔡　爽　查金荣　主编
*
中国建筑工业出版社出版、发行（北京海淀三里河路9号）
各地新华书店、建筑书店经销
北京锋尚制版有限公司制版
天津裕同印刷有限公司印刷
*
开本：880毫米×1230毫米　1/16　印张：30¾　字数：755千字
2025年3月第一版　　2025年3月第一次印刷
定价：**328.00**元
ISBN 978-7-112-30773-9
（43957）